普通高等教育"十三五"规划教材

中央空调施工运行与维修

张国东　主编

魏　龙　主审

化学工业出版社

·北京·

全书共七章，分别介绍了中央空调施工中常用材料、配件、工具、机械设备以及施工组织管理等施工基础知识，制冷机组、设备、水系统和风系统等中央空调系统的安装，中央空调常见机组（活塞式、螺杆式、离心式和溴化锂吸收式）系统调试、运行操作、维护保养等运行管理和故障维修，中央空调水系统和风系统的运行管理和故障维修，以及中央空调系统循环水的水质管理。本书在强化理论的基础上，更注重实践应用能力的提高。

本书可作为普通高等院校、高职高专制冷与空调类专业的教学用书，也可供相关专业的工程技术人员参考。

图书在版编目（CIP）数据

中央空调施工运行与维修/张国东主编. —北京：化学工业出版社，2017.3（2024.2重印）
普通高等教育“十三五”规划教材
ISBN 978-7-122-28839-4

Ⅰ.①中… Ⅱ.①张… Ⅲ.①集中空气调节系统-运行-高等学校-教材②集中空气调节系统-维修-高等学校-教材 Ⅳ.①TB657.2

中国版本图书馆CIP数据核字（2017）第004462号

责任编辑：高 钰　　文字编辑：陈 喆
责任校对：宋 夏　　装帧设计：刘丽华

出版发行：化学工业出版社（北京市东城区青年湖南街13号 邮政编码100011）
印　　装：北京科印技术咨询服务有限公司数码印刷分部
787mm×1092mm 1/16 印张17 字数422千字 2024年2月北京第1版第2次印刷

购书咨询：010-64518888　　售后服务：010-64518899
网　　址：http://www.cip.com.cn
凡购买本书，如有缺损质量问题，本社销售中心负责调换。

定　　价：48.00元

前言

随着社会的不断进步、国民经济的快速发展、人民生活水平的不断提高，中央空调技术显示出越来越重要的作用，已广泛应用于商业、工业、农业、国防、医药卫生、建筑工程、生物工程及人们生活的各个领域。中央空调在经济发达国家应用非常广泛，目前其在我国的发展已进入成熟期。我国中央空调行业的发展有两个显著特点：一是社会需求持续增长；二是新技术、新设备的应用和更新不断加快。这意味着我国今后需要大量的掌握新技术、新设备的中央空调施工、运行操作、维护保养、调试、故障排除与检修方面的人员。

全书共七章，内容主要包括中央空调基本原理及相关材料和施工机具等基础知识，以及冷却水和冷冻水的水质管理等内容；根据中央空调系统安装特点，系统阐述了典型机组（螺杆式冷水机组、溴化锂机组）和其他设备的安装、冷却水系统及其附件的安装、冷媒水系统及其附件安装、风系统及其附件安装；并着重介绍了中央空调常见机组（活塞式、螺杆式、离心式和溴化锂吸收式）系统的调试、运行操作、维护保养、故障排除与检修，以及中央空调水系统和风系统主要设备的运行管理。

本书内容丰富、图文并茂、深入浅出，具有明显的浅理论、重实践的特征，适合普通高等院校、高职高专师生学习和使用，也可供制冷空调工程设计、安装调试维修、运行管理等领域的工程技术人员和管理人员学习参考。

本书的内容已制作成用于多媒体教学的 PPT 课件，并将免费提供给采用本书作为教材的院校使用。如有需要，请发电子邮件至 cipedu@163.com 获取，或登录 www.cipedu.com.cn 免费下载。

本书由张国东、李建雄、陶洁、滕文锐共同编写。张国东编写了绪论、第五章和第六章；李建雄编写了第一章、第二章；陶洁编写了第三章、第四章；滕文锐编写了第七章。张国东任主编，负责大纲的起草及全书的统稿工作。

魏龙教授对全书作了详细的审阅，并提出了不少宝贵意见。在本书的编写过程中，张桂娥协助进行了文字和插图的校对工作，同时还得到了冯飞、张蕾、张鹏高、蒋李斌、金良等的大力帮助，在此一并表示衷心的感谢。

限于编者的水平，书中不足之处在所难免，敬请广大读者批评指正。

编者

2016 年 10 月

前言

编者

2016年10月

目录

绪 论

空气调节系统，简称空调。就是把经过一定处理后的空气，以一定的方式送入室内，使室内空气的温度、湿度、清洁度和流动速度等控制在适当的范围内以满足生活舒适和生产工艺需要的一种专门设备。

一、中央空调发展概况

中央空调系统是由一台主机（一套制冷系统或供风系统）通过风道送风或冷热水源带动多个末端的方式来达到室内空气调节的目的的空调系统。

中央空调系统适用于大型建筑场所，是一种集中式空调系统，常见的使用建筑有酒店、医院、办公楼等。跟家用空调相比，中央空调不仅注重舒适和美观等因素，更为重要的是中央空调在节能上相当突出，对于大部分中央空调用户而言，高效节能给他们带来的效益是巨大的。

鉴于经济回暖的速度与持续性，未来几年中央空调的销售规模将持续扩大，且产品价格将稳中有升。据有关数据显示：2011～2015 年，中国中央空调行业销售收入的年平均增长率保持在 20%左右，2015 年销售规模达 862 亿元。

根据当前中国的经济发展情况，未来几年，中央空调行业仍将保持良好的发展势头，中央空调企业之间的差距有可能进一步加大，企业要想在激烈的市场中取胜，必须准确给自己定位，在提升企业整体实力的同时，加大技术与产品创新的力度，整合企业内部与外部资源。

中央空调技术的发展具有两大必然趋势：一是节能。目前，在发达国家，用于空调的电能占全国电能总消耗的 20%～30%。在我国，虽然还达不到这个水平，但随着生产的发展和人民生活水平的提高，应用空调设备的场所会越来越多，所占总能耗的比例也会越来越高，因此，空调装置要求节约能源是一个必然趋势；二是计算机的应用。计算机技术在设计、工艺、运行控制及管理方面已开始应用，尤其是在暖通空调工程的专业计算、施工图绘制方面，计算机的应用已相当普遍，将来必定进一步地推广、普及。

中央空调行业要做强、要占有更多的国际市场，那就必须走出去。这肯定不只是靠产品，还要靠企业的无形资产，即品牌。中国中央空调企业要强化品牌建设意识，主动实施品牌战略。要加强对客户需求的研究，加强市场分析，准确进行市场定位和产品定位。并结合经营管理和企业产品的特点，积极借鉴知名企业开展品牌建设的成功经验，有意识地开展品牌建设。坚持以人为本的管理理念，把企业的经营理念转化为员工的价值观念，积极引导员工开展创品牌、树形象活动，促进技术创新、产品创新及营销服务创新，切实提高产品质量和品位，不断提高企业的知名度和社会影响力。

二、中央空调系统分类与原理

1. 集中式中央空调系统

集中式中央空调系统是典型的全空气式系统，是工程中最常用、最基本的系统。它广泛地应用于舒适性或工艺性的各类空调工程中，例如会堂、影剧院和体育馆等大型公共建筑，学校、医院、商场、高层宾馆的餐厅或多功能厅等。典型的集中式中央空调系统主要由下列部分组成，如图 0-1 所示。

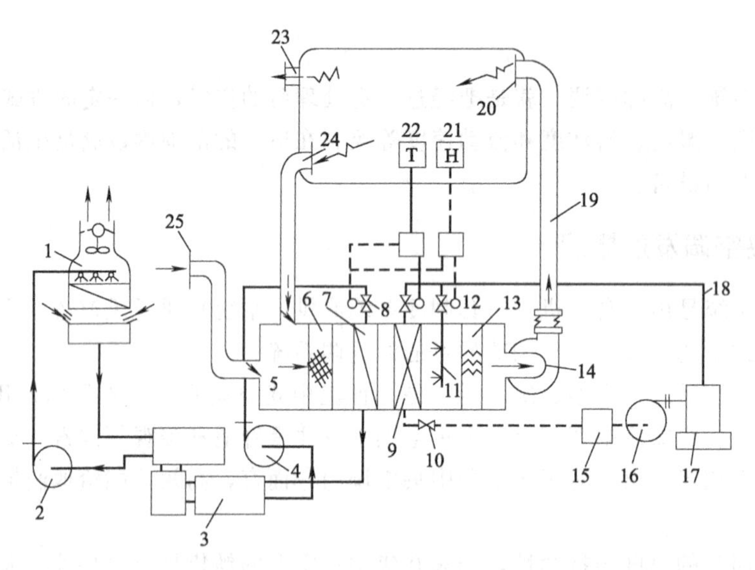

图 0-1 集中式中央空调系统示意图

1—冷却塔；2—冷却水泵；3—制冷机组；4—冷水循环泵；5—空气混合室；6—空气过滤器；7—空气冷却器；8—冷水调节阀；9—空气加热器；10—疏水器；11—喷水室；12—蒸汽调节阀；13—挡水板；14—风机；15—回水过滤器；16—锅炉给水泵；17—锅炉；18—蒸汽管；19—送风管；20—送风口；21—湿度感应控制元件；22—温度感应控制元件；23—排风口；24—回风口；25—新风进口

① 空气处理设备（即空调机组）。主要包括各种处理设备的集中空气处理室，一般由空气过滤器 6、空气冷却器 7、空气加热器 9、喷水室 11 等组成。它的作用是对空气进行处理使之达到预定的温度、湿度和洁净度。

② 空气输送设备。主要包括风机 14、送风管 19、新风进口 25 等风道系统和必要的调节风量装置等。它的作用是将经过处理的空气按照预定要求输送到各个空调房间，并从各个空调房间抽回或排出一定量的室内空气。

③ 空气分配装置。主要包括设置在不同位置的各种类型的送风口 20、排风口 23、回风口 24 等。它的作用是合理地组织室内气流，以保证工作区（通常指离地 2m 以下的空间）内有均匀的温度、湿度、气流速度和洁净度。

除以上三部分，还包括为空气处理设备服务的冷热源、冷热媒管道系统，以及自动控制和自动检测系统等。

2. 风机盘管中央空调系统

风机盘管中央空调系统是为了克服集中式中央空调系统的系统大、风道粗、占用建筑面积和空间较多、系统灵活性差等缺点而发展起来的一种半集中式空气-水系统。它将主要由风机和盘管（换热器）组成的机组直接设在空调房间内，开动风机后，可将室内空气吸入机组，经空气过滤器过滤，再经盘管冷却或加热处理后，就地送入房间，以达到调节室内空气的目的，如图 0-2 所示。

风机盘管中央空调系统是目前我国多层或高层民用建筑中使用最为普遍的一种空调系统。它具有噪声较小、可以个别控制、系统分区进行调节控制容易、布置安装方便、占建筑空间小等优点，目前在国内外主要应用于宾馆、公寓、医院、办公楼等高层建筑物中，而且其应用越来越广泛。

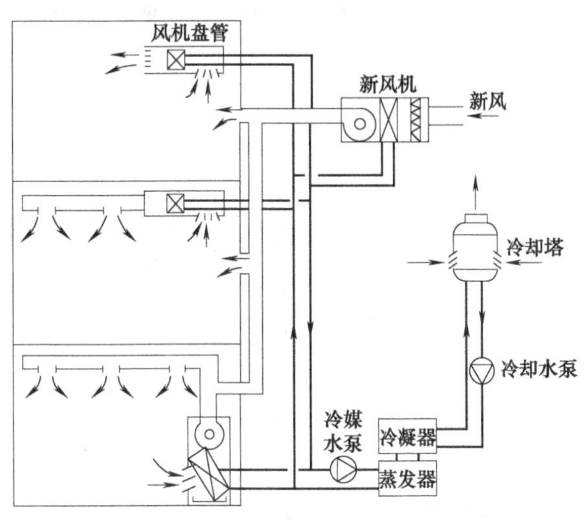

图 0-2 风机盘管中央空调系统示意图

3. 变风量中央空调系统

当室内热负荷发生变化而又要使室内温度保持不变时，可使房间送风量保持不变，靠改变送风温度来相适应，称为定风量；也可将送风温度固定不变，通过改变送风量来相适应，称为变风量。变风量中央空调系统根据空调负荷的变化以及室内要求参数的变化来自动调节各末端及空调机组风机的送风量及排风量，是一种全空气系统。室内空气的送入与排出按设计要求进行平衡，要确保换气次数高，能及时地将室内人员呼出的废气排走，最大限度地保证空调环境的品质，将二氧化碳的浓度真正地控制在 900×10^{-6} 以下，提高室内环境的舒适性，降低空调机组的运行能耗。图 0-3 是一种变风量中央空调系统简图。

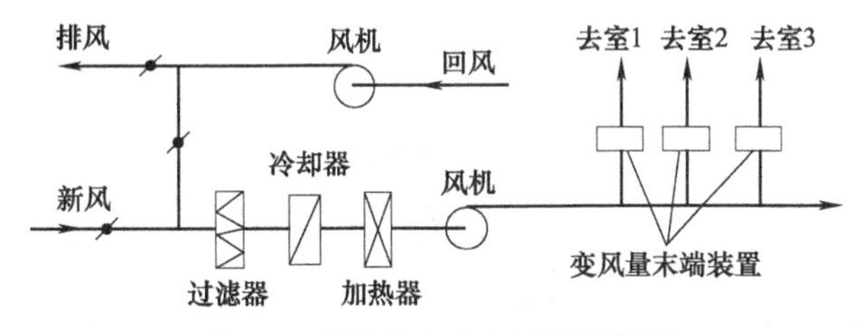

图 0-3 变风量中央空调系统简图

4. 变制冷剂流量中央空调系统

变制冷剂流量（Varied Refrigerant Volume，VRV）中央空调系统是一种制冷剂式空调系统，它以制冷剂为输送介质，室外主机由室外侧换热器、压缩机和其他制冷附件组成，末端装置是由直接蒸发式换热器和风机组成的室内机。VRV 空调系统如图 0-4 所示，一台室外机通过管路能够向若干个室内机输送制冷剂液体。通过控制压缩机的制冷剂循环量和进入室内各换热器的制冷剂流量，可以适时地满足室内冷、热负荷要求。由于制冷剂的热容量是水的 10 倍，是空气的 20 倍，因此采用制冷剂作为冷量的输送介质可以极大地节省冷媒输送管材，节省管道及机房面积、压缩建筑层高，该系统结合现代控制技术及变频技术，可以实现对 1000～10000m^2 的空调区域进行温、湿度的精确控制，因此 VRV 空调系统已成为现代中央空调系统中不可缺少的形式之一。

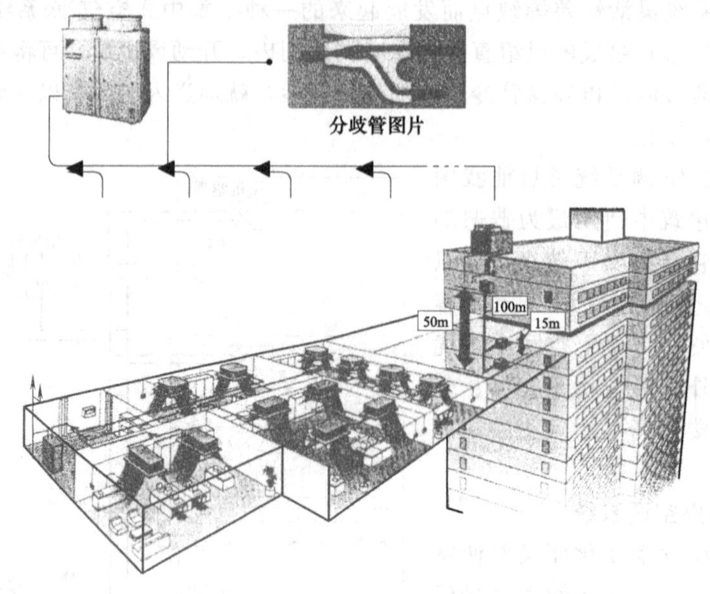

图 0-4 变制冷剂流量中央空调系统

5. 其他类型的中央空调系统

(1) 双风道空调系统

双风道空调系统属于全空气系统。与普通集中式空调系统不同，双风道系统的新、回风混合后，由送风机分送到两根风道。一根风道与加热器连通，称为热风道；另一根风道与冷却器连通，称为冷风道。在空调房间内设置混合箱。从空调机房引出的热风和冷风在混合箱内按适当比例混合达到所需的送风状态后，进入房间。一般采用一次回风方式，在回风管道内设置风机，以便稳定室内压力而利于混合箱的混风调节。如图 0-5 所示为常规的双风道系统设备布置情况。

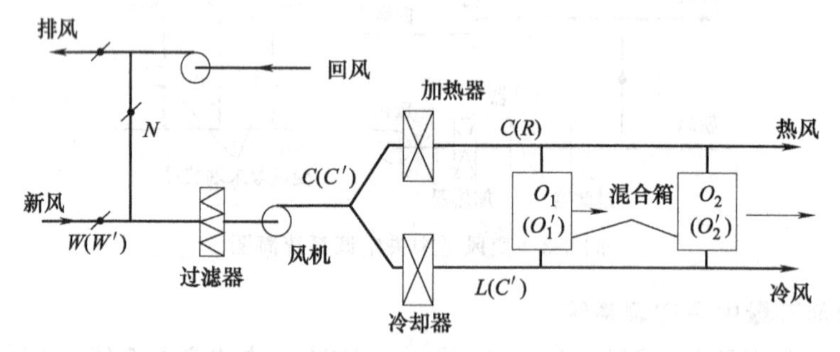

图 0-5 常规的双风道系统设备布置情况

为了减少两根风道所占的空间，通常采用高速，一般风速为 13～25m/s。由于高速会引起噪声，因此混合箱的设计要考虑消声和降压的附加作用，以消减出口气流的噪声，并使出口气流恢复常速。

双风道系统热、湿调节灵活，特别适用于显热负荷变化大而各房间（或区域）的温度又需要控制的地方，如办公楼、医院、公寓、旅馆或大型实验室等。但是用冷、热两根风道调温的方法，必然存在混合损失，其制冷负荷与单风道相比大约增加 10%，故其运行费用较大；加之系统复杂、初期投资高，因此双风道空调系统在我们国家基本上没有得到发展。

(2) 冷热辐射板加热新风系统

辐射板加新风系统如图 0-6 所示。在夏季将经过减湿冷却后的一次新风送入室内，以使在降低室内相对湿度的同时进行新风换气。送入顶棚内管道的冷水温度为 20～30℃，以辐射形式向室内供冷。冬季则在向室内送入热风的同时将顶棚面加热到 25℃左右，进行辐射采暖。

采用这种方式，大约一半的显热负荷由辐射板承担，另一半显热负荷和室内潜热负荷由一次新风承担。一次新风量约为全空气方式的一半。

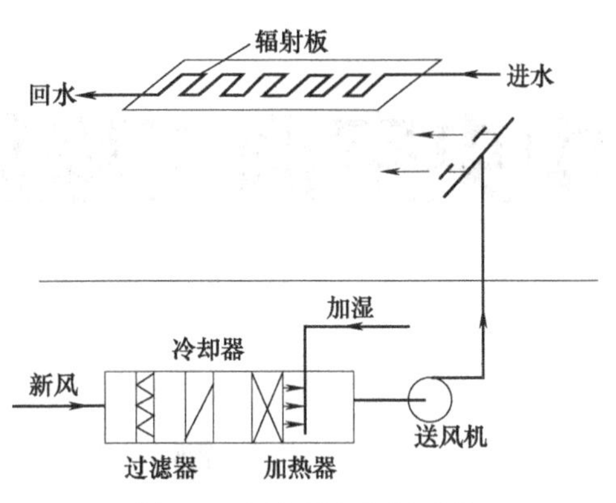

图 0-6 辐射板加新风系统

采用辐射板系统可以创造一个十分舒适的室内气候条件。由于不设像风机盘管那样的末端设备，因此可以充分利用室内空间，又因为盘管置于顶棚或地板面的结构板内，所以对土建有一定要求，费用有所增加。设计该系统时要注意，为了防止夏季室内壁面结露，需设有露点控制装置。在日本的一些高级办公楼中，多采用此种方式。在我国辐射板多用于冬季采暖，而采用辐射板供冷并不多见。

第一章

中央空调工程施工基础

第一节　常用材料及配件

中央空调工程安装中所使用的材料及配件多种多样，由于目前在市场上各种材料的质量参差不齐，因此施工管理人员必须熟悉这些材料，以便在施工中很好地控制材料的质量，这是控制工程施工质量的重要环节和基础。

一、管材

管道系统在中央空调中是必不可少的组成部分，在传统的采用风冷、水冷冷（热）水机组的工程中有着广泛的应用。管材的种类有许多，常用的有无缝钢管、有缝钢管、铜管（多联机和风管机），以及近些年采用的PP-R管、PE管和PVC管（用于冷凝水管）等。

1. 钢管

中央空调工程所选用的管材，从质量方面应具备以下基本要求：

① 有一定的机械强度和刚度。

② 管壁厚薄均匀、材质密实。

③ 管子内、外表面平整光滑，内表面的粗糙度小。

④ 材料有可塑性，易于煨弯、焊接及切削加工。

⑤ 热稳定性好。

⑥ 耐腐蚀性能良好。

从经济方面考虑应选用价格低廉、货源充足、供货近便的管材。基于这些要求，通常主要采用黑色金属管材，即钢管。钢管通常分为无缝钢管、有缝钢管和铸铁管，空调工程中一般使用前两者。

（1）无缝钢管

无缝钢管采用碳素钢或合金钢制造，一般采用10、20、35及45低碳钢通过热轧或冷拔两种方法生产钢管。热轧管的外径为57～426mm，共分31种，每种外径的钢管一般又有几种不同的壁厚；冷拔管的外径为5～133mm，共分72种，其壁厚为0.5～12mm，分30种，其中以壁厚小于6mm的最常用。热轧无缝钢管的长度一般为4～12m，冷拔无缝钢管的长度为1.5～7m。

在空调安装工程中所选用的无缝钢管，应有出厂合格证，如无质量合格证时，要进行质量检查试验（一般抽样送质量监督站检验），不得随意使用。检查必须根据相关国家标准（抗拉力试验、压扁试验、水压试验、扩口试验等）规定进行。外观上钢管表面不得有裂缝、凹坑、鼓包、辗皮及壁厚不均等缺陷。

无缝钢管适用于高压系统或高层建筑的冷、热水管，一般压力在0.6MPa以上的管路都应采用无缝钢管。无缝钢管的标称通过外径及壁厚表示，如$\phi 133\times 4.0$表示管道外径为133mm及壁厚为4.0mm的无缝钢管。无缝钢管管壁较有缝钢管薄，所以一般不用螺纹连接而是采用焊接方式。

（2）有缝钢管（焊接钢管）

焊接钢管常称为有缝钢管，材质采用易焊接的碳素钢，焊接钢管按生产方式的不同可分为对焊、叠边焊和螺旋焊三种。

水、煤气的输送主要采用有缝钢管，故常常将有缝钢管称为水、煤气管。因为钢铁和铁合金均称为黑色金属，所以焊接钢管又称为黑铁管。将黑铁管镀锌后就叫镀锌管或白铁管，镀锌管既可以防锈又可以保护水质，在空调工程水系统中广泛应用。

空调水系统，当管径$< DN125$mm时可采用镀锌钢管（有缝钢管），当管径$> DN125$mm时采用无缝钢管。高层建筑的冷（热）水管，宜选用无缝钢管。常用钢管规格见表1-1。

表1-1 空调水系统常用钢管规格表

公称直径DN		普通镀锌管			无缝钢管		
mm	in	外径/mm	壁厚/mm	不镀锌理论质量/(kg/m)	外径/mm	壁厚/mm	质量/(kg/m)
8	1/4	13.5	2.25	0.62			
10	3/8	17	2.25	0.82	14	3	0.814
15	1/2	21.25	2.75	1.25	18	3	1.11
20	3/4	26.75	2.75	1.63	25	3	1.63
25	1	33.5	3.25	2.42	32	3.5	2.46
32	1¼	42.25	3.25	3.13	38	3.5	2.98
40	1½	48	3.5	3.84	45	3.5	3.53
50	2	75.5	3.75	4.88	57	3.5	4.62
65	2½	75.5	3.75	6.64	76	4	7.1
80	3	88.5	4	8.34	89	4	8.38
100	4	114	4	10.85	108	4	10.26
125	5	140	4.5	15.04	133	4	12.73
150	6	165	4.5	15.04	133	4	12.73
200	8				219	6	31.54
250					273	7	45.92
300					325	8	62.54
400					426	9	92.55
500					530	9	105.50

（3）钢管配件

在中央空调水系统的安装中，管道除直通部分外，还要有分支转弯和变径等，因此要有各种不同的管子连接配件与管子配合使用。对于小管道的螺纹连接，配件种类较多；对于大管径的焊接，则相对少许多。

对于套螺纹连接的管配件有以下几种：

① 管路延长连接配件：管箍、对丝。

② 管路分支连接配件：三通、四通。

③ 管路转弯连接配件：90°弯头、45°弯头。

④ 节点连接用配件：活接头、带螺纹法兰盘。

⑤ 管路变径用配件：补芯、大小头。

⑥ 管子堵口用配件：丝堵。

焊接钢管的常用配件有：

① 连接用配件：法兰。

② 管子转弯用配件：弯头。

2. 化学管材

化学管材由于具有安装重量轻，管道清洁、不生锈、耐腐蚀、安装简便等优点，现在在中央空调工程安装，特别是在一些小型的安装中应用越来越多；但此类管材在使用中也有它的一些缺点，如：由于柔韧性大，因此安装吊架间距远小于钢管，而且价格较高（尤其是管配件）。

（1）聚乙烯水管（PE管）

PE最广泛的用途是用来制作燃气和水的管线，在许多国家，PE已经成为制作这类管线的主导材料。在民用建筑和工业管路系统中也使用到了PE管。它的优点有：重量轻、良好的柔韧性、管内摩擦损失小、塑性断裂特性弱、脆裂温度低、耐化学腐蚀性好。

（2）聚丙烯管材（PP-R管）

PP-R管是国际上20世纪90年代开发的新型化学建材，具有卫生、质轻、耐压、耐腐蚀、阻力小、隔热保温、安装方便、使用寿命长、废料可回收等优点。在工程中选用时，注意选用的管材应符合设计的规格和允许压力等级的要求。

（3）管材配件

化学管材大多都是采用热熔连接的方式，在安装施工的过程中，需要大量各种规格和用途的管配件，如：专用阀件、三通（同径和变径）、弯头、活接头、变径衬套等。

（4）化学管道支架间距

化学管材由于柔韧性较钢管大，且输送热流体时受热柔性增大，故管道支架间距较钢管小许多，可参考表1-2和表1-3所列内容。

表1-2 化学管道立管支架的最大间距 mm

管道外径 D_g			20	25	32	40	50	63
立管	最大间距	冷水管	1000	1200	1500	1700	1800	2000
		热水管	900	1000	1200	1400	1600	1800

表1-3 化学管道横管支架的最大间距 mm

管道外径 D_g			20	25	32	40	50	63
横管	最大间距	冷水管	650	800	950	1100	1250	1400
		热水管	500	600	700	800	900	1000

注：1. 冷、热水共用支、吊架时应根据热水管支、吊架间距确定；不同材质管道共用支、吊架时应根据间距小的管道的支、吊架间距确定。

2. 以上间距为施工中的最低要求，在施工时，还要考虑管材生产厂家的技术要求，及当地建设厅和质量技术监督局制定的该类管材的地方安装技术规程中的要求。

二、板材

1. 金属材料

常见的有普通酸洗薄钢板（俗称黑铁皮）、镀锌钢板（俗称白铁皮）、塑料复合钢板、不锈钢复合钢板和铝板等几类。

（1）薄钢板

镀锌薄钢板是空调工程中使用最为广泛的一种风管制作材料，用于制作风管及弯头、三通等配件，不同规格的风管所采用的钢板厚度参见表1-4。镀锌薄钢板表面的锌层有防锈性能，使用时应注意保护镀锌层；酸洗薄钢板即普通薄钢板，具有良好的加工性能和结构强度，但表面易生锈，应刷油漆进行防腐。通风工程所用薄钢板，要求表面光滑平整，厚薄均匀，允许有紧密的氧化薄膜，但不得有裂纹、结疤等缺陷。

表1-4 一般送、排风风管薄钢板最小厚度 mm

矩形风管最长边长度或圆形风管直径	钢板厚度		
	输送空气		输送烟气
	风管无加强构件	风管有加强构件	
小于450	0.5	0.5	1.0
450～1000	0.8	0.6	1.5
1000～1500	1.0	0.8	2.0
大于1500	根据实际情况		

注：1. 以上为提供的参考厚度，具体施工时，要满足《暖通空调施工及验收规范》中对钢板厚度的要求。
2. 用于排除腐蚀性气体时，风管壁厚除满足强度要求外，还应考虑腐蚀余量，风管壁厚一般不小于2mm。

（2）不锈钢板

具有耐锈耐酸能力，常用于化工环境中需耐腐蚀的通风系统。为了不影响不锈钢板的表面质量（主要是耐腐蚀性能），一定要注意在加工和堆放时，不使表面划伤或擦毛，避免与碳素钢材接触，以保护其表面形成的钝化膜不受破坏。其厚度可参考表1-5所列内容。

表1-5 不锈钢风管厚度 mm

圆管直径或矩形长边尺寸	板材厚度	圆管直径或矩形长边尺寸	板材厚度
100～500	0.5	1250～2000	1.0
560～1120	0.75		

（3）铝板

加工性能好、耐腐蚀，摩擦时不易产生火花，常用于通风工程的防爆场所。铝板表面应避免刻划和拉毛，放样划线时不能使用划针。铝板铆接加工时不能用碳素钢铆钉代替铝铆钉。铝板风管用角钢作法兰时，必须作防腐蚀绝缘处理，铝板焊接后应用热水洗刷焊缝表面的焊渣残药。其厚度可参考表1-6所列内容。

表1-6 铝板风管厚度 mm

圆管直径或矩形长边尺寸	厚　度	圆管直径或矩形长边尺寸	厚　度
≤200	1.0～1.5	800～1000	2.5～3.0
250～400	1.5～2.0	1250～2000	3.0～3.5
500～630	2.0～2.5		

2. 非金属材料

（1）硬聚氯乙烯塑料板

适用于酸性腐蚀作用的通风系统，具有表面光滑、制作方便等优点。但不耐高温、不耐寒，只适用于0～60℃的空气环境，在太阳辐射作用下易脆裂。

(2) 玻璃钢

无机玻璃钢风管是以中碱玻璃纤维作为增强材料，用十余种无机材料科学地配成黏结剂作为基体，通过一定的成型工艺制作而成。具有质轻、高强度、不燃、耐腐蚀、耐高温、抗冷融等特性。保温玻璃钢风管可将管壁制成夹层，夹层厚度根据设计而定。夹心材料可采用聚苯乙烯、聚氨酯泡沫塑料、蜂窝纸等。玻璃钢风管与配件的壁厚应符合表1-7所示的规定。

表1-7 玻璃钢风管与配件的壁厚 mm

圆形风管直径或矩形风管长边尺寸	壁厚	圆形风管直径或矩形风管长边尺寸	壁厚
≤200	1.0～1.5	800～1000	2.6～3.0
250～400	1.5～2.0	1250～2000	3.0～3.5
500～630	2.0～2.5		

(3) 玻璃纤维复合风管

玻璃纤维复合风管是将熔融玻璃纤维化，并施以热固性树脂为主的环保型配方黏合剂加工而成的板材。具有防火、防菌、抗霉和消音的作用。

三、型钢

在空调工程中，型钢主要用于制造设备框架，风管法兰盘，加固圈以及管路的支架、吊架、托架等。常用的型钢种类有：扁钢、角钢、圆钢、槽钢和H型钢。扁钢及角钢用于制作风管法兰及加固圈（表1-8和表1-9）；槽钢主要用于制作箱体、柜体的框架结构及风机等设备的机座（表1-10）；圆钢主要用于制作吊架拉杆、管道卡环以及散热器托钩（表1-11）；H型钢用于制作大型袋式除尘器的支架。

表1-8 扁钢规格和质量表

厚度/mm	宽度/mm																
	10	12	14	16	18	20	22	25	28	30	32	36	40	45	50	56	60
	理论质量/(kg/m)																
3	0.24	0.28	0.33	0.38	0.42	0.47	0.52	0.59	0.66	0.71	0.75	0.85	0.94	1.06	1.18	1.32	1.41
4	0.31	0.38	0.44	0.50	0.57	0.63	0.69	0.79	0.88	0.94	1.01	1.13	1.26	1.41	1.57	1.76	1.88
5	0.39	0.47	0.55	0.63	0.71	0.79	0.86	0.98	1.10	1.18	1.25	1.41	1.57	1.73	1.96	2.20	2.36
6	0.47	0.57	0.66	0.75	0.85	0.94	1.04	1.18	1.32	1.41	1.50	1.69	1.88	2.12	2.36	2.64	2.83
7	0.55	0.66	0.77	0.88	0.99	1.10	1.21	1.37	1.54	1.65	1.76	1.97	2.20	2.47	2.95	3.08	3.30
8	0.63	0.75	0.88	1.00	1.13	1.26	1.38	1.57	1.76	1.88	2.01	2.26	2.51	2.83	3.14	3.52	3.77
9	—	—	—	1.15	1.27	1.41	1.55	1.77	1.98	2.12	2.26	2.51	2.83	3.18	3.53	3.95	4.24
10	—	—	—	1.26	1.41	1.57	1.73	1.96	2.20	2.36	2.54	2.82	3.14	3.53	3.93	4.39	4.71

注：通常长度为3～9m。

表1-9 等边角钢规格和质量表

尺寸/mm		理论质量/(kg/m)	尺寸/mm		理论质量/(kg/m)
边宽	厚		边宽	厚	
20	3	0.889	40	3	1.852
	4	1.145		4	2.422
25	3	1.124		5	2.976
	4	1.459	45	3	2.088
30	3	1.373		4	2.736
	4	1.786		5	3.369
36	3	1.656		6	3.985
	4	2.163	50	3	2.332
	5	2.654		4	3.059

续表

尺寸/mm		理论质量/(kg/m)	尺寸/mm		理论质量/(kg/m)
边宽	厚		边宽	厚	
50	5	3.770	70	5	5.397
	6	4.465		6	6.406
56	3	2.624		7	7.398
	4	3.446		8	8.373
	5	4.251	75	5	5.818
	6	6.568		6	6.905
63	4	3.907		7	7.976
	5	4.822		8	9.030
	6	5.721		10	11.089
	8	7.469	80	5	6.211
70	4	4.372		8	9.658

注：通常长度为边宽 20～40mm，长 3～9m；或边宽 45～80mm，长 4～12m。

表 1-10　槽钢规格

型号	尺寸/mm			理论质量/(kg/m)
	h(高度)	b(腿宽)	d(腰厚)	
5	50	37	4.5	5.44
6.3	63	40	4.8	6.63
8	80	43	5	8.04
10	100	48	5.3	10
12.6	126	53	5.5	12.37
14a	140	58	6	14.53
14b	140	60	8	16.73
16a	160	63	6.5	17.23
16b	160	65	8.5	19.74
18a	180	68	7	20.17
18b	180	70	9	22.99
20a	200	73	7	22.63
20b	200	75	9	25.77

表 1-11　圆钢质量表

直径/mm	允许偏差/mm	理论质量/(kg/m)	直径/mm	允许偏差/mm	理论质量/(kg/m)
5	0.4	0.154	20	±0.4	2.470
6		0.222	22	±0.5	2.980
8		0.395	25		3.850
10		0.617	28		4.830
12		0.888	32		6.310
14		1.210	36	±0.6	7.990
16		1.580	38		8.900
18		2.000	40		9.870

注：轧制的圆钢有盘条和直条两种，一般直径 5～12mm 为盘条；对于直条，直径≤25mm 的长为 4～10m，直径≥26mm 的长为 3～9m。

四、阀门

阀门安装在空调系统的冷冻水或冷却水管道系统中，主要用来开启、关闭以及调节冷冻水或冷却水流量和压力等参数，它一般由阀体、阀瓣、阀盖、阀杆及手轮等部件组成。

1. 电动阀

空调水管路常用的电动阀有电动两通阀、电动三通阀，如图 1-1（a）、（b）所示。电动蝶阀是根据联锁及控制要求，自动切换或与其他设备联锁开启及关闭的。对于要求不高的工程，有时也采用电动蝶阀来调节。

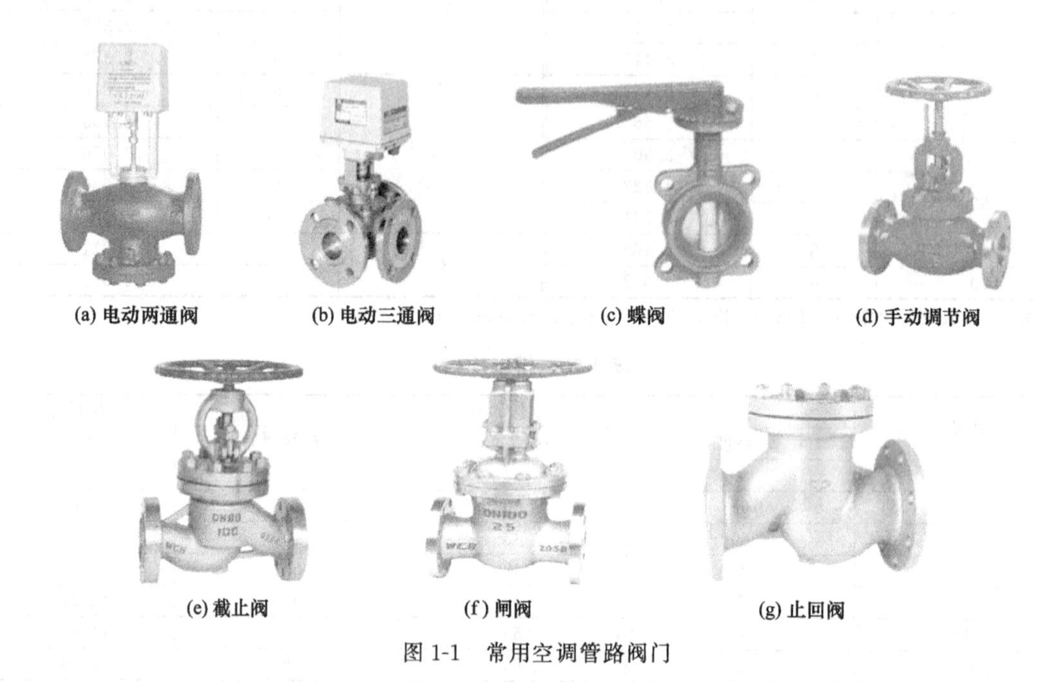

(a) 电动两通阀　(b) 电动三通阀　(c) 蝶阀　(d) 手动调节阀

(e) 截止阀　(f) 闸阀　(g) 止回阀

图 1-1　常用空调管路阀门

电磁阀依靠电磁铁的吸合及断开来开启和关闭，只用于小口径（$D \leqslant 100$mm）的管道上。

2. 手动阀

（1）蝶阀

通过手柄或手轮来调节阀板的角度使之在 0～90°范围内变化，从而实现对流量的调节和开启、关断的目的。具有结构简单、价格低、体积小、调节灵活等特点。一般最小规格为 DN50mm，如图 1-1（c）所示。

（2）调节阀

又称流量平衡阀，简称平衡阀，它采用锥形或圆柱形阀芯结构，并具备初调试和关断两个功能。采用平衡阀时，要与专用智能仪表配套使用，如图 1-1（d）所示。

（3）截止阀

它的阀芯为圆盘式，其调节性能比前两种手动阀差得多，不宜作为初调试使用，通常用作开启和关闭，如图 1-1（e）所示。主要用于热水供应及高压蒸汽管道中，其特点是：结构简单，严密性高，制造维修方便，阻力比较大。

由于水流在流经截止阀时要由下向上转弯改变流向，因此水流的阻力较大，同时决定了截止阀的安装具有方向性，要注意水流的“低进高出”，方向不能反。

（4）闸阀

广泛用于冷、热水管道系统中，利用闸板的升降来控制阀门的开闭，水流通过阀门时流向不变，因此阻力小，如图 1-1（f）所示。闸阀与截止阀相比，优点是在开启和关闭时更省力，水阻小，阀体短，安装时没有要求；缺点是严密性差，尤其是启闭频繁时，闸板与阀座之间密封面受磨损，导致关闭不严。因此闸阀一般只作为截断装置，即只适用于完全开启或完全关断的管路中，不适合用于需要调节开度大小和启闭频繁的管道上。

对于水泵的出口阀门，采用调节阀和蝶阀从技术和经济上看都是合理的；而对于水泵的入口阀门，仅在检修过程中使用，因要求阻力小，故采用闸阀更为经济合理。

3. 止回阀

又称逆止阀、单向阀，如图 1-1（g）所示。它是一种根据阀瓣前后的压力差而自动启闭的阀门。它有严格的方向性，只允许液流向一个方向流动，用于不让液流倒流的管道上。常用于水泵的出口管道上，作为停泵时的保护装置。根据结构不同，可分为升降式和旋启式。

空调管道阀门选型原则见表 1-12。

表 1-12　空调管道阀门选型原则

项　目	序号	选型原则
阀门选型设计	1	冷冻水机组、冷却水进出口设计用蝶阀
	2	水泵前用蝶阀、过滤器，水泵后用止回阀、蝶阀
	3	控制集、分水器之间压差用旁通阀
	4	集、分水器进、回水管用蝶阀
	5	水平干管用蝶阀
	6	空气处理机组用闸阀，过滤器用电动两通或三通阀
	7	风机盘管用闸阀（或加电动两通阀）
一般采用蝶阀时，口径小于 150mm 时采用手柄式蝶阀（D71X、D41X）；口径大于 150mm 时采用蜗轮传动式蝶阀（D371X、D341X）		
选用阀门注意事项	1	减压阀、平衡阀等必须加旁通
	2	全开全闭最好用球阀、闸阀
	3	尽量少用截止阀
	4	阀门的阻力计算应当引起注意
	5	电动阀一定要选好的
止回阀设置注意事项		
止回阀设置要求	1	引入管上
	2	密闭的水加热器或用水设备的进水管上
	3	水泵出水管上
	4	进、出水管合用一条管道的水箱、水塔、高地水池的出水管段上
	装有管道倒流防止器的管段，不需再装止回阀	
止回阀的阀型选择	应根据止回阀的安装部位、阀前水压、关闭后的密闭性能要求和关闭时引发的水锤大小等因素确定，应符合下列要求：	
	1	阀前水压小的部位，宜选用旋启式、球式和梭式止回阀
	2	关闭后密闭性能要求严密的部位，宜选用有关闭弹簧的止回阀
	3	要求削弱关闭水锤的部位，宜选用速闭消音止回阀或有阻尼装置的缓闭止回阀
	4	止回阀的阀瓣或阀芯，应能在重力或弹簧力作用下自行关闭

另外，阀门按照承压能力可分为：低压阀门≤1.6MPa，中压阀门 2.5～6.4MPa，高压阀门 10～80MPa，超高压阀门＞100MPa。一般的中央空调系统所采用的阀门多为低压阀门。中压、高压和超高压阀门通常应用于各种工业管道，如石油化工行业、大型火力发电厂等的管道。

五、风阀

风阀在空调、通风系统中根据不同的作用和用途，常用的有蝶阀、止回阀、对开式多叶调节阀、三通调节阀以及防烟防火调节阀等。

1. 蝶阀

一般有圆形和矩形的各种规格，通过操作手柄调节，使阀板的开启角度在0°～90°范围中变化，从而达到关闭或调节风量的目的，如图1-2（a）所示。

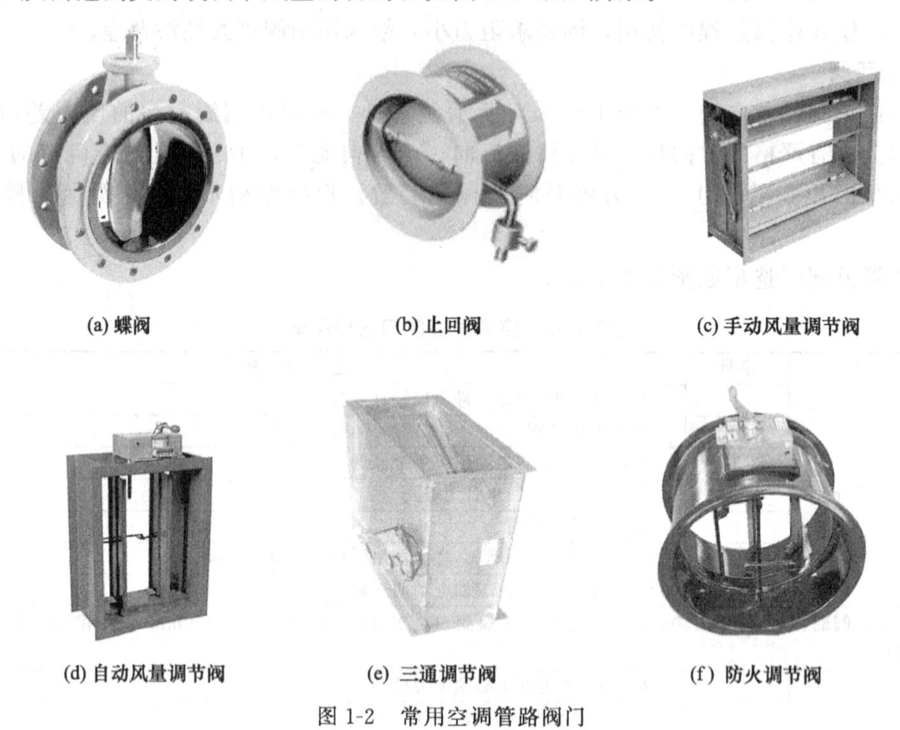

(a) 蝶阀　(b) 止回阀　(c) 手动风量调节阀

(d) 自动风量调节阀　(e) 三通调节阀　(f) 防火调节阀

图1-2　常用空调管路阀门

2. 止回阀

风道中安装止回阀主要是防止风机停机后气体倒流，根据安装方式的不同，分垂直安装和水平安装两种，如图1-2（b）所示。

3. 风量调节阀

风量调节阀用来在空调系统管道中调节支管的风量，也可用于新风与回风的混合调节。通过调整风阀的叶片的开启角度控制风量，叶片在可调节的范围内任意位置均可固定，阀体一般通过法兰与风管连接。分手动和电动两种，如图1-2（c）、（d）所示。

① 手动对开多叶调节阀是通过与操作手柄相连的连杆机构，操纵对开多层叶片的开合角度来控制风量。

② 电动对开多叶调节阀是在手动调节阀的基础上，增加了电动执行机构，通过电机调节叶片的开启来控制风量。

4. 三通调节阀

一般安装于空调风管系统的三通管、直通管和分支管中，可通过手柄调节阀叶的角度自由地控制主风管和支风管之间的风量配给，如图1-2（e）所示。此类阀件对系统的风量平衡调节起到了较好的作用。

5. 防烟防火调节阀

对于从空调机房出来的主风管、穿越楼板的风管以及当风管跨越防火分区时，消防规定必须在风管上安装防火阀，以防止在发生火灾时，火势顺着风管蔓延。防火阀安装后，叶片一般保持开启状态，当通过防火阀的气流温度超过防火阀的易熔片熔断温度时，防火阀关闭，阻断气流，防止高温气流和火焰蔓延。防火阀的熔断温度是 70℃，防烟防火阀的熔断温度是 280℃。防火调节阀在以上特点的基础上，一般在 0°～90°范围内有几挡可调节风量，如图 1-2（f）所示。

六、风口

风口作为空调系统的末端设备，在整个系统起着重要的作用。根据空调精度、气流型式、风口安装位置以及建筑室内装修的艺术配合等多方面的要求，可以选用不同形式的送风口和回风口。下面对几种常用的送风口和回风口型式及构造作一简单介绍。

1. 送风口

（1）侧送风口

在房间内横向送出气流的风口叫侧面送风口，或简称侧送风口。这类风口中，用得最多的是百叶型送风口。百叶风口中的百叶片做成活动可调的，既能调节风量，又能调节风向。为满足不同的调节性能要求，可将百叶片做成多层，每层有各自的调节功能。除了百叶型送风口外，还有格栅型送风口和条缝型送风口。常用侧送风口形式见表 1-13。

表 1-13　常用侧送风口形式

风口图示	射流特点及应用范围
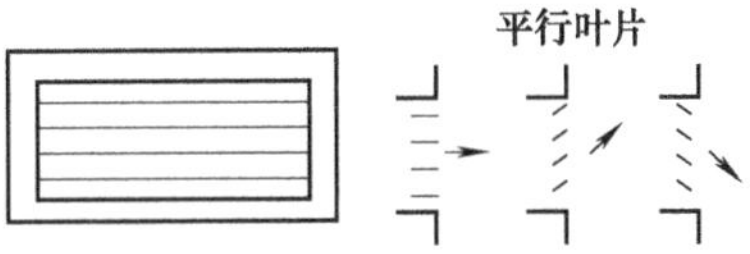 平行叶片	单层百叶送风口 叶片可活动，可根据冷、热射流调节送风的上下部倾角，用于一般空调工程
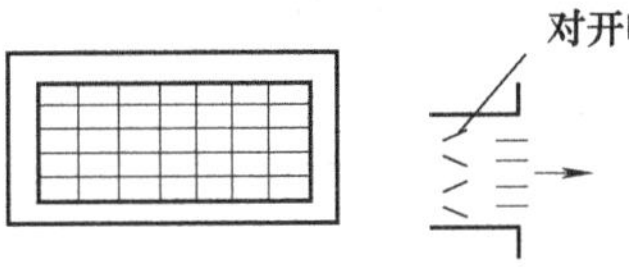 对开叶片	双层百叶送风口 叶片可活动，内层对开叶片用以调节风量，用于较高精度空调工程
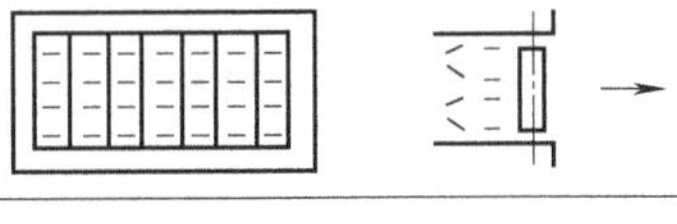	三层百叶送风口 叶片可活动，对开叶片用以调节风量，平行叶片和垂直叶片分别调节上、下部倾角和射流扩散角，用于高精度空调工程
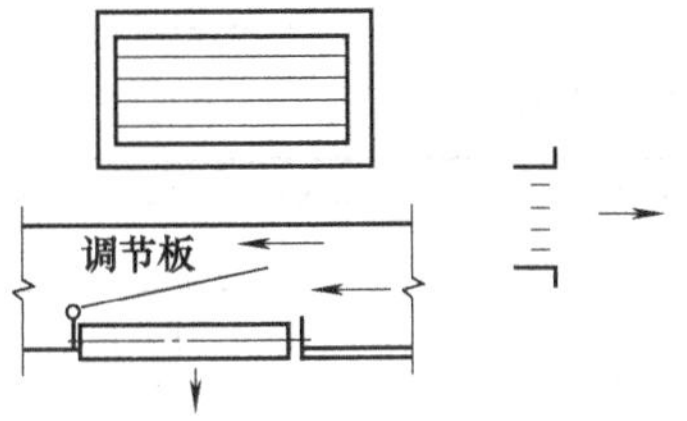 调节板	带调节板活动百叶送风口 通过调节板调整风量，用于较高精度空调工程
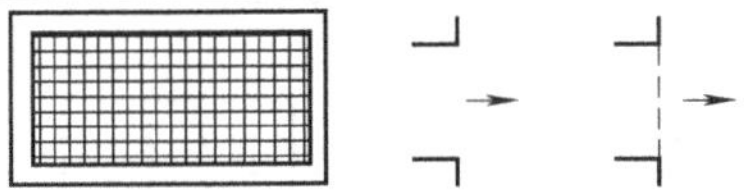	格栅百叶送风口 叶片或空花图案的格栅，用于一般空调工程
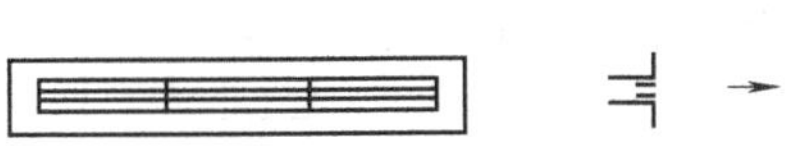	条缝形格栅百叶送风口 常配合静压箱（兼作吸音箱）使用，可作为风机盘管、诱导器的出风口，适用于一般精度的民用建筑空调工程
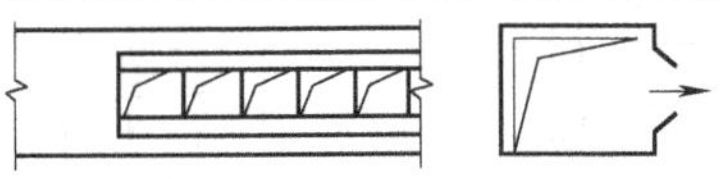	带出口隔板的条缝形风口 常用于工业车间截面变化均匀的送风管道上，用于一般精度的空调工程

(2) 散流器

散流器是安装在顶棚上的送风口，其自上而下送出气流。散流器的形式很多，有盘式散流器、直片式散流器、流线型散流器等，可以形成平送和下送流型。另外从外观上分，有圆形、方形和矩形三种。常用散流器形式见表1-14。表1-15所列为矩形散流器形式及其在房间内的布置示意。

表1-14 常用散流器形式

风口图示	风口名称及气流流型
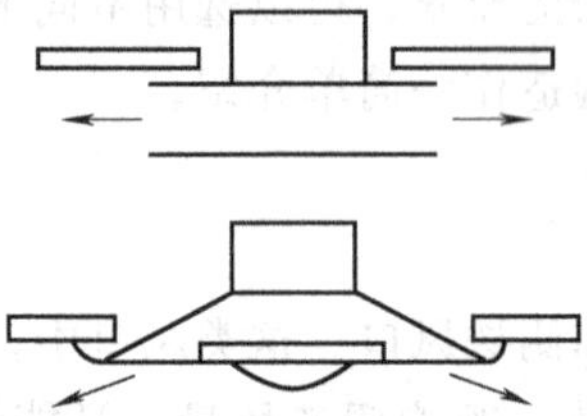	盘式散流器 属平送贴附流型，用于层高较低的房间挡板上，可贴吸声材料，能起到消音作用
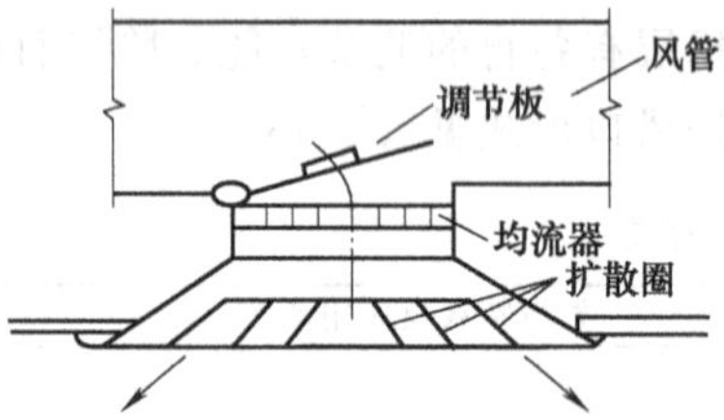 风管 调节板 均流器 扩散圈	直片式散流器 属平送贴附流型或下送扩散流型（降低扩散圈在散流器中的相对位置时可得到平送流型，反之则可得到下送流型）
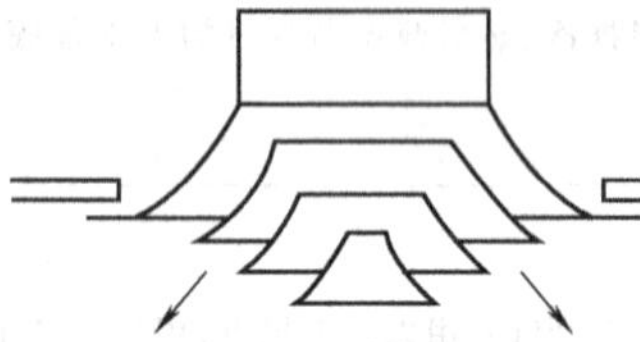	流线型散流器 属下送扩散流型，适用于净化空调工程
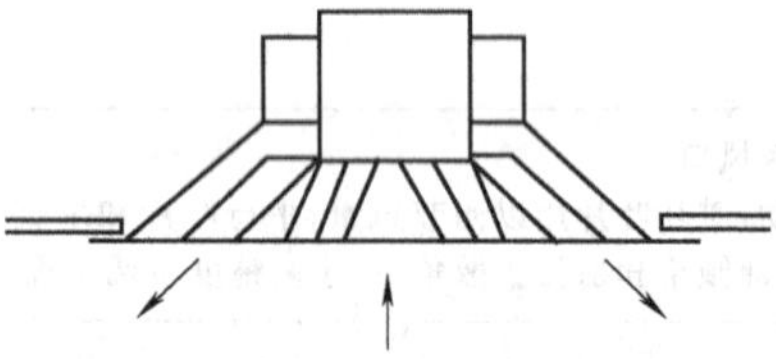	送吸式散流器 属平送贴附流型，可将送、回风口结合在一起

表1-15 矩形散流器形式及其在房间内的布置示意

散流器形式	在房间内位置及气流方向	散流器形式	在房间内位置及气流方向
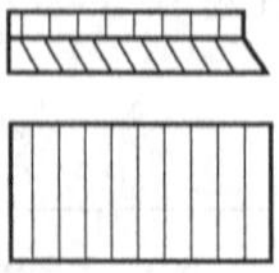	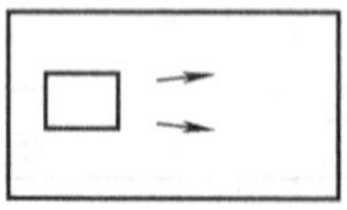	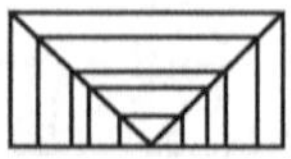	
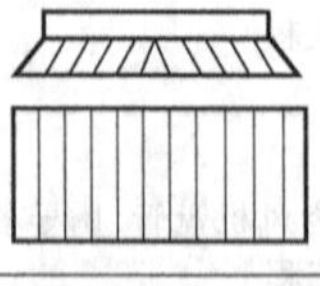	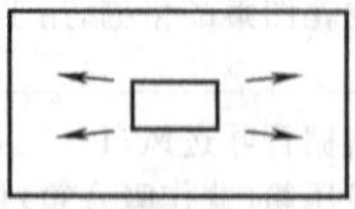	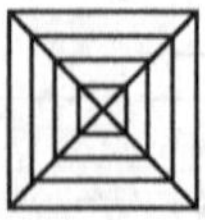	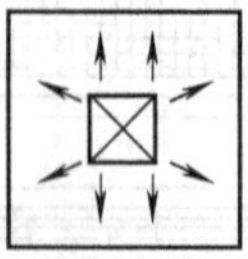
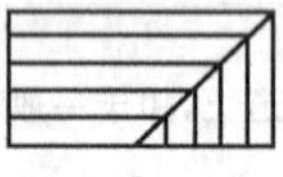	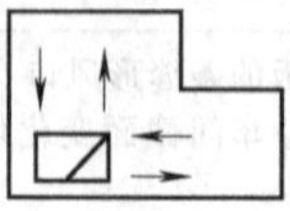	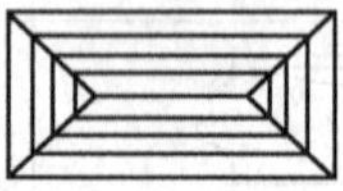	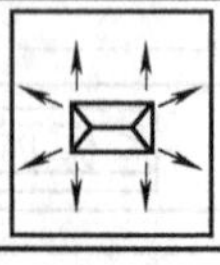

(3) 喷射式送风口

喷射式送风口在工程上简称喷口，它是一个渐缩圆锥台形短管。根据其形状，分为圆形喷口、矩形喷口和球形旋转风口，如图 1-3 所示。喷口的渐缩角很小，风口无叶片阻挡，送风噪声低而射程长，适用于大空间公共建筑，如体育馆、电影院等。

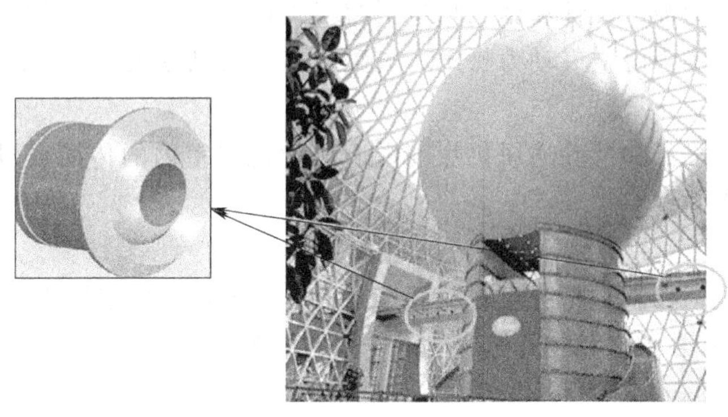

图 1-3　喷射式送风口

(4) 孔板送风口

孔板送风口实际上是一块开有若干小孔的平板，在房间内既作送风口用，又作顶棚用，如图 1-4 所示。空气由风管进入楼板与顶棚之间的空间，在静压作用下再由孔口送入房间。其最大特点是送风均匀、气流速度衰减快、噪声小，多用于要求工作区气流均匀、区域温差较小的房间和车间。

2. 回风口

回风口附近气流速度衰减迅速，对室内气流的影响不大，因而回风口构造比较简单，类型也不多，多采用固定百叶型。有的只在孔口上装金属网格，以防杂物被吸入；也有的为了适应建筑装饰的需要，在孔口上装各种颜色图案的格栅。还有一种专用于地面回风的蘑菇形回风口，如图 1-5 所示。

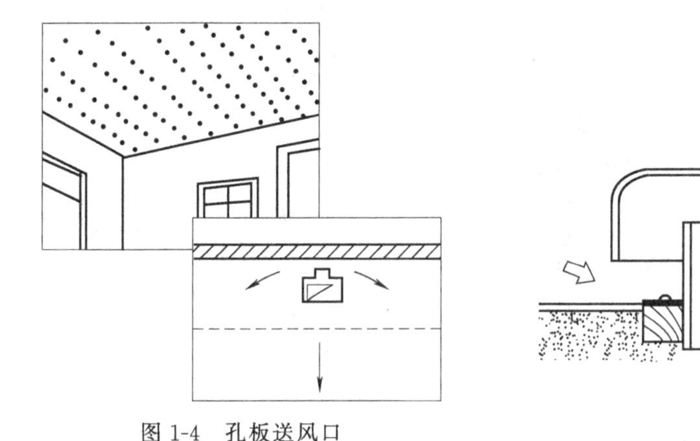

图 1-4　孔板送风口

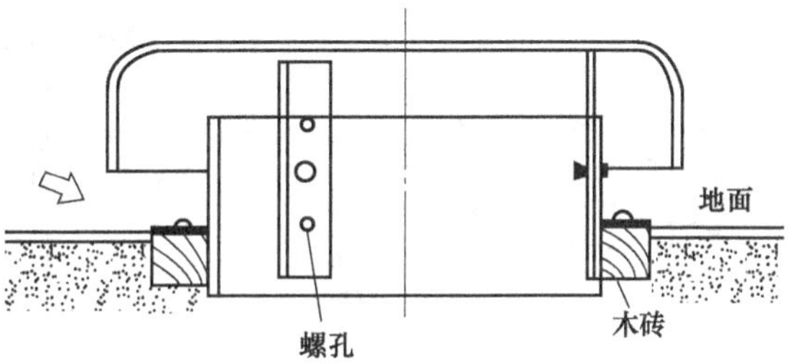

地面

螺孔

木砖

图 1-5　蘑菇形回风口

回风口的形状和位置根据气流组织要求而定，多装在顶棚和侧墙上。若设在侧墙上靠近房间下部时，为避免灰尘和杂物被吸入，风口下缘应离地面至少 0.15m。

回风口的形式可以很简单，但要求应有调节风量的装置。回风口的吸风速度：回风口位于房间上部时，吸风速度取 4.0～5.0m/s；回风口位于房间下部时，若不靠近人员经常停留的地点，则取3.0～4.0m/s；若靠近人员经常停留的地点，则取1.5～2.0m/s；若用于走廊回风时，则取1.0～1.5m/s。

七、消声器

通风空调系统中的消声设计和施工均应引起工程技术人员重视。影响空调房间的主要噪声源是风机，风机的噪声由空气动力噪声、电磁噪声以及机械噪声组成，其中以空气动力噪声为主要因素。

消声器的作用是降低和消除通风机噪声沿通风管道向室内的传播或对周围环境的影响。常用消声装置有以下几种。

1. 管式消声器

最简单的管式消声器就是把吸声材料固定在风管内壁，构成阻性管式消声器。它依靠吸声材料的吸声作用来消声，对中、高频噪声的消声效果显著，但对低频噪声的消声效果较差。

金属微穿孔板管式消声器属复合式消声器，具有消声效果好、消声频程宽、空气阻力小、自身不起尘等优点，已在国内广泛使用。

2. 消声弯头

消声弯头的特点是构造简单，价格便宜，占用空间少，噪声衰减量大。与其他同样长度的消声器比较，消声弯头对低频部分的消声效果好，阻力损失小，是降低风机产生的中低频噪声的有效措施之一。

消声弯头的结构如图1-6所示。其中：图（a）所示是基本型，弯头内表面粘贴有吸声材料；图（b）所示是改良型，弯头外缘由穿孔板、吸声材料和空腔组成。

3. 消声静压箱

如图1-7所示，在风机出口处设置内壁粘贴有吸声材料的静压箱，它既可以起稳定气流的作用，又可以起消声器的作用。

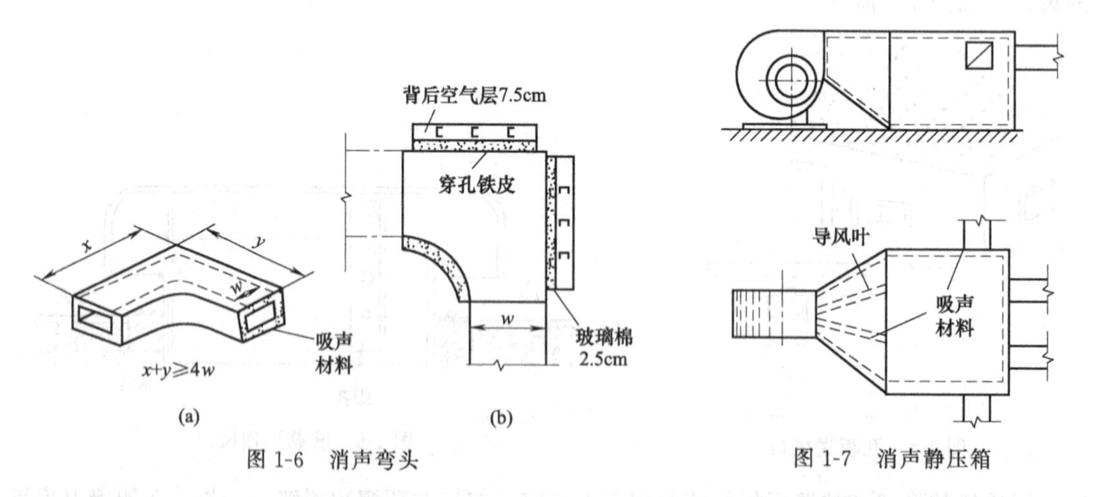

图1-6 消声弯头

图1-7 消声静压箱

八、水泵

通常空调水系统所用的循环泵均为离心式水泵。按水泵的安装形式来分，有卧式泵、立式泵和管道泵；按水泵的构造来分，有单吸泵和双吸泵。

卧式泵是最常用的空调水泵，其结构简单，造价相对低廉，运行稳定性好，噪声较低，减振设计方便，维修比较容易，但需占用一定的面积，如图1-8所示。当机房面积较为紧张时，可采用立式泵，如图1-9所示。由于电机设在水泵的上部，其高宽比大于卧式泵，因而运行的稳定性不如卧式泵，减振设计相对困难，维修难度比卧式泵大一些，在价格上一般高于卧式泵。

图1-8　卧式泵

图1-9　立式泵

管道泵是立式泵的一种特殊形式，其最大的特点是可以直接连接在管道上，因此不占用机房面积。但也要求它的重量不能过大。国产的管道泵电机容量不超过30kW。

单吸泵的特点是水从泵的中轴线流入，经叶轮加压后沿径向排出，它的水力效率不可能太高，运行中存在着轴向推力。这种泵制造简单，价格较低，因而在空调工程中得到了较广泛的应用。双吸泵采用叶轮两侧进水（图1-10），其水力效率高于同参数的单吸泵，运行中的轴向不平衡力也得以消除。这种泵的构造较为复杂，制造的工艺要求高，价格较贵。因此，双吸泵常用于流量较大的空调水系统。

九、通风机

风机是为空调风系统提供动力的设备，按工作原理不同可分为离心式、轴流式和贯流式风机。目前在通风和空调工程中大量使用的是离心式通风机和轴流式通风机，贯流式风机主要用于空气幕、壁挂式风机盘管机组和分体式房间空调器的室内机等。

图1-10　双吸泵

1. 离心式通风机

离心式通风机构造如图1-11所示，它一般由集流器、叶轮、机壳、传动部件四个基本机件组成。气流由轴向吸入，经90°转弯，在离心力作用下，空气不断地流向叶片，叶片将外力传递给空气而做功，空气因而获得压能和动能，并由蜗壳出口甩出。根据风机提供的全压不同分为高、中、低压三类：高压$p>3000$Pa；中压$1000\text{Pa}<p\leqslant 3000$Pa；低压$p\leqslant 1000$Pa。离心式风机可以用于低压或高压送风系统，特别适用于要求低噪声和高风压的系统。

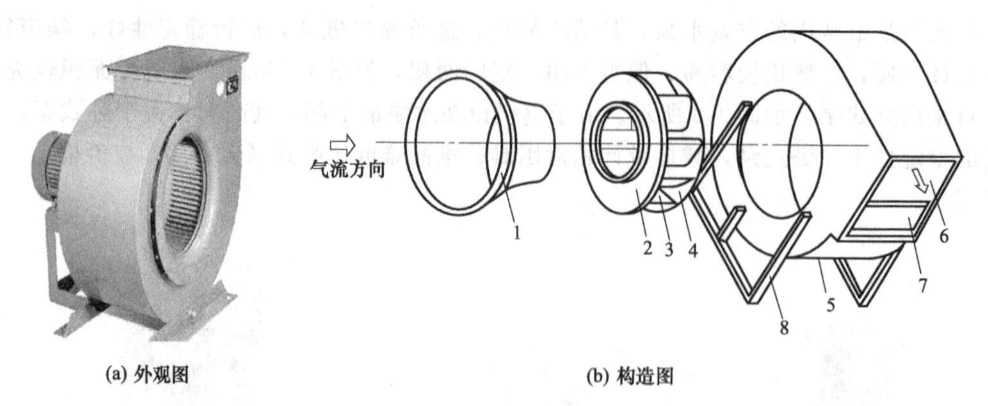

(a) 外观图　(b) 构造图

图 1-11　离心式通风机

1—吸气口；2—叶轮前盘；3—叶片；4—叶轮后盘；5—机壳；6—排气口；7—截流板（风舌）；8—支架

2. 轴流式通风机

如图 1-12 所示为空调用轴流式风机，它由集流器、叶轮、圆筒形外壳、电动机、扩散筒和机架等组成。叶轮由轮毂和铆在上面的叶片构成，叶片与轮毂平面安装成一定的角度。当叶轮旋转时，由于叶片升力的作用，空气从集流器被吸入叶轮并获得能量，且在出口与进口截面之间产生压力差，促使空气不断地被压出。扩散筒的作用是将气流的部分动能转变为压力能。由于空气的吸入和压出是沿风机轴线方向进行的，因此称为轴流式风机。根据风机提供的全压不同分为高、低压两类：高压 $p \geqslant 500\text{Pa}$；低压 $p < 500\text{Pa}$。轴流式风机的叶片有板型、机翼型等多种，叶片根部到梢常是扭曲的，有些叶片的安装角度是可以调整的，通过调整安装角度来改变风机的性能。

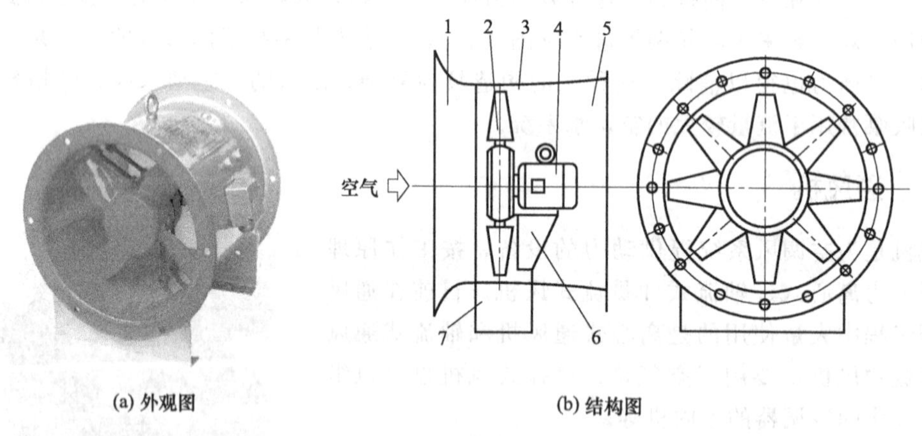

(a) 外观图　(b) 结构图

图 1-12　空调用轴流式风机

1—集流器；2—叶轮；3—圆筒形外壳；4—电动机；5—扩散筒；6—机架；7—支架

轴流风机占地面积小、便于维修、风压较小、噪声较大、耗电较小，多用于噪声要求不高、空气处理室阻力较小的大风量系统。

轴流式风机与离心式风机在性能上最主要的差别是前者产生的全压较小，后者产生的全压较大。因此，轴流式风机只适用于无需设置管道或管道阻力较小的系统，而离心式风机则往往用于阻力较大的系统中。排风排烟风机可选用离心风机或者排烟轴流式风机。风量应考虑 10%～30%的漏风量，风压应满足排烟系统最不利环路的要求。

3. 贯流式风机

贯流式风机是将机壳部分敞开，使气流直接径向进入风机，气流横穿叶片两次后排出。它的叶轮一般是多叶式前向叶型，两个端面封闭，流量随叶轮宽度增大而增加。贯流式风机的全压系数较大，效率较低，其进、出口均为矩形，易与建筑配合。目前大量应用于大门空气幕等设备产品中，结构如图 1-13 所示。

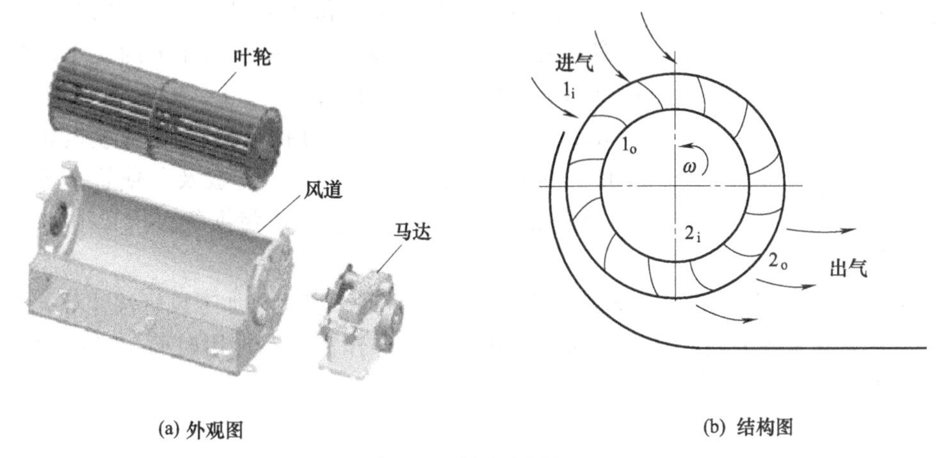

(a) 外观图　　(b) 结构图

图 1-13　贯流式风机

第二节　常用工具

一、管子切割机具

1. 割管器

割管器是专门用于切断铜管、铝管等金属管的工具。割管器的割管直径一般为 3～35mm。其结构如图 1-14 所示，由割刀 1、支撑滚轮 2 和调整旋钮 3 组成，通过旋动调整旋钮，可以调整割刀和支撑滚轮间的距离，以适应不同管径的管子。

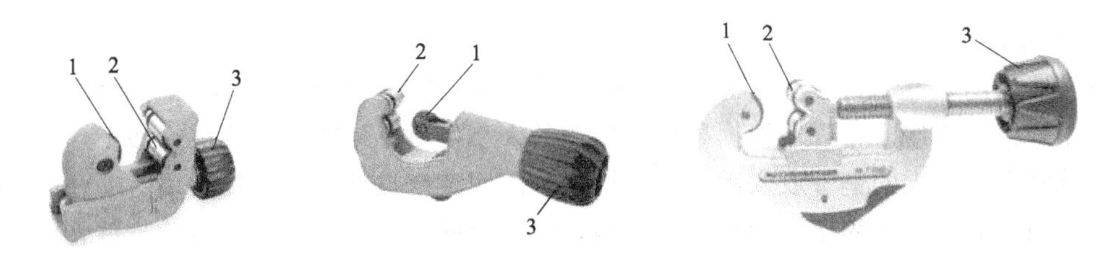

图 1-14　割管器

1—割刀；2—支撑滚轮；3—调整旋钮

割管器的使用方法是将管子放置在滚轮与割刀之间，管子的侧壁要贴紧两个滚轮的中间位置，调整旋钮使割刀的刀口与管子垂直夹紧，然后旋动调整旋钮，使割刀的刀刃切入管壁，随即均匀地将割管器环绕管子旋转，环绕一圈后再旋动调整旋钮，使割刀进一步切入管壁，每次进刀量不宜过多，只需拧进调整旋钮的 1/4 圈即可，然后继续转动割管器，直至将管子切断，如图 1-15 所示。切断后的管口要整齐光滑，无毛刺和缩口现象。有些割管器带

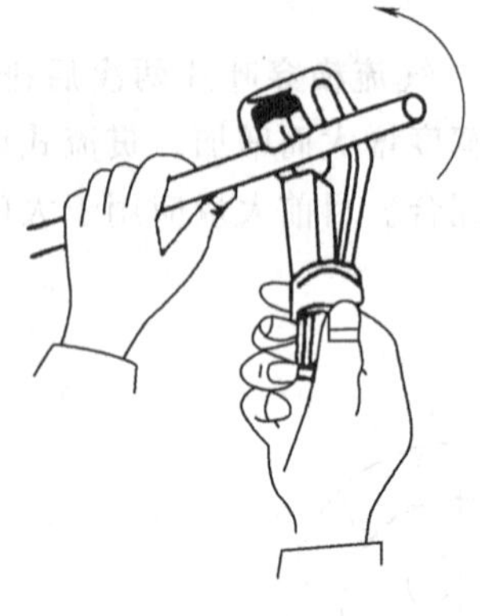

图 1-15 割管操作

有去毛刺的修整刀，以便在铜管割断后对管口进行修整。修整时注意不要让金属屑掉进管内。

2. 钢锯

钢锯结构如图 1-16 所示，锯架呈弓形，一端为固定头，另一端为元宝螺母作调整，两端均为装配锯条所用。根据锯条的长度不同有固定锯弓和活络锯弓之分。锯条的一边开有许多锯齿，构成切削部分。锯齿按齿矩 t 的大小，分为粗齿（$t=1.4\sim1.8$mm）、中齿（$t=1\sim1.2$mm）、细齿（$t=0.8$mm）三种。粗齿锯条适用于锯铜、铝等软金属及较厚的工件。细齿锯条适用于锯硬钢、薄板及薄壁管子等。锯普通钢、铸铁及中等厚度工件多用中齿锯条。

3. 切割机

切割机又称型材切割机，用来切割小型圆钢、角钢、扁钢以加工风管法兰等，其外形如图 1-17 所示。它采用砂轮片切割，速度较快，手工操作简单。使用时要加设防护罩，操作时应注意砂轮切割片的旋转方向。

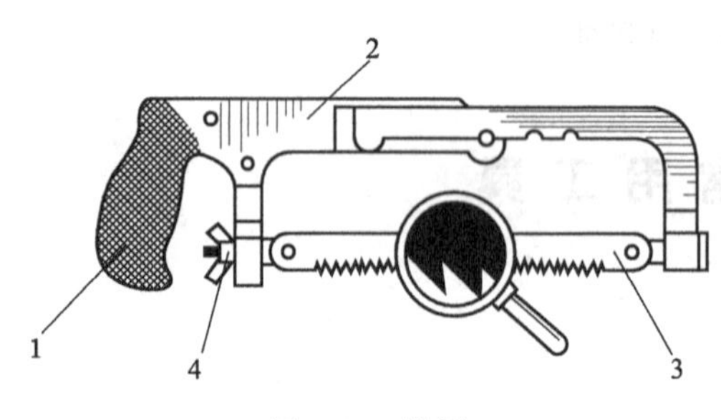

图 1-16 钢锯

1—锯柄；2—锯架；3—锯条；4—元宝螺母

图 1-17 切割机

二、弯管器

1. 弯管器

弯管器是用来弯制直径小于 20mm 的铜管的专用工具，结构如图 1-18 所示，弯曲半径应不小于管径的 5 倍。弯管器根据导轮及导槽的大小可对不同管径铜管进行加工。

弯管时把退过火的铜管放入固定轮导槽内，用固定杆拨住铜管，然后用活动杆的导槽套住铜管。两手分别握住固定杆和活动杆手柄，使活动杆顺时针方向平稳转动，铜管便在导槽内被弯曲成需要的形状，弯曲的角度应与固定轮显示刻度相对应。弯管时要注意用力均匀，避免出现凹瘪和裂纹。为保证弯管质量，也可将铜管内充满细沙，铜管两头夹死。

对于管子直径小于 8mm 的铜管，也可用如图 1-19 所示的弹簧弯管器进行弯曲。使用弹簧弯管器可把铜管弯成任何形状。弯管时，用大拇指按住铜管部分，弯曲半径尽可能大，避免因半径过小而压扁变形，甚至破裂而报废。

2. 手动弯管机

图 1-20 所示为固定在工作台上的手动弯管机。根据手动弯管机的规格不同，通常可弯 DN25mm 及其以下的各种金属管。手动弯管机的弯管操作与上述弯管器基本相似。

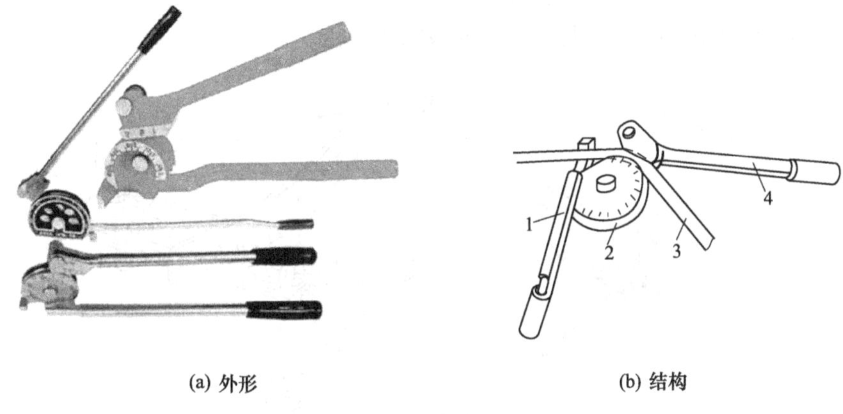

(a) 外形　　(b) 结构

图 1-18　弯管器

1—固定杆；2—带导槽的固定轮；3—铜管；4—活动杆

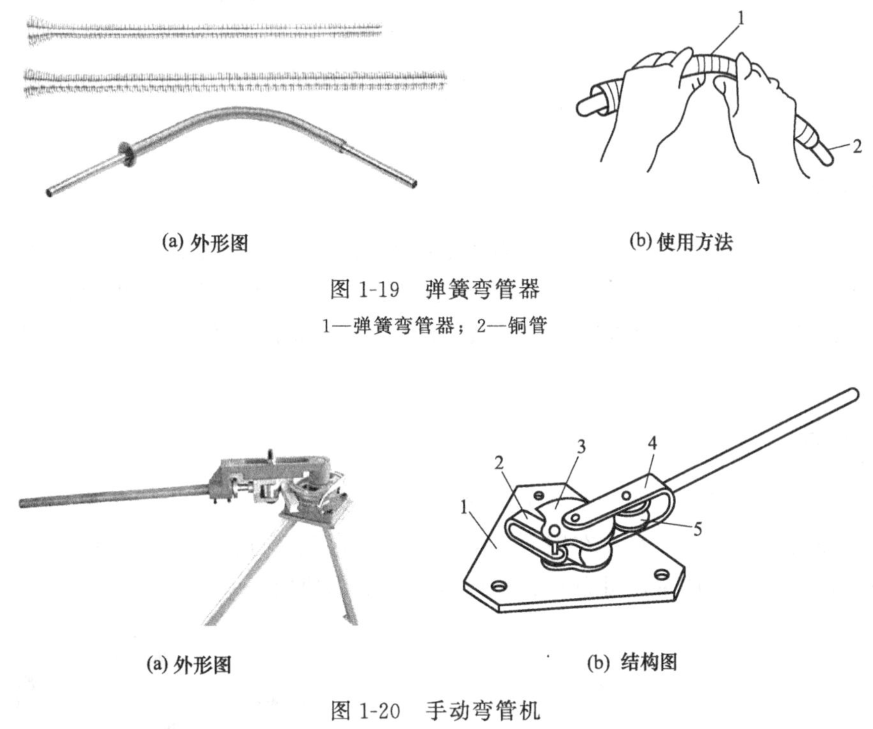

(a) 外形图　　(b) 使用方法

图 1-19　弹簧弯管器

1—弹簧弯管器；2—铜管

(a) 外形图　　(b) 结构图

图 1-20　手动弯管机

1—固定座；2—管卡；3—固定扇轮；4—活动叉柄；5—活动轮

3. 液压弯管机

如图 1-21 所示为液压弯管机，它可以用于 DN15～50mm 的金属管的弯曲成形。使用时根据被弯钢管的规格来选定压模的大小（配套压模分别为 DN50mm、DN40mm、DN32mm、DN25mm、DN20mm 和 DN15mm 六种规格），并套人千斤顶顶杆端，开启翼板将两模桩插入翼板上相应的模桩孔内。然后放被弯管于模桩、压模之间的槽内，合上翼板，闭紧泄压阀，即可扳动两手柄之一进行弯管，成形后打开泄压阀，压模回缩后即可取出弯管。

在弯管操作时，应根据管子的材质、管径、管壁的不同，来控制一定的过弯量，记下顶杆上的顶出刻度值，然后缓慢开启泄压阀使弯管部位成自然状态，若测量管子已弯成所需角度，则再次弯同种管子时仅凭顶杆上顶出的刻度值判断即可。

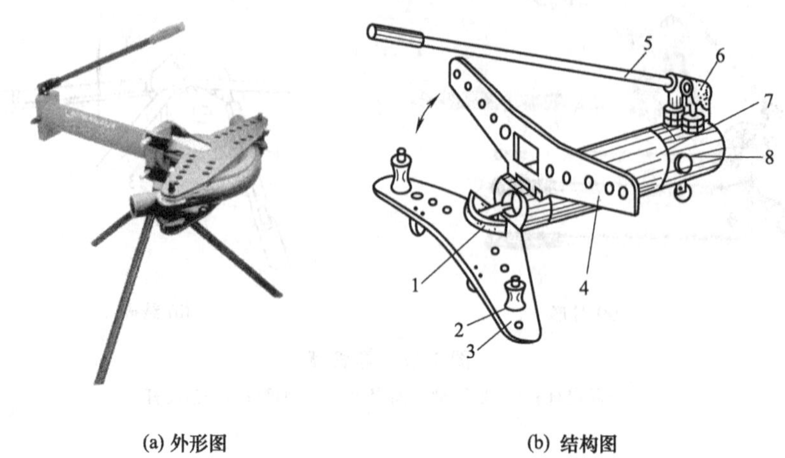

(a) 外形图　　(b) 结构图

图 1-21　液压弯管机

1—活动压模；2—模桩；3—固定翼板；4—开启式翼板；5—快压手柄；6—慢压手柄；7—液压千斤顶装置；8—泄压阀旋钮

三、手电钻

手电钻是用于金属材料、木材、塑料等钻孔的工具，其外形如图 1-22 所示。其体积小，重量轻，操作快捷简便，工效高。钻孔时，工件固定好，其表面应与外头中心线垂直，钢材钻孔要加润滑剂。有的型号配有充电电池，可在一定时间内，在无外接电源的情况下正常工作。

四、电锤

电锤属于用电类工具，是电钻中的一类，其外形如图 1-23 所示。主要用来在混凝土、楼板、砖墙和石材上钻孔。专业在墙面、混凝土、石材上面进行打孔，还有多功能电锤，调节到适当位置配上适当钻头，可以代替普通电钻、电镐使用。

图 1-22　手电钻

图 1-23　电锤

五、电动拉铆枪

电动拉铆枪主要是固定抽芯铆钉的，它由电动机、齿轮机构、离合器及拉铆机构几部分组成。使用时，先在铆接部位钻好孔，放入抽芯铆钉，然后将枪头套住铆钉轴，靠在被铆接处，通电拉上离合器，很快拉断铆钉轴，将风管用铆钉固定。其外形如图 1-24 所示。

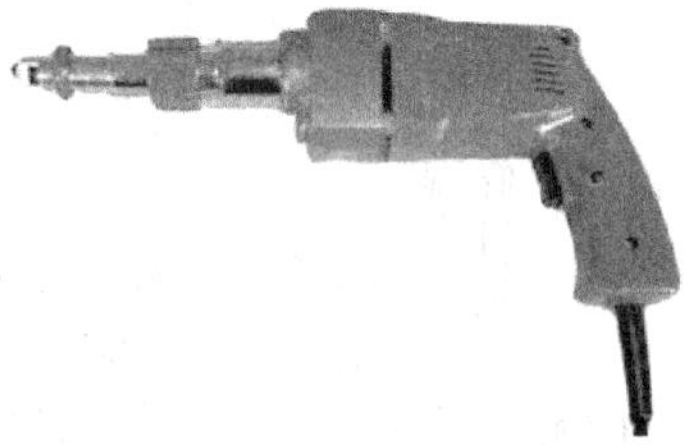

图 1-24　电动拉铆枪

六、攻螺纹和套螺纹

攻螺纹是指用丝锥加工工件内螺纹的操作；套螺纹是指用板牙加工工件外螺纹的操作。丝锥的构造和攻螺纹的方法如图 1-25 所示。板牙的结构和套螺纹的方法如图 1-26 所示。

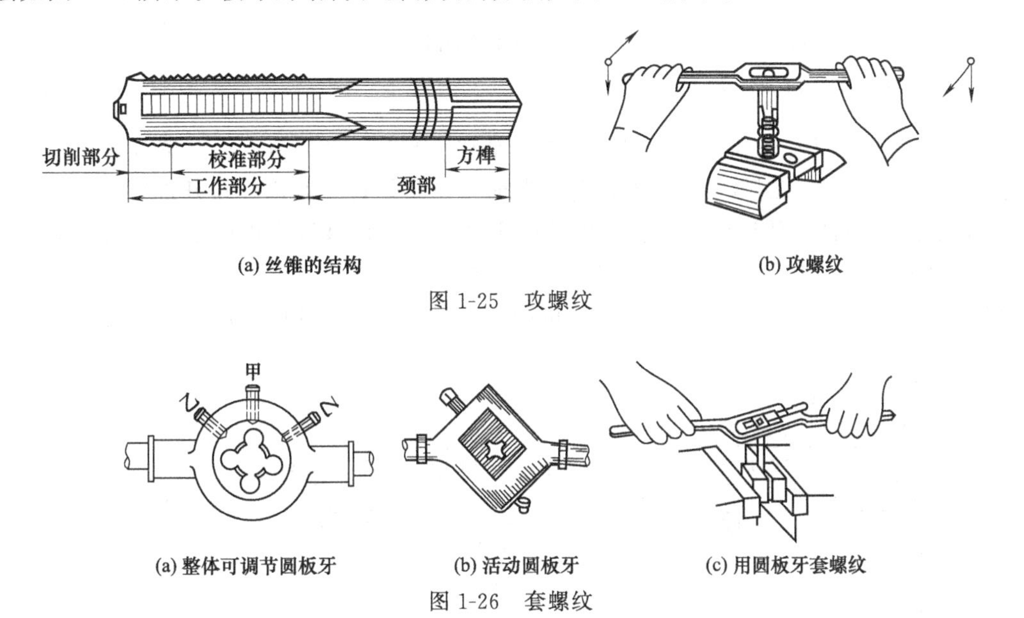

(a) 丝锥的结构　(b) 攻螺纹

图 1-25　攻螺纹

(a) 整体可调节圆板牙　(b) 活动圆板牙　(c) 用圆板牙套螺纹

图 1-26　套螺纹

七、钳工台和台虎钳

钳工台用来安装台虎钳，放置工具和工件等，如图 1-27（a）所示。钳工台有单人用的和多人用的两种，用硬质木材或钢材做成。钳工台要求平稳、结实，台面高度一般以装上台虎钳后钳口高度恰好与人手肘平齐为宜［图 1-27（b）］，抽屉可用来收藏工具，台桌上必须有防护网。

台虎钳是用来夹持工件的通用夹具，如图 1-28 所示。台虎钳的规格以钳口的宽度表示，有 100mm、125mm、150mm 等几种。台虎钳安装在钳工台上时，必须使固定钳身的钳口处于钳台边缘以外，以保证能垂直夹持较长的工件。

八、常用量具

1. 游标卡尺

游标卡尺是一种常用量具。它能直接测量零件的外径、内径、长度、宽度、深度和孔距等。钳工常用的游标卡尺测量范围有 0～125mm、0～200mm、0～300mm 等几种。

（1）游标卡尺的结构

游标卡尺的结构如图 1-29 所示，有两种常见的结构形式。图 1-29（a）为可微量调节的

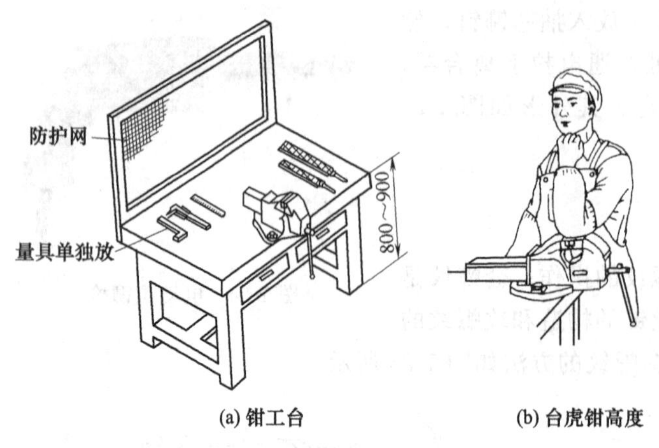

(a) 钳工台　　(b) 台虎钳高度

图 1-27　钳工台及台虎钳的适宜高度

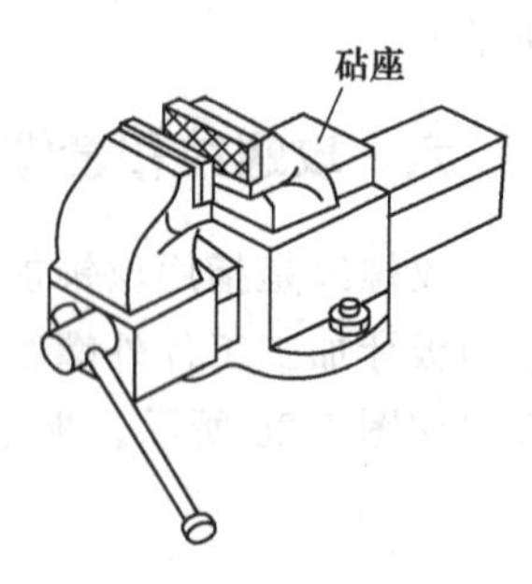

图 1-28　台虎钳

游标卡尺，主要由尺身 1 和游标 7 组成，件 2 是辅助游标。使用时，松开螺钉 3 和 4 即可推动游标在尺身上移动。测量工件需要微量调节时，可将螺钉 3 紧固，松开螺钉 4，转动微调螺母 8，通过小螺杆 9 使游标 7 微动。当量爪测量面与工件被测表面贴合后，可拧紧螺钉 4 使游标位置固定，然后读数。游标卡尺上端有两个量爪 5 做成尖形，可用来测量齿轮公法线长度和孔距尺寸。下端两量爪 6 的内侧面可测量外径和长度，外侧面用来测量内孔或沟槽。

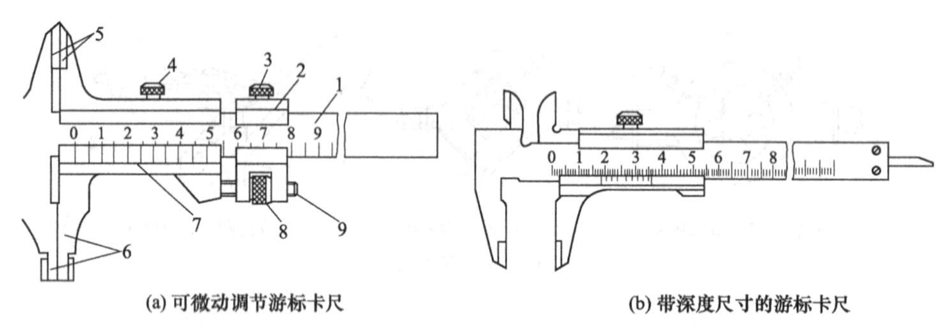

(a) 可微动调节游标卡尺　　(b) 带深度尺寸的游标卡尺

图 1-29　游标卡尺

1—尺身；2—辅助游标；3,4—螺钉；5,6—量爪；7—游标；8—微调螺母；9—小螺杆

图 1-29（b）是带深度尺的游标卡尺，结构简单轻巧，上量爪可测量孔径、孔距和槽宽，下量爪可测量外径和长度，尺后的深度尺还可测量内孔和沟槽深度。

游标卡尺按其测量读数值分为 1/10（0.1mm）、1/20（0.05mm）、1/50（0.02mm）三种。因现常用的游标卡尺是 1/50（0.02mm）的，所以以它为例简述如下：游标卡尺尺身上的刻线每格间距为 1mm，1/50（0.02mm）游标卡尺尺框的游标上有 50 格刻线，与尺身上的 49 格刻线宽度正好相等，如图 1-30（a）所示；所以游标刻线的每格宽度就是 49mm/50＝0.98mm，尺身的刻线间距与游标之差就是 1－0.98＝0.02（mm）。

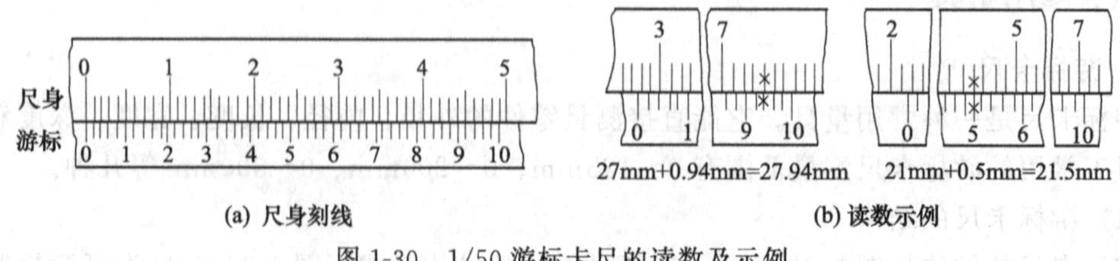

(a) 尺身刻线　　(b) 读数示例

图 1-30　1/50 游标卡尺的读数及示例

(2) 游标卡尺的读数方法

游标上哪一条刻线与尺身上的刻线对齐，那么这条刻线所表示的测量值，就是游标零线相对它左边的那条刻线向右错开的距离，即测得小数。零线左边的那条尺身上刻线所表示的量值，即为测得的整数值。具体读数方法可分为以下三个过程：

① 先读整数，即游标零线以左边最近的尺身刻线所表示的数值为测量值的整毫米数。

② 再读小数，即看游标上哪一条刻线与尺身刻线对齐，游标上对齐的那条刻线所表示的数值为测量值的小数。

③ 然后将上面的整数与小数两部分尺寸相加即为被测尺寸。

读数示例如图 1-30 (b) 所示。

(3) 游标卡尺的使用

游标卡尺如使用不当，不但会影响其本身精度，同时也会影响零件尺寸测量的准确性。因此使用游标卡尺时，应注意以下几点。

① 按工件的尺寸大小和尺寸精度要求，选用合适的游标卡尺。游标卡尺只适用于中等公差等级（IT10～IT16）尺寸的测量和检验，不能用游标卡尺去测量铸锻件等毛坯的尺寸，否则量具会很快磨损而使精度下降；也不能用游标卡尺去测量精度要求过高的工件，因为读数值为 0.02mm 的游标卡尺可产生±0.02mm 的示值误差。

② 使用前对游标卡尺要进行检查，擦净量爪，检查量爪测量面和测量刃口是否平直无损，两量爪贴合时应无漏光现象，尺身和游标卡尺的零线要对齐。

③ 测量外尺寸时，两量爪应张开到略大于被测量尺寸的程度而自由包住工件，以固定量爪贴住工件。然后用轻微的压力把活动量爪推向工件，卡尺测量面的连线应垂直于被测量表面，不能歪斜，如图 1-31 所示。

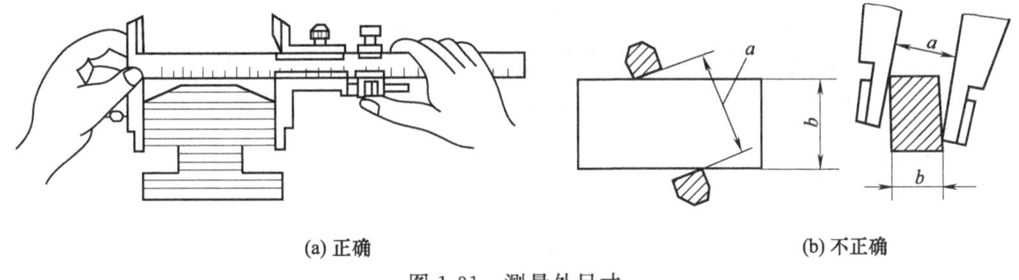

(a) 正确　　(b) 不正确

图 1-31　测量外尺寸

④ 测量内尺寸时，两量爪应张开到略小于被测尺寸，使量爪自由进入孔内，再慢慢张开并轻轻地接触零件的内表面。两测量爪在孔的直径上，不能偏斜，如图 1-32 所示。

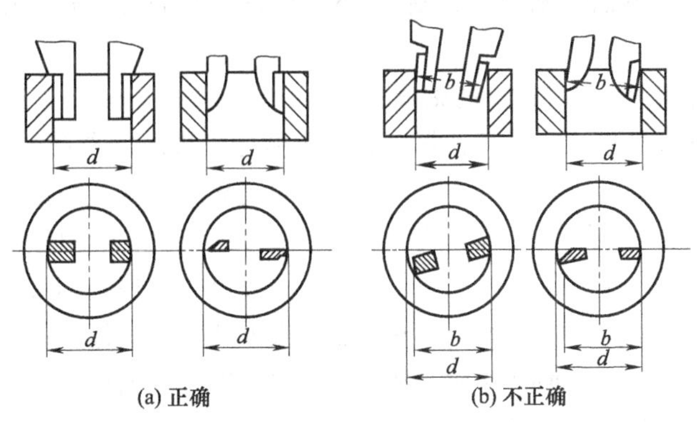

(a) 正确　　(b) 不正确

图 1-32　测量内尺寸

⑤ 读数时，游标卡尺置于水平线位置，使人的视线尽可能与游标卡尺的刻线表面垂直，以免视线歪斜造成读数误差。

2. 千分尺

千分尺是比游标卡尺更为精确的测量工具，其测量精度为0.01mm。对于一些加工精度要求较高的零件尺寸，要用千分尺来测量。千分尺按用途不同可分为外径千分尺、内径千分尺、深度千分尺、螺纹千分尺和公法线千分尺等几种。外径千分尺是最常用的一种，其规格按测量范围分为：当测量数值小于300mm时，以25mm为一挡，如0～25mm、25～50mm、…、275～300mm；测量数值为300～1000mm时，以100mm为一挡，如300～400mm、400～500mm、…、900～1000mm；当测量数值为1000～2000mm时，以200mm为一挡。

外径千分尺的外形和结构如图1-33所示。在尺架1的右端是表面有刻线的固定套管3；尺架的左端是砧座2；固定套管3里面装有带内螺纹（螺距为0.5mm）的衬套5。测微螺杆7右面螺纹可沿此内螺纹回转，并用轴套4定心。在固定套管3的外面是有刻线的微分筒6，它用锥孔与测微螺杆7右端锥体相连。测微螺杆7转动时的松紧程度可用衬套5上的螺母来调节。当测微螺杆7固定不动时，可转动手柄13通过偏心锁紧。松开罩壳8，可使测微螺杆7与微分筒6分离，以便调整零线位置。转动棘轮盘11，通过螺钉12与罩壳8的连接使测微螺杆7产生移动，当测微螺杆7左端面接触工件时，棘轮盘11在棘爪销10的斜面上打滑，测微螺杆7就停止前进，由于弹簧9的作用，使棘轮盘11在棘爪销10上滑过而发出"吱吱"声。如果棘轮盘11以逆时针方向转动，则拨动棘爪销10和微分筒6以及测微螺杆7转动，使测微螺杆向右移动。

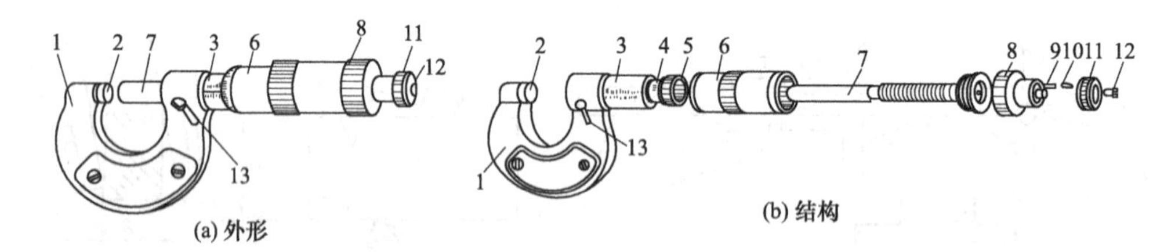

图1-33 外径千分尺

1—尺架；2—砧座；3—固定套管；4—轴套；5—衬套；6—微分筒；7—测微螺杆；8—罩壳；9—弹簧；10—棘爪销；11—棘轮盘；12—螺钉；13—手柄

千分尺测微螺杆7右端螺纹的螺距为0.5mm，当微分筒转一周时，测微螺杆7就移动0.5mm，微分筒前端圆锥面的圆周上共刻50格，因此，当微分筒转一格，测微螺杆7就移动0.01mm。

固定套管上刻有间距为0.5mm的刻线。

千分尺的读数方法可分三步进行：第一，读出微分筒边缘以左在固定套管上所显露出的刻线数值，就是被测尺寸的毫米数和半毫米数；第二，读出微分筒上固定套管上基准线对齐的那条刻线的数值，即为不足半毫米部分的测量值；第三，把两个读数相加即得到实测尺寸，如图1-34所示。

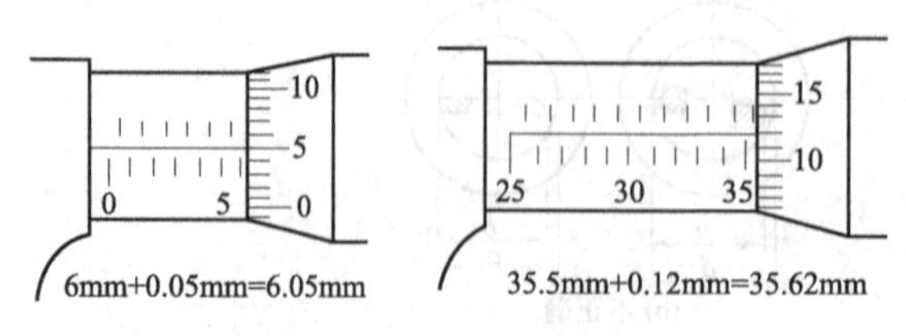

图1-34 千分尺的读数方法

使用外径千分尺应注意以下几点。

① 千分尺的测量面应保持干净，使用前应校准尺寸，对 0～25mm 千分尺应将两测量面接触，此时微分筒上的零线应与固定套管上基准线对齐，否则应先进行校正。对 25mm 以上的千分尺则应用标准样棒来校准。

② 测量时，先转动微分筒，当测量面接近工件时，改用棘轮，直到棘轮发出“吱吱”声音为止。

③ 测量时，千分尺要放正，并要注意温度影响。

④ 不能用千分尺测量毛坯，更不能在工件转动时进行测量。

⑤ 测量完毕，千分尺应保持干净，放置时，0～25mm 千分尺两测量面之间须保持一定间隙。

3. 百分表

百分表是在零件加工或装配、修理时用于检验尺寸精度和形状精度的，是应用较广的一种精密、万能量具。其分度值为 0.01mm，测量范围有 0～3mm、0～5mm、0～10mm 三种规格，其他还有杠杆百分表和内径百分表。百分表的结构如图 1-35 所示。百分表的表壳内装有大、小齿轮和齿条等零件，利用它们的相互啮合，使指针发生转动，数值在表盘上显示出来。当测量杆移动 1mm 时，长指针就转一周。因为表盘圆周等分为 100 格，所以长指针每转一格就表示测量杆移动 0.01mm。

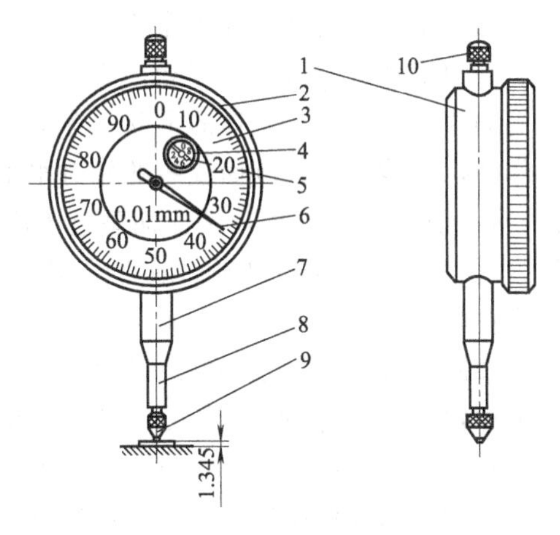

图 1-35 百分表

1—表体；2—表圈；3—表盘；4—转数指示盘；5—转数指针；6—指针；7—套筒；8—测量杆；9—测量头；10—挡帽

百分表使用时可装在专用表架上或磁性表架上，如图 1-36 所示。表架上的接头和伸缩杆可以调节百分表的上下、前后及左右位置，表架放在平板上或某一平整位置上。使用时应注意以下几点：

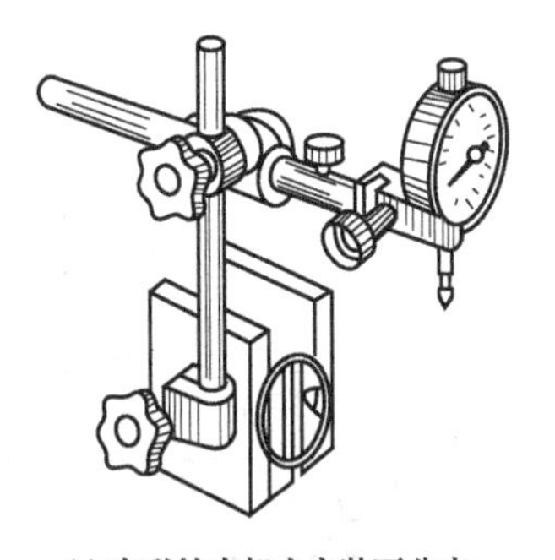

(a) 在磁性表架上安装百分表

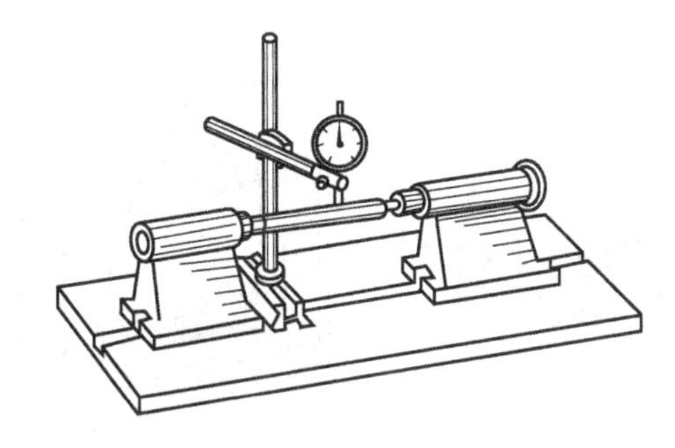

(b) 在专用检验工具上安装百分表

图 1-36 百分表安装方法

① 百分表装在表架上后，转动表盘，使指针处于零位。

② 测量平面或圆柱形工件时，百分表的测头应与平面垂直或与圆柱形工件线垂直。否则百分表齿杆移动不灵活，测量结果不准确。

③ 使用百分表测量时，齿杆的升降范围不宜太大，以减少由于存在间隙而产生的误差。

4. 塞尺

塞尺是用来检验结合面之间间隙大小的片状量规，又称厚薄规。它由不同厚度的金属薄

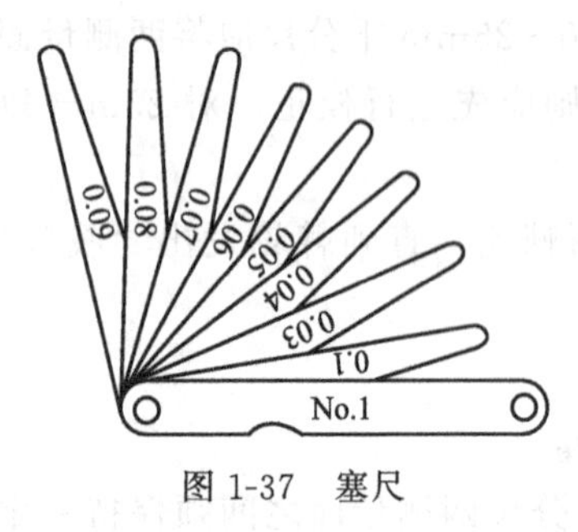

图 1-37　塞尺

片组成，每个薄片有两个相互平行的测量平面，并有较准确的厚度。塞尺一般是成套（组）供应的，由若干片叠合在夹板里，如图 1-37 所示。使用时，根据零件间隙尺寸的大小，将一片或数片重叠在一起插入间隙，直至恰好塞进且不松不紧，该片塞尺厚度即为被测间隙大小；数片叠加使用，被测间隙即为各片塞尺尺寸之和，但误差较大。

由于塞尺很薄，容易弯曲和折断，测量时不能用力太大，用后要擦净塞尺的测量面，并及时收到夹板中去。

5. 水平仪

(1) 水平仪的结构和工作原理

普通水平仪有条式水平仪（又称钳工水平仪）和框式水平仪，其结构如图 1-38 所示。它们的主要区别在于主体的形状。条式水平仪的主体 1 是条形的，只有 1 个带有 V 形槽的工作面，只能检测被测面或线的相对水平位置的角度偏差；而框式水平仪的主体 7 是框形结构，4 个面都是工作面，两侧面垂直于底面，上面平行于底面。它的工作底面和侧工作面上的 V 形槽，不但能检测平面或直线相对水平位置的误差，还可以检测沿铅垂面或直线对水平位置的垂直度误差，如图 1-39 所示。

如图 1-38 所示，条式水平仪和框式水平仪主要是由主体 1、7 和主水准器 2、5 组成。主水准器 2、5 和横水准器 3、6 装在主体 1、7 上。主水准器精度高，供测量使用，而横水准器只供横向水平参考。零位调整装置 4、9 可调整水平仪的零位。水准器是 1 个内壁轴向呈弧状的封闭的玻璃管，内部装有乙醚或酒精等液体，但不装满，还留有 1 个气泡，无论水平仪放在什么位置，这个气泡总停留在最高点。当工作底面处在水平位置时，气泡在玻璃管的中央位置。若工作底面相对水平位置有倾斜，玻璃管内的液体就会流向低处，而气泡将移向高处。水平仪是利用水准器内的液体作水平基准，从气泡的移动方向和移动位置可读出被测表面相对水平位置的角度偏差，从而实现测量工件的直线度、平面度或垂直度等目的。

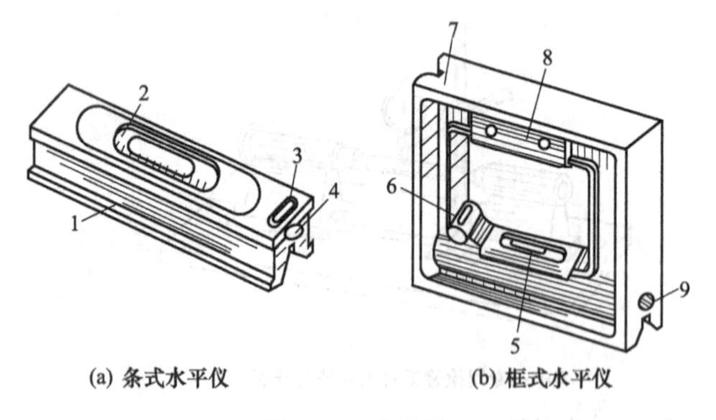

图 1-38　水平仪

1,7—主体；2,5—主水准器；3,6—横水准器；4,9—零位调整装置；8—隔热装置

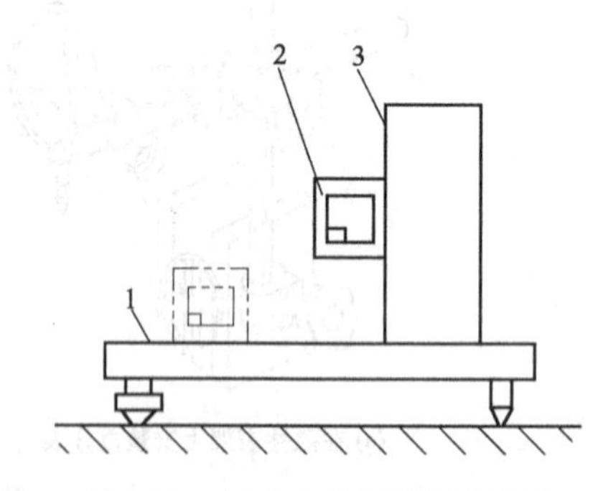

图 1-39　框式水平仪测量垂直度

1—基面；2—框式水平仪；3—被测量面

(2) 水平仪的使用方法

① 零值的调整方法：将水平仪的工作底面与检验平板或被测表面接触，从普通水平仪的水准器上读取第一次读数；再在同一位置上把水平仪转 180°后，读取第二次读数；两次读数的代数差之半，即为水平仪零值的误差。用同样的办法还可以判定被测表面相对水平位

置的偏差。两次读数的代数和之半，即为被测表面的误差。

② 普通水平仪的零值正确与否是相对的，只要水准器的气泡在中间位置，就表明零值正确。由于气泡的长度不同，所以每块水平仪的零值不可能都在同一刻线上，因此使用前应明确水平仪处于零位时，气泡的左右边缘相切（或靠近）哪条刻线，测量时就以此刻线为零刻线。

③ 水平仪的分度值一般是0.02/1000，测量时要把水平仪的读数值换算为某一长度。水平仪垫铁（或桥板）长度上的高位差可按下式计算：

$$x=\varphi NL$$

式中 x——被测长度或桥板（垫铁）长度上的高度差，mm；

φ——水平仪的分度值，0.02/1000；

N——读数值，格；

L——桥板垫铁的长度，mm。

④ 测量时要等气泡稳定后再读数。

⑤ 用框式水平仪测量垂直度时，如有水平仪基面，应将水平仪基面调到水平位置，或测得基面水平误差，然后把框式水平仪的侧工作面紧贴在被测面，并使横向水准器处于水平位置，再从主水准器上读出被测面相对基面的垂直度误差。

九、一般工具

1. 管钳

管钳由钳身、活动钳口和调整螺母组成，如图1-40所示。其规格以手柄长度和夹持管子最大外径表示，如200mm×25mm、300mm×40mm等。主要用于装拆金属管子或其他圆形工件，是管路安装和修理工作中常用的工具。使用时，钳身承受主要作用力，活动钳口在左上方，左手压住活动钳口，右手握紧钳身并下压，使其旋转到一定位置，取下管子钳，重复上述操作即可旋紧管件。

2. 扳手

扳手是用来拆装各种螺纹的常用工具，按其结构形式和作用，可分为通用扳手、专用扳手和特种扳手三大类。

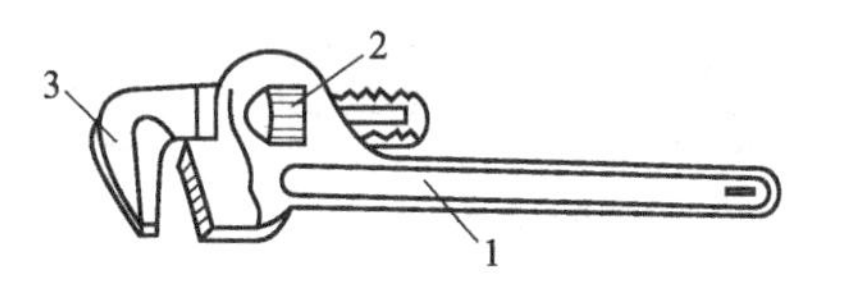

图1-40 管钳

1—钳身；2—调整螺母；3—活动钳口

不论使用哪一种扳手，都应把扳手的开口全部套在欲扳动部件上才可扳动，否则在用力扳动时有滑脱的危险。扳手的开口平面与被扳动中轴线应互相垂直，否则不仅容易滑脱，而且也会损坏螺纹连接件的棱角。

(1) 通用扳手

又称活扳手，如图1-41所示，它由扳手体、固定钳口、活动钳口和调整螺母等主要部分组成，主要用来拧紧外六角头或方头的螺栓和螺母。其规格以扳手长度和最大开口宽度表示，见表1-16。活扳手的开口宽度可以在一定的范围内进行调节，每种规格的活扳手适用于一定尺寸范围内的外六角头或方头的螺栓和螺母。

使用活扳手时应注意以下几点：

① 要握紧扳手柄部的后端，不可套上长管作加力管，更不允许采用把一只扳手的开口咬合在另一只扳手的手柄上的方法来加长手柄。

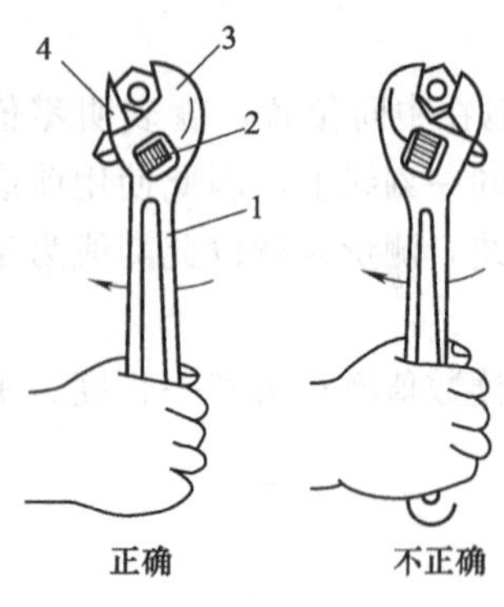

图 1-41 活扳手的结构及使用方法
1—扳手体；2—调整螺母；3—固定钳口；4—活动钳口

② 应使扳手开口的固定部分受主要作用力，即扳手开口的活动部分位于受压方向（图 1-41）。

③ 不能把扳手当做榔头，以免损坏扳手的零件。

④ 扳紧力不能超出螺栓或螺母所能承受的限度。

⑤ 扳手的开口尺寸应调整到与被扳紧部位尺寸一致，紧紧卡牢。

表 1-16 活扳手的规格

长度									
长度	米制/mm	100	150	200	250	300	375	450	600
	英制/in	4	6	8	10	12	15	18	24
最大开口宽度/mm		14	19	24	30	36	46	55	65

（2）专用扳手

专用扳手只能用于扳动固定规格的螺栓和螺母，按其结构特点分为以下几种：

① 开口扳手 开口扳手又称呆扳手，分为单头和双头两种，其结构如图 1-42 所示。呆扳手的用途与活扳手相同，只是其开口宽度是固定的，大小与螺母或螺栓头部的对边距离相适应，并根据标准尺寸做成一套。常用十件一套的双头呆扳手两端开口宽度分别为：5.5mm×7mm，8mm×10mm，9mm×11mm，12mm×14mm，14mm×17mm，17mm×19mm，19mm×22mm，22mm×24mm，24mm×27mm，30mm×32mm。每把双头呆扳手只适用于两种尺寸的外六角头或方头的螺栓和螺母。

② 整体扳手 整体扳手有正方形、六角形、十二角形等几种形式，其结构如图 1-43 所示。其中十二角形扳手就是通常所说的梅花扳手。由于梅花扳手只转动 30°就可以改变扳手方向，因此扳动狭窄部位的螺栓和螺母时，使用这种扳手较为方便。

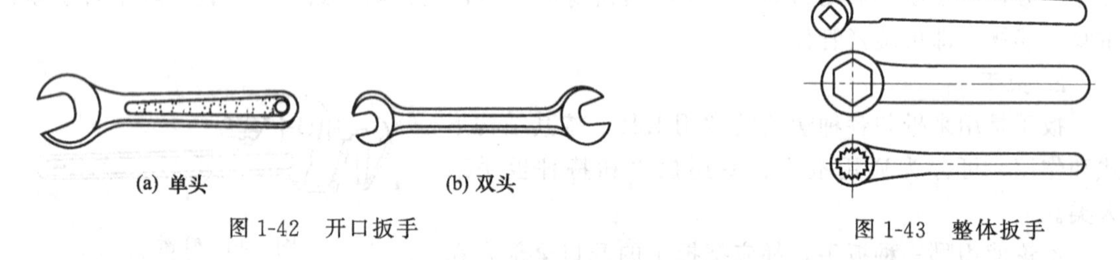

图 1-42 开口扳手

图 1-43 整体扳手

③ 套筒扳手 它由一套尺寸不等的活络套筒和弓形手柄等组成，如图 1-44 所示。由于弓形手柄可以连续转动，所以用这种扳手时的工作效率要比开口扳手和整体扳手高得多。尤其是对一定深度的螺栓、螺母，首选的就是套筒扳手。

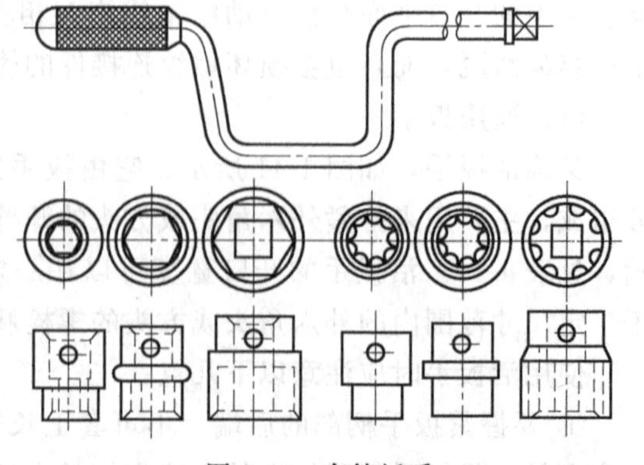
图 1-44 套筒扳手

④ 钩形扳手 钩形扳手有多种形式，如图 1-45 所示，专门用来装拆各种结构的圆螺母。使用时应根据不同结构的圆螺母，选择对应型式的钩形扳手，将其钩头或圆销插入圆螺母的长槽或圆孔中，左手压住扳手的钩头或圆销端，右手用力沿顺时针或逆时针方

向扳动其手柄，即可锁紧或松开圆螺母。

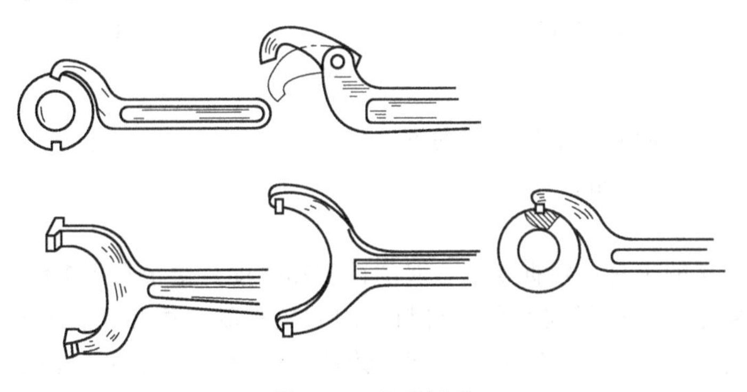

图 1-45 钩形扳手

⑤ 内六角扳手 内六角扳手结构如图 1-46 所示，它是专门用来扳动内六角形螺栓和螺母的，使用时应把扳手的头部塞到内六角凹底。扳动时应将右拇指按在扳手的弯角处，其余四指用力适当。

(3) 特种扳手

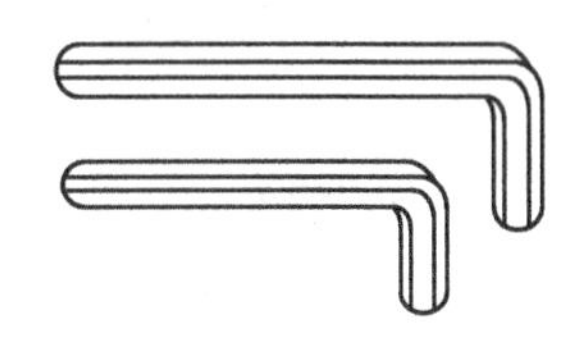

图 1-46 内六角扳手

① 方榫扳手 方榫扳手又称棘轮扳手，是专门用于快速旋动制冷装置各类阀门杆的工具，结构如图 1-47 所示。方榫扳手的一端是活动的方榫孔，其外圆为棘轮，旁边有一个撑牙由弹簧支撑，使扳孔只能单向旋动。使用时，只须将方榫孔套入阀杆端部的方榫杆内，将棘轮扳手一顺一反地连续摆动，就能将阀杆旋动而开足阀门。若要关闭阀门，则需将扳手拔出，翻一面再套上阀杆作一顺一反地摆动。旋转时，可听到扳手有“格啦格啦”的声响。扳手的另一端有一大一小的固定方榫孔，可用来调节膨胀阀的阀杆。

② 力矩扳手 中央空调设备维修中常用的力矩扳手如图 1-48 所示。力矩扳手在使用时应注意：a. 手应握在握把的中央位置；b. 在使用力矩扳手紧固螺母时，力矩扳手要与螺母轴线保持垂直状态；c. 在紧固螺母时，应按力矩扳手上的箭头方向转动扳手，直至力矩扳手发出“咔嗒”声为止。

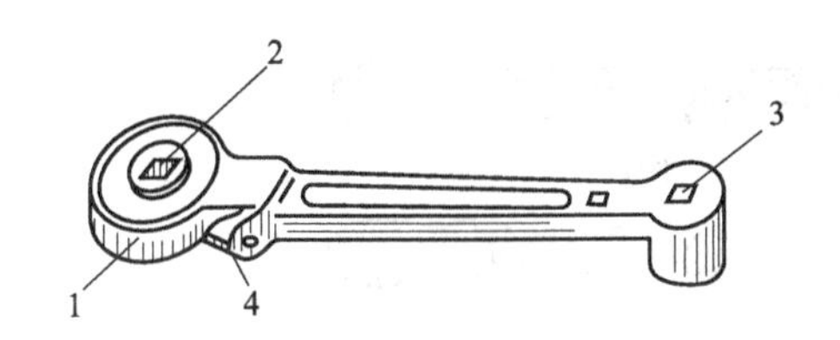

图 1-47 方榫扳手

1—棘轮；2—活动方榫孔；3—固定方榫孔；4—撑牙

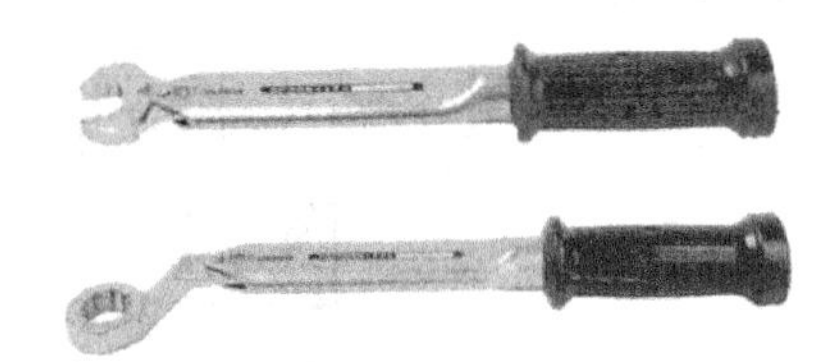

图 1-48 力矩扳手

3. 旋具

旋具又称螺丝刀、改锥。按其结构分为一字形和十字形两种，如图 1-49 所示。使用时，旋具应与螺钉头部沟槽相匹配，避免因受力不均而造成螺钉头部沟槽变形，工作时禁止将旋具当做撬棒或錾子使用。一字旋具的规格用柄部以外的刀体长度表示，常用的有 100mm、150mm、200mm、300mm 和 400mm 等几种。十字旋具的规格用刀体长度和十字槽规格号

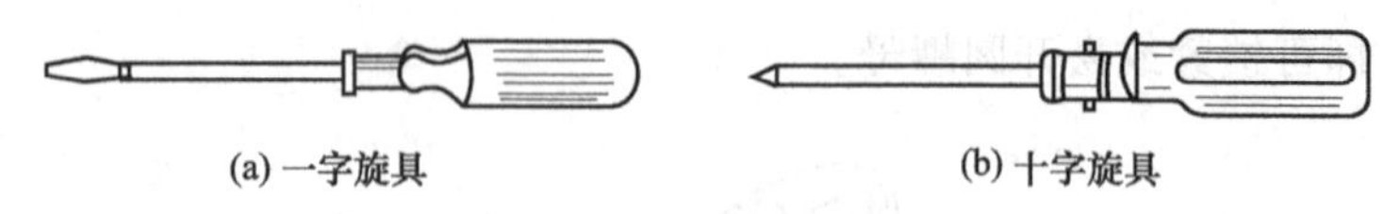

图 1-49　旋具

表示。十字槽规格号有四种：Ⅰ号适用的螺钉直径为 2～2.5mm；Ⅱ号为 3～5mm；Ⅲ号为 6～8mm；Ⅳ号为 10～12mm。

4. 錾子

錾子是錾削金属的工具。根据錾削金属的性质和强度，錾子有很多种类。除选用大小适当的錾子外，还要注意根据錾削对象的材料，用砂轮把錾口磨出不同角度的楔角。錾削硬钢、硬铸铁的楔角为 65°～75°；錾削一般钢、铸铁的楔角为 60°；錾削铜材料的楔角为 50°。

用錾子錾削金属，要掌握錾子的握法和锤子的敲击方法。只有将两者结合起来练习，才能正确而快速地完成金属的錾削。

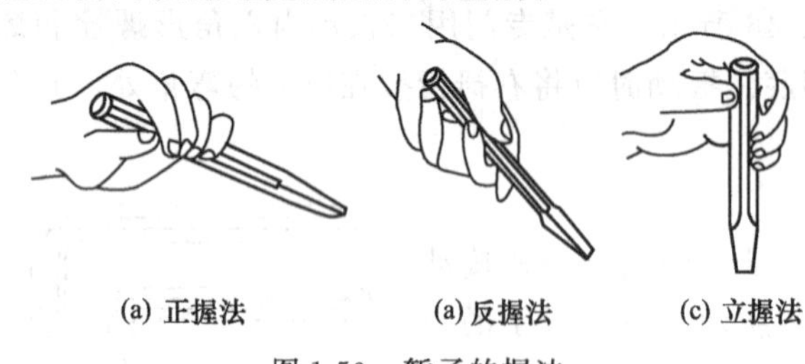

图 1-50　錾子的握法

握錾子的方法有三种：水平錾削金属用正握法，如图 1-50（a）所示；侧平面錾削金属用反握法，如图 1-50（b）所示；平面垂直錾削金属用立握法，如图 1-50（c）所示。

5. 锤子

锤子一般分刚性锤子和弹性锤子两种类型。用碳钢淬硬制造的锤子属于刚性锤子，根据锤头的质量划分规格，常用的有 0.25kg、0.5kg、1kg 等几种，不宜直接敲击零件表面。由铜、铝、硬橡胶等做成的锤子属于弹性锤子，常用于拆装传动轴及轴端装置，如齿轮、轴套、轴承等，可直接敲击零件表面。

锤子的握法要根据錾削材料的硬度和厚度灵活掌握。錾削硬而厚的材料时宜握紧锤柄，用力锤击；錾削软而薄的材料时宜轻握锤柄，用劲适宜，缓而有力。锤击錾柄时要稳、准、狠，避免轻点敲击式的錾削。另外，要注意精神集中，防止击伤手部。

6. 锉刀

锉刀是锉削金属的工具，按截面形状分为平锉、半圆锉、方锉、三角锉、圆锉以及整形锉，有粗、中、细之分，如图 1-51 所示。

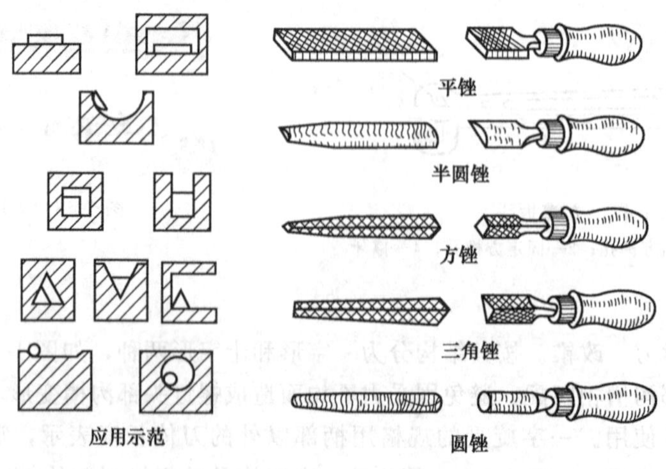

图 1-51　锉刀

使用锉刀时，用右手的拇指压在锉柄上，掌心顶在锉柄的头部；左手手掌轻压锉刀前部的上面。锉削金属时，锉刀前进用力的方向应指向前方与下方的合力方向。向前推锉时要稳而有力，往复距离以长为宜。操作方法如图 1-52 所示。

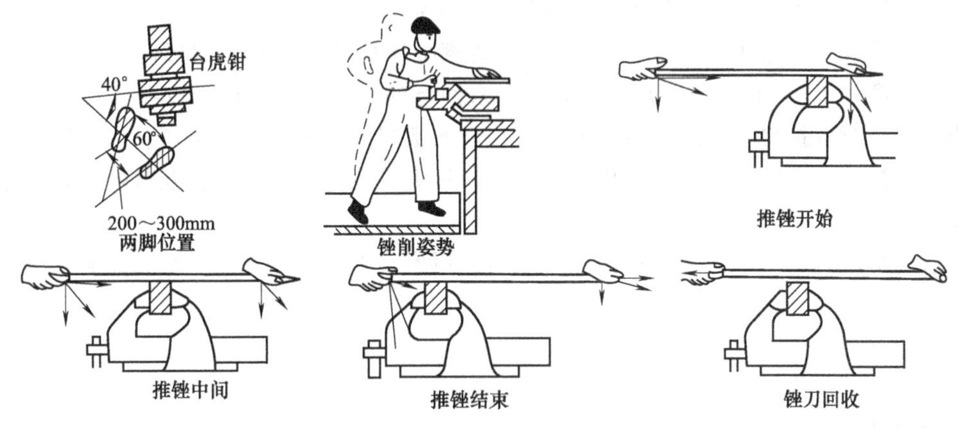

图 1-52 锉刀的使用方法

小零配件的修整和装配精度要求较高时，常常需要用什锦锉来修理。什锦锉以各种形式的小型锉刀组合为一组，也称为组锉，使用时单手即可操作。

第三节 机械设备

一、通风管道加工机械设备

1. 剪切工具

(1) 手工剪切

手工剪切常用的工具有直剪刀、弯剪刀、侧剪刀和手动滚轮剪刀等，可依板材厚度及剪切图形情况适当选用，剪切厚度在 1.2mm 以下。

(2) 机械剪切

常用的剪切机械有龙门剪板机、振动式曲线剪板机、双轮直线剪板机等。

① 龙门剪板机 龙门剪板机由电动机通过带轮和齿轮减速，经离合器动作由偏心连杆带动滑动刀架上的刀片和固定在床身上的下刀片进行剪切，适用于板材的直线剪切。当剪切大批量规格相同的板材时，可不必划线，只要把床身后面的可调挡板调至所需要的尺寸，板材靠紧挡板就可进行剪切。剪切不同规格时，应先进行划线再进行剪切。

② 振动式曲线剪板机 用于金属板材的曲线切割。可不必预先錾出小孔，就可在板材中间剪出内孔，剪切时，把划好线的板材，送入不断升降的刀口间，慢慢而均匀地移动钢板，使曲线沿刀口运动。剪孔洞时，先把上刀片升起。待板材放入后，再按按钮开关，沿划线进行剪切。曲线剪板机也能剪切直线，但效率较低。

③ 双轮直线剪板机 双轮直线剪板机适用于剪切直线和曲率不大的曲线板材。剪切直线时，可按所需的剪切宽度，将板材固定在装有直线滑道的小车上，小车应与两圆盘同标高。用手推动小车，待板材和圆盘刀接触，由于板材和两圆盘刀之间存在摩擦，因此板材就自动向前移动，并被剪下。剪切木料和曲线用板材时，手和圆盘之间应保持一定距离，注意

防止手被卷入。

2. 咬口机械

常用的咬口机械有直线多轮咬口机、圆形弯头联合咬口机、矩形弯头咬口机、按扣式咬口机、咬口压实机等。先进的机械有合缝机、扇形锁缝机等。

直线多轮咬口机适用于厚度小于1.2mm的钢板压折单平咬口。圆形弯头咬口机适用于制作钢板厚度小于1.2mm的圆形弯头和圆形来回弯的单立咬口，还可以在圆形弯头和风管上制作加固凸棱及扩口。曲线咬口机适用于在金属板制成的平面工件上弯制曲线咬口，如矩形弯头的侧板咬口缝等。咬口压实机用于在咬口机上将轧压好的咬口相互对咬后，再用压实机压实合缝。

目前已生产有适用于各种咬口形式的圆形、矩形直管和矩形弯管以及三通的咬口机系列产品。

二、起重机械

1. 电动卷扬机

电动卷扬机应用于机械设备的水平、垂直搬运。按其构造有单筒、快速和慢速之分。在安装工程中多用单筒慢速卷扬机，它由电动机、卷筒、变速器、控制器、电阻箱及传动轴等组成。

2. 倒链

倒链又叫链式起重机，可用来吊装轻型设备、构件，拉紧拔杆缆风，以及拉紧捆绑构件的绳索等。倒链有对称排列二级直齿轮传动和行星摆线针轮传动两种形式。由于正齿轮传动的倒链制造工艺比较简单，因此目前多被采用。

3. 千斤顶

千斤顶是常用的顶升工具。按其构造可分为齿轮式、螺旋式和液压式三种。设备安装中常采用后两种千斤顶。

4. 拔杆

拔杆又叫桅杆，有木制和金属两种。木拔杆采用杉木、楠木、红松等材质坚韧的圆木制作，金属拔杆可分为钢管拔杆、角钢拔杆等。拔杆的承载能力决定于几何尺寸、断面大小以及拔杆的高度、吊装方法等。

5. 滑车和滑车组

滑车是常用的起吊搬运工具，由几个滑车可组成滑车组，与卷扬机、拔杆或其他吊装机具配套，广泛用于空调设备安装工程中。滑车组可分为双轮、三轮等多种。

三、其他机械

1. 点焊机

用于进行钢板的点焊，其焊接是通过上、下挺杆及两根铜棒触头来进行的。由踏板来调节铜棒触头的距离。操作时，应打开冷却水，接通电源，然后把要焊接的搭接缝放在铜棒触头中间，用脚将踏板踏下，触头就压在钢板上同时接通电路。由于电的加热和触头的压力，使钢板接触点熔焊在一起。焊好一点，移动钢板，再焊下一点。

2. 缝焊机

用于钢板搭接缝的接触缝焊。焊接由固定在上、下挺杆的辊子来进行，辊子起着挤压、导电及移动的作用。踏板用来操纵电开关及压紧辊子，焊辊可以横向装置或纵向装置，焊机也需接通冷却水。

3. 扫管机

用于除去管子内壁表面的锈层，可以采用圆盘状的钢丝刷。钢丝刷的直径可根据不同的清洗管径而更换，清洗管段长达 12m。钢丝刷通过软轴由电动机驱动。

第四节 施工组织管理

空调工程施工管理，一般是由这一工程项目的项目经理负责。项目经理是施工的直接组织者，工程设计图纸、施工组织设计的内容、国家规范标准的规定等，最终都要经过项目经理的施工管理工作来实现。项目经理必须对自己的工作范围、工作职责、工作标准有比较深刻的认识和理解，唯有如此才能充分发挥自己的能力，使工程施工圆满地、高质量地按期完工，并取得建设方、监理方和设计方的较高评价。

一、施工准备阶段

就通常的施工项目而言，施工单位与业主签订了工程承包合同，交易关系正式确立后，便应组建项目经理部，然后以项目经理部为主，与企业经营层和管理层、业主单位进行配合，进行施工准备，使工程具备开工和连续施工的基本条件。这一阶段主要进行以下工作。

1）成立项目经理部，根据工程管理的需要建立机构，配备管理人员。在工程部根据项目特点和需要选定项目经理后，项目经理参加由经营部组织的该工程的合同交底，负责并组织实施本工程合同的履行。根据该工程的特点，项目经理从公司办公室管理的具备相应资质的人员中挑选项目部成员，组建现场项目经理部（简称项目部），如图 1-53 所示。项目部组建以后，根据该工程的特点，项目部各岗位成员参加由企管部组织的本工程质量策划。项目质量策划工作完成后，项目经理组织本项目部成员依据质量策划要求编制项目质量计划，形成项目质量目标，明确项目部成员的管理职责。

2）制订施工项目管理规划，以指导施工项目管理活动。

① 合同评审。项目经理参加由经营部组织的本工程的合同交底，负责并组织实施本工程合同的履行。经营部确定与业主联络人。

② 进行工程项目分解，形成施工对象分解体系，以便确定阶段控制目标，从局部到整体地进行施工活动和进行施工项目管理。作为中央空调工程，按照其分项工程组成，将工程进行项目分解，项目分解体系如表 1-17 所示。

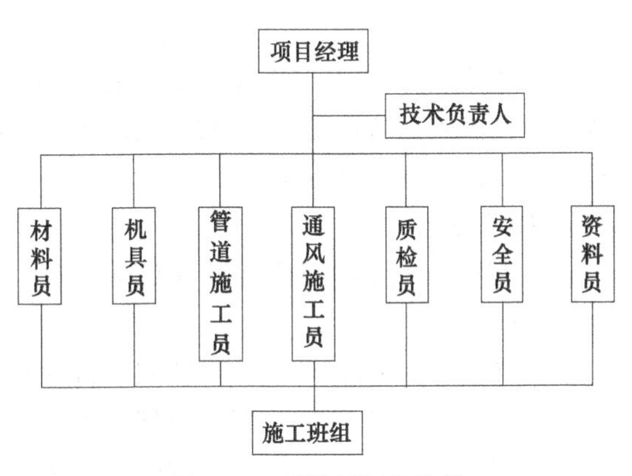

图 1-53 项目部组织结构

3）编制施工组织设计，主要是编制施工方案、施工进度计划，用以指导施工准备和施工。

① 由技术负责人组织各施工员编制本工程的施工方案，包括施工方法和施工机具的选择、施工段的划分、施工顺序等。在施工方案中形成的一个重要成果是施工进度计划。施工项目计划的编制为项目部合理组织资源，对项目进行全过程的动态控制，满足业主的工期要求提供了行动指南和依据，如图 1-54 所示。

表 1-17 中央空调安装工程项目分解体系

分部工程名称	分项工程名称	分部工程名称	分项工程名称
中央空调安装工程	金属风管制作工程	中央空调安装工程	风机盘管安装工程
	风管及部件安装工程		室内采暖和热水供应管道安装工程(空调水)
	通风机安装工程		室内给水管道安装工程(冷却水)
	消声器制作与安装工程		室内采暖和热水供应附属设备安装工程
	风管及设备保温工程		空调水管保温
	防腐(油漆)工程		制冷主机安装工程
	空调机组安装工程		

工作 \ 时间	5月	6月	7月	8月	9月	10月
金属风管制作						
风管及部件安装						
空调水管道安装						
冷却水管道安装						
防腐(油漆)工程						
通风机安装						
消音器制作与安装						
空调机组安装						
风机盘管安装						
制冷机安装						
附属设备安装						
风管及设备保温						
空调水管保温						
系统调试						

图 1-54 项目施工进度计划

② 项目部结合工程需要编制本工程使用清单，资料员依据清单到公司各部门领取文件资料，项目部依据清单编制项目应编制的文件资料，由资料员填写文件拟稿纸，办理相应的编写、审核、发放、批准手续。

③ 技术交底。

a. 工程开工前由项目经理对项目部成员、作业负责人进行工程交底，交底内容包括以下几个方面：

• 合同主要条款、单位工程的质量目标及分解。
• 工程进度、总分包的配合协作，土建、装饰、安装的交叉作业要求。
• 主要工序的交叉搭接，工种配合及交叉作业。
• 材料、设备、劳动力配备要求。
• 安全生产措施及要求。

b. 工程（分项、分段）开工前，由施工员对作业负责人及操作人员进行交底，交底内容包括以下几个方面：

• 应遵循的有关技术规范、验评标准、操作规程、施工方案、作业指导书等。
• 贯彻图纸设计意图，明确工艺流程、施工方法和技术措施。

• 提出按图纸施工须注意的坐标、尺寸、预留孔洞、预埋件规格及数量。

• 提出工程设备吊装、调试、试运行注意事项。

• 提出常见质量问题的防治注意事项。

• 安全技术措施。

4）进行施工现场准备，使现场具备施工条件，利于进行文明施工。

① 作业人员的准备。由项目部施工员依据工程合同、图纸、施工进度计划编制劳动力需用计划。计划中应明确所需劳动力的工种及数量，经项目经理批准后与分包方签订劳务分包合同。劳动力需用计划见表1-18。

表1-18　劳动力需用计划

工种	人数	目前在何工地工作	计划进场时间	计划退场时间
钳工				
起重工				
电工				
管工				
通风工				
电焊工				
保温工				
辅助工				
管理人员				
油漆工				
合 计				

② 物资准备。工程物资的采购由材料公司进行。在施工准备阶段由项目经理组织施工员编制物资需用总计划，经项目经理批准后传递至材料公司作为材料公司采购准备的依据。施工过程中，项目经理组织施工员编制月度物资需用计划，此计划作为材料公司月度物资供应的依据。月度物资需用计划应明确物资的数量、规格、型号、进场时间，且应注明主材、辅材、工程配套设备。

③ 机械设备和检验试验设备器具。项目经理组织施工员编制项目所需的设备（机具）和检验试验需用总计划。

④ 项目部根据施工总平面图在项目现场准备好与工程质量要求相一致的工作环境，包括施工场所、设备工作场所及其他现场临时设施。

5）编写开工申请报告，待批开工。项目开工报告由项目部填写两份，经业主签订准许开工后，传递一份至工程部，另一份项目部留存作竣工资料。

二、施工阶段

这是一个自开工至竣工的实施过程。在这一过程中，项目经理部既是决策机构，又是责任机构。经营管理层、业主单位、监理单位的作用是支持、监督与协调。这一阶段的目标是完成合同规定的全部施工任务，达到验收、交工的条件。

① 按施工组织设计的安排进行施工。根据施工方案和施工进度计划的安排，对生产要素进行有效地配置、优化组合和动态控制，保证各分项工程的顺利实施。

② 在施工中努力做好动态控制工作，保证控制目标的实现。各分项工程开工前，应将施工准备阶段编制的技术交底发放给操作负责人并进行讲解，强调施工过程中应重点注意的

事项。比如在空调水管道保温工程实施前，要向操作人员重点强调，保温材料的接头处要用铝箔胶带密封，杜绝外界空气与金属管道接触的现象，否则会引起“冷桥”现象的发生。

③ 管好施工现场，实行文明施工。颁布各种现场管理规定，实行文明施工。如仓库保管及发放制度、工程防护措施、文明施工现场规定、安全保卫措施等。

④ 严格履行工程承包合同，处理好内外关系，管好合同变更及索赔。对施工过程中的设计变更和现场变更，项目部要及时确认，并向作业人员进行技术交底。变更实施后，及时与监理和业主取得联系，确认变更。

⑤ 做好记录、协调、检查、分析工作。质量、进度、成本目标是施工项目的控制重点。因此，在施工项目的操作实施阶段，应做好各种数据的记录、检查和分析，发现的偏差要及时纠正，保证项目控制目标的实现。

三、验收、交工与结算阶段

这一阶段可称作结束阶段，与建设的竣工验收协调同步进行。其目的是对项目成果进行总结、评价，对外结清债权债务，结束交易关系。

① 在工程收尾阶段，由项目经理组织项目施工员和各工种负责人逐层、逐段、逐部位、逐房间地进行检查，检查施工中有无丢项、漏项，一旦发现，必须立即确定专人定期解决并在事后进行检查。

② 保护成品。对已经全部完成的部位或查项后修补完成的部位，要立即组织清理，保护好成品，根据可能和需要，按房间或层段锁门封闭，严禁无关人员进入，防止损坏成品或丢失零件。

③ 进行系统调试。在试运转前，由技术负责人编制调试方案，严格按调试方案的步骤进行调试。系统调试完毕后，由业主组织相关单位进行验收。

④ 由技术负责人组织施工员绘制竣工图，清理和准备各项需向建设单位移交的工程档案资料，并编制工程档案资料移交清单。

⑤ 由项目经理组织有关人员参加或提供资料，编制竣工结算资料，尤其是合同变更和设计变更及现场变更部分，一定要有变更的签证作为结算依据。

⑥ 施工项目完毕后，进行施工项目管理的分析与总结，对施工项目管理进行全面系统的技术评价和经济评价，总结经验、吸取教训，不断提高管理水平。

四、用后服务阶段

这是施工项目管理的最后阶段，即在交工验收后，按合同规定的责任期进行用后服务、回访与保修，其目的是保证使用单位正常使用，发挥效益。

① 为保证工程正常使用而作必要的技术咨询、培训和服务。

② 进行工程回访，听取使用单位意见，总结经验教训，观察使用中的问题，进行必要的维护、维修和保养。

中央空调涉及空调水系统、风系统以及制冷主机、锅炉、风机盘管、空调机组水泵等设备，系统很复杂。工程交工验收并移交给业主后，业主方物业管理人员如果对系统不了解，对设备性能不熟悉，那么对如何有效地运行空调系统、使系统发挥最佳的使用性能，就会产生一定的影响。因此，应在移交给业主方后，应业主要求，由项目经理组织项目部技术人员对业主方的专业管理人员进行使用和保养的培训，并且编制《用户使用手册》，一并移交给业主。

工程回访由经营部组织工程部、质管部、技术部和项目经理进行，并按规定有计划地组织回访。

复习思考题

1. 中央空调工程常用的管材有哪些？应具备哪些基本要求？
2. 中央空调工程中，制作风管板材有哪些？各有什么特点？
3. 简述中央空调工程常用的型钢种类以及应用场合。
4. 中央空调中常用手动阀门有哪些？并简述其特点。
5. 简述空调送风口的型式。
6. 影响空调房间的噪声源有哪些？常用消声装置有哪些？
7. 空调中常用通风机的种类包括哪些？各有什么特点？
8. 切割管子的方法有哪几种？各适用于切割什么材质的管子？
9. 怎样使用弯管器？手动弯管器最大可以弯制的管径是多少？
10. 简述游标卡尺的读数方法。
11. 简述千分尺的读数方法。
12. 使用百分表时应注意什么？
13. 简述水平仪的使用方法。
14. 在使用力矩扳手时应注意哪些问题？
15. 在中央空调安装过程中常用的起重机具有哪些？
16. 在中央空调安装施工前需做哪些准备工作？

第二章

中央空调系统的安装

目前，中央空调系统有两大类。一类是蒸汽压缩式制冷系统，另一类是溴化锂吸收式制冷系统。无论是蒸汽压缩式制冷系统，还是溴化锂吸收式制冷系统，都是由制冷机组、冷却系统和冷媒系统组成的。

第一节　制冷机组的安装

一、螺杆式冷水机组的安装

中央空调工程中常用的载冷剂是水，因此冷水机组是中央空调工程中采用最多的冷源设备。一般而言，将制冷系统中的全部组成部件组装成一个整体设备，并向中央空调提供处理空气所需低温水（通常称为冷冻水或冷水）的制冷装置，被简称为冷水机组。

蒸汽压缩式制冷系统，根据其压缩机种类不同，分为活塞式冷水机组、螺杆式冷水机组和离心式冷水机组三种，其外观如图 2-1 所示。根据其冷凝器的冷却方式不同，可分为水冷式、风冷式和蒸发冷却式冷水机组。模块化冷水机组通常采用活塞式制冷压缩机，所以也属于活塞式冷水机组，但具有结构设计独特、系统构成方便的特点。冷水机组的安装形式基本相同，下面就以螺杆式冷水机组的安装为例来介绍蒸汽压缩式机组的安装。

(a) 活塞式冷水机组

(b) 螺杆式冷水机组

(c) 离心式冷水机组

图 2-1　各类冷水机组

1. 安装前的检查

（1）基础的检查

基础主要承受机组本身重量的静载荷和压缩机运转部件的动载荷，同时吸收和隔离由动力作用产生的振动；不允许发生共振，并且要耐润滑油的腐蚀。因此，设备的基础要有足够的强度、刚度和稳定性，不能发生下沉偏斜等现象。在机组安装前，应对基础进行仔细检查，发现问题要及时进行处理。

机组基础一般由土建单位施工，向安装单位移交前必须共同检查。安装单位进行验收，确认合格后，才能进行下一工序的安装。基础检查的内容有：基础的外形尺寸、基础平面的水平度、中心线、标高、地脚螺栓孔的深度和间距、混凝土内的埋设件等。其验收标准和检查方法如表 2-1 所示。基础四周的模板、地脚螺栓孔的模板及孔内的积水等，应清理干净。对二次灌浆的光滑基础表面，应用钢钎凿出麻面，以使二次灌浆与原来基础表面接合牢固。

表 2-1 基础尺寸与位置的质量要求和检查方法

项次	项目		允许偏差/mm	备注
1	基础坐标位置(纵、横轴线)		±20	用经纬仪或拉线和尺量检查
2	基础各不同平面的标高		0 −20	用水准仪或拉线和尺量检查
3	基础上平面外形尺寸		±20	尺量检查
	凸台上平面外形尺寸		0 −20	
	凹穴尺寸		+20 0	
4	基础上平面的水平度(包括地坪上需安装设备的部分)	每米	5	用水准仪或水平尺和楔形塞尺检查
		全长	10	
5	竖向偏差	每米	5	用经纬仪或吊线和尺量检查
		全高	20	
6	预埋地脚螺栓	标高(顶端)	+20 0	在根部及顶端用水准仪或拉线和尺量检查
		中心距(在根部和顶部两处测量)	±2	
7	预埋地脚螺栓孔	中心位置	±10	尺量纵横两个方向
		深度		尺量检查
		孔壁的铅垂度	10	吊线和尺量检查
8	预埋活动地脚螺栓锚板	标高	+20 0	拉线和尺量检查
		中心位置	±5	
		水平度(带螺纹孔的锚板)	5	用直尺和楔形塞尺检查
		水平度(带槽的锚板)	2	

(2) 基础的处理

基础经检查如发现标高、预埋地脚螺栓、地脚螺栓孔及平面水平超过允许偏差时，必须采取必要的措施，处理合格后再进行验收。具体措施如下：

① 基础的标高不符合要求。标高不符有两种现象，即过高和过低。如标高过高时，可用扁铲铲低；标高过低时，可在原基础平面上处理成麻面，用水冲洗干净后再补灌混凝土。

② 地脚螺栓孔位置偏移。预埋地脚螺栓时如有孔的偏差较小，则可用气焰将螺栓烤红后调整到正确位置；偏差过大时，可在螺栓孔周围凿一定深度后，将螺栓割断，按要求尺寸再搭焊一段。

③ 当基础中心偏差过大时，可考虑改变地脚螺栓的位置来调整。

④ 如基础平面水平度超过允许偏差时，应由土建施工人员进行修整，使水平度超差范围达到标准要求的5%以内。

2. 设备搬运与开箱检查

(1) 设备搬运

在运输机组的过程中，应防止机组发生损伤。运达现场后，机组应存放在库房中。如无库房必须露天存放时，应在机组底部适当垫高，防止浸水。箱上必须加以遮盖，以防止雨水淋坏机组。机组在吊装时，必须严格按照厂方提供的机组吊装图进行施工。

在安装前，必须考虑好机组搬运和吊装的路线。在机房预留适当的搬运口，如果机组的体积较小，可以直接通过门框进入机房；如果机组的体积较大，可待设备搬入后，再进行补砌。如果机房已建好又不想损坏，而整机进入机房又有一定困难，则有些机组可以分体搬运，一般是将冷凝器和蒸发器分体搬入机房，然后再进行组装。

(2) 开箱

① 开箱之前将箱上的灰尘泥土扫除干净。查看箱体外形有无损伤，核实箱号。开箱时要注意勿碰伤机件。

② 开箱时一般从顶板开始，在顶板开启后，看清是否属于准备起出的机件及机组的摆放位置，然后再拆其他箱板。如开拆顶板有困难时，则可选择在适当位置拆除几块箱板，观察清楚后，再进行开箱。

③ 根据随机出厂的装箱清单清点机组、出厂附件以及所附的技术资料，做好记录。

④ 查看机组型号是否与合同订货机组型号相符。

⑤ 检查机组及出厂附件是否损坏、锈蚀。

⑥ 如机组经检查后不能及时安装，则必须给机组加上遮盖物，防止灰尘侵入及产生锈蚀。

⑦ 设备在开箱后必须注意保管，放置平整。法兰及各种接口必须封盖、包扎，防止雨水灰沙侵入。

3. 机组的安装

(1) 安装基本要求

机组是一种精密而较复杂的机器，是由许多运动的和固定的零部件装配而成的，所以安装要求比较严格，若安装质量不高，就会导致零部件过早磨损或损坏，以致缩短机器的使用寿命，或使机器的工作效率下降，不能达到应有的效率，影响制冷效果。为保证机组安装后的正常运转，在安装中要做好以下几点：

① 在安装前应具备机组的安装技术规程。若无机组的安装技术规程，则可将机组的使用说明书及机组的总图和安装基础图作为技术资料，并按安装基础图做好基础。

② 机组安装时，其轴线必须呈水平状态，中心线的位置和标高必须符合设计要求。在安装前，应对基础进行检查，外观上不得有裂纹、蜂窝、空洞、露筋等缺陷，强度等技术参数应符合设计要求。

(2) 机组就位

在设备基础检验合格后，机组就可上台就位。机组的就位方法有多种，可根据施工现场的条件，任选其中一种。

① 可利用机房内的桥式起重机，将机组直接吊装就位。

② 可利用铲车将机组送至基础台位上，就位安装。

③ 可利用人字架就位的方法，先将机组连同箱底排放到基础之上，再用链式起重机吊起机组，抽去箱排底，然后压缩机即可就位，如图 2-2 所示。采用这种方法就位，在起吊时，钢丝绳应拴在机组适合受力的部位上；钢丝绳与机组表面接触的部位要垫上木垫板，避免损坏油漆和加工表面；悬吊时，机组应保持水平状态。

④ 可利用滚杠，使机组连续滑动到基础之上。采用这种方法，是将机组和底座运到基础旁摆正，对好基础；再卸下机组与底座连接的螺栓，用撬杠撬起机组的另一端，将几根滚杠放到机组与底座中间，使机组落到滚杠上；再将已放好线的基础和底座上放三、四根横跨滚杠，用撬杠撬动机组使滚杠滑动，将机组从底座上水平划移到基础上；最后撬起机组，将滚杠撤出，根据具体情况垫好垫铁。

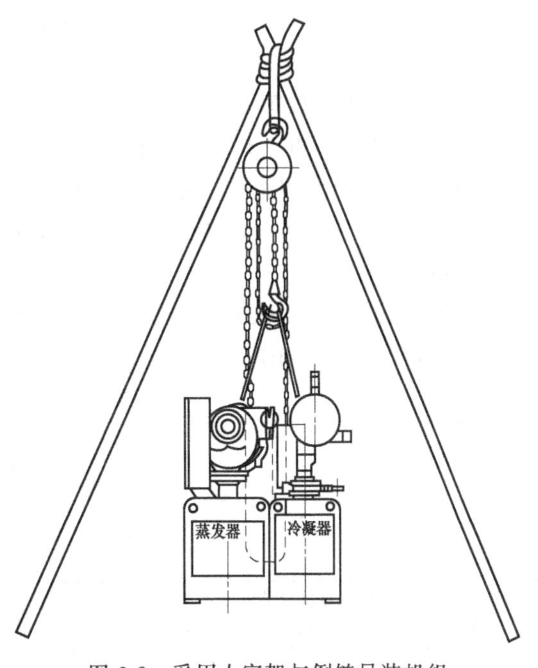

图 2-2 采用人字架与倒链吊装机组

采用滑移方法就位，应用力均匀地撬动，机组滑移时应平正，不能产生倾斜等现象，注意人身和机组的安全。

(3) 机组找正

找正就是将其就位到规定的部位，使机组的纵横中心线与基础上的中心线对正。找正的方法较为简单，可用一般量具和线锤进行测量；机组摆不正时，再用撬杠轻轻撬动进行调整。

在对机组进行调整时，除使其中心线与基础中心线对准外，还应注意机组上的管座等部件的方位是否符合设计要求。

(4) 机组找平

找平是在就位和找正之后，初步将机组的水平度调整到接近要求的程度。待机组的地脚螺栓灌浆并清洗后，再进行校平。

① 找平前的准备　找平前的准备工作应从两方面进行，一是地脚螺栓和垫铁的准备；二是确定垫铁的垫放位置。地脚螺栓和垫铁是设备安装中常见的金属件。在安装过程中，机组一般用垫铁找平，再用地脚螺栓固定。

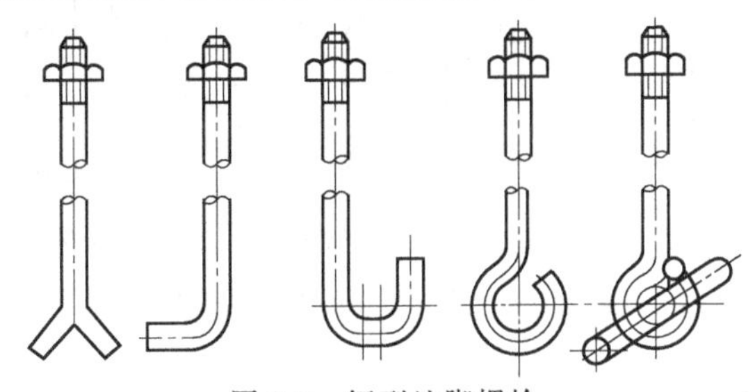
图 2-3 短型地脚螺栓

地脚螺栓分为长型和短型两种。短型地脚螺栓适用于工作负荷轻和冲击力不大的制冷设备。短型地脚螺栓的长度为 100～1000mm，它的式样很多，其外形如图 2-3 所示。

地脚螺栓的直径与设备底座孔径有关，螺栓直径应比孔径稍小，一般可按表 2-2 所列尺寸进行选用。

表 2-2 设备底座孔与地脚螺栓尺寸 mm

底座孔径	12～13	13～17	17～22	22～27	27～33	33～40	40～48
螺栓直径	10	12	16	20	24	30	36

地脚螺栓的长度与其直径及垫铁高度、机座和螺母的厚度有关，在选择地脚螺栓的长度时，可按式（2-1）进行计算：

$$L=15D+S+(5\sim10) \tag{2-1}$$

式中 L——地脚螺栓的长度，mm；

D——地脚螺栓的直径，mm；

S——垫铁高度、机座和螺母厚度的总和，mm。

在设备安装中使用垫铁，是为了调整设备的水平度。垫铁的种类很多，有斜垫铁、平垫铁、开口垫铁、开孔垫铁、钩头成对垫铁及可调整垫铁等。在制冷设备安装中，常用的垫铁是斜垫铁和平垫铁。

垫铁常用铸铁或钢板制成，厚垫铁多用铸铁，薄垫铁多用钢板。常用的斜垫铁和平垫铁的外形及各部位尺寸如图 2-4 和表 2-3 所示。

表 2-3 斜、平垫铁的规格 mm

斜垫铁						平垫铁			
符号	l	b	c	a	材料	符号	l	b	材料
斜 1	100	50	3	4	普通碳素钢	平 1	90	60	铸铁或普通碳素钢
斜 2	120	60	4	6		平 2	110	70	
斜 3	140	70	4	8		平 3	125	85	

注：1. 厚度 h 可根据实际需要和材料情况决定；斜垫铁斜度宜为 1/10～1/20；铸铁平垫铁的厚度，最小为 20mm。
2. 斜垫铁应与同号平垫铁配合使用，即“斜 1”配“平 1”、“斜 2”配“平 2”、“斜 3”配“平 3”。
3. 如有特殊要求，可采用其他加工精度和规格的垫铁。

垫铁放置的位置是根据机组底座外形和底座上的螺栓孔位置确定的。其摆放形式如图 2-5 所示，可以是平垫铁也可以是斜垫铁。初平前应使垫铁组的中心线垂直于设备底座的边缘，平垫铁外露长度为 10～30mm，斜垫铁外露长度为 10～50mm。应尽量减少垫铁的数目，每一组垫铁一般不宜超过 3 块，并少用薄垫铁。在垫铁放置时，最厚的放在最下面，最薄的置于中间。垫铁应放置得整齐平稳，接触良好。

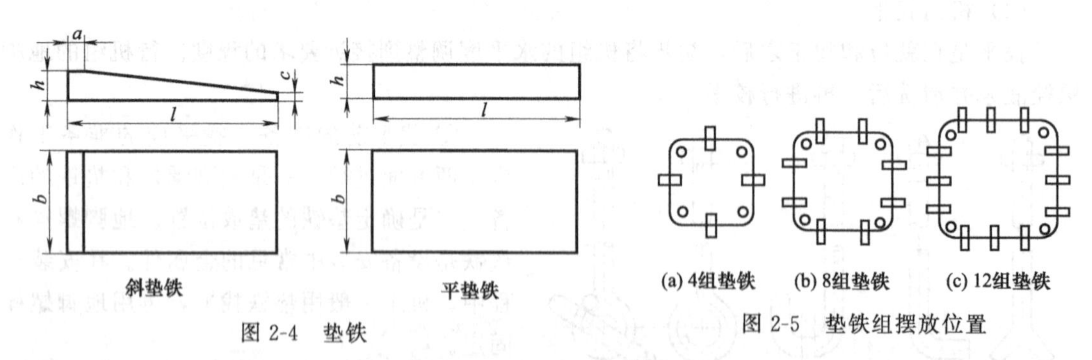

图 2-4 垫铁

图 2-5 垫铁组摆放位置

② 找平 机组就位后，将地脚螺栓穿到设备机座的预留孔内，加套垫圈并拧上螺母，使螺纹外露 2～3 扣；拧上地脚螺栓的螺母（不要拧紧），再用水平仪矫正，使机器保持水平，即所谓的找平。

找平即是在机组的精加工水平面上，用框式水平仪来测量其水平度。当水平度超差时，是靠改变垫铁厚度来调整的。当水平度超差较大时，可将机组较低一侧的垫铁更换为较厚一些的垫铁；若超差不大，则可在底侧慢慢打入斜垫铁，使其水平。要求设备的纵向和横向水平度应控制在 0.2/1000 范围内。

机组达到初平后，即进行二次灌浆，应采用与基础混凝土标号相同或标号略高的细石混凝土灌浇地脚螺栓，抖动直到填实。每一个地脚螺栓孔的浇注必须一次完成，浇注后，要洒水保养，一般不少于 7 天（表 2-4）。到第二次灌浆的混凝土强度达到 70%以上时，再拧紧地脚螺栓。地脚螺栓的安装、灌浆方法见图 2-6（图中 a、b、c、d 是安装制作尺寸，详细略）。

表 2-4　混凝土达到 70%强度所需天数

气温/℃	5	10	15	20	25	30
所需天数	21	14	11	9	8	6

（5）机组校平

拧紧地脚螺杆后，应对机组进行校平。将方形水平仪的底面或侧面放置在压缩机的进、排气口阀法兰端面上或半联轴器上测量。为了提高校平的准确度，将方形水平仪在被测量面上原地旋转 180°进行测量，利用两次读数的结果进行计算修正。方形水平仪第一次读数为零，在原位旋转 180°测量时，气泡向一个方向移动，则说明方形水平仪和被测量面都有误差，两者误差相同，较高一面的高度是读数的一半。如两次测量的气泡向一个方向移动，则其被测量面较高一面高度为两次误差格数之和除以 2，方形水平仪误差为两次误差格数之差除以 2。如两次测量的气泡各往一边移动，即方向相反时，则其被测量面较高一面高度为两格数之差除以 2，方形水平仪误差是两次格数之和除以 2。校平后机组的纵、横向水平度仍应小于 1/1000。

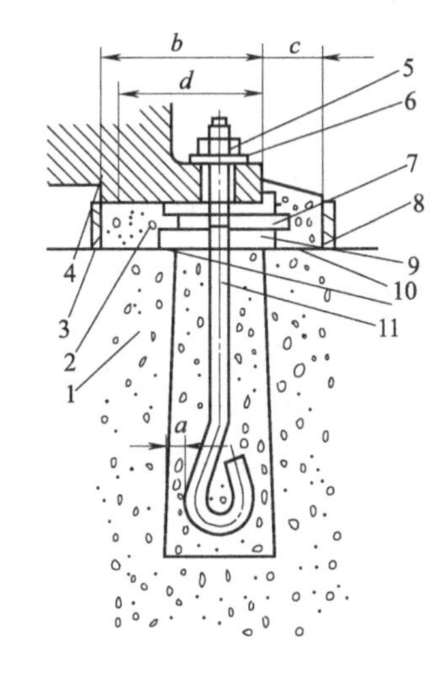

图 2-6　地脚螺栓的安装、灌浆示意图
1—机组基础；2—灌浆层；3—内模板；4—设备底面；5—螺母；6—垫片；7—斜垫铁；8—外模板；9—平垫铁；10—麻面；11—地脚螺栓

（6）基础抹面

设备校平后，设备底座与基础表面间的空隙应用混凝土填满，并将垫铁埋在混凝土内，用以固定垫铁和将设备负荷传递到基础上。

灌捣混凝土或砂浆前，应在基础边缘设外模板，如设备底座不需要全部灌浆时，应根据情况安设内模板。内模板到设备底座外缘的距离应不小于 100mm 或底座肋面宽度。

灌浆层的高度，在底座外面应高于底座的底面，灌浆层上表面应略有坡度，坡向朝外，以防油、水流入设备底座。抹面砂浆应压密实，抹成圆棱圆角，使表面光滑美观。

（7）联轴器的校正

为了避免机组在运输过程中可能产生形变或位移，机组安装后必须要检验，应使电动机与压缩机轴线同轴，其同轴度应符合机组的技术文件要求。一般同轴度为 0.08～0.16mm，端面圆跳动量为 0.05～0.1mm。机组经检验合格后，安装传动芯子，压板弹簧垫圈用螺钉拧紧。

联轴器同轴度的测量，应在联轴器端面和圆周上均匀分布的四个位置。即 0°、90°、180°、270°进行测量。其方法如下：

① 将半联轴器A和B暂相互连接，安装专用的测量工具。并在圆周上划出对准线，如图2-7（a）所示。

② 再将半联轴器A和B一起转动，使专用的测量工具依次转至已确定的四个位置，在每个位置上测得两半联轴器径向间隙 a 和轴向间隙 b，记录成图2-7（b）所示的形式。

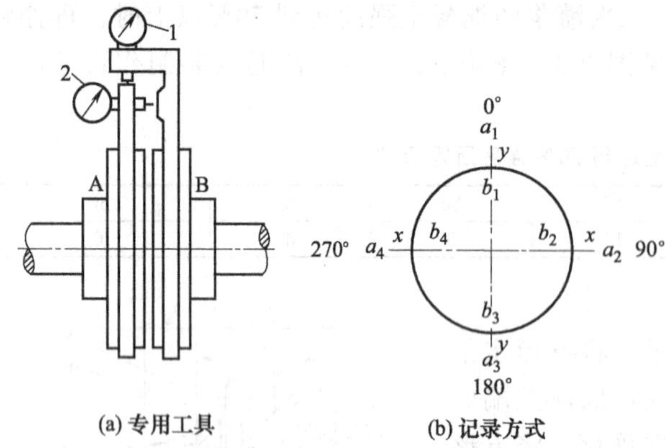

图2-7 联轴器两轴心径向位移和两轴线倾斜的测量

1—测量径向数值 a 的百分表；2—测量轴向数值 b 的百分表

对测得的数据进行如下复核：

① 将联轴器再向前转动，核对各相应的位置数值有无变化。

② a_1+a_3 应等于 a_2+a_4，b_1+b_3 应等于 b_2+b_4。

③ 上述数值如不相等，则应检查其原因，消除后重新测量。

联轴器同轴度按下式进行计算：

① 联轴器两轴线径向位移

$$a_x=\frac{a_2-a_4}{2},\ a_y=\frac{a_1-a_3}{2} \tag{2-2}$$

$$a=\sqrt{a_x^2+a_y^2} \tag{2-3}$$

式中 a_x——两轴轴线在 x-x 方向径向位移，mm；

a_y——两轴轴线在 y-y 方向径向位移，mm；

a——两轴轴线的实际径向位移，mm。

② 联轴器两轴线倾斜

$$\theta_x=\frac{b_2-b_4}{d},\ \theta_y=\frac{b_1-b_3}{d} \tag{2-4}$$

$$\theta=\sqrt{\theta_x^2+\theta_y^2} \tag{2-5}$$

式中 d——测点处直径，mm；

θ_x——两轴轴线在 x-x 方向的倾斜度，(°)；

θ_y——两轴轴线在 y-y 方向的倾斜度，(°)；

θ——两轴轴的实际倾斜度，(°)。

机组在就位后，需要连接水管路，与整个空调系统相连接。水管路的连接形式有法兰连接、螺纹连接及焊接连接等形式。一般螺杆式冷水机组都采用法兰连接，但也有采用焊接连接的。有的小制冷量的机组，由于水管接口较小，也可以采用螺纹连接的。与机组连接的水管建议采用软管，防止由于机组振动或移动而对水管路带来损伤。

二、溴化锂机组的安装

溴化锂吸收式制冷机组没有压缩机，以热源为动力，以水为制冷剂，以溴化锂为吸收剂，因为具有可利用低品位能源，无公害工质，制造、安装简便，性能稳定，并可以在10%～100%之间进行冷量的无级调节等优点，所以越来越受到人们的重视。

溴化锂吸收式制冷机通常在出厂时，就已装成完整的机组。因此，现场的安装工作主要是机组的就位，以及汽、水管路系统和电气线路的连接工作。由于溴化锂制冷机组运动部件少，振动噪声较小，运行平稳，所以对机组的基础和安装要求并不高，但是对机组的水平度有较高要求。

1. 机组的检查

机组在出厂前，内部已充注0.02～0.04MPa（表）氮气。每台机组一般都装有压力表。机组运输通常由铁路运输，也可采用汽车运输。因此，在机组就位与安装前，要检查机组压力情况。一旦发现机组在运输过程中由于损坏而发生泄漏，就要与制造厂家联系，以防机组发生锈蚀，影响机组的正常使用。同时还要检查电气仪表是否被损坏。

2. 机组的吊装

一般采用钢丝绳起吊机组。由于制造厂家的不同，机组起吊方法也各异。一般用两根钢丝绳起吊机组主筒体的两端，也有的机组用钢丝绳通过机组的吊孔起吊，如图2-8所示。

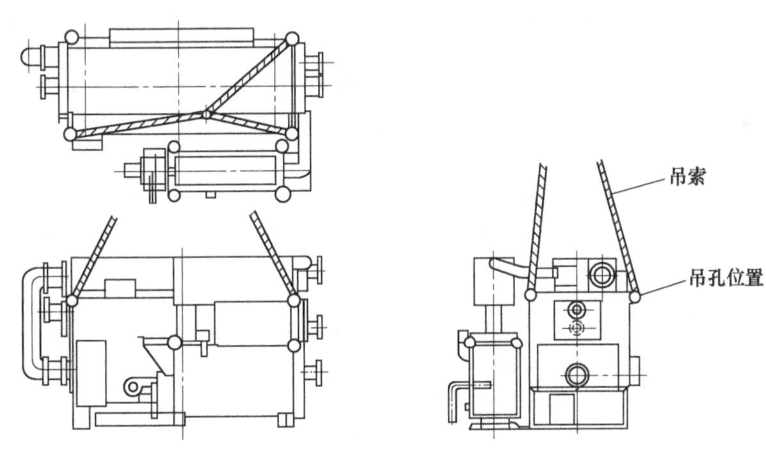

图2-8 整机吊装示意图

吊装机组要非常仔细，要确保不会损坏机组的任何部分。吊装过程中，如果出现钢丝吊索与容易损坏的部分发生接触，就要调整吊绳的位置。如果确实有困难，则也可在该部件上设置软垫来加以保护。要特别当心细管、接线和仪表等易损件使其不被损坏。在机组起吊及就位时，要保持机组的水平。当放下时，机组所有的底座应同时并轻轻地接触地面或基础表面。

3. 机组的安装

溴化锂吸收式机组振动小，运行平稳，其基础是按静负荷来设计的。在机组就位前，应清理基础表面的污物，并检查基础标高和尺寸是否符合设计要求，检查基础平面的水平度，同时，在基础支撑平面上各放一块面积稍大于机组底脚的硬橡胶板，厚度约为10mm，然后将机组放在其上，如图2-9所示。

机组就位后，必须对机组进行水平校正才能安装。如果机组不水平，则将影响机组的性能和正常运行。例如，对于发生器来说，溴化锂溶液在发生器中上下折流前进，本身就有一定的阻力，机组不平，就加大了溶液在两端的液位差，还可能引起冷剂水的污染及高温热交换器的汽击。对于蒸发器来说，会减少冷却水的储存量，从而影响机组在变工况时的运行。特别是冷凝器，水盘很低，如冷却水从端部流出，就会影响到蒸发器的流动。

机组的水平校正方法如下：

① 在吸收器管板两边，或者在筒体两端，找出机组中心点。如果找不到机组的中心点，也可将管板精加工部位作为基准点。

② 一般用水平仪校正机组的水平。也可取一根透明塑料管，管内充满水，塑料管不能

打结，也不能压扁，管内的水中不允许存有气泡。然后在机组两端中心放置水平，一端为基准点，另一端则表明了纵向水平差。再将塑料管置于另一端管板的两边，用同样的方法来校正横向水平差，如图 2-10 所示。

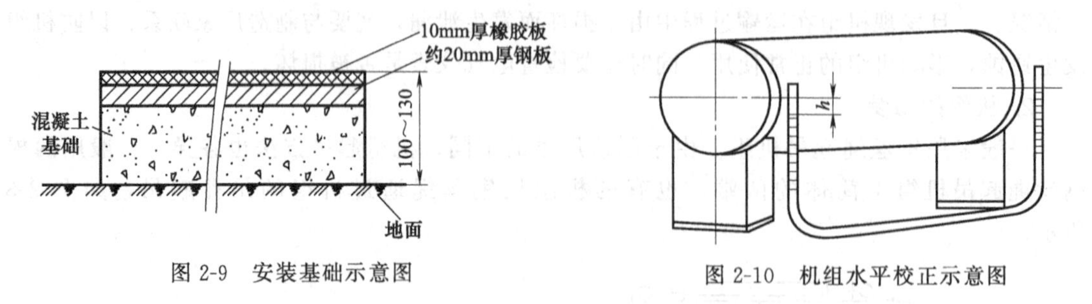

图 2-9 安装基础示意图

图 2-10 机组水平校正示意图

机组合格的水平标准是纵向在 1mm/m 内，若机组尺寸是 6m 或大于 6m，合格值应小于 6mm。机组横向水平标准是小于 1mm/m，如图 2-11 所示。

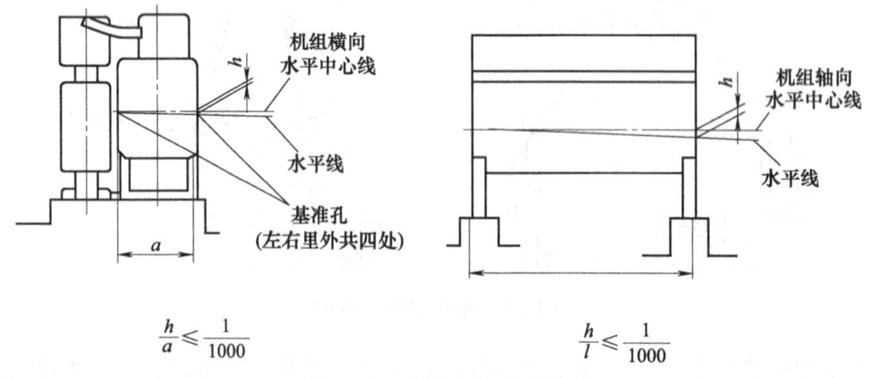

$$\frac{h}{a} \leqslant \frac{1}{1000} \qquad \frac{h}{l} \leqslant \frac{1}{1000}$$

图 2-11 机组水平示意图

③ 如果机组的水平情况不合格，则可用起吊设备，通过钢丝绳慢慢吊起机组的一端，用钢制长垫片来调节机组的水平度。如果没有合适的起吊设备，则可以在机组的一端底座下半部焊上槽钢，用两只千斤顶均匀地慢慢将机组顶起，再调节机组的水平，直至水平合格为止。

机组在运输、就位及安装过程中，一定要防止人为的损坏和无目的拨弄阀门及仪表，禁止将机组上的管道及阀门作为攀登点。要保护好机组上的控制箱、电气仪表及电气接线，非专业人员不得开启电气控制箱、拆动仪表及线路。

4. 机组配管的连接

(1) 工作蒸汽管道

① 溴化锂吸收式冷水机组运行时，加热蒸汽压力稳定是机组稳定运行的基本条件，要求加热蒸汽压力的波动范围一般不超过规定的 5%。所以，一般要在发生器蒸汽进口端安装蒸汽自动压力调节阀，若蒸汽压力高于最高工作压力 0.3～0.4MPa，则应装设蒸汽减压阀。

② 在高压发生器进口安装蒸汽调节阀时，在蒸汽调节阀两端各装一个蒸汽截止阀，并要安装一个蒸汽旁通阀，以防调节阀失灵。

③ 当工作蒸汽干度低于 0.95 时，要加装汽水分离器，以保证发生器的传热效率。

④ 蒸汽管道管径不应小于机组设计值。考虑到管道的噪声，在选用蒸汽管道时，一般蒸汽在管内流速为：$D_g \leqslant 100$mm 时，取 20～30m/s；$D_g > 100$mm 时，取 30～40m/s。

⑤ 为确保机组的安全运行，一般要在蒸汽管上设置蒸汽电磁阀，一旦发生故障，可及时切断蒸汽。

⑥ 当供给的蒸汽干度较小时，为使工作蒸汽稳定，最好在蒸汽管道上装一个分汽包。同时装上一个分水器。

（2）蒸汽凝结水管道

蒸汽凝结水管道的凝水压力为0.05～0.25MPa，如凝结水不能自动返回锅炉的凝结水箱，可在凝结水出口装设凝结水箱，再由凝结水泵送往锅炉的凝结水箱。凝结水箱的液面一般不低于凝结水回热器的位置。

（3）冷媒水管道

冷媒水管道应尽可能减少弯头和阻力损失，合理选配水泵。冷媒水在管内流速以1～2.5m/s为宜，对于开式冷媒水系统，为避免环境杂物进入冷媒水系统而堵塞蒸发器内传热管，在冷媒水泵吸水管前应装设水过滤器。冷水池还需装补给水管。

（4）冷却水管道

溴化锂吸收式制冷机冷却水量较大，相应水泵的需耗功率也较大。合理地布置管道、选配水泵，对耗能有很大的影响。因此，要减少不必要的弯管，管内流速一般为1～2.5m/s。当冷却水进口温度低于机组设计值5℃时，冷凝器应加装冷却水旁通管，旁通管上装有闸阀，以调节经过冷凝器的冷却水量，控制冷凝压力不致过低。当冷却水是江河、湖泊的水时，应对水质加以控制。若水质较差，则为避免杂物堵塞吸收器和冷凝器传热管或引起严重水垢，要对冷却水进行沉淀和过滤。即使是采用循环水，当遇到易被周围环境杂物侵入的场合时，也应在冷却水泵前装设过滤器。

（5）配管连接的注意事项

① 为提高运行经济性并能进行核算，以及调试时了解制冷机的冷量出率，要求在蒸汽管道、冷媒水管道、冷却水管道上安装流量计。常用的流量计有孔板流量计、涡轮流量计及水表。根据流量计的要求，在它的前后应有一定长度的直管段，当实际使用的管径尺寸与流量计口径不一致时，可在流量计进出口端所要求的直管段以外安装渐扩管或渐缩管。

② 为了防止传热管因长期使用而结垢引起冷量下降，通常还要在冷却水、冷媒水进口的直管段安装超强除垢器。

③ 冷媒水、冷却水、蒸汽管道安装完毕后，必须对管道进行一次彻底的清洗，清洗干净后，才允许与制冷机连接。否则，管道内的铁锈、污物都将被冲进机组内，造成传热面的污染和机组的损伤。

④ 在安装管道连接法兰时，必须注意所有衬垫的任何部分不要盖住内截面，衬垫内径一般不大于管道内径2～3mm，法兰的衬垫建议用下列材料：

a. 工作蒸汽管道和凝结水管道——中压石棉橡胶板；

b. 冷却水管道和冷媒水管道——橡胶板。

⑤ 为减少噪声和便于检修拆装，最好在冷却水泵和冷媒水泵接口、机组的冷媒水和冷却水进出口处安装柔性短接头。

空调系统中制冷设备和管道连接后需要保温隔热，目的是为了减少管道或容器由于内外的温差所引起的冷、热量损耗。因此，对系统中凡是储存和输送高于或低于环境温度流体的设备和管道都必须与外界隔热，即必须设置一定厚度的隔热层。例如，在溴化锂吸收式制冷机组中，应对冷媒水管路系统和机组的发生器进行保温隔热，有条件的地方亦可利用蒸发-

吸收器进行隔热处理。

5. **电气系统的安装**

机组中的屏蔽泵、真空泵以及有关自控设备的电气线路，一般在制造厂安装。电控制箱随机出厂，使用时只要按照电气控制线路图及电控制箱外接线图把电源接入电控制箱即可。电源接通后，各泵转向可根据运转的压力、声音来判断，转向不对可通过改换接线来校正。

对于冷却水泵、冷媒水泵、风机等功率较大的设备，需要有专门的启动设备，它们的电源一般与机组电气控制箱分开，安装时应另外接线。

接线控制箱的电源要求用独立、可靠的电源接入，以避免运行过程中由于其他的意外事故引起突然停电，影响机组的正常运行，有条件的地方，最好有备用电源。

第二节 其他设备的安装

无论是蒸汽压缩式制冷机组，还是溴化锂吸收式制冷机组，主机安装后，还需安装冷却塔、水泵、通风机、风机盘管等设备。

一、冷却塔的安装

中央空调工程中常用的冷却塔，有自然通风喷水冷却塔和机械通风冷却塔两大类别。由于自然通风型冷却塔主要受自然通风状态的影响，因而冷却效率和降温效果差，且体积和占地面积大，因此，目前应用较多的是机械通风式冷却塔。

冷却塔有高位安装和低位安装两种形式。安装的具体位置应根据冷却塔的型式及建筑物的布置而定。冷却塔的高位安装，是将其安装在冷冻站建筑物的屋顶上，对于高层民用建筑的空调系统普遍采用冷却塔高位安装，这样可减少占地面积。冷却塔的低位安装，是将其安装在机房附近的地面上，其缺点是占地面积较大，一般常用于混凝土或混合结构的大型工业冷却塔。

冷却塔按照不同的规格，又可分为整体安装和现场拼装两种形式。现场拼装的冷却塔在安装时由三部分组成，即主体拼装、填料的填充及附属部件的安装。这里只对整体安装作简要说明。

1. **冷却塔安装布置原则**

为了保证冷却塔的正常运转，充分发挥设备的冷却能力，应按下列原则布置。

① 冷却塔应安装在通风良好的地点，其进风口与周围的建筑物应保持一定的距离，保证新风能进入冷却塔。避免挡风和冷却塔运转时排出的热湿空气短路回流，降低冷却塔的冷却能力。

② 冷却塔应避免安装在有热空气产生的场所，并避免安装在粉尘飞扬场所的下风向，不能布置在煤堆、化学堆放处。

③ 冷却塔布置的方位与夏季的主导风向有关。开放式冷却塔的长边应与夏季主导风向垂直，双列布置的机械通风分格式冷却塔的长边与夏季主导风向相平行；而单列布置的机械通风分格式冷却塔的长边则与夏季主导风向垂直。

④ 开放式冷却塔布置时，其组合后的长边应不大于 30m；机械通风鼓风式冷却塔多格布置时，如超过 5 格时应采取双列布置；机械通风抽风式冷却塔如为双面进风，则可采用单列布置；如为单面进风，则可采用双列布置。

2. 冷却塔安装

对于玻璃钢中小型冷却塔一般进行整体安装，在安装过程中应注意下列事项。

① 对冷却塔的基础按设备技术文件的要求，做好预留、预埋工作，基础表面要求水平，水平度不应超过 5/1000。

② 设备吊装时应注意钢丝绳不应使玻璃钢外壳受力变形，钢丝绳与设备接触点应垫上木板。

③ 设备上位后应找平找正，稳定牢固，冷却塔的出水管口等部件方位应正确。

④ 布水器的孔眼不能堵塞和变形，旋转部件必须灵活，喷水出口应为水平方向，不能垂直向下。

⑤ 在冷却塔的底盘安装操作时，安装人员应踩在底盘加强筋上面，以免损坏底盘。

⑥ 在安装冷却塔的外壳、底盘时，应先穿上螺栓，然后依次对称锁紧螺母，防止外壳和底盘变形。在确认无变形后，将其缝隙用环氧树脂密封，防止使用时漏水。

⑦ 冷却塔内的填料多采用塑料制品，在施工中应做好防火工作。

二、水泵的安装

大多数水泵都安装在混凝土基础上，小型管道泵直接安装在管道上，不做基础，其安装的方法和安装法兰阀门一样，只要将水泵的两个法兰与管道上的法兰相连即可。

1. 水泵安装前的检查

1）设备开箱应按下列项目检查，并作出记录。

① 箱号和箱数，以及包装情况。

② 设备名称、型号和规格。

③ 设备不应有缺件、损坏和锈蚀等情况，进出管口保护物和封盖应完好。

2）水泵就位前应作下列复查：

① 基础尺寸、平面位置和标高应符合设计要求和相应的质量要求。

② 设备不应有缺件、损坏和锈蚀等情况；水泵进出管口保护物和封盖如失去保护作用，水泵应解体检查。

③ 盘车应灵活，无阻滞、卡住现象，无异常声音。

2. 水泵安装

空调工程中冷却水及冷（热）水循环系统采用的水泵大多是整体出厂的。即由生产厂在出厂前先将水泵与电动机组合安装在同一个铸铁底座上，并经过调试、检验，然后整体包装运送到安装现场。安装单位不需要对泵体的各个组成部分再进行组合，经过外观检查未发现异常时，一般不进行解体检查，若发现有明显的与订货合同不符处，需要进行解体检查时，也应通知供货单位，由生产厂方进行。

（1）水泵的吊装与找正

水泵安装的实际操作是从将放于基础脚下的水泵吊放到基础上开始的。整体水泵的安装必须在水泵基础已达到强度要求的情况下进行。在水泵基础面和水泵底座面上划出水泵中心线，然后进行水泵整体起吊。

吊装工具可用三脚架和倒链滑车。起吊时，绳索应系在泵体和电动机吊环上，不允许系在轴承座或轴上，以免损伤轴承座和使轴弯曲。在基础上放好垫板，将整体的水泵吊装在垫板上，套上地脚螺栓和螺母，调整底座位置，使底座上的中心线和基础上的中心线一致。泵体的纵向中心线是指泵轴中心线，横向线是指过泵底座上平行于泵轴线的线段的中点且与泵轴垂直的直线，要求偏差控制在图纸尺寸的±5mm范围之内，实现与其他设备的良好连接。

(2) 水泵的找平与就位

泵体的中心线位置找好后，便开始调整泵体的水平，把精度为0.05mm/m的框式水平仪放置在水泵轴上测量轴向水平，调整水平时，可在底座与基础之间加薄铁板，使得水平仪上气泡居中；或将框式水平仪一直边紧贴在进口法兰面上，调整底座下面的垫板厚度，使得水平仪上气泡居中，保证进口法兰面处于铅直方向，从而实现泵轴水平。泵体的水平允许偏差一般为0.3～0.5mm/m。再用钢板尺检查水泵轴中心线的标高，以保证水泵能在允许的吸水高度内工作。当水泵找正、找平后，方可向地脚螺栓孔和基础与水泵底座之间的空隙内灌注混凝土，待凝固后再拧紧地脚螺栓，并对水泵的位置和水平进行复查，以防在二次灌浆或拧紧地脚螺栓的过程中使水泵发生移动。

3. 水泵的隔振

空调工作过程中，水泵是产生噪声的主要来源，而水泵工作时产生的噪声主要来自振动。为了确保正常生活、生产和满足环境保护的要求，根据《水泵隔振技术规程》CES59—1994规定，在工业建筑内，在邻近居住建筑和公共建筑的独立水泵内，有人操作管理的工业企业集中泵房内的水泵宜采取隔振措施。

水泵的振动是通过固体传振和气体传振两条途径向外传送的。固体传振防治重点在于隔振，空气传振防治重点在于吸声。一般采取隔振为主，吸声为辅。固体传振是通过泵基础、泵进出管道和管支架发出的，因此，水泵隔振应包括3项内容：水泵机组隔振、管道隔振、管支架隔振。必要时，对设置水泵的房间，建筑上还可采取隔振吸声措施。水泵隔振措施有：

① 水泵机组应设隔振元件：在水泵基座下安装橡胶隔振垫、橡胶隔振器、橡胶减振器等。

② 在水泵进、出水管上宜安装可曲挠橡胶接头。

③ 管道支架宜采用弹性吊架、弹性托架。

④ 管道穿墙或楼板处，应有防振措施，其孔口外径与管道间宜填以玻璃纤维。

目前水泵机组采用的隔振元件一般选用橡胶隔振垫或橡胶隔振器或阻尼弹簧隔振器。卧式水泵宜采用橡胶隔振垫。图2-12所示为常用的SD型橡胶隔振垫外形，可参照全国通用建筑标准图集《水泵隔振及其安装》选用。

水泵隔振垫安装时应注意以下几点。

① 用于水泵机组的隔振元件在安装施工时应按水泵机组的中轴线作对称布置。橡胶隔振垫的平面布置如图2-13所示。

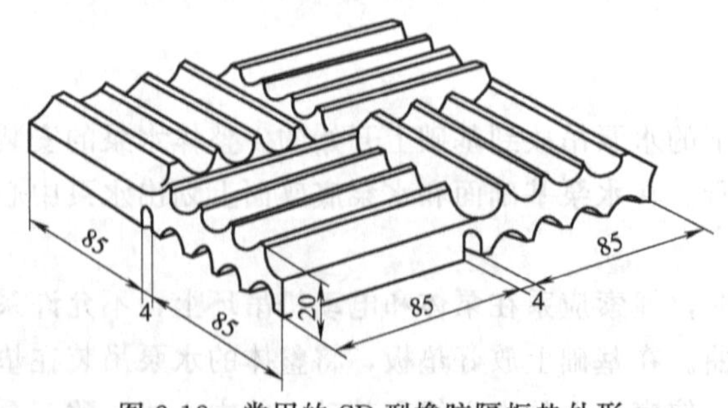

图2-12 常用的SD型橡胶隔振垫外形

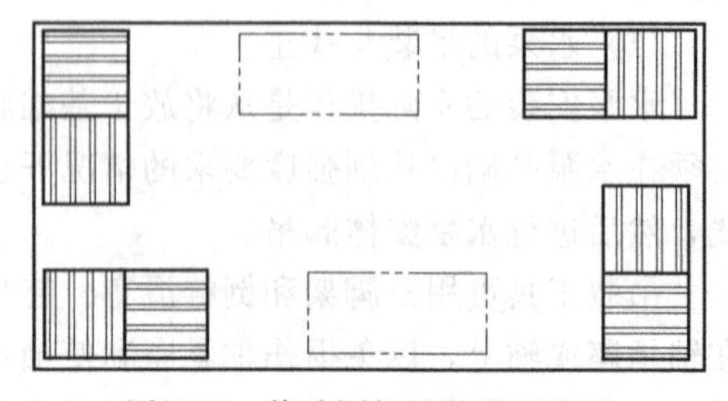

图2-13 橡胶隔振垫的平面布置

② 当机组隔振元件采用 6 个支承点时，其中 4 个布置在混凝土惰性块或型钢机座四角，另两个应设置在长边线上，并调整其位置，使隔振元件的压缩变形量尽可能保持一致。

③ 卧式水泵机组隔振安装橡胶隔振垫或阻尼弹簧隔振器时，一般情况下，橡胶隔振垫和阻尼弹簧隔振器与地面，以及与混凝土惰性块或钢机座之间均不粘接或固定。

④ 立式水泵机组隔振安装使用橡胶隔振器时，在水泵机组底座下，宜设置型钢机座并采用锚固式安装；型钢机座与橡胶隔振器之间应用螺栓固定（加设弹簧垫圈）。在地面或楼面中设置地脚螺栓，橡胶隔振器通过地脚螺栓后固定在地面上或楼面上。

⑤ 橡胶隔振垫的边线不得超过惰性块的边线；型钢机座的支承面积应不小于隔振元件顶部的支承面积。

⑥ 橡胶隔振垫单层布置，频率比不能满足要求时，可采用多层串联布置，但隔振垫层数不宜多于 5 层。串联设置的各层橡胶隔振垫，其型号、块数、面积及橡胶硬度均应完全一致。

⑦ 橡胶隔振垫多层串联设置时，每层隔振垫之间用厚度不小于 4mm 的镀锌钢板隔开，钢板应平整。隔振垫与钢板应用氯丁-酚醛型或丁腈型黏合剂粘接，粘接后加压固化 24h。镀锌钢板的平面尺寸应比橡胶隔振垫每个端部的尺寸大 10mm。镀锌钢板上、下层粘接的橡胶隔振垫应交错设置。

⑧ 同一台水泵机组的各个支承点的隔振元件，其型号、规格和性能应一致。支承点应为偶数，且不小于 4 个。

⑨ 施工安装前，应及时检查，安装时应使隔振元件的静态压缩变形量不得超过最大允许值。

⑩ 水泵机组隔振元件应避免与酸、碱和有机溶剂等物质相接触。

采用橡胶隔振垫的卧式水泵隔振基座安装如图 2-14 所示。

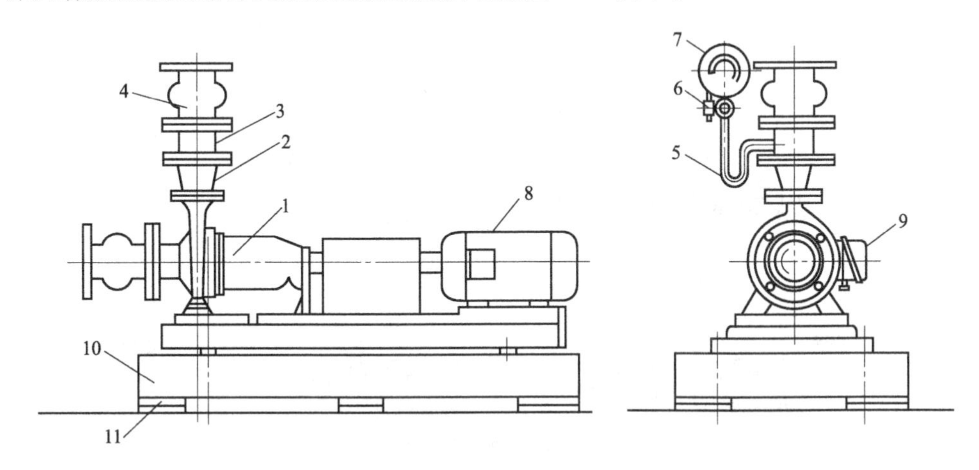

图 2-14　水泵隔振基座安装

1—水泵；2—排出锥管；3—短管；4—可曲挠接头；5—表弯管；6—表旋塞；7—压力表；8—电动机；9—接线盒；10—钢筋混凝土基座；11—减振垫

4. 水泵的配管布置

水泵的配管布置如图 2-15 所示。进行水泵的配管布置时，应注意以下几点。

① 安装软性接管：在连接水泵的吸入管和压出管上安装软性接管，有利于降低和减弱水泵的振动和噪声的传递。

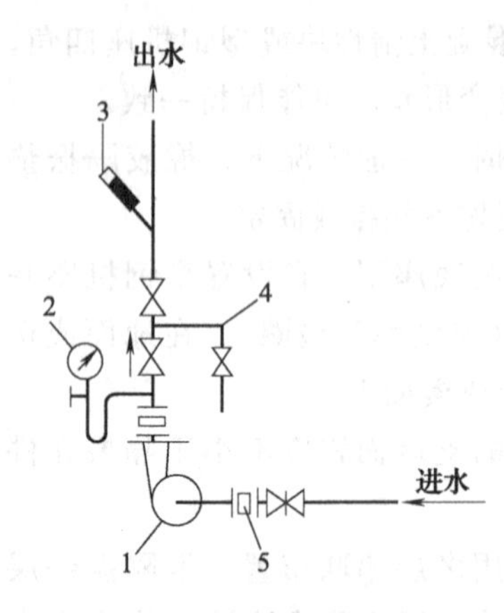

图 2-15 水泵的配管布置

1—水泵；2—压力表；3—温度计；4—放水管；5—软性接管

② 出口装止回阀：目的是为了防止水泵突然断电时水逆流，而使水泵叶轮受阻。对冷水系统，扬程不高，可采用旋启式或升降式的普通止回阀；也可采用防水击性能好的缓闭式止回阀。对于冷却水系统，如果水箱设置在水泵标高以下，则采用缓闭式止回阀。水泵在闭式系统中应用时，其出口不设置止回阀。

③ 水泵的吸入管和压出管上应分别设置进口阀和出口阀，目的是便于水泵不运行时能排空系统内的存水而进行检修。进口阀通常是全开式，常采用价廉、流动阻力小的闸阀，但绝对不允许作调节水量用，以防水泵产生汽蚀。而出口阀宜采用有较好调节特性、结构稳定可靠的截止阀或蝶阀；对于开式冷却水系统，水泵吸入管短的连接应避免气囊产生，详见图 2-16。

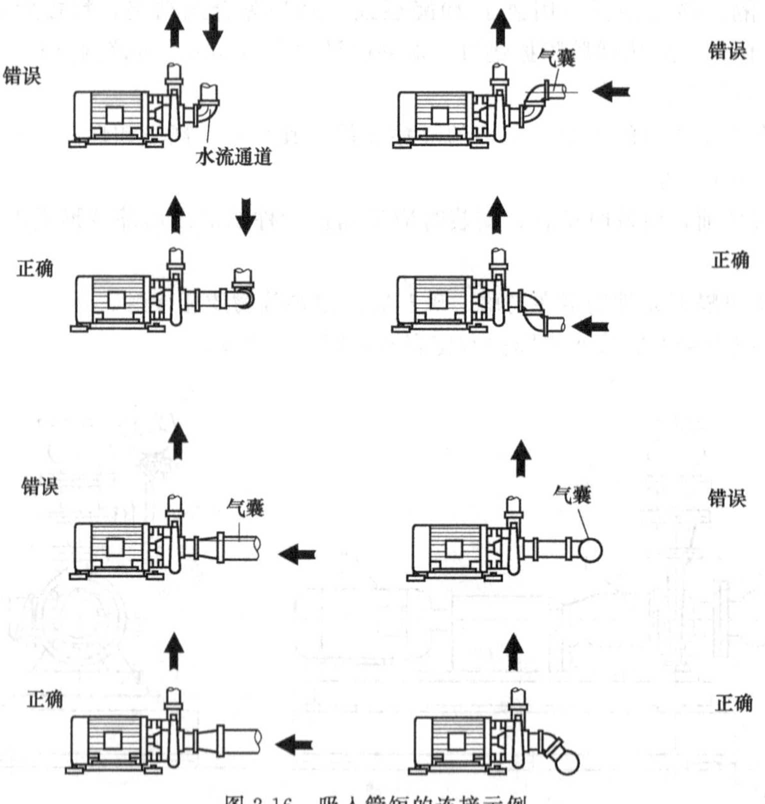

图 2-16 吸入管短的连接示例

④ 安装在立管上的止回阀的下游应设有放水管（图 2-15），便于管道清洗和排污。

⑤ 水泵的出水管上应装有压力表和温度计，以利检测。如果水泵从低位水箱吸水，则吸水管上还应装有真空表。

⑥ 每台水泵宜单独设置吸水管，管内水的流速一般为 1.0～1.2m/s。出水管内水的流速一般为 1.5～2.0m/s。

⑦ 水泵的电动机容量大于 20kW 或水泵吸入口直径大于 100mm 时，水泵机组的布置方

式应符合《室外给水设计规范》。

⑧ 水泵基础高出地面的高度应不小于 0.1m，地面应设排水沟。

三、通风机的安装

在空调系统的通风工程中大量使用的是离心式通风机，它的安装质量直接影响系统的运行效果。如图 2-17 所示，离心通风机主要由集流器（进风口）、叶轮、机壳、出风口和传动部件组成。

1. 开箱检查

① 根据设备装箱清单，核对叶轮、机壳和其他部件的主要尺寸、进风口、出风口的位置是否与设计相符。

② 检查叶轮旋转方向是否符合设备技术文件的规定。

③进风口、出风口应有盖板严密遮盖。检查各切削加工面、机壳的防锈情况和转子是否发生变形或锈蚀、碰损等。

2. 质量要求

① 在安装通风机之前，须先核对通风机的机号、型号、传动方式、叶轮旋转方向、出风口位置等。

② 通风机外壳和叶轮，不得有凹陷、锈蚀和一切影响运行效率的缺陷。如有轻度损伤和锈蚀，则应进行修复后才能安装。

③ 检查通风机叶轮是否平衡，可用手推动叶轮，如果每次转动中止时，不停止在原位，则可认为符合质量要求。

④ 机轴必须保持水平。如果通风机与电动机用联轴器连接，两轴中心线应该在同一直线上，轴向允许偏差为 0.2‰，径向位移的允许偏差为 0.05mm。

如果风机与电动机之间采用皮带传动，则两机机轴的中心线间距和皮带的规格应符合设计要求。两轴中心线应平行，各轴与其皮带轮中心线应重合为一直线。皮带轮轮宽中心平面位移的允许偏差不应大于 1mm，如图 2-18 所示。

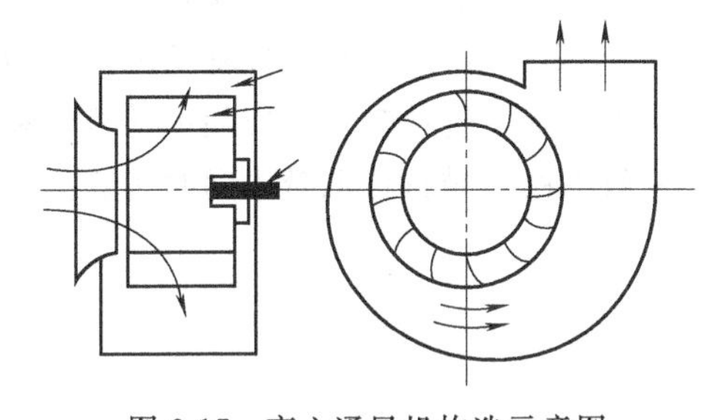

图 2-17 离心通风机构造示意图

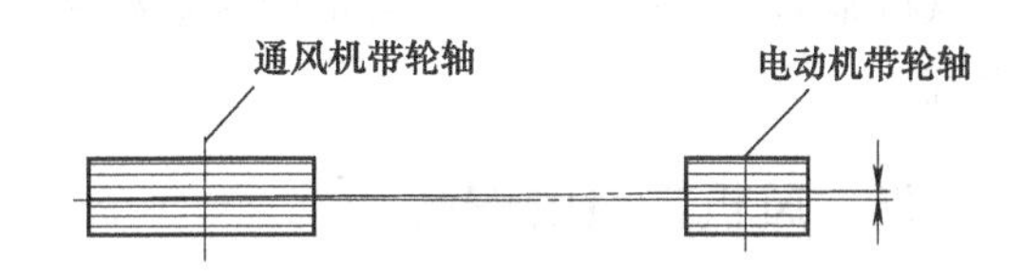

图 2-18 通风机与电动机皮带轮平面位移

⑤ 通风机的进、出口的接管的要求。通风机的出口应顺着叶片的转向接出弯管。在实际工程中，为防止进口处出现涡流区，造成压力损失，可在弯管内增设导流片，以改善涡流区。

3. 离心通风机的安装

1）离心通风机的拆卸、清洗和装配要求如下：

① 对与电动机非直连的风机，应将机壳和轴承箱卸下清洗。

② 轴承的冷却水管路应畅通，并应对整个系统试压；如设备技术文件无规定时，其试

验压力一般不应低于0.4MPa。

③ 清洗和检查调节机构，应使其转动灵活。

2）整体机组的安装，应直接放置在基础上，用成对斜垫铁找平。吊装的绳索不得捆绑在转子和机壳或轴承盖的吊环上。

3）如果底座安装在减振装置上，安装减振器时，除地面应平整外，还应注意各组减振器所承受的荷载压缩量应均匀，不得偏心；安装后应采取保护措施，防止损坏。吊装时，捆吊索的方式如图2-19所示。

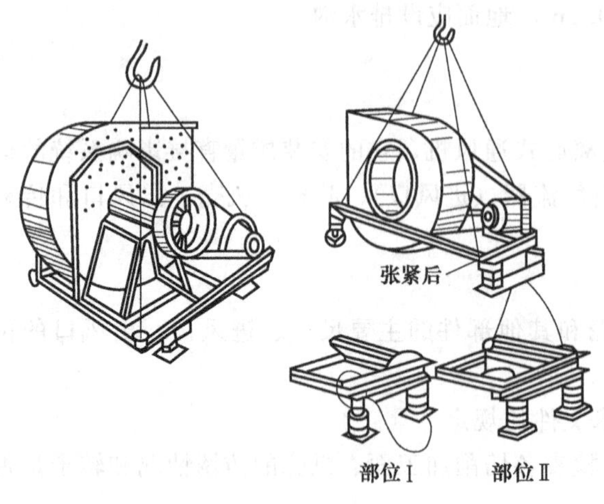

图2-19　风机吊装的方式

通风机如果直接安装在基础上，则其基础各部位的尺寸应符合设计要求。预留孔灌浆前应清除杂物，将通风机用成对斜垫铁找平，最后用碎石混凝土灌浆。灌孔所用的混凝土标号应比基础高一级，并捣固填实，地脚螺栓不准歪斜。通风机的地脚螺栓应带有垫圈和防松螺母。

通风机的叶轮旋转后，每次都不应停留在原来位置上，并不得碰壳。安装后的允许偏差如表2-5所示。

表2-5　通风机安装允许偏差　　mm

中心线的平面位移	标高	皮带轮轮宽中心平面位移	传动轴水平度		联轴器同心度	
			纵向	横向	径向位移	轴向位移
10	±10	1	0.2/1000	0.3/1000	0.05	0.2/1000

注：传动轴的纵向水平度用水平仪在主轴上测定；横向水平度用水平仪在轴承座的水平中分面上测定。

4）电动机应水平安装在滑座上或固定在基础上。其找平找正应以装好的风机为准。用V带传动时，电动机可在滑轨上进行调整，滑轨的位置应保证通风机和电动机的两轴中心线互相平行，并水平地固定在基础上。滑轨的方向不能装反。用V带传动的通风机、电动机两轴的中心线间距以及传动皮带的规格应符合设计要求。安装传动带时，应使电动机轴和通风机轴的中心线平行，传动带的拉紧程度应适当，一般以用手敲打传动带中间时稍有弹跳为宜。

四、风机盘管的安装

1. 风机盘管安装原则

① 安装立式明装机组时，要求通电侧稍高于通水侧，以利于凝结水的排出。

② 在安装卧式机组时，应使机组的冷凝水管保持一定的坡度（一般坡度为5°），以利于凝结水的排出。

③ 机组进、出水管应加保温层，以免夏季使用时产生凝结水。进、出水管的水管螺纹应有一定锥度，螺纹连接处应采取密封措施（一般选用聚四氟乙烯生料带），进、出水管与外管路连接时必须对准，最好是采取挠性接管（软接头）或铜管连接，连接时切忌用力过猛或别着劲（因是薄壁管的铜焊件，以免造成盘管弯扭而漏水）。

④ 机组凝结水盘排水软管不得压扁、折弯、以保证凝结水排出畅通。

⑤ 在安装时应保护好换热器翅片和弯头，不得歪倒或碰漏。

⑥ 安装卧式机组时，应合理选择吊杆和膨胀螺栓。

⑦ 卧式明装机组安装进、出水管时，可在地面上先将进、出水管接出机外，再于吊装后与管道相连接，也可在吊装后，将面板和凝结水盘取下，再进行连接，然后将水管保温，防止产生冷凝水。

⑧ 立式明装机组安装进、出水管时，可将机组的风口面板拆下进行安装；并将水管进行保温，防止有冷凝水产生。

⑨ 机组回水管备有手动放气阀，运行前需将放气阀打开，待盘管及管路内空气排净后再关闭放气阀。

⑩ 机组之壳体上应备有接地螺栓，供安装时与保护接地系统连接。

⑪ 机组电源额定电压为220V±10%，50Hz，线路连接按生产厂家所提供的电气连接线路图连接，要求连接导线颜色与接线标牌一致。

⑫ 因各生产厂家所生产的风机盘管空调器的进、送风口尺寸不尽相同，故制作回风格栅和送风口时应注意不要出现差错。

⑬ 带温度控制器的机组的控制面板上有冬夏转换开关，夏季使用时将其置于“夏季”位置，冬季使用时则置于“冬季”位置。

⑭ 安装时不得损坏机组的保温材料，有脱落的应重新粘牢，与送回风管及风口的连接处应连接严密。

2. 风机盘管的安装

风机盘管常用固定架固定在墙面和楼板上。对于暗装吊顶式风机盘管，一般用4根中间可调节长度的吊杆，将固定架和楼板连接起来。吊杆与楼板的连接方式如图2-20所示。

机组壳体上备有接地螺栓，安装时与保护接地系统连接。进、出水管连接时，为避免损坏盘管管端，在连接进、出水管时，先将进、出水管用管钳夹紧。进、出水管安装后应加保温层，以免夏季使用时产生凝结水。风机盘管的水管配管如图2-21所示。机组设计时已考虑凝水盘凝水坡度，安装时要求机组水平，冷凝水管坡度不小于1/100，以利排水。

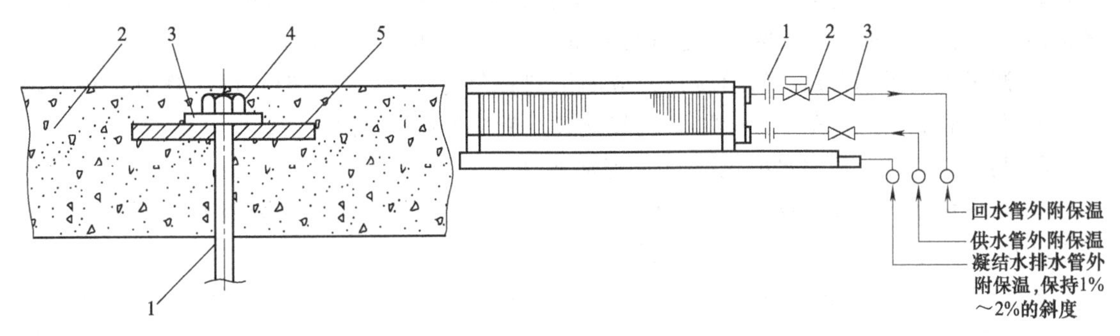

图2-20 吊杆与楼板的连接方式

1—吊杆；2—楼板；3—垫圈；4—螺母；5—钢板

图2-21 风机盘管的水管配管

1—活接头；2—电动二通阀；3—闸阀

暗装机组安装后，当建筑装修尚在施工时，外表必须加以保护，防止垃圾侵入。吊装式风机盘管在吊顶内的风管接法如图2-22所示。

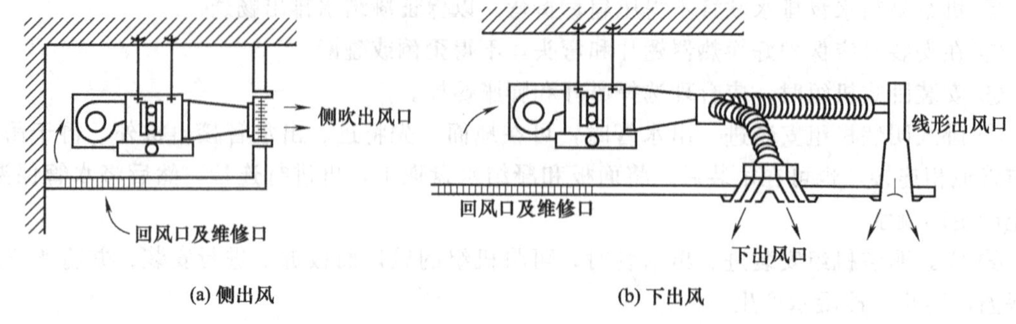

图 2-22 吊装式风机盘管在吊顶内的风管接法

第三节 水系统的安装

一、水管道的安装

1. 用材的检验

① 供安装的材料包括：管材、管件、法兰和焊条。按设计要求或有关规范进行外观检查及验证有关文件，如：合格证、检验单、产品说明等。

② 法兰应符合现行颁布标准，采用材料应符合设计要求；法兰密封面应平整光滑，不得有毛刺，凹凸面法兰应自然嵌合；法兰间采用垫片，垫片尺寸应与法兰封面相符，不准采用双层片。

2. 管道安装

水系统的管道安装，目的是按施工图的要求，在指定的位置用管道和管道附件将水泵、机组、水箱等设备串联起来，形成循环系统。管道安装包括施工测量、管架安装、管路敷设、防腐和保温。

(1) 施工测量

施工测量的目的在于检查管道的设计标高和尺寸是否与实际相符，预埋件及预留孔洞是否正确，管道交叉点以及管道与设备、仪表安装是否有矛盾等。对于那些在图纸上无法确定的标高、尺寸和角度，也需要在实地进行测量。施工测量的主要方法如下：

① 测量长度用钢盘尺。管道转角处应测量到转角的中心，测量时，可在管道转角处两边中心线上各拉一条钢丝（或粉线），两线交叉点就是管路转角的中心。

② 测量标高时一般用水准仪或 U 形管水平仪。

③ 测量角度可用经纬仪。一般用的简便测量方法，是在管道转角处两面三刀边的中心线上各拉一钢丝，用量角器或活动角尺测量两线的夹角。

测量时，首先根据图纸的要求定出主干管各转角的位置。水平管段先测出一端的标高，再根据管段的长度和坡度要求，定出另一端的标高。两端标高确定后，就可用拉线法定出管道中心线的位置。再在主干管中心线上确定出各分支管的位置以及各管道附件的位置，然后再测量各管段的长度和弯头角度。

连接设备的管道，一般应在设备就位后进行测量。如在设备就位前测量，则应在连接设备处留一闭合管段，在设备就位后再次测量，才能作为下料的依据。根据测量的结果，绘出详细的管道安装图，作为管道组合和安装的依据。

管道安装图，一般按系统绘制成单线立体图。较复杂的节点处应绘制大样图。在管道安装图中，应标出管道转折点之间的中心线长度，弯头的弯曲角度和弯曲半径，各管件、阀件、流量孔板间的距离，压力表、温度计连接点的位置。同时还应标出管道的规格与材质、管道附件的型号与规格等。

(2) 管架安装

水管路一般都是很长的。在管路重量、管内水的重量作用下，必然会发生弯曲，为了不使其弯曲应力超过管路材料的作用应力，通常将管路按一定长度（跨度）分成若干段，并分别安装在管架上。

1) 管架间距的确定。在确定管架间距时，应考虑管件、介质及保温材料的重量对管道造成的应力和变形，不得超过允许范围。管架间距，一般在设计时已经算出，施工时可按设计规定采用。如设计没有规定，则支吊架的间距 L 可按下式进行计算：

$$L_{\max}=\sqrt{\frac{12W_{\max}}{q}}=\sqrt{\frac{12W[\sigma]_{W}}{100q}}\ (\mathrm{m}) \tag{2-6}$$

式中　q——1m 长管道的重量，包括管子自重、保温层和管内介质的重量，N/m；

W——管道的截面系数，mm^3；

$[\sigma]_W$——管材的许用弯曲应力，MPa。

在计算时，钢管的容许弯曲应力一般采用容许值的四分之一，即 30MPa，因为考虑到当一个支架下沉时，邻近的两个支架间的管子的弯曲应力要增加到原来的 4 倍。

现场安装时，钢管水平安装的支架间距亦可以参照表 2-6 中的规定值选定。

表 2-6　钢管管道支架的最大间距

公称直径 DN/mm		15	20	25	32	40	50	65	80	100	125	150	200	250	300
支架的最大间距/m	保温管	13	2	2	25	3	3	4	4	45	5	5	7	8	85
	不保温管	25	3	35	4	45	5	6	6	65	7	8	95	11	12

2) 管架形式及安装操作。水管路直径较大，在地面上敷设时常要求架空一定高度，主要采用钢结构独立支承支架，结构如图 2-23所示，这种支架的设计与施工简单，应用较普遍。当水管路安装在楼顶上时，由于管路不需架得很高，因此支承管路的支架可采用混凝土结构或小高度钢结构独立支承式支架。安装钢结构独立式支承架之前，应先按跨度在地面做上基础，放好地脚螺栓，待基础达到强度要求后，将支架放上基础拧紧地脚螺栓即可。

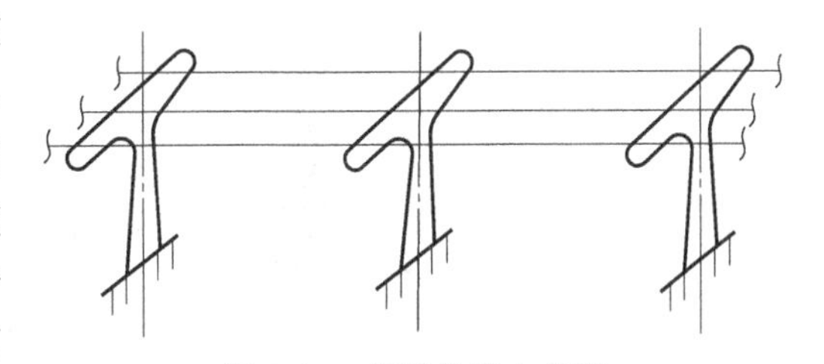

图 2-23　钢结构独立支架

机房中水管除采用钢结构独立支架外，也可以采用埋入式支架，结构如图 2-24 所示。

埋入式支架的安装是在土建施工时，一次性埋入或预留孔洞，施工时将支架埋入深度不小于 120mm 以后再进行二次灌浆固定。

对于小管的支承，也可采用膨胀螺栓安装的支架和吊架。采用膨胀螺栓安装支架时，先在墙上按支架螺孔的位置钻孔，然后将套管套在螺栓上，带上螺母一起打入孔内，用扳手拧紧螺母，使螺栓的锥形尾部胀开，使支架固定于墙上。

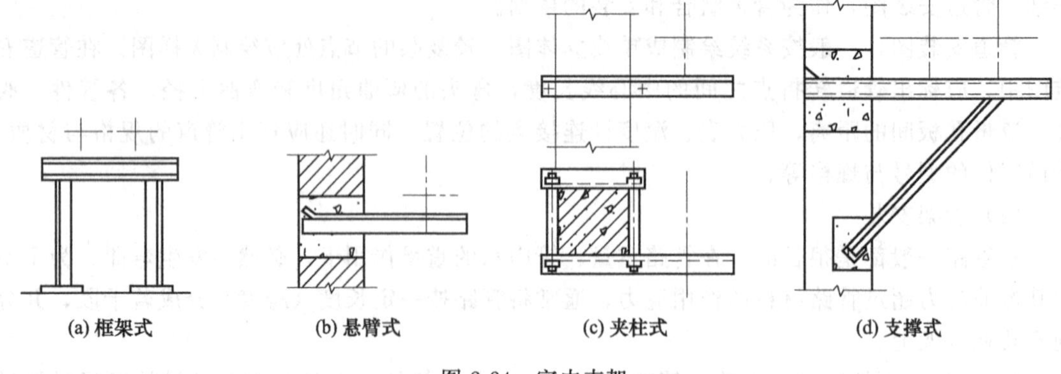

图 2-24　室内支架

吊架的安装方法如图 2-25 所示。

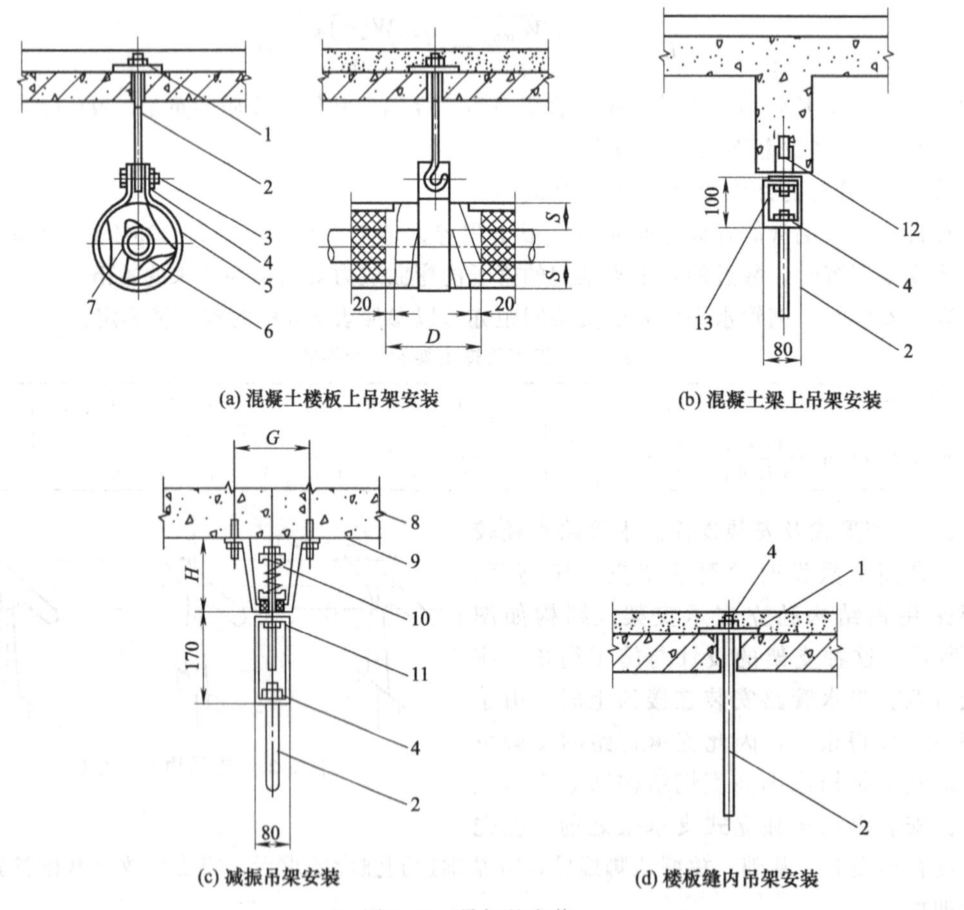

图 2-25　吊架的安装

1—钢垫板；2—吊筋；3—螺栓；4—螺母；5—扁钢吊环；6—木垫板；7—钢管；
8—钢筋混凝土梁；9,12—膨胀螺栓；10—防振吊钩；11,13—扁钢环

3）管道敷设。管道敷设前须对管段和管道附件进行必要的检查和清扫，尤其是管内浮锈及脏物一定要清理干净。同时准备好安装用的脚手架、起吊用的手拉葫芦、绳索及一般装配用的钳工工具及量具等。

由于管道很长，敷设时不可能将所有的管段及其附件从头至尾地连接成一体再吊装，而只能在地面上组合成适当的组件，然后把各组件置于支吊架上，再进行组件与组件间、组件与设备间的连接。

① 管段连接。

水系统用管道直径较大，一般采用焊接方式形成组件，即根据施工测量的结果和安装图的要求，切割管段、加工坡口和对口焊接，完成组合工作。

a. 坡口加工。为保证管子焊透和接头强度，对于壁厚大于 6mm 的管子必须开坡口。坡口加工既省人力，又提高了工作效率。加工时，先把管套 3 装于管子 1 上，并以顶丝 2 固定，再装可转动的火嘴环 4 和挡环 5（也以顶丝固定），装上火嘴 6 并调整好火焰，缓缓转动火嘴环就可割断管子并割出坡口。火焊切割工具如图 2-26 所示。坡口加工也可采用手动坡口机或电动坡口机进行。

b. 组对。管子组对可用图 2-27 所示的卡具进行，在保证两管段的中心一致后进行点焊固定，再拆除卡具予以焊接。

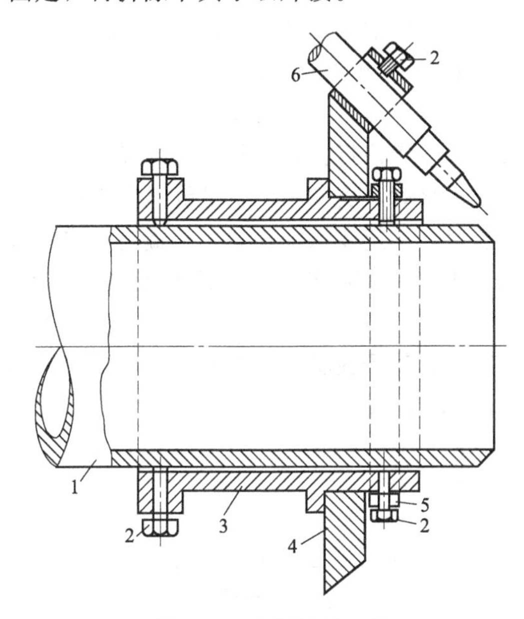

图 2-26 火焊切割工具

1—被割管子；2—顶丝；3—管套；4—可转动的火嘴环；5—挡环；6—火焊嘴

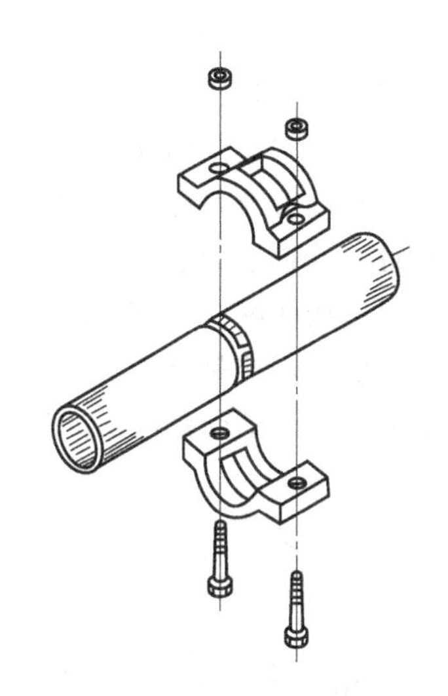

图 2-27 管子组对卡具

c. 焊接。管子与管子之间，管子与法兰之间的焊接常采用交流电焊机进行，为保证焊接质量，焊接时应选择好焊接规范。

• 焊条直径的选择。焊条直径的选择主要取决于焊件厚度、焊接接头型式、焊缝位置及焊接层次等因素。管壁厚度较大时可用直径大些的焊条，具体选择数据如表 2-7 所示。搭接和 T 字接头焊缝、平焊缝可用直径大些（最大为 6mm）的焊条。多层焊为防止未焊透，第一层用直径为 3.2～4mm 的电焊条，以后各层可用较大直径的焊条。

表 2-7 不同管壁厚度选定的焊条直径 mm

管壁厚度	2	3	4～5	6～12	>13
焊条直径	2	3.2	3.2～4	4～5	4～6

•焊接电流的选择。焊接电流的大小主要根据焊条类型、焊条直径、焊件厚度、接头型式和焊缝位置及焊接层次等进行选择，但主要的还是焊条直径和焊缝位置。

一般使用碳钢焊条时，焊条直径 d 与电流 I 在数值上的关系为：

$$I=(35\sim55)d \tag{2-7}$$

另外，焊缝位置不同选用电流也不一样。当平焊时，由于运条和控制熔池中的熔化金属都比较容易，因此可用较大的焊接电流；其他位置焊缝为防止熔化的金属从熔池中流出，应保持熔池面积小些。

•电弧电压的选择。电弧电压即工作电压，由电弧长度决定。电弧长，电压高；电弧短，电压低。在焊接中电弧不宜过长，否则会出现电弧燃烧不稳、增加金属飞溅、减小熔深、产生咬边等现象，同时还会由于空气中氧、氮侵入，而使焊缝产生气孔，所以应力求短弧焊接，一般要求弧长不超过焊条直径。

② 吊装。

a. 低支架管道的吊装与敷设。

将管道组件运到敷设现场，沿管线排放，调整好与支架的相对位置，避免管道焊口或法兰在支座上；清理管道，加工坡口；再用两个人字架将管道组件吊起，放到支架的支座上。在人字架的帮助下进行管道对口、点焊、调整和焊接或法兰连接。当吊装的管道与支座托板焊接完毕，管道已稳固在支架上时，方可将人字架从这些管段拆去，安装下一管段。

管道与支架的连接有活动连接和固定连接。固定连接时，支架不但承受管道的重量，而且还承受管道温度变化时所产生的推力或拉力，安装时，一定要保证托架、管箍与管壁紧密接触，并且把管子卡紧，使管子没有转动、窜动的可能。从而起到管道膨胀时死点的作用。固定连接如图 2-28 所示。

活动连接是指管子与管壁连接后，在受热或受冷后，管子在轴向方向上能自由膨胀，其他方向的活动受到限制的连接方式。活动连接如图 2-29 所示。

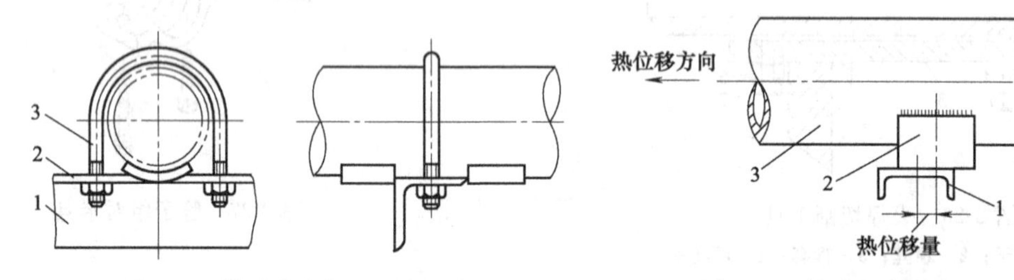

图 2-28 管道与支架的固定连接

1—支架横梁；2—螺母；3—管卡

图 2-29 管道与支架的活动连接

1—支架；2—托铁；3—管子

安装补偿器时应留出热位移量，即在冷态下托铁偏置在热位移相反侧一定距离 ΔL，ΔL 应为该处热位移量的 1/2。活动支吊架的活动部分必须裸露，不得被水泥及保温层敷盖。对于带有补偿器的管道，安装时，应将两个补偿器分别安装在一个固定管托的两侧，而在补偿器的另一侧各安装一个活动管托，以保证补偿器能自由伸缩。管道补偿器与支架的连接方法如图 2-30 所示。

b. 中、高支架管道的敷设。

中、高支架管道均为高位管道，一般采用机械吊装或桅杆吊装，如图 2-31 所示。先将预制好的管道支座安放到支架上，并调整好热胀的预偏移量和管道安装应有的坡度；将管道

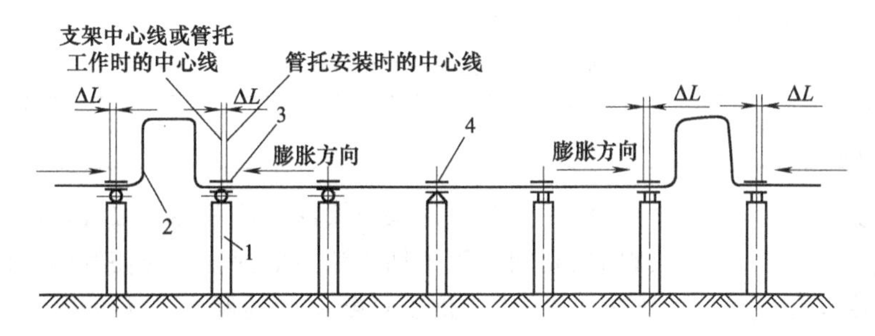

图 2-30 管道补偿器与支架的连接方法

1—支架；2—管道；3—活动管托；4—固定管托

运到敷设现场，沿管线排放时具体安排出管口位置；清理管道、加工坡口以便于焊接，或准备好法兰垫片及螺栓以便于连接；在管线的前方设置桅杆或吊车，将管道组件吊放到支架上再进行焊接或法兰连接。管道与支架之间的连接，按照支架管道敷设中所述方式进行。

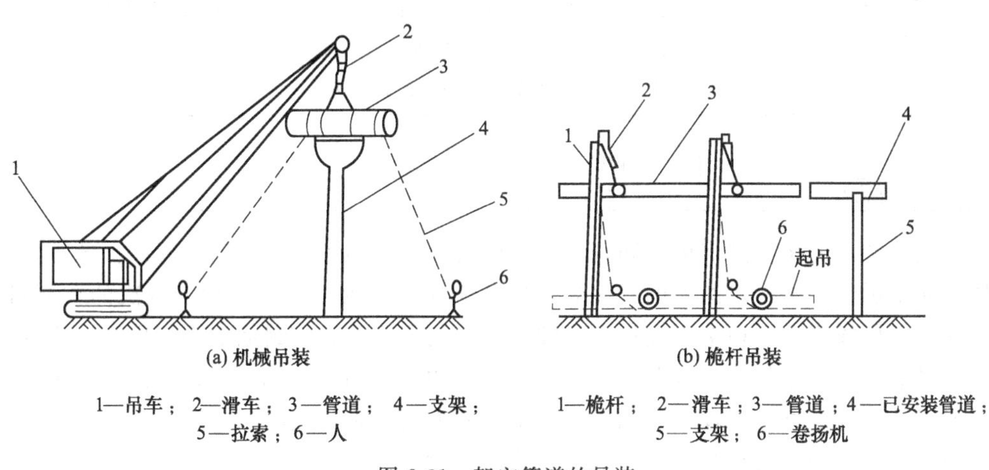

图 2-31 架空管道的吊装

管道连接中的坡度，可用 U 形管水平仪或水平仪测量，坡度为 3/1000，管道随水的流向越走越低。

③ 管道与设备连接。

水系统管道与系统中泵、水箱以及机组的连接常采用法兰连接。法兰连接的最大优点是装拆方便。法兰用紧固件包括螺栓、螺母和垫圈。螺栓的规格以“螺栓直径×螺栓长度”表示，螺栓长度的选择，应以法兰压紧后，使螺杆突出螺母 5mm 左右为宜，不应少于两个螺纹。螺母在一般条件下不设垫圈，如螺栓上的螺纹长度短而无法拧紧螺栓时，可设一钢制垫圈，但不能以垫圈叠加补偿长度。

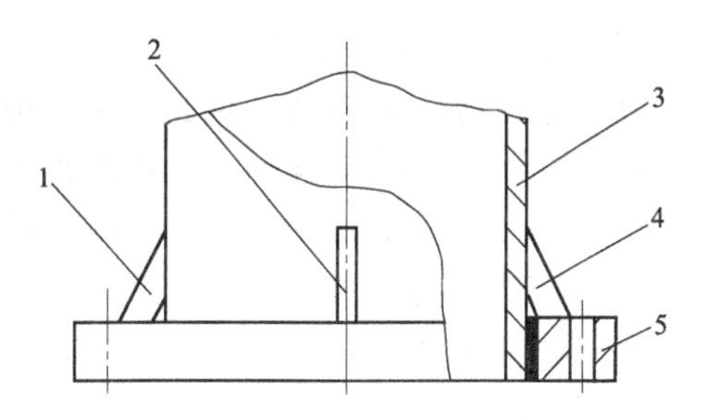

图 2-32 管道与法兰盘焊接时垂直度控制方法

1,2,4—三角定位块；3—管子；5—法兰盘

对于管子与法兰的组对，可以采用两块直角三角铁板并使之成 90°，点焊在法兰和管端，用以校正管子中心线与法兰密封面的垂直度，然后再将法兰和管子进行点焊拆除直角三角块，准备焊接，如图 2-32 所示。

法兰与管的垂直度允许偏差如表 2-8 所示。

表 2-8 法兰垂直度允许偏差 mm

公称直径 *DN*	≤300	>300
允许偏差 *e*	1	2

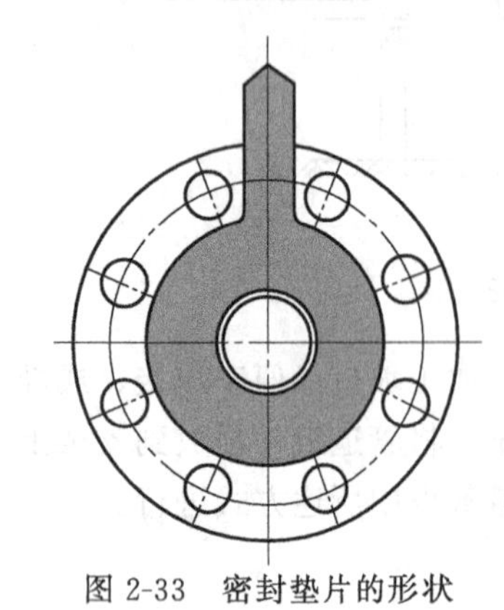

图 2-33 密封垫片的形状

法兰与管道连接时要注意法兰螺孔位置，防止影响管件和阀门的朝向。管子插入法兰的深度，应使管端平面到法兰密封面有 1.3～1.5 倍于管壁厚度的距离，不允许法兰内侧焊缝露出密封面。法兰的密封垫片常用石棉橡胶板材料，采用冲压或垫片专用切割工具加工。成形后的垫片，边缘要光滑，不能有裂纹，垫片应制成带“把”的形式，如图 2-33 所示。

法兰的密封垫片的安装容易错位，垫片内径应略大于法兰密封面的内径，垫片外径应略小于法兰密封面的外径，这样可防止垫片错位而减小管道截面，且便于安放和更换。垫片内、外径允许偏差如表 2-9 所示。

表 2-9 法兰垫片内、外径允许偏差 mm

公称直径 *DN*	*DN*>125		*DN*<125	
	内径	外径	内径	外径
允许偏差	+2.5	−2.0	+3.5	−3.5

法兰连接使用的螺栓规格应相同，单头螺栓的插入方向应一致，法兰阀门上的螺母应在阀门侧，便于拆卸。同一对法兰的紧固受力程度应均匀一致，并有不少于两次的重复过程。螺栓紧固后的外露螺纹，最多不超过两个螺距。法兰紧固后，密封面的平行度为：用塞尺检验法兰边缘最大和最小间隙，其差不大于法兰外径的 1.5 /1000，且不大于 2mm。不允许用斜垫片或强紧螺栓的办法消除歪斜和用加双垫片的方法来弥补间隙。

为防止管道振动，与设备相连的接管必须采用柔性短管，如图 2-34 所示。一般采用弹性接管或金属、橡胶软接，且耐压值不得小于系统工作压力的 1.5 倍。柔性短管设备的管道不可强行对口连接，与柔性短管相连的管道应独立设置支架。

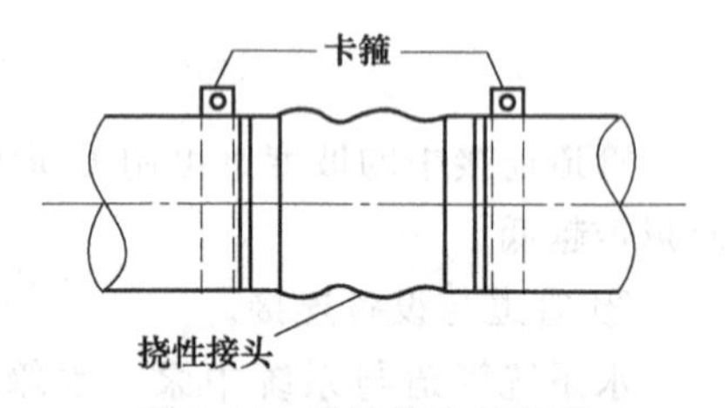

图 2-34 柔性接头示意图

④ 管道的防腐和保温。

管道除锈后，刷红丹漆两道，未保温的管道、管道支吊架除锈后刷防锈底漆两道，再刷调和漆两道。管道采用橡塑海绵管壳保温，保温材料的厚度为：管径≤40mm 时，厚 20mm；管径>40mm 时，厚 35mm。保温管道穿墙或楼板处，保温不得间断，在管道和套管空隙之间以保温料填实，两端以油膏封实。管路上的阀门保温同与其相连管道的保温一致，管道与支吊架间垫沥青硬木块，以防冷桥产生，木块厚度同管道保温层厚度。

二、水系统附件的安装

1. 膨胀水箱

由于空调水系统中极少采用回水池的开式循环系统，因此膨胀水箱已成为空调系统水系统中主要部件之一，其作用是收容和补偿系统中的水量。膨胀水箱一般设置在系统的最高点处，通常接在循环水泵的吸水口附近的回水干管上。其结构见图 2-35。

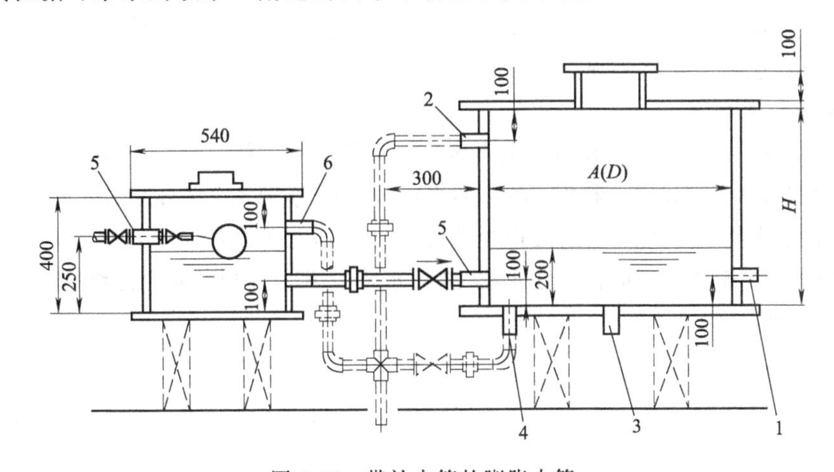

图 2-35　带补水箱的膨胀水箱

1—循环管；2,6—溢水管；3—膨胀管；4—排污管；5—给水管

膨胀水箱安装要点如下：

① 膨胀水箱及支架或底座的制作、安装应符合 GB 50236—2011《现场设备、工业管道焊接工程施工规范》等技术标准要求。

② 膨胀水箱与支架或底座要接触紧密，安装平整、牢固。

③ 膨胀水箱一般采用普通钢板制作，制作安装过程中应加强防腐处理。

④膨胀管定压点宜设在循环水泵的吸入处，高层建筑膨胀管定压点是在回水干管最高处，定压点最低压力应使系统最高点压力高于大气压力 10～15kPa（水柱高度 1～1.5m）。膨胀管上不应设置阀门（系统试压时应先将膨胀管封闭，待打压合格后再将膨胀管与系统连接）。

⑤ 冬季较寒冷地区，对于安装在室外或容易引起结冻的膨胀水箱应确保图 2-35 所示的循环管正确安装，膨胀水箱和膨胀管须加强保温，避免冻坏膨胀水箱。

2. 集气罐

水系统中采用集气罐的目的是及时排出系统内的空气，以保证水系统的正常运行。

集气罐一般由 DN100～250mm 钢管焊接制成，有立式和卧式两种。集气罐的排（放）气管可选用 DN15mm 的钢管，其上面应装放气阀，在系统充水或运行时定期放气。立式集气罐容纳的空气量比卧式的多，因此大多数情况下选用立式集气罐，仅在管与顶棚的距离很小不能设置立式集气罐时，才使用卧式集气罐。集气罐的规格尺寸选用可参见表 2-10。

表 2-10　集气罐的规格尺寸　　mm

尺　寸	型　号			
	1	2	3	4
直径(DN)	100	150	200	250
高(或长)	300	300	320	430
筒壁厚	4.5	4.5	6	6
端部壁厚	4.5	4.5	6	8

集气罐应安装在系统局部的制高点；集气罐与管道连接应紧固，一般采用丝扣连接，与主管道相连处应装有可拆卸件；安装好的集气罐应横平竖直；在安装前应对集气罐进行单项

水压试验，试验压力应与采暖系统压力相同；集气罐所用的油漆也应与管道所用油漆相同。

集气罐结构及接管方式如图 2-36 所示。值得注意的是集气罐在系统中的安装位置（高度）必须低于补水箱，才能实现其排放空气的功能。

3. 分水器和集水器

在空调系统中，为利于各空调分区流量的分配和调节的方便，常在冷/热水系统的供、回水干管上分别设置分水器（供水）和集水器（回水），再分别连接各空调分区的供水管和回水管。

分水器和集水器实际上是一段大管径的管子，在其上按设计要求焊接上若干不同管径的管接头，其构造如图 2-37 所示。分水器和集水器一般选用标准的无缝钢管（公称直径 $DN200 \sim 500mm$）。

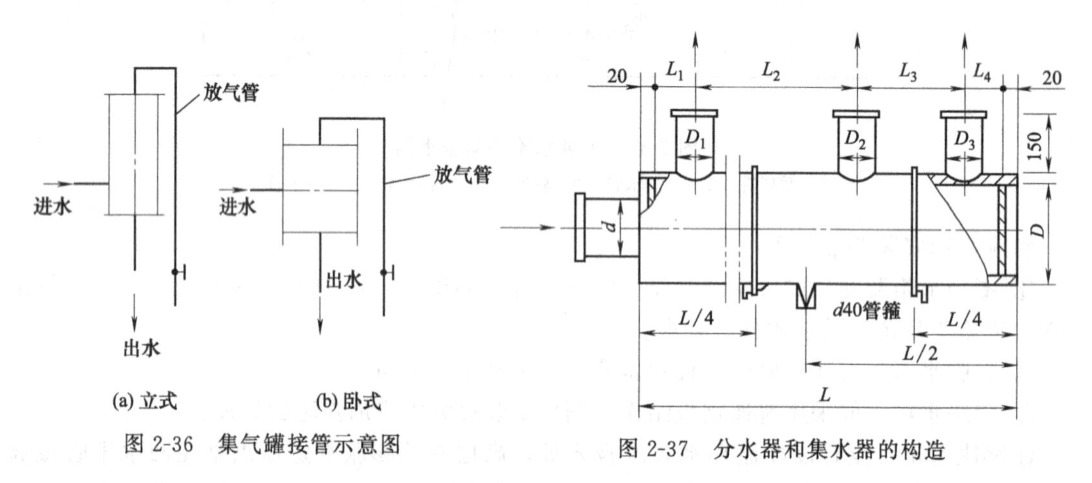

图 2-36 集气罐接管示意图

图 2-37 分水器和集水器的构造

分（集）水器一般安装在钢支架上。支架形式是由安装位置所决定的。支架的形式有落地式和挂墙悬臂式两种，如图 2-38 所示。

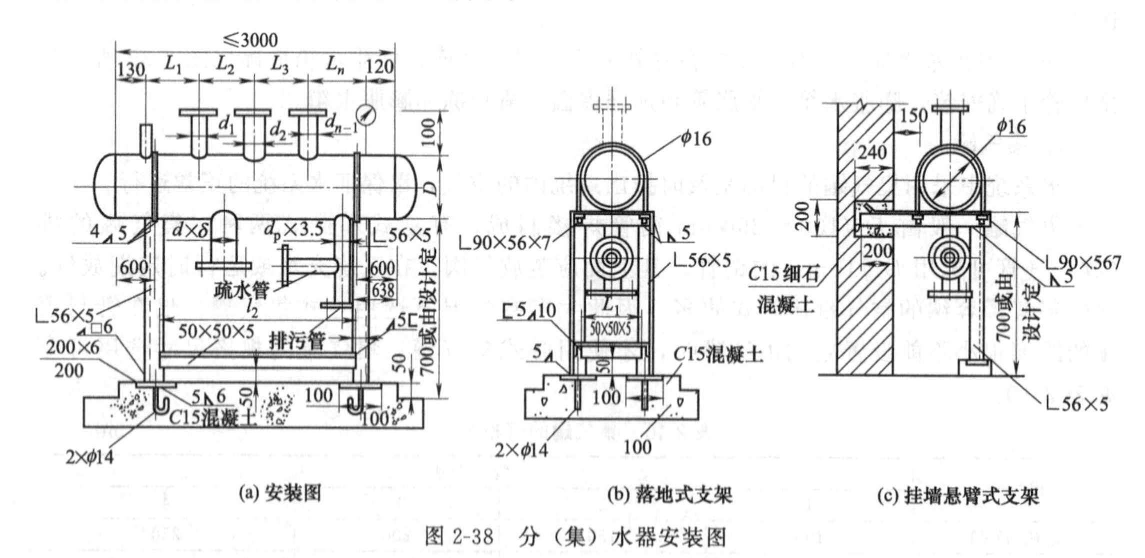

图 2-38 分（集）水器安装图

对于落地式支架安装，安装程序如下：

① 预制预埋件。

② 为分（集）水器支架预埋件放线定位，作架铁支固预埋件，并复查坐标和标高。

③ 浇灌 C15 混凝土。

④ 预制钢支架，并刷防锈漆。

⑤ 将预制的钢支架支立在预埋件上，检查支架的垂直度和水平度（应保持 0.01 的坡度，设置坡向排污短管），合格后进行焊接固定。

⑥ 对进场的分（集）水器逐个进行外观检查和水压试验。

⑦ 将经过验核合格的分（集）水器抬或吊上支架，并用 U 形卡固定。

⑧ 按设计要求对分（集）水器及其支架进行刷漆和保温。

对于挂墙悬臂式支架，安装程序为：

① 将挂墙支架的支承端放进预留孔洞，并在支承端的墙洞中填灌 C15 细石混凝土。

② 待混凝土固化后，将检验合格的分（集）水器装上支架固定、刷漆、保温。

4. 水过滤器

水过滤器在空调水系统中常安装在水泵总入口处，防止将冷水机组的蒸发器和冷凝器堵塞；并在空调系统的末端设备入口处安装，以防止在水系统冲洗过程中发生堵塞；特别是风机盘管系统，在水系统末端的 2～3 台风机盘管的入口侧，必须安装水过滤器。

空调水系统常用的过滤器规格为10 目、14 目或20 目，常用的是 Y 型过滤器，其特点是外形尺寸和安装、清洗方便。在考虑水泵扬程时过滤器的压力损失可参照厂家提供的技术数据。

过滤器只能安装在水平管道中，介质的流动方向必须与外壳上标明的箭头方向相一致。过滤器离测量仪器或执行机构的距离一般为公称直径的 6～10 倍，并定期清洗。

5. 阀门的安装

阀门安装在空调系统的冷/热水管道系统中，主要用来开启、关闭以及调节冷/热水流量和压力等参数，一般由阀体、阀瓣、阀盖、阀杆及手轮等部件组成。根据其调节的方式不同又分为许多类型，按其动作特点可分为两大类：驱动阀门和自动阀门。

驱动阀门：用手操纵或其他动力操纵的阀门，如截止阀、闸阀、碟阀、球阀等。

自动阀门：借助于所输送介质本身的流量、压力或温度参数发生的变化，自动动作的阀门，如止回阀、安全阀及浮球阀等。

另外，阀门按照承压能力可分为：低压阀门≤1.6MPa；中压阀门 2.5～6.4MPa；高压阀门 10～80MPa；超高压阀门＞100MPa。一般的空调系统所采用的阀门多为低压阀门。中压、高压和超高压阀门通常应用于各种工业管道，如石油化工行业、大型火力发电厂等。

阀门安装时，应使阀门和两侧管道同在一条中心线上。在水平管道上安装阀门时，其阀杆和手轮应垂直向上或倾斜一定的角度，不宜将手轮向下倒装。对并排平行水平管道上的阀门应错开布置，并在同一高度上；在同一平面上的允许偏差为 3mm，其手轮间距不小于 100mm。截止阀、止回阀安装时，要注意流向，切勿反装。所有阀门的安装都要易操作、易检修，严禁直埋地下。安装在封闭处的阀门，均应留有检修孔。

第四节　风系统的安装

一、风管道的安装

在空调工程中，传统的风管材料是薄钢板（镀锌的或非镀锌的），但钢板易锈蚀，在潮湿地区尤为严重，使用年限受到很大限制，又具有容易产生共振、噪声较大等缺陷。近年来，不少地区已开始采用无机玻璃钢制作通风管道和部件。无机玻璃钢具有不被腐蚀、不燃烧、有一定的吸音性、价格较低等优点，是一种有前途的风管材料。

1. 风管安装要求

① 安装必须牢固，位置、标高和走向应符合设计要求，部件方向正确、操作方便。防火阀的检查孔位置必须设在便于操作的部位。

② 支、吊、托架的形式、规格、位置、间距及固定必须符合设计要求；一般每节风管应有至少一个的支架。

③ 风管法兰的连接应平行、严密，螺栓紧固，螺栓露出长度一致，同一管段的法兰螺母应在同一侧。法兰间的填料（密封胶条或石棉绳）均不应露在法兰以外。

④ 当玻璃钢风管法兰与相连的部件法兰连接时，法兰高度应一致，法兰两侧必须加镀锌垫圈。

⑤ 风管安装水平度的允许偏差为 3mm/m，全长上的总允许偏差为 20mm；垂直风管安装的垂直度允许偏差为 2mm/m，全高上的总允许偏差为 20mm。

2. 风管的支、吊架的安装

(1) 支、吊架的形式

根据保温层设置状况，风管的支、吊架分成不保温的和保温的两大类。下面介绍应用较为广泛的矩形保温风管支、吊架。

① 矩形保温墙上支架。

矩形保温墙上支架结构如图 2-39 所示，角钢规格如表 2-11 所示，扁钢规格为 30mm×3mm，螺栓规格为 M8。

表 2-11 矩形保温墙上支架角钢规格 mm

B	A		
	120～200	250～500	630～1000
120～200	45×4	50×4	70×5
250～500	50×4	63×4	70×6
630～1000	56×4	70×4	70×8
1250～2000	70×4	75×6	

② 矩形保温墙上斜撑支架 矩形保温墙上斜撑支架结构如图 2-40 所示，角钢规格如表 2-12 所示，扁钢规格为 30×3，螺栓为 M8。

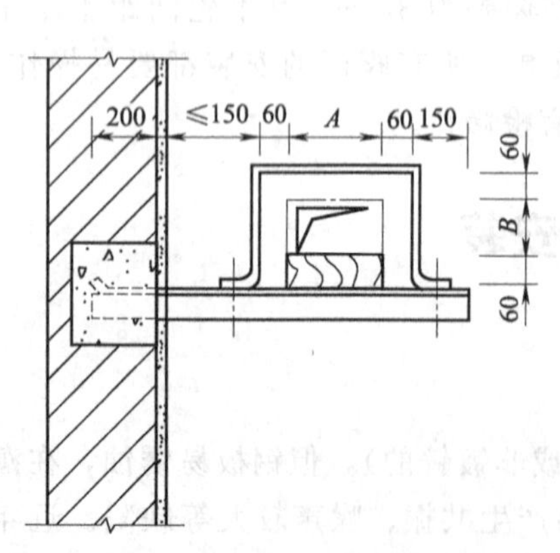

图 2-39 矩形保温墙上支架结构

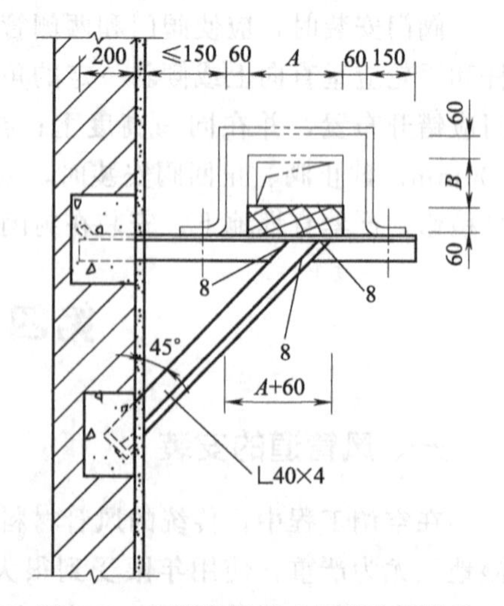

图 2-40 矩形保温墙上斜撑支架结构

表 2-12　矩形保温墙上斜撑支架角钢规格　mm

B	A			
	120～200	250～500	630～1000	1250～2000
120～200	25×4	36×4	45×4	70×5
250～500	25×4	36×4	50×4	75×5
630～1000	30×4	40×4	56×4	80×5
1250～2000	45×4	45×4	70×4	80×5

③ 矩形保温柱上支架。

矩形保温柱上支架结构如图 2-41 所示，角钢规格如表 2-13 所示，扁钢规格为 30mm×3mm，螺栓规格为 M8。

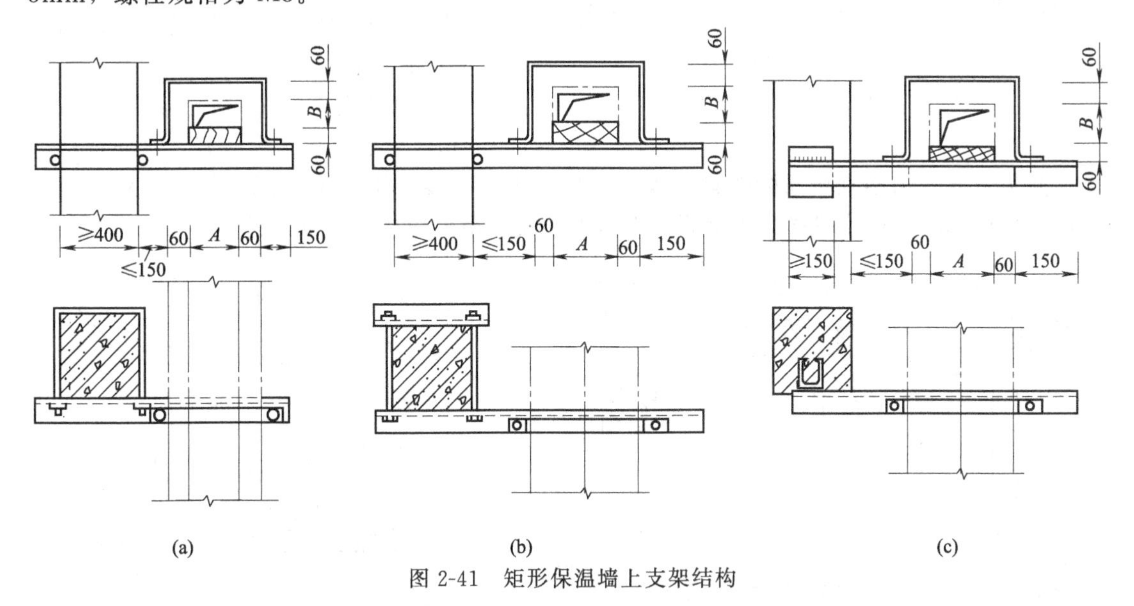

图 2-41　矩形保温墙上支架结构

表 2-13　角钢规格　mm

B	A			
	120～200	250～500	630～1000	1250～2000
120～200	45×4	50×4	70×4	90×8
250～500	50×4	63×5	75×4	
630～1000	63×4	63×5	80×4	
1250～2000	75×4	75×6	90×4	

④ 矩形保温双杆支架。

矩形保温双杆支架结构如图 2-42 所示，角钢规格如表 2-13 所示。

⑤ 平行矩形保温三杆吊架。

平行矩形保温三杆吊架结构如图 2-43 所示，角钢规格如表 2-13 所示，吊杆与楼板梁连接如图 2-44 所示。

⑥ 上下矩形保温吊架。

上下矩形保温吊架结构如图 2-45 所示，角钢规格如表 2-13 所示。

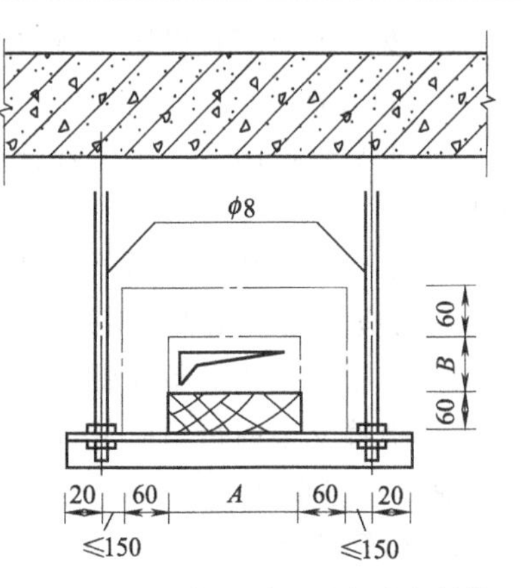

图 2-42　矩形保温墙上双杆支架结构

(2) 支、吊架的安装

安装前，应进一步核实风管及送回（排）风口等部

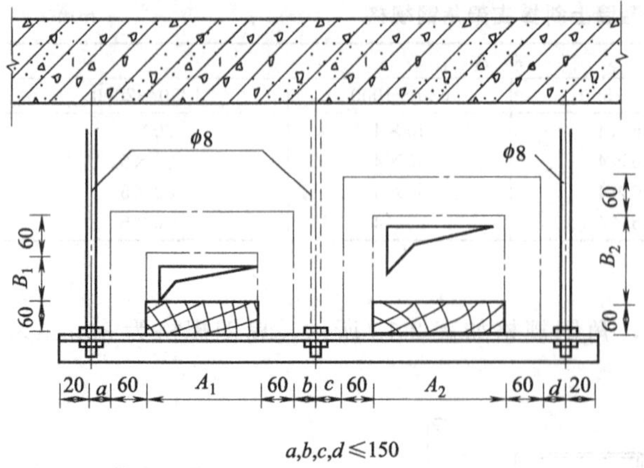

图 2-43 平行矩形保温三杆吊架

件的标高是否与设计图纸相符，并检查土建预留的孔洞、预埋件的位置是否符合要求。将预制加工的支（吊）架、风管及管件运至施工现场。

① 风管水平安装，直径或长边尺寸小于等于 400mm 时，其间距不应大于 4m；直径或长边尺寸大于 400mm 时，其间距不应大于 3m。螺旋风管的支、吊架间距可分别延长至 5m 和 3.75m；对于薄钢板法兰的风管，其支、吊架间距不应大于 3m。

② 风管垂直安装时，其间距不应大于 4m，单根直管至少应有 2 个固定点。

③ 风管支、吊架宜按国标图集与规范选用轻度和刚度相适应的型式和规格。对于直径或边长大于 2500mm 的超宽、超重等特殊风管的支、吊架应按设计规定选用。

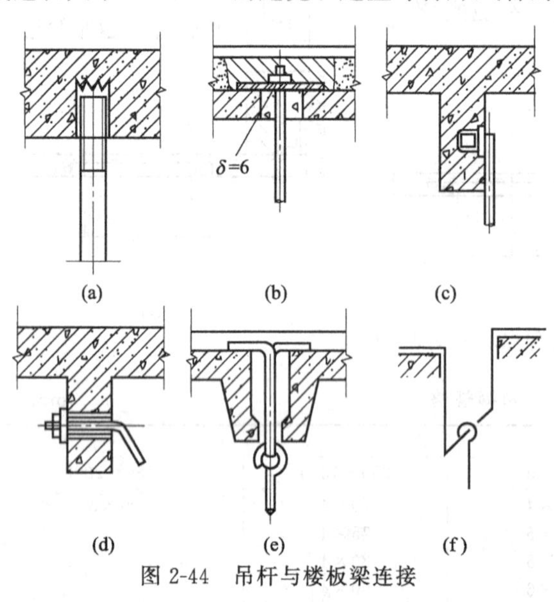

图 2-44 吊杆与楼板梁连接

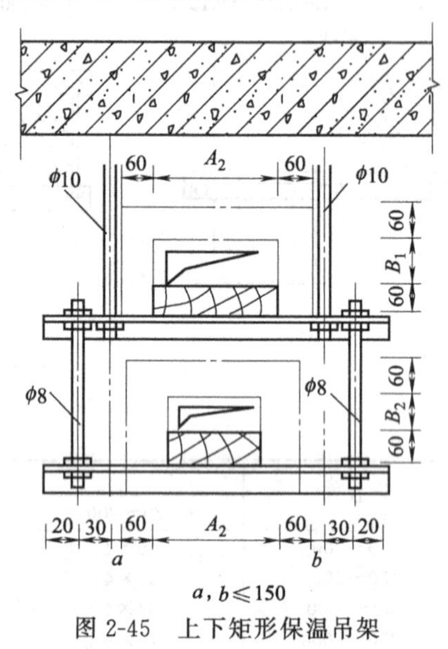

图 2-45 上下矩形保温吊架

④ 支、吊架不宜设置在风口、阀门、检查门及自控机构处，离风口或插接管的距离不宜小于 200mm。

⑤ 水平悬吊的主、干风管长度超过 20m 时，应设置防止摆动的固定点，每个系统不应少于 1 个。

⑥ 吊架的螺孔应采用机械加工。吊杆应平直，螺纹应完整、光洁。安装后各副支、吊架的受力应均匀，无明显变形。

⑦ 风管或空调设备使用的可调隔振支、吊架的拉伸或压缩量应按设计的要求进行调整。

⑧ 抱箍支架的折角应平直，抱箍应紧贴并箍紧风管。安装在支架上的圆形风管应设托座和抱箍，其圆弧应均匀，且与风管外径相一致。

3. 风管安装

当施工现场已具备安装条件时，应将预制加工的风管、部件按照安装的顺序和不同系统运至施工现场，再将风管和部件按照编号组对，复核无误后即可连接和安装。

（1）风管连接

风管的连接长度，由风管的壁厚、法兰与风管的连接方法、安装的结构部位和吊装方法等因素决定。为了安装方便，应尽量在地面上进行连接，一般可接至10～12m长。在风管连接时，不允许将可拆卸的接口装设在墙或楼板内。

用法兰连接的空调系统风管，其法兰垫料厚度为3～5mm；垫料不能挤入风管内，否则会增大流动阻力，减少风管的有效面积，并形成涡流，增加风管内积尘。连接法兰的螺母应在同一侧。如设计无规定时，法兰垫料的材质可选用橡胶板或闭孔海绵橡胶板等。法兰垫料应尽量减少接头，接头必须采用梯形或榫形连接，并应涂胶粘牢。法兰均匀压紧后的垫料宽度，应与风管内壁齐平。

（2）风管安装

在安装风管前，应对安装好的支、吊、托架进一步检查，看看其位置是否正确，连接是否牢固可靠。根据施工方案确定的吊装方法，按照先干管后支管的安装程序进行吊装。在安装过程中，应注意下列问题：

① 水平风管安装后的水平度的允许偏差不应大于3mm/m，总偏差不应大于20mm。垂直风管安装后的垂直度的允许偏差不应大于2mm/m，总偏差不应大于20mm。当风管沿墙敷设时，管壁到墙面至少保留150mm的距离，以方便拧紧法兰螺钉。

② 风管不得碰撞和扭曲，以防树脂破裂、脱落及界皮分层，破损处应及时修复。

③ 支架的形式、宽度应符合设计要求。

④ 对于钢制套管的内径尺寸，应以能穿过风管的法兰及保温层为准，其壁厚不应小于2mm。套管应牢固地预埋在墙、楼板（或地板）内。

（3）风管与管件的组配

按安装草图把相邻的管件用螺栓临时连接起来，如图2-46所示。量出两个管件之间的实际距离L'_2，然后按草图要求的距离L_2，减去实际距离L'_2，得直管的长度L''_2，同法可求出L''_1和L''_3。

求出直管长度后，应对加工好的直管进行检查，不合适的应加长或剪掉。然后套上法兰，并进行翻边或铆接。各管件之间的直管段，应留出一根直管，其法兰只连好一端，另一端留待现场再装上法兰。

组配好的直风管和各种部件按加工草图编号，按施工验收规范或设计要求铆好加固框，并按设计要求的位置开好温度或风压等测孔。

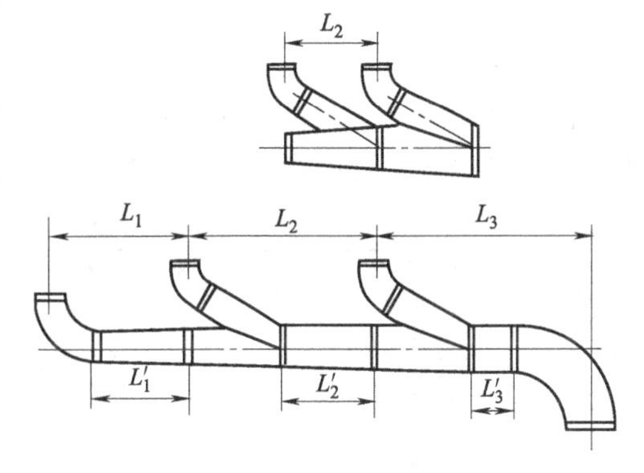

图2-46 风管与管件的组配

（4）柔性短管安装

柔性短管常用于振动设备（如风机、风机盘管、组合式空调机组）与风管间的连接，以减少系统的机械振动；为安装方便，柔性短管也用于支风管与风口之间的连接，如空气洁净系统中，高效过滤器风口与支风管的连接就采用柔性短管。

柔性短管的安装应注意的事项如下：

① 柔性短管安装后应与风管同一中心，不能扭曲，松紧应比安装前短10mm，不得过

松或过紧。对风机入口的柔性短管，可装得紧一些，防止风机启动被吸入而减小截面尺寸。在连接柔性短管时应注意，不能将柔性短管当做找平、找正的连接管或异径管用。

② 柔性风管在水平或垂直安装时，应使管道充分地伸展，确保柔性风管的直线性，一般应在管道端头施加150N拉力使管道舒展。管道支架应适当地增设，以消除管道的弧形下垂，并可增加外形的美观程度和减少管道的阻力损失。

③ 安装系统风管跨越建筑物沉降缝、伸缩缝时的柔性短管，其长度视沉降缝的宽度适当加长。

④ 柔性风管作为空调系统的支管与风口连接时，由于受空间位置的限制，可折成一定的角度，不需要施加拉力而舒展。

⑤ 柔性风管与直管连接，柔性风管与螺旋风管或薄钢板风管开三通连接，以及柔性风管与异形管件连接等，可按图2-47所示的方法进行连接。

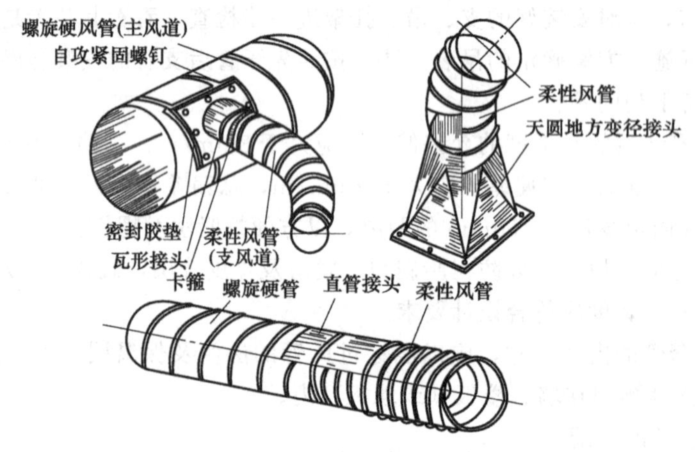

图2-47　柔性风管的连接

4. 风管的保温

风管的保温应根据设计所选用的保温材料和结构形式进行施工。为了达到较好的保温效果，保温层的厚度应为设计厚度的5%～10%。

(1) 保温材料

保温材料应具有较低的导热系数、质轻、难燃、耐热性能稳定、吸湿性小、易于成形等特点。通风空调工程中常用的保温材料的性能如表2-14所示。

表2-14　常用保温材料性能表

序列	材料名称	密度/(kg/m³)	热导率/[W/(m·℃)]	规格尺寸/mm
1	矿渣棉	120～150	0.44～0.052	散装
2	沥青矿棉毡	120	0.041～0.047	1000×750×(30～50)
3	玻璃棉	100	0.035～0.058	散装
4	沥青玻璃棉毡	60～90	0.035～0.047	5000×900×(25～50)
5	沥青蛭石板	350～380	0.081～0.11	500×250×(50～100)
6	软木板	250	0.07	1000×500×(25、38、50、65)
7	脲醛泡沫塑料	20	0.014	1050×530
8	防火聚苯乙烯塑料	25～30	0.035	500×500×(30～50)
9	甘蔗板	180～230	0.07	1000×500×(25～50)
10	石棉泥	500	0.19～0.26	
11	牛毛毡	150	0.035～0.058	

（2）保温结构与施工

① 矩形风管保温

a. 板材绑扎式保温结构。如图 2-48 所示，首先将选用的软木板或甘蔗板等板材，按风管尺寸及所需保温厚度锯裁成保温板。锯裁时应考虑纵横交错，风管上部用小块料，下部用大块料。然后将热沥青浇在保温板上，并用木板刮匀，迅速粘在风管上。粘好后，用铁丝或打包钢带沿四周捆紧，矩形风管四角应做包角。保温层外包采用网孔尺寸为 12mm×12mm、直径为 1mm 的镀锌铁丝网，再用 0.55mm 直径的细铁丝缝合，铁丝网应紧贴在保温板上。然后用 20% 的Ⅳ级石棉、80%（重量比）的 400 号水泥拌合的石棉水泥，分两次抹成厚度为 15mm 的保护壳，最后用抹子粉光、压平。待保护层干燥后，按设计要求涂刷两道调和漆。

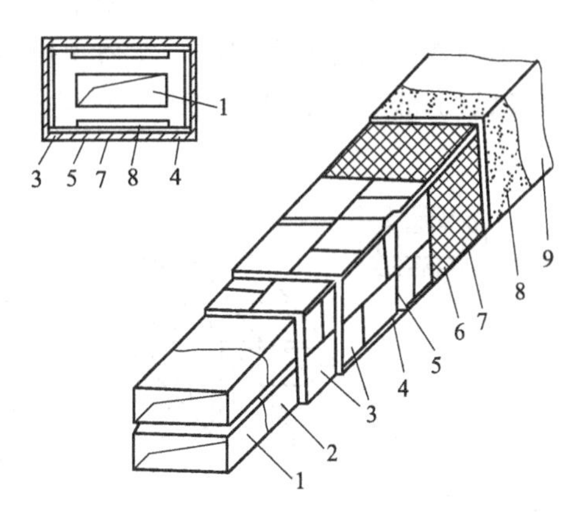

图 2-48　板材绑扎式风管保温

1—风管；2—樟丹防锈漆；3—保温板；4—角铁垫片；5—绑件；6—细钢丝；7—镀锌钢丝网；8—保护壳；9—调和漆

b. 板材及木龙骨保温结构，如图 2-49 所示。

• 用 35mm× 35mm 的方木，沿风管四周钉成木框（其间距可按保温板的长度决定，一般为 1.2m）。

• 把保温板用圆钉钉在木龙骨上，每层保温板间的纵横缝应交错设置，缝隙处填入松散保温材料。

• 用圆钉把三合板或纤维板钉在保温板上。

• 板外刷两道调和漆。

c. 散材、毡材及木龙骨保温结构如下：

• 用方木沿风管四周每隔 1.2～1.5m 钉好横向木龙骨，并在风管的四角钉上纵向龙骨。

• 然后，用矿渣棉毡或玻璃棉毡沿直线包敷。如用散装矿渣棉或玻璃棉时，应把散材装在玻璃布袋内，袋口缝合后再包敷。两侧垂直方向的保温袋，中间应缝线，防止保温层下坠。如采用脲醛塑料保温时，应把其填入塑料布袋内，袋口缝合严密后再包敷，注意防止脲醛塑料受潮而失去保温作用。

• 保温层填入后，再以三合板或纤维板用圆钉钉在木龙骨上，如图 2-50 所示。

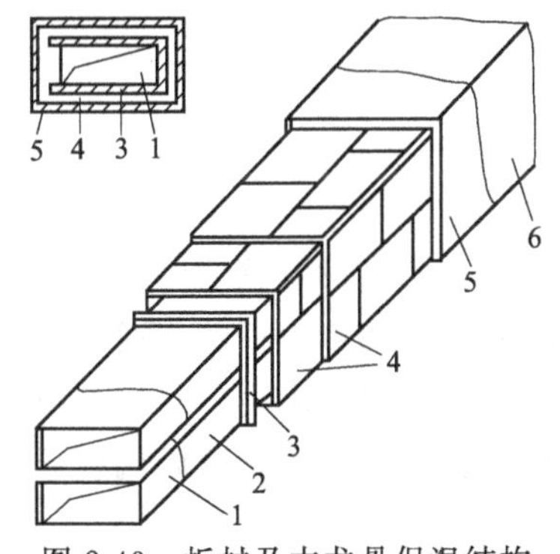

图 2-49　板材及木龙骨保温结构

1—风管；2—樟丹防锈漆；3—木龙骨；4—保温层；5—胶合板或硬纸板；6—调和漆

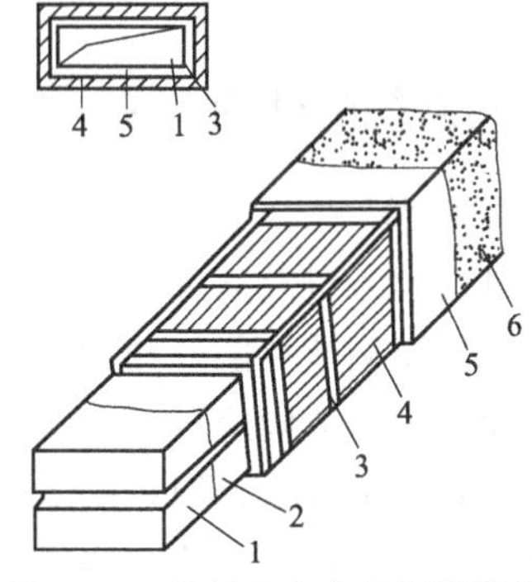

图 2-50　散材及木龙骨保温结构

1—风管；2—防锈漆；3—木龙骨；4—保温材料；5—胶合板或硬纸板；6—调和漆

d. 聚苯乙烯泡沫塑料板的粘接保温。聚苯乙烯泡沫塑料具有防火的特性，用它保温时，首先用棉纱将风管表面擦净，然后用树脂进行粘接，表面不能作其他处理。粘接时，小块应放在风管上部，要求拼搭整齐。双层保温时，小块在里，大块在外，以求美观，如图 2-51 所示。

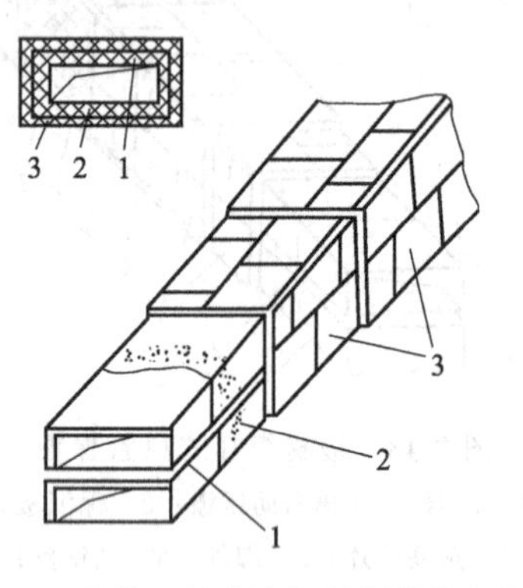

图 2-51 聚苯乙烯泡沫塑料板的粘接保温
1—风管；2—樟丹防锈漆；3—保温板

② 圆形风管保温 一般用牛毛毡、玻璃棉毡和沥青矿渣棉毡进行保温，如图 2-52 所示。包扎风管时，其前后搭接边应贴紧。保温层外，每隔 300mm 左右用直径 1mm 的镀锌铁丝进行绑扎，包完第一层后再包第二层。如用牛毛毡时，应用水玻璃作防腐处理后再包敷。做好保温层后，再用玻璃布按螺旋状把保温层缠紧，布的前后搭接量为 50～60mm。如用玻璃棉毡或沥青矿渣棉毡保温，则玻璃布一般可不涂漆；如用牛毛毡或其他材料保温，而风管敷设在潮湿房间内，则包布后尚需涂两道调和漆，或在包布前涂一道沥青玛碲脂。

③ 风管法兰保温 风管法兰处的保温，既要便于拧紧螺钉，又要保证法兰处有足够的保温厚度，因此保温层要留出一定的距离，待风管连接后在空隙部分填上保温层碎料，外面再贴一层保温层，如图 2-53 所示。

遇到调节阀门时，要注意留出调节转轴或调节手柄的位置，以便调节风量时灵活转动。

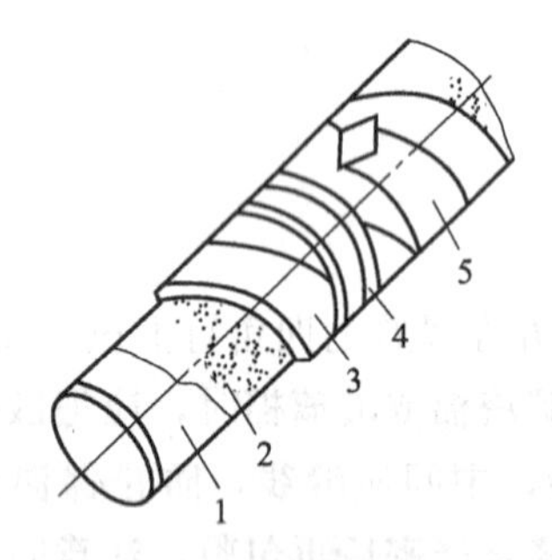

图 2-52 圆形风管保温
1—风管；2—樟丹防锈漆；3—保温层；
4—镀锌铁丝；5—玻璃纤维布

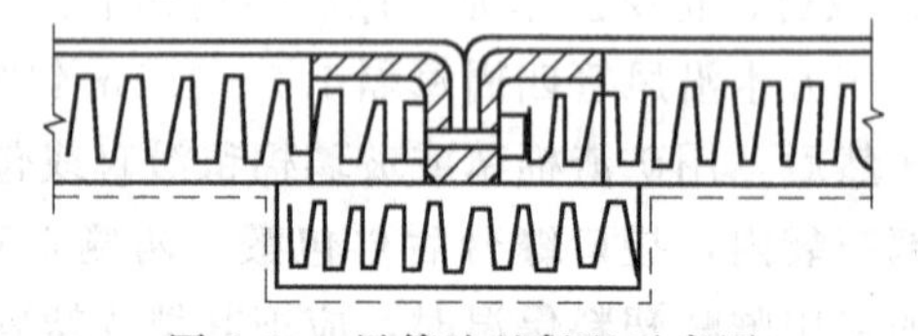

图 2-53 风管法兰保温示意图

二、风系统附件的安装

1. 风阀安装

在送风机的入口及新风管，总回风管和送、回风支管上均应设置调节阀门。对于送、回风系统，应选用调节性能好和漏风量少的阀门，如多叶调节阀和带拉杆的三通调节阀。但应注意，风管上的调节阀应尽量少设，因为增设调节阀会增加噪声和阻力。对于带拉杆的三通调节阀，只宜用于有送、回风的支管上，不宜用于大回风管上，因为调节阀阀板承受的压力大，运行中的阀门难于调节和容易变位。

各种风阀在安装前，应检查其结构是否牢固，调节装置是否失灵。安装手动操纵构件应放在便于操作的位置。安装在高处的阀也要使其操作装置处于离地面或平台 1～1.5m 处。

安装除尘系统斜插板阀时，应装于不积尘的部位。水平安装时，斜插板阀应顺气流安装；垂直安装时，应注意阀门的方向，不得反装；当阀体上未标明气流流动的箭头方向时，应待系统安装完毕且在系统试运行前装入。有电信号要求的防火阀应与控制线路相接。

防火阀、排烟阀远距离操作位置应符合设计要求，远距离操作钢绳套管宜用 DN20mm 的钢管，套管转弯处不得多于两处，转弯的弯曲半径应不小于 300mm，各类控制线路和安装均应正确。

2. 风口安装

各类送、回风口一般是装于墙面或顶棚上的。风口安装常需与土建装饰工程配合进行，其要求是：横平、竖直、整齐、美观。

装于顶棚上的风口，应与顶棚平齐，并应与顶棚单独固定，不得固定于垂直风管上。顶棚的孔洞不得大于风口的外边尺寸。

对风口的外露表面部分，应与室内线条平行，严禁用螺栓固定。

对有调节和转动装置的风口，装后应转动灵活。对同类型风口应对称布置，同方向风口调节装置应置于同一侧。

目前工程上应用一种 FHFK 系列防火风口，这种风口是在百叶风口上设置超薄型防火调节阀而形成的。平时它可作送风口或回风口使用，可无级调节风量。当建筑物发生火灾时，它能比安装在风管上的防火阀更早地隔断火源，防止火势蔓延。安装这种风口时，要同时满足风口和防火阀的安装要求。

3. 消声器安装

空调送风和回风管均应设置消声器或消声静压箱，使各区域噪声皆满足要求。风阀的手轮或扳手，应以顺时针方向转动为关闭，其调节范围及开启角度指示应与叶片开启角度一致。

消声器安装前应保持干净，做到无油污和浮尘。消声器安装的位置、方向应正确，与风管的连接应严密，不得有损坏与受潮。现场安装的复合式消声器，其消声组件的排列、方向和位置应符合设计要求。消声器、消声器弯管组件的固定应牢固。

复习思考题

1. 试述螺杆式压缩机的安装过程。
2. 试述溴化锂机组的安装过程。
3. 机组就位后如何进行水平找平？
4. 冷却塔在安装过程中应注意哪些问题？
5. 水泵隔振措施有哪些？
6. 进行水泵的配管布置时，应注意哪些要求？
7. 简述风机盘管安装原则。
8. 水管路管架间距如何确定？
9. 中央空调水系统附件有哪些？简述其作用。
10. 风管的支、吊架的形式有哪些？
11. 风管的安装应注意哪些问题？
12. 风管的断面形状有哪些？其常用的保温结构有哪些？

第三章

中央空调系统的调试

制冷系统的设备及管道组装完毕后，需要对整个系统进行试运行，只有当试运行达到规定要求时，方可交付验收和使用。对于大修后的压缩机，在经过拆卸、清洗、检查测量、装配完毕之后，也必须进行试运行，以鉴定机器大修后的质量和运行性能。

第一节 中央空调机组的调试

一、活塞式中央空调系统的调试

制冷机和其他辅助设备安装就位，整个系统的管道焊接完毕后，首先要进行压缩机试运行，然后应按设计要求和管道安装试验技术条件的规定，对制冷系统进行吹污、气密性试验、抽真空、充灌制冷剂及制冷系统带负荷试运行。

压缩机的试运行包括无负荷试运行和空气负荷试运行。对于整台成套设备及分组成套设备，因为出厂前已进行过试运行，所以只要在运输和安装过程中外观没有受到明显破坏，即可直接进行空气负荷试运行。对于大中型散装制冷设备，则应按照GB/T 10079—2001《活塞式单级制冷压缩机》中的试验方法进行无负荷试运行和空气负荷试运行。

1. 试车前的准备

（1）技术资料的准备

在制冷压缩机试车前，应根据施工图对制冷压缩机的安装进行检查和验收，并认真研究使用说明书和随机的技术资料，依据制冷压缩机使用说明书提供的调试要求和各种技术参数对压缩机进行调试。准备好试车记录本，在试车过程中做好试车记录，作为技术档案保存。

（2）电气准备

在试车时，机组应有独立的供电系统，电源应为380V、50Hz交流电，电压要求稳定。在电网电压变化较大时，应配备独立的电压调压器，使电压的偏差值不超过额定值的±10%。接入的试车电源，应配备电源总开关及熔断器，并配置三相电压表和电流表。试车用的电缆配线容量应按实际用电量的3～4倍考虑。设备要求接地可靠，接地应采用多股铜线，以确保人身安全。

（3）材料的准备

制冷压缩机调试前要将制冷系统所需的材料准备就绪，以保证试车工作的正常进行。当制冷系统的冷凝器采用循环冷却水冷却时，应预先对循环水池注水，冷却水泵和冷却塔应可正常运转。准备好制冷压缩机使用说明书规定的润滑油和清洗用的煤油、汽油。准备好制冷压缩机进行负荷试运行时所需充注的制冷工质以及其他工具和物品。

(4) 压缩机的安全保护设定检查

试车前要对制冷压缩机的自控元器件和安全保护装置进行检查，要根据使用说明书上提供的调定参照值对元器件进行校验。制冷压缩机安全保护装置的调定值在出厂前已调好，不得随意调整。自控元器件的调定值如需更改，必须符合制冷工艺和安全生产的要求。

(5) 人员准备

制冷压缩机以及制冷系统的调试必须由专业技术人员主持进行。调试人员也需经有关技术单位或技术部门培训后方可参加调试工作。有条件的，在制冷压缩机调试时，应请制冷压缩机生产厂家的专业技术人员参加调试。

2. 试运行

开启式压缩机出厂试验记录中若没有无负荷试运行、空气负荷试运行和抽真空试验，则均应在试运行时进行。试运行前应符合下列要求。

① 气缸盖、吸排气阀及曲轴箱盖等应拆下检查，其内部的清洁及固定情况应良好；气缸内壁面应加少量冷冻机油，再装上气缸盖等；盘动压缩机数转，各运动部件应转动灵活，无过紧及卡阻现象。

② 加入曲轴箱冷冻机油的规格及油面高度，应符合设备技术文件的规定。

③ 冷却水系统供水应畅通。

④ 安全阀应经校验、整定，其动作应灵敏可靠。

⑤ 压力、温度、压差等继电器的调定值应符合设备技术文件的规定。

⑥ 点动电动机的检查，其转向应正确，但半封闭压缩机可不检查此项。

(1) 无负荷试运行

无负荷试运行是不带阀的试运行，即试运行时不装吸、排气阀和气缸盖。其目的如下。

① 观察润滑系统的供油情况，检查各运动部件的润滑是否正常。

② 观察机器运转是否平稳，有无异常响声和剧烈振动。

③ 检查除吸、排气阀之外的各运动部件装配质量，如活塞环与气缸套、连杆小头与活塞销、曲轴颈与主轴承、连杆大头与曲柄销等的装配间隙是否合理。

④ 检查主轴承、轴封等部位的温升情况。

⑤ 对各摩擦部件的接触面进行磨合。

无负荷试运行的步骤如下。

① 在无负荷试运行前，要将压缩机的气缸盖拆除，取出假盖弹簧和排气阀组。在系列压缩机中有些产品（如 12.5 系列）的气缸套和机体之间无连接螺栓，而是依靠假盖弹簧压紧的。为避免无负荷试运行时气缸套被拉出机体造成事故，必须用专用夹具把气缸套压紧。此专用夹具比较简单，安装时直接用气缸盖上的螺栓紧固即可，如图 3-1 所示，但要注意不要碰坏气缸套上的阀片密封线，也不要影响吸气阀片顶杆的升降（卸载机构）。

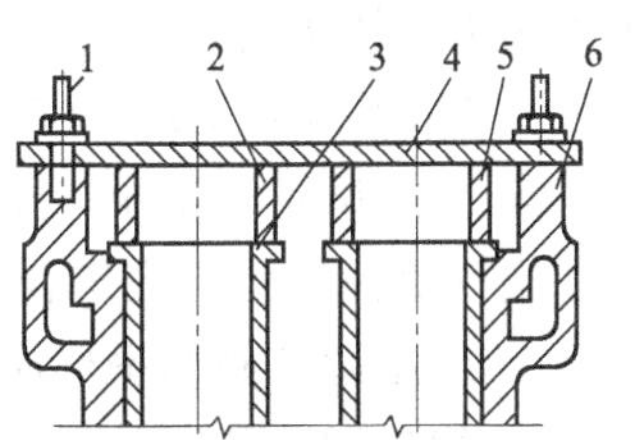

图 3-1 空车试运行夹具

1—气缸盖螺栓；2,5—夹具；3—气缸套；4—压板；6—机体

② 向每个气缸内的活塞顶部注入适量的冷冻机油，开启式压缩机可用手盘动联轴器或带轮数转，使冷冻机油在气缸壁

上分布均匀。用干净的白布包住气缸口，以防试车时灰尘进入气缸。

③ 首次启动压缩机时，应采用点动，合闸后马上断开，如此进行2～3次，以观察压缩机运转情况，如旋转方向是否正确、有无异常声响、油压能否建立起来等。

④ 点动后如果情况正常，则启动压缩机并运转10min，停车后检查各部位的润滑和温升，应无异常。而后应再继续运转1h。

⑤ 作好试运行记录，整理存档。

无负荷试运行应符合下列要求。

① 电流表与油压表的读数应稳定。

② 运转应平稳，无异常声响和剧烈振动。

③ 主轴承外侧面和轴封外侧面的温度应正常。

④ 油泵供油应正常。

⑤ 油封处不应有油的滴漏现象。

⑥ 停车后，检查气缸内壁面应无异常的磨损。

在压缩机进行无负荷试运行时需注意：合闸时，操作人员不要站在气缸套处，防止气缸套或活塞销螺母飞出伤人；合闸时，操作人员不能离开电闸，当机器运转声音不正常、油压不能建立或发生意外故障时应及时停车，防止压缩机的损坏和事故的发生；试车过程中，如声音或油压不正常，应立即停车，检查原因，排除故障后，再重新启动。

(2) 空气负荷试运行

压缩机空气负荷试运行是带阀的试运行，在无负荷试运行合格后方可进行。

空气负荷试运行的目的如下。

① 进一步检查压缩机在带负荷运转时各运动部件的润滑和温升情况，以检查装配质量和密封性能。

② 使压缩机在较低的负荷下继续磨合。

空气负荷试运行的步骤如下。

① 拆除气缸套夹具，将清洗干净的排气阀组按原来位置装好，盖好气缸盖，旋紧气缸盖螺栓。吸、排气阀安装固定后，应调整活塞的止点间隙，并应符合设备技术文件的规定。

② 松开压缩机吸气过滤器的法兰螺栓，留出缝隙，外面包上浸油的洁净纱布，对进入气缸和曲轴箱内的空气进行过滤。拆下压缩机上的放空阀，以便空气向外排放。

③ 接好压缩机冷却水管并供水；检查压缩机曲轴箱油面应在规定范围内，不足时应补充加入；将油分配阀手柄扳至0位或最小负荷一挡。

④ 参照无负荷试运行的操作步骤，启动压缩机使其正常运转，经检查无异常现象时，扳动油分配阀手柄，使压缩机逐渐加载，直至全部气缸投入工作。在试运行过程中，当吸气压力为大气压力时，其排气压力，对于有水冷却的应为0.2MPa（表压），对于无水冷却的应为0.1MPa（表压），并应连续运转不得少于1h。

⑤ 作好试运行记录，整理存档。

空气负荷试运行应符合的要求如下。

① 油压调节阀的操作应灵活，调节的油压宜比吸气压力高0.15～0.30MPa。

② 能量调节装置的操作应灵活、正确。

③ 压缩机各部位的允许温升应符合表3-1的规定。

④ 气缸套的冷却水进口水温不应大于35℃，出口温度不应大于45℃。

表 3-1 压缩机各部位的允许温升值 ℃

<table>
<tr><th>检查部位</th><th>有水冷却</th><th>无水冷却</th></tr>
<tr><td>主轴承外侧面</td><td rowspan="2">≤40</td><td rowspan="2">≤60</td></tr>
<tr><td>轴封外侧面</td></tr>
<tr><td>润滑油</td><td>≤40</td><td>≤50</td></tr>
</table>

⑤ 运转应平稳，无异常声响和振动。

⑥ 吸、排气阀的阀片起落跳动声响应正常。

⑦ 各连接部位、轴封、填料、气缸盖和阀件应无漏气、漏油、漏水现象。

⑧ 空气负荷试运行合格后，应拆洗空气滤清器和油过滤器，并更换冷冻机油。

压缩机试运行之后，再对制冷系统进行吹污、气密性试验、抽真空、充灌制冷剂（参照第六章相关内容）及制冷系统带负荷试运行（参照第四章相关内容）。

二、螺杆式中央空调系统的调试

制冷系统的正确调试是保证制冷装置正常运行、节省能耗、延长使用寿命的重要环节。在调试前应认真阅读厂方提供的产品操作说明书，按操作要求逐步进行。操作人员必须经过厂方的专门培训，获得机组的操作证书才能上岗操作，以免错误操作给机组带来致命的损坏。

1. 试车前的准备

（1）外观检查

① 检查机组外部是否损伤（保温层无剥落、铜管无变形、无油漆脱落）。

② 检查机组安装位置是否符合要求（参见本书第二章或厂家安装手册），有无装减振垫（图 3-2）。

③ 检查机组各固定螺钉有无松动。

④ 检查外部有无油迹且压力表是否正常，如有油迹需对机组进行检漏，高低压力表正常应在 5kgf/cm^2（1kgf/cm^2 = 98.0665kPa）以上（图 3-3）。

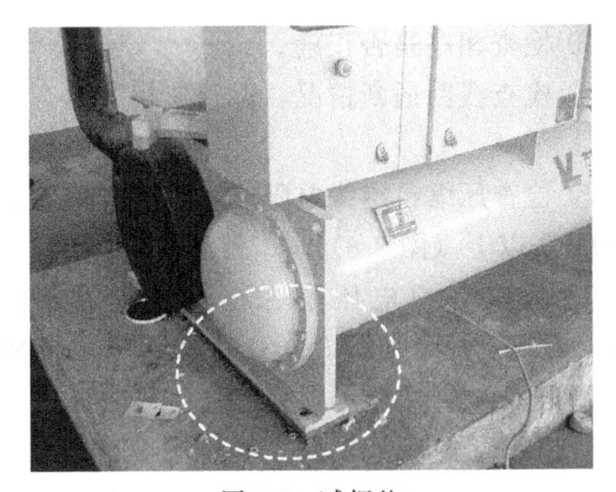

图 3-2 减振垫

图 3-3 压力表

⑤ 检查油位是否正常，低油视窗应在 1/3 以上（图 3-4）。

⑥ 检查线路图、铭牌及各符号说明是否按规定位置贴好、贴正确（图 3-5）。

（2）电气系统检查

① 检查客户主电源进线是否符合厂家要求，主机与控制箱是否有接地，零火线是否接正确，控制箱开关配件是否符合要求（主电源空气开关配置约为 1.5 倍的主机额定电流值）。

图 3-4 油位检查

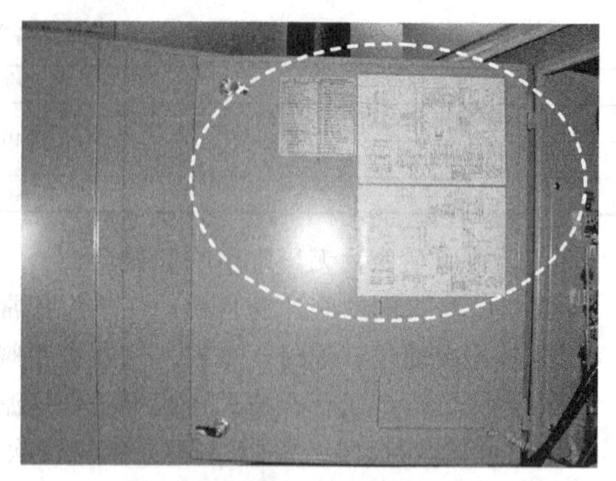
图 3-5 张贴线路图、铭牌及各符号说明

② 检查确认机组电气元件、主线与控制线有无松动（图 3-6），以及确认压缩机线盒接线柱是否涂有玻璃胶（图 3-7）。

图 3-6 检查接线是否松动

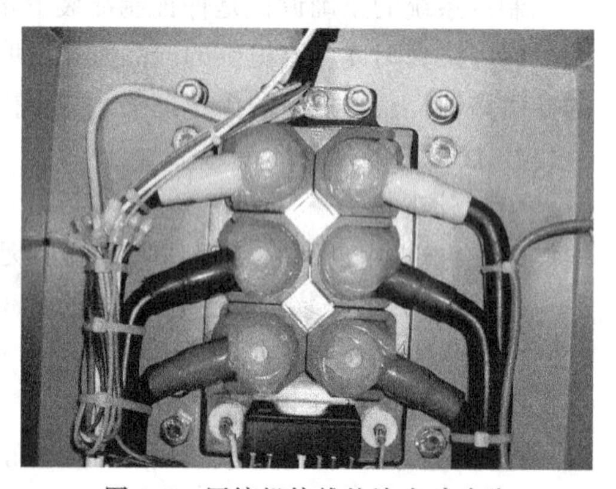
图 3-7 压缩机接线柱涂有玻璃胶

图 3-8 检查压缩机绝缘电阻值

③ 检查相序是否正确。

④ 检查线路通断情况，以及三相火线有无短路。

⑤ 检查压缩机绝缘电阻值，绝缘电阻值应在 10MΩ 以上（图 3-8）。

⑥ 检查客户电压是否在压缩机组范围(380±10%)V 内（图 3-9），检查送电电源相序是否正确；油箱加热器应接 220V 电压，半小时后油箱应温热（用手确认）（图 3-10）。

⑦ 检查各温度传感器安放位置是否正确。

⑧ 通过按接触器强制运转（图 3-11），检查（风冷）机组风扇是否正常运转，与钣金有无摩擦。

⑨ 检查面板参数设置是否正确（具体参见各厂家的操作手册默认值）。

(3) 水系统及末端的检查

① 冷冻水系统检查　检查水管路安装是否正确（风冷式下进上出；水冷式正对法兰左

进右出；满液式上进下出）；水泵入口是否安装过滤设备；有无安装水流开关（图 3-12），接线是否正确；阀门是否开启、是否漏水；膨胀水箱安装位置是否正确，补水管位置是否正确，管路是否有水，并开启水泵确认水流开关是否接通。

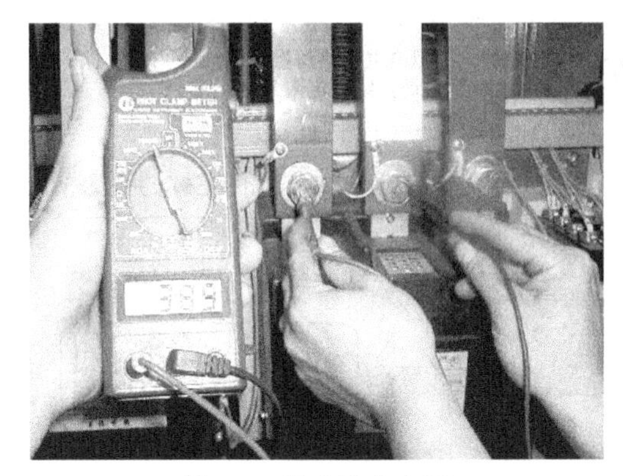

图 3-9　检查客户电压

图 3-10　确认油温

图 3-11　接触器强制运转

图 3-12　水流开关

② 冷却水系统检查　检查管路安装是否正确（下进上出），管路是否满水，冷却塔液面是否高于出水口；开启水泵检查有无空气（无空气时，水压表无明显抖动）；检查冷却塔风扇是否正转（上吹风）；检查浮球阀工作是否正常，补水是否畅通；检查冷却塔散热能力是否达到要求。

③ 空调末端检查　检查空调箱马达电流与正反转、水压是否正常（进水压力为 0.1～0.4MPa，出水压力为 0.02～0.3MPa，进出水压力差在 0.1MPa 左右），进、出水阀门是否打开。

具体操作步骤见图 3-13。

2. 试运行

在调试前的准备工作完成之后，再进行系统的试运行操作。空调系统试运行特别是要求较高的恒温系统的试验调整，是一项综合性很强的技术工作，不仅要与建设单位有关部门（如生产工艺部门、动力部门）加强联系、密切配合，而且要与电气试调人员、钳工、通风工、管工等有关工种协同工作。

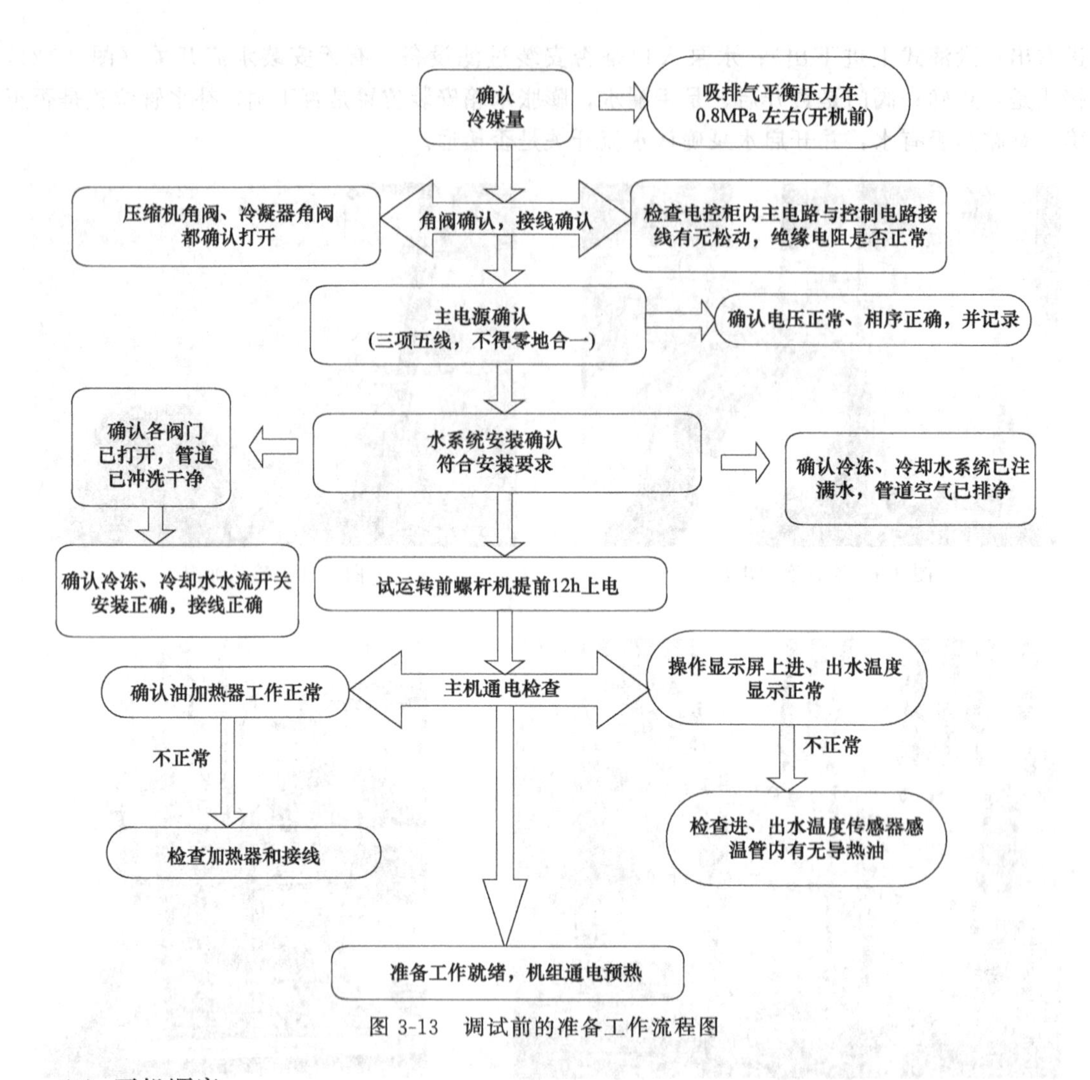

图 3-13 调试前的准备工作流程图

（1）开机顺序

正常开机顺序为：开末端设备→启动冷冻水泵、冷却水泵→启动冷却塔风扇→按“启动”键开启主机。开机过程中需注意以下几点。

① 开机前油箱预热应在12h以上，或参照机组操作手册。

② 若水温过高或过低，负荷较大，建议最后开末端设备。

（2）启动后的检查

① 检查启动是否正确。

② 检查高压压力是否上升，低压压力是否下降，压缩机是否有异响。

③ 检测压缩机电流，其电流值是否按顺序增大（图 3-14）。

④ 检查容量电磁阀动作是否正确（应依次“25%→50%→75%→100%”加载），面板加载指示灯显示是否正确（图 3-15）。

⑤ 检查油位是否在低视窗量程的1/3以上。

⑥ 全载后待水温稳定后，检查电流、高压压力、低压压力、过冷度、过热度、排气温度是否正常，电压压降是否正常（压降在10V范围内为正常），并记录所有数据，如表 3-2 所示。

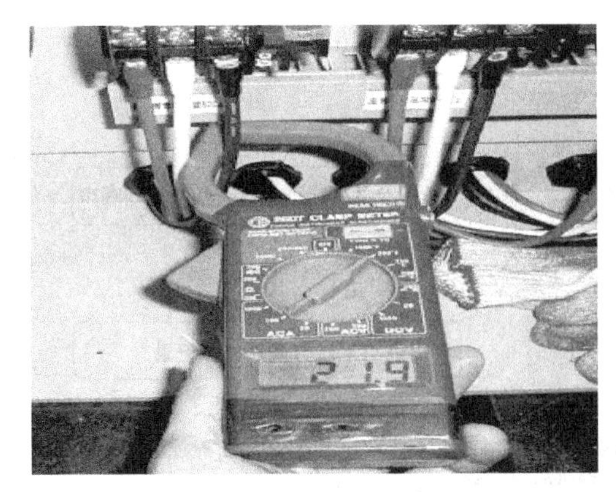

图 3-14 检测压缩机电流

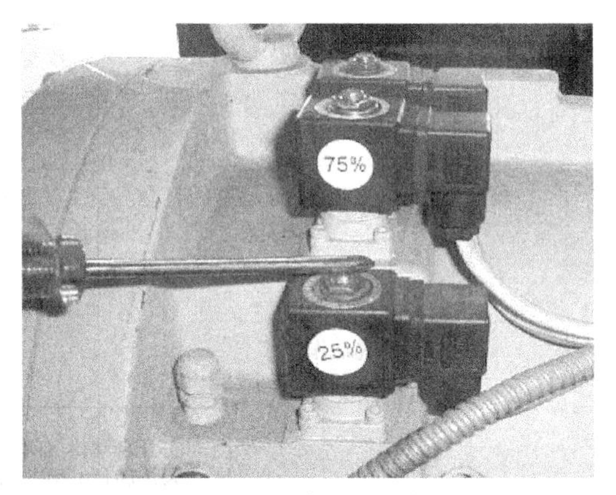

图 3-15 容量电磁阀

表 3-2 运行参数调整与记录

序号	检查记录参数	正常范围	调整方法(如果不正常)
1	电压	(380±38)V	调电压/加装稳压器
2	电流(参考)	风冷:$I=RT\times1.8\times5/6$ 水冷:$I=RT\times1.6\times5/6$	调整冷媒量/调整末端设备负荷
3	高压压力	风冷:(18±4)kgf/cm^2 水冷:(14±0.5)kgf/cm^2	—
4	液管温度	风冷:(38±7)℃ 水冷:(32±3)℃	—
5	低压压力	风冷:1.0～5.5kgf/cm^2 水冷:3.0～5.5kgf/cm^2	调整膨胀阀/调整冷媒量
6	回流管温度	风冷:(10±6)℃ 水冷:(7±3)℃	调整膨胀阀/调整冷媒量
7	过热度	水冷或风冷制冷:5～8℃ 满液或热泵制热:2～5℃	调整膨胀阀/调整冷媒量
8	排气温度	风冷:70～90℃ 水冷:60～80℃	调整膨胀阀/调整冷媒量
9	蒸发器进水温度	制冷:(12±0.3)℃ 制热:(40±0.3)℃	—
10	蒸发器出水温度	制冷:(7±0.3)℃ 制热:(45±0.3)℃	调整蒸发器水阀门开启度
11	冷凝器进水温度	(30±2)℃	调整冷却塔
12	冷凝器出水温度	(35±2)℃	调整冷却塔

注：*RT* 为冷吨。

⑦ 检查旁通电磁阀、液管电磁阀、四通电磁阀、液喷射电磁阀是否有输出，并确认电磁阀动作正确。

⑧ 观察温度到达时是否正常卸载停机，下次温度到达是否自动启动。

⑨ 检查确认所有保护开关动作正确（高低压、防冻、过载、错缺相保护），过载保护设定正确（名义工况下为线电流最大值的 1.25 倍）。

⑩ 检查远控开关机动作是否正确。

具体的操作过程见图 3-16。

三、离心式中央空调系统的调试

离心式制冷机组安装完毕后，在正式运转操作前，必须对机组进行试运行。通过试运

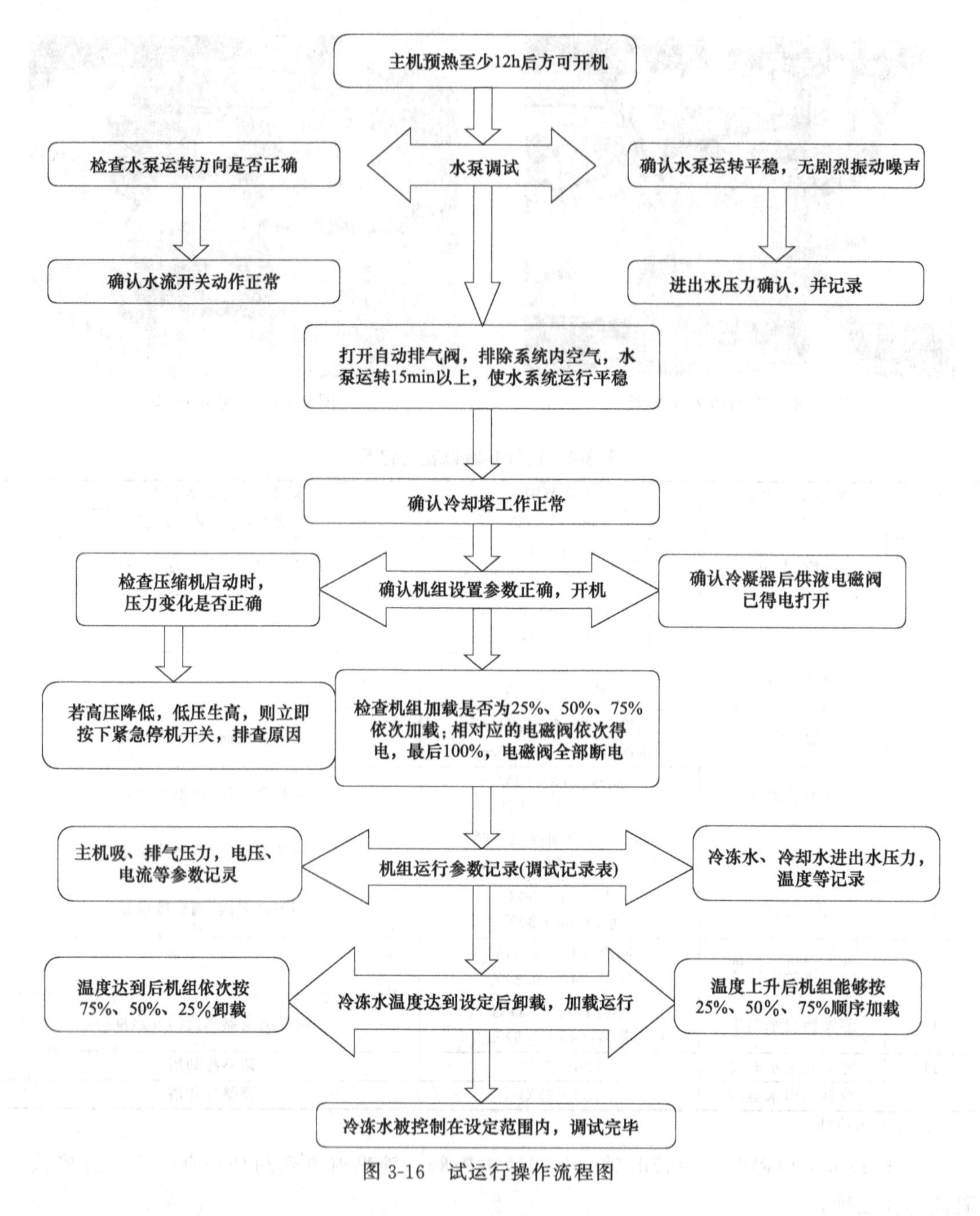

图 3-16　试运行操作流程图

行，来检查机组的装配质量、密封性能、电动机转向以及机组运转是否平稳，有无异常响声和剧烈振动等现象，从而确保机组的正常操作运转。

1. 试车前的准备

1）准备好所需的工作资料：

① 合适的设计温度及压力表（产品资料提供）。

② 机组合格证、质量保证书、压力容器证明等。

③ 启动装置及线路图。

④ 特殊控制或配制的图表和说明。

⑤ 产品安装说明书、使用说明书。

2）准备好所需的工具：

① 包括真空泵或泵出设备的制冷常用工具。

② 数字型电压/欧姆表（DVM）。

③ 钳形电流表。

④ 电子检漏仪。

⑤ 500V 绝缘测试仪（针对 380V 低压电机），2500V 绝缘测试仪（针对 6kV、10kV 高压电机）。

3）机组密封性检测。

4）抽真空试验。

5）机组去湿。

6）检查选配的泵出压缩机排水管。如果装有泵出系统，则进行检查以确保冷却水排进该系统。根据提供的工作资料，检查现场提供的截止阀及控制元件，检查现场安装管线中制冷剂有无泄漏。

7）遵照安全法规，将安全阀管接至户外。

8）检查接线：

① 检查接线是否符合接线图和各有关电气规范。

② 对低压（600V 以下）压缩机，把电压表接到压缩机启动柜两端的电源线，测量电压。将电压读数与启动柜铭牌上的电压额定值进行比较。

③ 将启动柜铭牌上的电流额定值与压缩机铭牌上的进行比较，过载动作电流必须是额定负载电流的 108%～120%。

④ 检查接至油泵接触器、压缩机启动柜和润滑系统动力箱的电压，并与铭牌值进行比较。

⑤ 明确油泵、电源箱和泵出系统都已配备熔断开关或断路器。

⑥ 检查所有的电子设备和控制器是否都按照接线图以及有关电气规范接地。

⑦ 核查水泵、冷却塔风机和有关的辅助设备运行是否正常，包括电动机的润滑、电源及旋转方向是否正确。

⑧ 对于现场安装的启动柜，用绝缘测试仪测试机组压缩机、电动机及其电源导线的绝缘电阻。如果现场安装的启动柜读数不符合要求，则应拆除电源导线，在电动机端子处重新测试电动机，如果读数符合要求，则就是电源导线出故障了。

9）检查启动柜。对机械类启动柜的检查如下：

① 检查现场接线线头是否接紧，活动零件的间隙和连接是否正确。

② 检查接触是否能够移动自如；检查接触器之间的机械联锁装置；检查其他所有的机电装置是否能够移动自如，如继电器、计时器等。

③ 重新接上启动柜控制电源，检查电气功能。定时器整定之后，检查启动柜。

对固态启动柜的检查如下：

① 确认所有接线均已正确接至启动柜。

② 确认启动柜的接地线已正确安装，并且线径足够。

③ 确认电动机的接地线已正确接至启动柜。

④ 确认所有的继电器均已可靠安装于插座中。

⑤ 确认所有的交流电均已按说明书接到启动柜。

⑥ 给启动柜通电。

10）冷冻机油的充注。冷冻机油充注后与机组一同运输，油箱满位置在上视镜的中部，最低油位为下视镜的底部。如果需加油，则必须按照离心式压缩机油的技术规范要求，通过充油阀加油，由于制冷剂压力比较高，故必须用加油泵。加油或放油必须在机组停机时进行。

11）给控制系统通电并检查油加热器。在给控制系统通电以前，要确保能看到油位。启动柜内的断路器可以使控制系统油加热器上电。给控制系统通电，使油加热器上电，这要在机组启动前几小时进行，以减少跑油，可通过控制润滑动力箱内的接触器对油加热器进行控制。

12）制冷剂的充灌。以上内容中机组密封性检测、抽真空试验、机组去湿、制冷剂的充灌等操作参阅第六章相关内容。

2. 试运行

（1）离心式制冷机组的空气负荷试运行

离心式制冷机组空气负荷试运行的目的在于检查电动机的转向和各附件的动作是否正确，以及机组的机械运转是否良好。离心式制冷机组的空气负荷试运行应符合下列要求。

① 关闭压缩机吸气口的导向叶片，拆除浮球室盖板和蒸发器上的视孔法兰，使压缩机及排气口与大气相通。

② 开启水泵，使冷却水系统正常工作。

③ 开启油泵，调节润滑系统，保证正常供油。

④ 检查点动电动机，转向应正确，其转动应无阻滞现象。

⑤ 启动压缩机，当机组的电动机为通水冷却时，其连续运转时间不应小于0.5h；当机组的电动机为通氟冷却时，其连续运转时间不应大于10min；同时检查油温、油压，轴承部位的温升，机器的声响和振动，均应正常。

⑥ 对导向叶片的开度应进行调节试验；导叶的启闭应灵活、可靠；当导叶开度大于40%时，试验运转时间宜缩短。

（2）离心式制冷机组的负荷试运行

离心式制冷机组负荷试运行的目的在于检查机组在制冷工况下机械运转是否良好。离心式制冷机组的负荷试运行应符合下列要求。

① 接通油箱电加热器，将油加热至50～55℃。

② 按要求供给冷却水和制冷剂。

③ 启动油泵、调节润滑系统，其供油应正常。

④ 按设备技术文件的规定启动抽气回收装置，排除系统中的空气。

⑤ 启动压缩机时应逐步开启导向叶片，并应快速通过喘振区，使压缩机能正常工作。

⑥ 检查机组的声响、振动，轴承部位的温升应正常；当机器发生喘振时，应立即采取措施消除故障或停机。

⑦ 油箱的油温宜为50～65℃，油冷却器出口的油温宜为35～55℃。

⑧ 能量调节机构的工作应正常。

⑨ 机组制冷剂出口处的温度及流量应符合设备技术文件的规定。

四、溴化锂吸收式中央空调系统的调试

溴化锂吸收式制冷机组安装就位后，尽管制冷机组在出厂前已经过严格的密封检查、试

运行，但由于运输振动等影响，可能会引起机组某些部位泄漏、电气控制设备的损坏等。所以，在溴化锂吸收式制冷机组安装结束、投入运行之前，为保证机组的正常运行还需要对机组进行调试。

1. 试车前的准备

(1) 外部条件的检查

① 检查管路系统是否清洗干净。

② 检查机组是否安装排水和排气阀门。

③ 检查水路系统中是否装有过滤网，有无渗漏，水流量是否达到规定值；并检查水质。

④ 检查管路上所有的温度计、恒温器、流量开关、温度传感器及压力表是否安装正确，且安装有支撑架，以防压力施加在水盖上等。

⑤ 检查水泵各连接螺栓是否松动，润滑油、润滑脂是否充足，填料是否漏水，漏水大小以流不成线为界限，检查电气、运转电流是否正常，泵的压力、声音及电动机温度等是否正常。

⑥ 检查冷却塔型号是否正确，流量是否达到要求，温差是否合理。

⑦ 检查供热系统。

a. 蒸汽系统检查。供给蒸汽压力过高时应安装减压阀，减压阀与蒸汽调节阀的前后应装有手动截止阀，并装有旁通管路以拆检和保养减压阀、调节阀。蒸汽管路上应安装手动截止阀，以在机组突然停机时，切断工作蒸汽。如果工作蒸汽温度高于180℃，则应装降温装置。否则在高压发生器中会产生局部腐蚀，易造成传热管泄漏和损坏。

如果工作蒸汽含有水分，其干度低于0.99，则要装设汽水分离器，以保证高压发生器的传热效率。工作蒸汽进机组之前，在蒸汽管路最低处要加装放水阀。在开机前，放水阀应放尽蒸汽凝水，以防产生水击现象。

b. 蒸汽凝水管路检查。蒸汽凝水管路的位置一般低于高压发生器。如果一定要高出高压发生器，则可根据制造厂提供的凝水压力计算考虑，但应防止机组在低负荷运转时，凝结水回流到高压发生器管束。检查在蒸汽凝水管路的最低处是否装有排水阀，以便放尽蒸汽凝水，避免在开机初期产生水击现象。

在蒸汽凝结水管道上装有手动截止阀时，检查手动截止阀是否打开。在机组运行时，此阀不得关闭。如果蒸汽凝水要回锅炉房，则一般在凝水排出管后设有凝水箱，但凝水箱的最高液面不宜高于发生器。为充分利用蒸汽的热能，在蒸汽凝水管上还应装有疏水器（排水阻汽器）。此时应检查疏水器的容量、规格是否达到规定值。

c. 燃气管路系统检查。

• 气路检查。按管路图检查气路中气压调节器、球阀、高低气压开关、过滤器、压力表、截止阀等元件选型、尺寸及安装方式是否正确。检查管路是否正确安装，管路接头处垫片是否采用聚四氟乙烯材料（垫片松散会引起泄漏与危险）。机房内必须安装燃气报警器，并与机房强力排风系统联动。在气体流量表入口处（截止阀关闭），检查供气压力是否达到要求。所有连接管路及元件应按标准要求进行气密性试验，保证管路不泄漏。为了进行燃气系统气密性试验，在燃烧器前应安装能完全关闭且阻力极小的旋塞式阀门。为了检漏和测量燃烧器的燃烧压力，应装设必要的压力检测孔。

• 燃烧器系统检查。应按现场接线、管路图检查下列内容：燃烧器是否按燃烧器说明书正确安装；三相马达接线与马达转动方向是否正确；是否按照接线图正确连接与控制箱相连的控制电线与动力电线；所有燃烧控制与安全保护装置是否正确接线，功能是否正常。

• 排气系统检查。燃气排气系统包括烟道和烟囱两部分。烟囱与冷热水机的烟道相连接，由于燃气冷热水机组一般采用加压送风机，因此，燃烧后的废气要依靠烟囱的通风力来排除。烟囱的通风力是由烟囱排出的废气与大气压的密度差产生的。

检查烟囱的出口：排气口的位置必须远离冷却塔和机组的空气入口位置，以免污染冷却水及防止废气混入新鲜空气中。检查烟道：应避免烟道截面积的急剧变化而产生涡流或形成背压；烟囱和烟道的最低处应设有排除凝露水的接管，以防凝露水进入冷热水机组；排气连接口部位，还须设置加盖的清洁孔，以便能充分地清扫烟囱内部；烟道应有独立支撑架，不得负载于机组的本体上。

若两只以上的燃烧装置共用一个烟道，则各机组应设置通风罩，以防止排气回流至停机机组；在各机组的出口部位要设置烟道调节器。

d. 燃油管路系统检查。

• 检查供油与回油路尺寸与安装是否正确，以适合最大的供油量。

检查油路元件是否正确安装，选型、尺寸及安装方式是否正确；管路接头处垫片应采用聚四氟乙烯材料。

检查油箱是否正确安装，是否充注正确型号的油，油箱中应确保无水；油箱周围应通风良好，油箱房应配备必要消防器材。

整个油路系统应作泄漏检查，确保无漏，同时，应清洗管路系统。

在管道最低处应设置排污阀，在管子最高处应置放排气阀门。

在供油系统中检查是否设有油过滤器。如果杂物进入燃烧器将会导致阻塞、熄火等事故，甚至会导致燃烧器、油泵、电磁阀等损坏。因此一般在供油系统中，设有两级油过滤器：油箱出口设“粗油过滤器”；燃烧器入口处设置“细油过滤器”。如果系统为两级油箱，则应在油箱与日用油箱之间再设一个“粗油过滤器”。

在冬季，重油管路需设加热装置。

燃油输送泵一般采用齿轮泵和螺杆泵。泵的流量比所需的油量大10%；泵的电动机功率要比泵的额定功率大30%，以适应当油的黏度变化时泵功率的变化。

• 燃烧器检查。应按照燃烧器使用说明书正确安装并检查。

• 排气系统检查。其检查内容为燃气管路的排气系统检查。

(2) 抽气系统检查

溴化锂吸收式机组是在真空状态下运行的，机内存有不凝性气体后，不仅性能会大幅度下降，而且会增强溴化锂溶液对机组的腐蚀。因此，机组必须设置抽气系统，将机组内不凝性气体及时高效地排出机外。抽气系统一般有自动抽气系统和真空泵抽气系统。

① 检查真空泵油

a. 检查油牌号是否正确。真空泵一般为旋片式，泵的润滑和密封都是由真空泵油承担的。若油的质量达不到预期效果，则会影响机组抽气，达不到高真空的要求。

b. 检查真空泵的油位。油位一般应在视镜中间，油太少或太多，都会影响真空泵抽气性能。

c. 检查真空泵油的外观。真空泵油如含有水分，则油就会发生乳化，变为黄色或乳白色，影响抽气效果。此时，应更换油。

② 检查真空泵性能　关闭抽气管路上所有手动真空隔膜阀，再开启真空泵，只抽除真

空泵吸入口的一段抽气管路，接上绝对真空压力计（如麦氏真空计或薄膜式真空计等），打开真空计前的手动阀。在真空泵启动1～3min后，如果绝对真空计上面的读数与真空泵的极限真空基本相符，则说明真空泵性能是合格的。

③ 检查真空电磁阀 检查的目的是为了防止在抽气运转过程中，由于突然停电等原因，真空电磁阀启闭失灵而使空气逆流进入机组中。关闭抽气管路上所有的手动真空隔膜阀，启动真空泵，1～3min后将管路抽空至133Pa以下，关闭真空泵，在数分钟内，检查管路中的真空度。若真空度下降速度较快，则说明真空电磁阀逆流未切断，也就是说真空电磁阀性能达不到要求，应检查真空电磁阀；但也可能是配管或接头外泄漏，要进行修理。另一种简易的检验方法是：启动真空泵，用手指放在真空电磁阀上部的吸、排气管口，气管无气流，即对手指无吸力；关停真空泵，气管有空气吸进，对手指有吸力，则说明真空电磁阀性能完好。

④ 检查抽气系统有无泄漏 若焊缝泄漏，则应重新焊接；若配管接头等处泄漏，则应更换聚四氟乙烯密封垫片，再进行装配，或用真空密封膏密封。

（3）机组气密性检查

机组在出厂前，虽然已经对机组各部分进行过严格的气密性试验，但对于分体出厂的机组在用户现场还需进行接组，连接上、下管道。即使是整体出厂的机组，由于运输、起吊及安装时振动等原因，也可能造成机组某些部位的泄漏。因此，在机组调试前，应对机组重新进行气密性试验，具体见第六章相关内容。

（4）自控元件和电气设备检查

随着溴化锂吸收式制冷技术的不断完善和提高，人们对机组的自动控制提出了更高的要求。自动控制系统已成为溴化锂吸收式机组的重要组成部分。机组在运输及安装过程中，电气设备和自控元件有可能被损坏，现场接线亦有可能出错，此外，自控元件型号及参数也可能不正确等，在机组安装完毕之后，均应进行仔细的检查。

① 现场接线检查 参照现场接线图，检查电源及其设备（水泵等）的动力与联锁接线。

② 机组控制检查 仔细检查和确认机组控制箱内的元器件、接线、各设定值，以及各传感器及流量开关的安装是否正确。

2. 试运行

溴化锂吸收式制冷机的控制箱和机组是配套的，而且在机组出厂前已做过系统的模拟调试与测定，但是由于运输或其他有害因素的影响，在机组投入使用前务必认真仔细地做好试运行工作。下面以双良蒸汽型溴化锂机组为例介绍试运行步骤。

（1）检查机组阀门状态

确定各阀门的状态，并作记录，具体见表3-3。

表3-3 机组阀门状态

序号	阀门名称	状态设置	现行状态	检查结果
1	真空泵上抽气阀	关闭		
2	真空泵下抽气阀	关闭		
3	取样抽气阀	关闭		
4	冷剂水调节阀	常开		
5	冷剂水旁通阀	关闭		
6	冷剂水取样阀	关闭		
7	加液阀	关闭		

续表

序号	阀门名称	状态设置	现行状态	检查结果
8	浓溶液取样阀	关闭		
9	中间溶液阀	常开		
10	蒸汽调节阀	制冷时开启		

(2) 名义工况机组运行参数

名义工况机组运行参数见表 3-4。

表 3-4 名义工况机组运行参数

序号	名 称	设计值	允许偏差
1	冷却水进口温度/℃	30	±1
2	冷却水出口温度/℃	40	±1
3	冷水进口温度/℃	12	±2
4	冷水出口温度/℃	7	±1
5	蒸汽进口压力/MPa	0.37	±0.05
6	蒸汽进口温度/℃	148.8	±5
7	高压发生器中间溶液温度/℃	140	±2
8	发生器浓溶液温度/℃	87	±2
9	稀溶液浓度/%	54.6	±1
10	中间溶液浓度/%	57.7	±1
11	浓溶液浓度/%	59.6	±1

(3) 机组调试步骤

① 合上控制箱空气开关，检查控制系统供电是否正常。若触摸屏有显示，则供电正常，如图 3-17 所示。

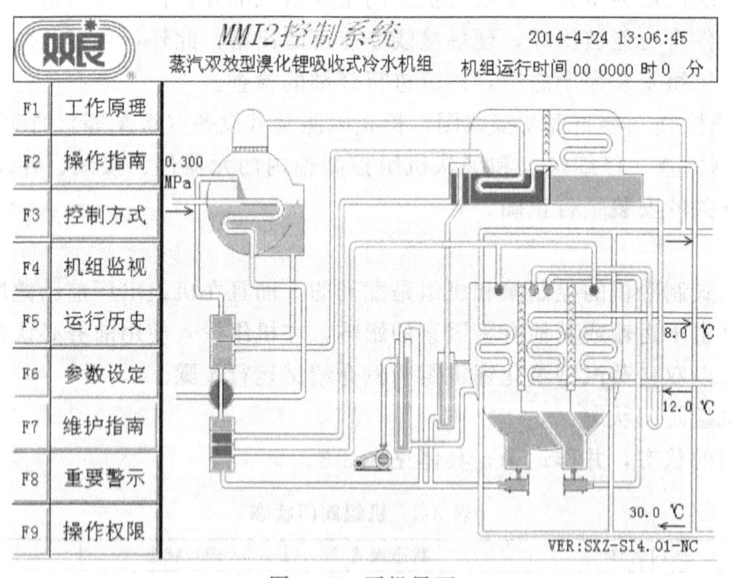

图 3-17 开机界面

② 打开蒸汽系统、冷水系统、冷却水系统手动阀门，确认其处于开启状态。

③ 按“控制方式”键选择“手动选择按钮”模式，按“确认”键进入操作监视画面，如图 3-18、图 3-19 所示。

④ 按“抽真空系统”键进入抽真空系统操作监视画面，按“真空泵启”键，启动真空

泵，确认真空泵抽气系统极限合格后，打开上、下抽气阀门，真空泵抽气，如图 3-20 所示。

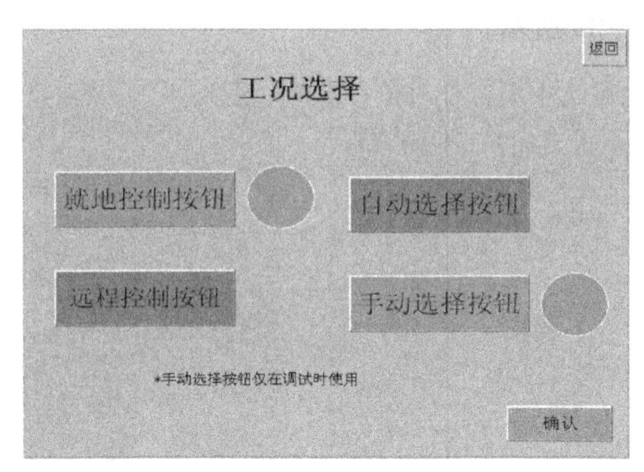

图 3-18 工况选择界面

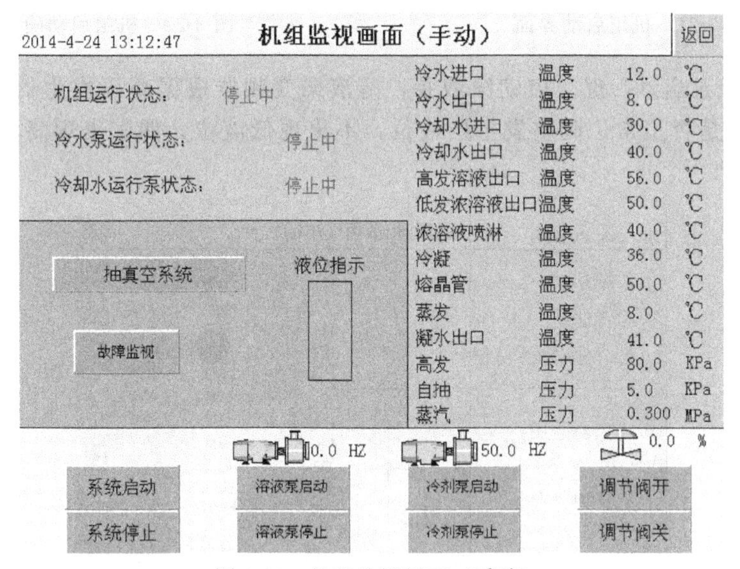

图 3-19 机组监视界面（手动）

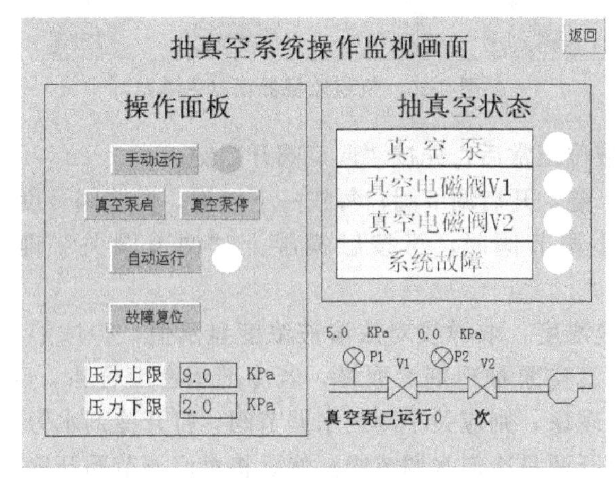

图 3-20 抽真空操作界面

⑤ 启动冷冻水泵，缓慢打开冷冻水泵出口阀门，调整冷冻水流量至额定流量。

⑥ 启动冷却水泵，缓慢打开冷却水泵出口阀门，调整冷却水流量至额定流量。

⑦ 按“系统启动”键、“确认”键及“确认完毕”键，系统启动，控制模式切换至“手动状态”，如图 3-21、图 3-22 所示。

图 3-21 机组启动界面

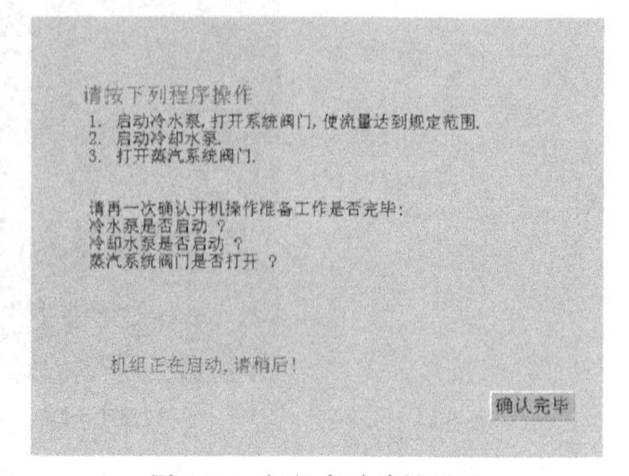

图 3-22 机组启动确认界面

⑧ 按“溶液泵启动”键，启动溶液泵，溶液泵变频器根据高压发生器压力变频运转，观察发生器液位是否正常，调整发生器液位，不出现低液位，偶尔出现高液位，如图 3-23 所示。

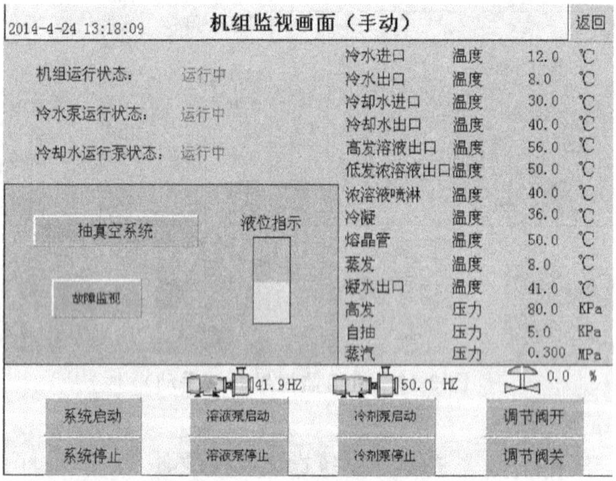

图 3-23 机组监视界面（手动）

⑨ 待高压发生器液位正常后，先按“调节阀开”键。

⑩ 按“调节阀开”键，开启调节阀，每按一下该键，调节阀开度增加 5%。调节阀开度应缓慢加大（需要关小调节阀时，可按触摸屏上“调节阀关”键，每按一下，开度减小 5%）。

⑪ 观察机组浓溶液浓度，取样校对浓溶液浓度显示值，待浓溶液浓度上升到 58%时，按“冷剂泵启”键，用真空泵抽冷剂水取样，若冷剂水密度合格，则打开冷剂水喷淋阀喷淋。如果冷剂水有污染现象，则应关小冷剂水调节阀，打开冷剂水旁通阀，直至冷剂水密度合格后关闭旁通阀，打开两只冷剂水调节阀。然后将蒸汽调节阀开度增大到 100%。

⑫ 按“控制方式”键，选择“自动选择按钮”模式按键，机组转入自动控制状态运行，如图 3-24 所示。

⑬ 人为改变冷冻水出水温度、冷却水进水温度显示值，观察蒸汽调节阀动作是否正常。

⑭ 机组进入满负荷状态运行，观察机组冷却水出水温度（或冷凝温度），如果冷却水进水温度较低（28℃以下），则可以适当减少冷却水流量，以达到规定的冷却水出水温度（或冷凝温度）。

⑮ 机组在满负荷状态下运行，观察机组高压发生器液位控制器是否有高液位信号出现（连续观察10min），溶液泵是否有吸空现象出现。如果发现高压发生器液位控制器有高液位信号或溶液泵有吸空现象出现，则调整溶液泵变频器输出频率对应的高压力设定值，使溶液泵的输液量达到平衡，并使高压发生器液位处于正常状态。

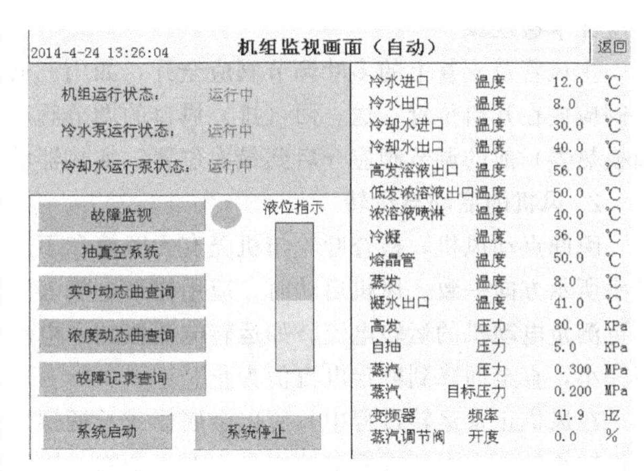

图 3-24　机组监视界面（自动）

⑯ 机组满负荷运行1～2h后，在上抽气阀开启、下抽气阀开启与关闭状态下比较真空泵排气声，如果无明显差别，即可关闭下抽气阀，按“真空泵停”键，停止真空泵抽气（此项操作一般在机组满负荷运行2～5h后进行）。

⑰ 用密封胶封闭所有阀门的二次密封盖。

⑱ 调试结束，机组投入运行。

（4）主机调试停机步骤

① 按“系统停止”键，弹出确认画面（图3-25），按“确认”按钮，自动关闭蒸汽阀门，机组进入稀释运行状态。

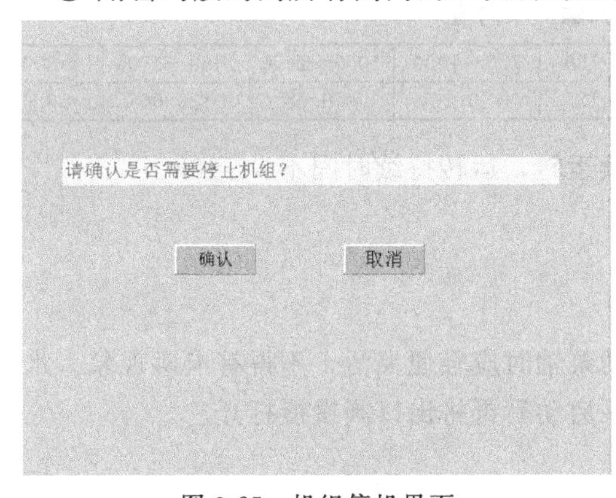

图 3-25　机组停机界面

② 关闭蒸汽进口手动阀门。

③ 检测到浓度控制在58%时自动停止冷剂泵。

④ 机组稀释运行到56%后延时5min自动停止溶液泵，自动关闭冷却水阀门，延时3min后自动关闭冷冻水阀门。

第二节　风机、水泵和冷却塔的试运行

中央空调系统除了制冷系统之外，还包括冷却水（水冷型）、风机（风冷型）和冷冻水系统，这些系统中的风机、水泵、冷却塔是关键设备，只有这些关键设备正常运行，才能保证制冷系统装置正常运行。因此，在初安装或检修之后，应对风机、水泵和冷却塔进行调试。

一、风机试运行

1. 试运行的准备工作

检查风机进、出口处柔性管是否严密，传动带松紧程度是否适合。用于盘车时，风机叶

轮应无卡碰现象。

主风管及支管上的多叶调节阀应全开，如用三通调节阀则应调到中间位置；风管内的防火阀应放在开启位置；送、回（排）风口的调节阀应全部开启；新风、回风口和加热器（表面换热器）前的调节阀应开启到最大位置；加热器的旁通阀应处于关闭状态。

2. 风机的启动与运转

瞬间点动风机，检查叶轮与机壳有无摩擦和不正常的声响。风机的旋转方向应与机壳上箭头所示方向一致。风机启动时，应用钳形电流表测量电动机的启动电流，待风机正常运转后再测量电动机的运转电流。如运转电流值超过电动机额定电流值，则应将总风量调节阀逐渐关小，直至回降到额定电流值为止。

在风机正常运转过程中，应以金属棒或长柄螺丝刀，仔细监听轴承内有无噪声，以判定风机轴承是否有损坏或润滑油中是否混入杂物。风机运转一段时间后，用表面温度计测量轴承温度，所测得的温度值不应超过设备说明书中的规定值；如无规定值则可参照表 3-5 所列数值。

表 3-5 轴承温度

轴承型式	滚动轴承	滑动轴承
轴承温度/℃	≤80	≤60

风机在运转过程中的径向振幅应符合表 3-6 所列数值。

表 3-6 风机径向振幅（双向值）

风机转速/(r/min)	<375	375～550	550～750	750～1000	1000～1450	1450～3000	>3000
振幅值/mm	<0.18	<0.15	<0.12	<0.10	<0.08	<0.06	<0.04

风机经运转检查确认一切正常，再进行连续运转，运转持续时间不少于 2h。

二、水泵试运行

1. 试运行前的准备工作

检查水泵紧固连接部位是否松动。用手盘动泵轴时应轻便灵活，不得有卡碰现象。水泵运转前，应将入口阀全开，出口阀全闭，待水泵启动后再将出口阀慢慢打开。

2. 离心式水泵试运行

瞬时点动水泵，检查叶轮与泵壳有无摩擦声和其他不正常现象，并观察水泵的旋转方向是否正确。水泵启动时，应用钳形电流表测量电动机的启动电流，待水泵正常运转后，再测量电动机的运转电流，保证电动机的运转功率或电流不超过额定值。

在水泵运转过程中应用金属棒或长柄旋具等，仔细监听轴承内有无杂音，以判断轴承的运转状态。水泵的滚动轴承运转时温度不应高于 75℃；滑动轴承运转时温度不应高于 70℃。

水泵运转时，其填料的温升也应正常，在无特殊要求的情况下，普通软填料允许有少量的泄漏，其泄漏量不应大于表 3-7 所示的规定；机械密封的泄漏量不应大于 5mL/h。

表 3-7 填料密封的泄漏量

设计流量/(m^3/h)	≤50	50～100	100～300	300～1000	>1000
泄漏量/(mL/min)	15	20	30	40	60

水泵运转时的径向振动应符合设备技术文件的规定，如无规定时，可参照表 3-8 所列的数值。

表 3-8　泵的径向振幅（双向值）

转速/(r/min)	<375	375～600	600～750	750～1000	1000～1500	1500～3000	3000～6000
振幅值/mm	<0.18	<0.15	<0.12	<0.10	<0.08	<0.06	<0.04

水泵运转经检查确认一切正常后，再进行 2h 以上的连续运转，运转中如未发现问题，则水泵单机试运行即为合格。水泵试运行结束后，应将水泵出、入口阀门和附属管中系统的阀门关闭，将泵内积存的水排净，防止锈蚀或冻裂。

三、冷却塔试运行

1. 试运行前的准备工作

清扫冷却塔内的夹杂物和尘垢，防止冷却水管或冷凝器等堵塞。冷却塔和冷却水管路系统用水冲洗，管路系统应无漏水现象。检查自动补水阀的动作状态是否灵活准确。对冷却塔内的补给水、溢水的水位应进行校验。

对横流式冷却塔配水池的水位，以及逆流式冷却塔旋转布水器的转速等，应调整到进塔水量适当，使喷水量和吸水量达到平衡的状态。

确定风机的电动机绝缘情况及风机的旋转方向。

2. 冷却塔试运行

冷却塔试运行时，应检查风机的运转状态和冷却水循环系统的工作状态，并记录运转情况及有关数据；如无异常现象，则连续运转时间不应少于 2h。

检查喷水量和吸水量是否平衡，及补给水和集水池的水位等运行状况；测定风机的电动机启动电流和运转电流值；检查导致冷却塔产生振动和噪声的原因；测量冷却塔出入口冷却水的温度；测量轴承的温度；检查喷水的偏离状态。

冷却塔在试运行过程中，管道内残留的以及随空气带入的泥沙尘土会沉积到集水池底部，因此试运行工作结束后，应清洗集水池。

冷却塔试运行后如长期不使用，则应将循环管路及集水池中的水全部放出，防止设备冻坏。

第三节　中央空调系统运行的条件和标志

不同类型和同类型但不同型式的中央空调系统，由于其自身的工作原理和使用的制冷剂不同，在运行参数和运行特征方面都或多或少有些差异，因此掌握中央空调系统正常运行的条件和标志，是掌握好中央空调操作的基础。

一、中央空调系统正常运行的条件

1. 正确合理的系统组成和各设备性能匹配

各种压缩式制冷系统通常都由压缩机、冷凝器、节流机构、蒸发器等主要设备组成。此外，为了保证制冷装置的正常运行、提高运行的经济性和保证操作的安全可靠，根据不同的制冷剂和制冷系统的不同用途等，在制冷系统中还应增设一些辅助设备。

正确合理的系统组成和系统中各设备性能的良好匹配，是保证制冷系统正常运行的首要条件。比如，压缩机在设计工况下的制冷量应该和蒸发器、冷凝器、节流机构的负荷相匹配；管路设计应合理，各种阀门和管道也应该与系统中制冷剂的流量和状态相匹配；系统中各种设备的性能应良好，而且其种类、型式及技术性能应该充分满足制冷系统正常运行的需要。通常正确合理的系统组成和各设备性能匹配等问题，都已经在系统及其设备的设计和选择计算中考虑到了。但是，在实际工作中，由于种种原因，这些问题还会产生，也会影响到制冷系统的正常运行。例如，随着负荷的变化，要正确调节各设备的运行参数，这对于保证设备的运行安全，以及满足用户的需要和提高系统运行的经济性也是非常重要的。

2. 制冷系统内部洁净无杂质

制冷系统内部有许多运转部件和密封面，如压缩机的曲柄连杆机构，活塞环与气缸壁，吸、排气阀片与阀座阀线之间，另外电磁阀、截止阀的密封面以及节流机构的节流小孔等，它们都会由于机械杂质而影响其正常工作。所以，制冷系统内部洁净无杂质，对保证系统正常运行有着重要的意义。

（1）保证压缩机运行的可靠性和耐久性

系统中的机械杂质会随着制冷剂循环和润滑油循环进入压缩机，并被带到各润滑面。大的机械杂质会拉伤摩擦面，造成拉缸、拉轴；小的杂质会加速润滑面的磨损，使得运动摩擦面的配合公差超差，造成压缩机的性能大幅度下降，甚至报废。经验表明，在一个洁净、无明显杂质的制冷系统中，压缩机润滑油澄澈清亮，各运动部件配合良好，运行平稳可靠，无故障运行时间长，在运行数万小时后，对其主要运动部件，如曲轴连杆机构、主轴轴颈、活塞环、气缸壁、轴封、油泵齿轮等进行测量，绝大多数机件的配合公差仍在允许范围内；而在杂质较多、润滑油混浊的制冷系统中，经过一段时间运行后，检测表明各润滑面都有不同程度的拉伤，运动部件配合公差变化较大，磨损严重，轴封、吸排气阀、活塞环的密封性能显著下降，而且压缩机的运行性能明显下降，油耗增加，甚至有严重“泵油”现象，同时运行噪声增加，振动加剧，无故障运行时间不超过 2000h，压缩机使用寿命减少。此外，还应该特别说明，在烧瓦断轴的严重故障中，有许多是由于机械杂质堵塞油路、润滑恶化造成的。

（2）保证密封面的密封

在制冷系统中，压缩机的阀片和阀线、轴封的动环和静环、辅助密封圈和轴颈、阀门的阀芯和阀面，都要求有可靠的密封性能。机械杂质附着在密封面上，使得密封面两侧不能紧密接触，影响密封件的密封性能。对于压缩机，会造成压缩机输气量下降，排气温度升高，制冷量减少，严重时甚至不能制冷，在轴封处会产生泄漏。对于各种阀门，会造成关闭不严或使阀门失效。附着在运动部件密封面上的杂质，在机械力作用下，破坏密封面的平整，不仅影响密封性能，而且会使阀片变形、阀线破损、轴封密封面拉伤等，造成密封失效，形成持续性泄漏。

（3）保证制冷剂的流动通畅和系统持续稳定运行

在制冷系统中，干燥过滤器、节流机构的节流小孔及其前面的过滤网等，其流通截面都比较小，粒径较大的机械杂质和纤维状异物流经过滤器时，会被挡住。当这类杂质太多时，就会堵塞过滤器，使制冷剂无法顺利通过。如果干燥过滤器失效，则一些机械杂质就会进入节流机构前的过滤网。这种过滤网网孔很小，很容易被堵塞，造成“脏堵”，使得整个制冷系统无法继续工作。

（4）保证换热器的传热效率

机械杂质和纤维状异物，都会在换热器内表面上附着沉淀，产生污垢层，增加传热热阻，使换热器传热效率下降。这样会使制冷系统中蒸发器的蒸发温度和压力下降，冷凝器的冷凝温度和压力升高，制冷量减少。

二、中央空调系统正常运行的标志

1. 制冷压缩机运行正常

制冷压缩机的工作参数、润滑系统、压缩机部件温度及压缩机的运转声音均应正常。制冷压缩机的正常运行标志详见第四章相关内容。

2. 制冷设备处于正常工作状态

① 系统内有关阀门及设备处于应有的状态。压缩机吸、排气阀，油分离器进出口阀，冷凝器、储液器的进出口阀等，均处于正确开启位置；节流阀开度适当；各风机及电动机运转平稳；水循环系统的水泵运转正常，无异常声响；水循环管路及其各连接处无严重漏水现象；制冷系统各接头不应渗油（渗油说明制冷剂泄漏）。

② 冷凝压力与冷凝温度、蒸发压力与蒸发温度呈对应关系。蒸发温度和压力随要求的制冷温度而定，运行中蒸发压力与压缩机的吸气压力应近似。冷凝温度和压力随冷却介质的温度及其流动情况而定。一般情况下，对于国家标准系列的制冷压缩机，R22 的冷凝压力最高不超过 1.8MPa（表压），R12 的冷凝压力不超过 1.4MPa（表压）。运行中，冷凝压力与压缩机的排气压力、储液器压力相近，如不相近就不正常。

③ 卧式壳管式冷凝器冷却水的水压应在 0.12MPa 以上，且必须保证一定的进水温度和水量；而风冷式冷凝器应保持一定的进风温度、风量和迎风面风速。用手触摸卧式壳管式冷凝器的外壳，应感到上部热下部凉。立式冷凝器的进出水温差为 2～4℃，卧式冷凝器为4～6℃。

④ 储液器内制冷剂的液位应符合要求。正常工作时储液器的液面应在液面指示器的1/3～2/3 位置。

⑤ 采用自动回油的油分离器的自动回油管，应时冷时热，一般冷热周期为 1h 左右。制冷系统液体管道上的过滤器、电磁阀线圈运行时应是温热的，其前后不应有明显的温差，更不能出现结霜和结露现象，否则就会堵塞。系统中各气液分离器的液位应控制在体积的30%～70%之间。

⑥ 节流阀阀体结霜或结露均匀，进口处不能出现浓厚结霜。制冷剂液体经过节流阀时，只能听到沉闷的微小声响。

⑦ 设备上的保护装置，如安全阀、旁通阀等应启闭灵活，而各控制装置，如压力控制器、压差控制器、温度控制器等调定值应正确，且动作正常。压力表指针应相对稳定且灵活。温度计应指示正确。

三、运行参数与影响压缩机的性能因素

1. 运行参数

（1）蒸发压力与蒸发温度

蒸发器内制冷剂具有的压力和温度，是制冷剂的饱和压力和饱和温度，可以通过设置在蒸发器上的相应仪器或仪表测出。这两个参数，只要测得其中一个，就可以通过相应制冷剂的热力性质表查到另外一个。当这两个参数都能检测到，但与查表值不相同时，有可能是制冷剂中混入了过多的杂质或传感器及仪表损坏。

蒸发压力、蒸发温度与冷冻水带入蒸发器的热量有密切关系。空调冷负荷大时，蒸发器

冷冻水的回水温度升高，引起蒸发温度升高，对应的蒸发压力也升高。相反，当空调冷负荷减少时，冷冻水回水温度降低，其蒸发温度和蒸发压力均降低。在实际运行中，空调房间的冷负荷是经常变化的，为了使冷水机组的工作性能适应这种变化，一般采用自动控制装置对冷水机组实行能量调节，来维持蒸发器内的压力和温度相对稳定在一个很小的波动范围内。蒸发器内压力和温度波动范围的大小，完全取决于空调冷负荷变化的频率和机组本身的自控调节性能。一般情况下，冷水机组的制冷量必须略大于其负担的空调设计冷负荷量，否则将无法在运行中得到满意的空调效果。

根据我国《制冷和空调设备名义工况一般规定》的要求，冷水机组的名义工况参数是冷冻水出水温度为7℃，冷却水回水温度为32℃；其他相应的参数是冷冻水回水温度为12℃，冷却水出水温度为37℃。冷水机组在出厂时，若订货方不作特殊要求，则冷水机组的自动控制及保护元器件的整定值将使冷水机组保持在名义工况下运行。由于提高冷冻水的出水温度对冷水机组的经济性十分有利，因此运行中在满足空调使用要求的情况下，应尽可能提高冷冻水出水温度。

一般情况下，蒸发温度常控制在3～5℃的范围内，较冷冻水出水温度低2～4℃。过高的蒸发温度往往难以达到所要求的空调效果，而过低的蒸发温度，不但增加冷水机组的能量消耗，还容易导致蒸发管道冻裂。

蒸发温度与冷冻水出水温度之差随蒸发器冷负荷的增减而增大或减小。在同样负荷情况下，温差增大则传热系数减小。此外，该温度差的大小还与传热面积有关，而且管内的污垢情况以及管外润滑油的积聚情况对其也有一定影响。为了减小温差，增强传热效果，要做到定期清除蒸发器水管内的污垢，积极采取措施将润滑油引回到油箱中去。

（2）冷凝压力与冷凝温度

由于冷凝器内的制冷剂通常也是处于饱和状态的，因此其压力和温度也可以通过相应制冷剂的热力性质表互相查找。

冷凝器所使用的冷却介质，对冷水机组冷凝温度和冷凝压力的高低有着重要影响。冷水机组冷凝温度的高低随冷却介质温度的高低变化而变化。水冷式机组的冷凝温度一般要高于冷却水出水温度2～4℃，如果温度高于4℃，则应检查冷凝器内的铜管是否结垢，若是则需要清洗；空冷式机组的冷凝温度一般要高于出风温度4～8℃。

冷凝温度的高低，在蒸发温度不变的情况下，对于冷水机组功率消耗有着决定意义。冷凝温度升高，功耗增大；反之，冷凝温度降低，功耗随之降低。当空气存在于冷凝器中时，冷凝温度与冷却水出口温差增大，而冷却水进、出口温差反而减小，这时冷凝器的传热效果不好，触摸冷凝器外壳会感到烫手。

除此之外，冷凝器管子水侧结垢和淤泥对传热的效果也有相当大的影响。因此，在冷水机组运行时，应注意保证冷却水温度、水量、水质等指标在合格范围内。

（3）冷冻水的压力与温度

空调用冷水机组一般是在名义工况所规定的冷冻水回水温度12℃、供水温度7℃、温差5℃的条件下运行的。对于同一台冷水机组来说，如果其运行条件不变，则在外界负荷一定的情况下，冷水机组的制冷量是一定的。此时，由$Q=W\times\Delta t$可知：通过蒸发器的冷冻水流量与供、回水温度差成反比，即冷冻水流量越大，温差越小；反之，流量越小，温差越大。所以，冷水机组名义工况规定冷冻水供、回水温差为5℃，这实际上就限定了冷水机组的冷冻水流量，该流量可以通过控制冷冻水经过蒸发器的压力降来实现。一般情况下这个压力降为

0.05MPa，其控制方法是调节冷冻水泵出口阀门的开度和蒸发器供、回水阀门的开度。

阀门开度调节的原则：一是蒸发器出水有足够的压力来克服冷冻水闭路循环管路中的阻力；二是冷水机组在负担设计负荷的情况下运行，蒸发器进、出水温差为5℃。按照上述要求，阀门一经调定，冷冻水系统各阀门开度的大小就应相对稳定不变，即使在非调定工况下运行（如卸载运行）时，各阀门也应相对稳定不变。

应当注意，全开阀门加大冷冻水流量，减少进、出水温差的做法是不可取的，这样做虽然会使蒸发器的蒸发温度升高，冷水机组的输出冷量有所增加，但水泵功耗也因此而升高，两相比较得不偿失。所以，蒸发器冷冻水侧进、出水压降控制在0.05MPa为宜。

为了冷水机组的运行安全，蒸发器出水温度一般都不低于3℃。此外，冷冻水系统虽然是封闭的，蒸发器水管内的结垢和腐蚀不会像冷凝器那样严重，但从设备检查维修的要求出发，应每三年对蒸发器的管道和冷冻水系统的其他管道清洗一次。

(4) 冷却水的压力与温度

冷水机组在名义工况下运行，其冷凝器进水温度为32℃，出水温度为37℃，温差为5℃。对于一台已经在运行的冷水机组，当环境条件、负荷和制冷量都为定值时，冷凝热负荷无疑也为定值，冷却水流量必然也为定值，而且该流量与进出水温差成反比。这个流量通常用进、出冷凝器的冷却水的压力降来控制。在名义工况下，冷凝器进、出水压力降一般为0.07MPa左右。压力降调定方法同样是采取调节冷却水泵出口阀门开度和冷凝器进、出水管阀门开度的方法。所遵循的原则也是两个：一是冷凝器的出水应有足够的压力来克服冷却水管路中的阻力；二是冷水机组在设计负荷下运行时，进、出冷凝器的冷却水温差为5℃。同样应该注意的是，随意过量开大冷却水阀门，增大冷却水量借以降低冷凝压力，试图降低能耗，结果只能是事与愿违，适得其反。

为了降低冷水机组的功率消耗，应当尽可能降低其冷凝温度。可采取的措施有两个：一是降低冷凝器的进水温度；二是加大冷却水流量。但是，冷凝器的进水温度取决于大气温度和相对湿度，受自然条件变化的影响和限制；加大冷却水流量虽然简单易行，但流量不是可以无限制加大的，要受到冷却水泵容量的限制。此外，过分加大冷却水流量，往往会引起冷却水泵功率消耗急剧上升，也得不到理想的结果。所以冷水机组冷却水量的选择，在名义工况下，冷却水进、出冷凝器压降以0.07MPa为宜。

(5) 压缩机的排气温度

压缩机的排气温度是制冷剂经过压缩后的高压过热蒸汽到达压缩机排气腔时的温度。由于压缩机所排出的制冷剂为过热蒸汽，其压力和温度之间不存在对应关系，通常是靠设置在压缩机排气腔的温度计来测量的。排气温度要比冷凝温度高得多。排气温度的直接影响因素是压缩机的吸气温度，两者是正比关系。此外，排气温度还与制冷剂的种类和压缩比的高低有关，在空调工况下，由于压缩比不大，所以排气温度并不很高。

(6) 油压差、油温与油位高度

润滑油系统是冷水机组正常运行不可缺少的部分，它为机组的运动部件提供润滑和冷却条件。螺杆式机组还需要利用润滑油来控制能量调节装置或抽气回收装置，因此螺杆式机组都有独立的润滑油系统，有自己的油储存器，还有专门用于降低油温的油冷却器。

① 油压差。油压差是润滑油在油泵的驱动下，在油系统管道中流到各工作部位所需克服流动阻力的保障。没有足够的油压差，就不能保证系统有足够的润滑和冷却油量以及驱动能量调节装置时所需要的动力。所以，机组油系统的油压差必须保证在合理的范围，以便于

机组运动部件得到充分润滑和冷却，灵活地操纵能量调节装置。

② 油温。油温即机组工作时润滑油的温度。油温的高低对润滑油黏度会产生重要影响。油温太低则油黏度增大，流动性降低，不易形成均匀的油膜，难以达到预期的润滑效果，而且还会引起油的流动速度降低，使润滑量减少，油泵的功耗增大；油温太高则油黏度就会下降，油膜不易达到一定的厚度，使运动部件难以承受必需的工作压力，造成润滑状况恶化，易造成运动部件磨损。因此，合理的润滑油温度对各种型式的冷水机组来说都十分必要。

此外，油温对润滑油中制冷剂溶入量的影响也是不可忽视的。在压力一定的情况下，润滑油对制冷剂的溶解度随油温的上升而降低，保持一定的油温可以减少润滑油中制冷剂的含量，对压缩机安全、顺利地启动有良好的作用。因此，冷水机组启动操作规程通常规定，在机组启动前必须对机组中的润滑油进行不少于24h的加热。

③ 油位高度。油位高度是指润滑油在油储存容器中的液面高度。各种冷水机组的储油容器均设置有油位显示装置，一般规定储油容器内的油位高度应位于视镜中央水平线上下5mm。规定油位高度的目的是为了保证油泵在工作时，形成油循环所需要的油量足够。油位过低易造成油泵失油，从而引起运行故障或损坏事故。因此，必须在油位过低时及时向润滑系统内补充相同牌号的润滑油，使油箱内的油位高度达到规定的高度。

(7) 主电动机运行电流与电压

主电动机在运行中，依靠输给一定的电流和规定的电压，来保证压缩机运行所需要的功率。一般主电动机要求的额定供电电压为400V、三相、50Hz，供电的平均相电压不稳定率小于2%。

在实际运行中，主电动机的运行电流在冷水机组冷冻水和冷却水进、出水温度不变的情况下，随能量调节中的制冷量的大小而增加或减少。通过安装在机组开关柜上的电流表读数可以反映出两种不同工况下的差别：凡运行电流值大的，主电动机负荷就重，反之负荷就轻。通过对冷水机组运行电流和电压参数的记录，可以得出主电动机在各种情况下消耗的功率大小。

电流值是一个随电动机负荷变化而变化的重要参数。冷水机组运行时应注意经常与总配电室的电流表作比较。同时应注意指针的摆动（因平常难免有些小的摆动）。在正常情况下，因三相电源的相不平衡或电压变化，会使电流表指针作周期性或不规则的大幅度摆动。

在压缩机负荷变化时，也会引起这种现象发生，运行中必须注意加强监视，保持电流、电压值处于正常状态。

2. 影响压缩机的性能因素

制冷压缩机是制冷系统的核心部件，它是决定蒸汽压缩式制冷机组能力大小的关键部件，对机组的运行性能、噪声、振动、维护和使用寿命等有着直接的影响。

影响压缩机性能的因素很多，归纳起来可分为内在参数和外在参数两类，内在参数直接影响制冷系数，外在参数通过影响内在参数进而影响制冷系数。

制冷系统的内在参数即是在制冷系统中只用来表示制冷循环内部状态的参数（如蒸发温度、冷凝温度、蒸发压力等）；外在参数即是在制冷系统中表示制冷循环以外部分的状态的参数（如冷水流量、冷水温度、压缩机耗电量等）。

在制冷系统的内在参数中，对制冷机性能影响最大的是冷凝温度和蒸发温度，制冷剂过冷度和压缩机吸气温度对制冷系数的影响相对较小。图3-26为制冷机制冷原理简图。制冷机就像水泵一样将热量r从蒸发温度T_1送到冷凝温度T_2处，同时耗功W_0，其扬程为

T_2-T_1。有所不同的是，水泵在高水位排出的水量和在低水位吸入的水量相等，制冷机在高温中排出的热量 q 大于在低温处吸收的热量 r。

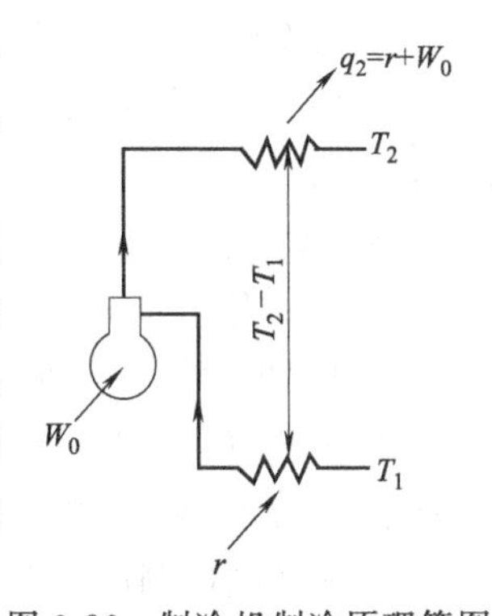

图 3-26 制冷机制冷原理简图

制冷系数 ε 值越大越好，但就制冷循环理论来说，ε 值是依温度条件而定的。由此可以看出，在既定的高温 T_2 下，如果低温 T_1 越低，则扬程 $T_2—T_1$ 就越大，因此，如果要把同量的热量从低温处移到高温处，就得需要更大的功量；而且，即使是同样的扬程，低温 T_1 太低也要加大功量。所以可认为，低温 T_1 越低，机组性能系数 ε 就越小。

再者，在既定的低温 T_1 下，高温 T_2 越高，则温度扬程 $T_2—T_1$就越大，因此向高温处转移同量的热量就需要更大的功量，这样 ε 就越小。总之，低温 T_1 越低，高温 T_2 越高，机组性能系数 ε 就越小。

实际上，制冷能力 r 不仅与蒸发温度有关，而且还因膨胀阀前制冷剂温度、压缩机所吸入蒸汽的状态而有所不同，但归根结底，只要蒸发温度 T_1 越低，冷凝温度 T_2 越高，制冷能力 r 就越小，而且压缩功 W_0 就越大，制冷系数 ε 就越小。

各种因素对压缩机性能的影响如下：

(1) 温度条件和压缩机制冷量之间的关系。

压缩机的制冷量由 $R=Gr$ 而定，因温度条件引起的制冷量变化的主要原因是制冷剂循环量 G 的变化。

① 蒸发温度和制冷量的关系。

因蒸发温度 T_1 变化引起的制冷能力 r 变化的比例是很小的，但制冷循环量 G 变化很明显，G 随蒸发温度降低而显著减小。所以，蒸发温度 T_1 越低，制冷量 R 就越低。

② 膨胀阀前制冷剂温度和制冷量的关系。

制冷剂循环量并不因制冷剂在膨胀阀前的温度变化而变化，但此温度越低，制冷剂的制冷能力就越大。所以制冷剂膨胀阀前温度越低，制冷量就越大。

③ 冷凝温度和制冷量的关系。

冷凝温度 T_2 越低，容积效率越小，从而使制冷剂循环量 G 也变小；而且，若制冷剂膨胀阀前温度随冷凝温度升高而升高，则制冷能力就减小。所以，制冷量随冷凝温度升高而减小。

④ 制冷负荷和蒸发温度的关系。

压缩机的制冷量等于制冷负荷，所以若要使制冷负荷增大，就必须相应地增大压缩机的制冷量。因为制冷能力 r 随蒸发温度变化不大，所以为了适应负荷 R 增大，就要增大压缩机的制冷量，制冷剂循环量 G 也就必须增大，这就导致蒸发温度 T_1 随之升高。

⑤ 制冷负荷与冷凝温度的关系。

制冷负荷 R 增大，蒸发温度 T_1 就升高，冷凝负荷就增大，冷凝温度 T_2 就要升高。但是，因负荷 R 所引起的冷凝温度 T_2 和高压 p_2 的变化并不大。

(2) 温度条件和压缩所需功率的关系

因为功率 $N=G\dfrac{W_0}{\eta_i}$，所以所需功率 N 不仅与制冷剂循环量 G 和单位质量制冷剂耗功量 W_0 有关，还与压缩效率 η_i 有关。

① 蒸发温度和压缩所需功率的关系。

前边已述，蒸发温度减小，制冷剂循环量就减小，但由于压缩机的压缩比增大，绝热压缩功 W_0 就增大，所以，出现了一对方向相反的变化，导致蒸发温度对压缩功率的影响变得很复杂。对于蒸发温度大于0℃的空调系统来说，蒸发温度升高一般会引起压缩功率增大。

② 冷凝温度和压缩所需功率的关系。

冷凝温度升高，压缩比增大，则绝热压缩功 W_0 增大，但制冷剂循环流量 G 减小，这样，G 和 W_0 的变化方向是相反的。但通常 W_0 的变化幅度比 G 的大，而且压缩比越大，压缩效率 η_i 就越小，所以冷凝温度越高，压缩所需功率 N 就越大。

③ 膨胀阀前制冷剂温度和压缩所需功率的关系。

制冷剂循环量 G 和压缩功 W_0 及压缩效率 η_i 都与膨胀阀前制冷剂的温度无关，所以制冷剂膨胀阀前温度对压缩所需功率 N 并无任何影响。

（3）压缩机中制冷剂的排气温度。

① 蒸发温度和排气温度的关系。

蒸发温度变低，低压就变低，但压缩比增大，最终会导致排气温度升高。

② 吸气状态和排气温度的关系。

在相同的蒸发温度下，如果吸入蒸汽是过热蒸汽，则其温度高于干饱和温度，所以排气温度高；吸入蒸汽的过热度越大，排气温度就越高。如果吸入蒸汽是湿蒸汽时，就比吸入干饱和蒸汽的排气温度低，吸入蒸汽的干度越小，排气温度就越低。若干度在一定限度下，则不论其蒸发温度如何，排气温度都等于冷凝温度。

复习思考题

1. 活塞式中央空调系统调试前的准备有哪些？
2. 试述活塞式中央空调系统无负荷试运行的步骤。
3. 为什么活塞式压缩机组要进行空气负荷试运行？
4. 螺杆式制冷机组试车前的外观检查包括哪些？
5. 螺杆式制冷机组试车前的电气检查包括哪些？
6. 螺杆式制冷机组试车前的水系统检查包括哪些？
7. 为什么螺杆式制冷机组试车前要提前上电12h以上？
8. 简述螺杆式制冷机组试车时，启动后应检查哪些内容？
9. 离心式中央空调系统调试前的准备有哪些？
10. 离心式制冷机组的空气负荷试运行应符合哪些条件？
11. 离心式制冷机组的负荷试运行应符合哪些条件？
12. 试述溴化锂机组试车前对抽气系统的检查。
13. 试述溴化锂机组试车时的操作步骤？
14. 试述溴化锂机组试车时的停机操作步骤？
15. 离心式水泵试运行应满足哪些条件？
16. 影响压缩机性能的因素有哪些？

第四章

中央空调系统的运行操作

中央空调系统在投入运行后，为了确保其安全、可靠、经济和合理地运转，作为操作人员，除了掌握制冷系统及设备的结构、原理和特点，熟悉制冷系统的工艺要求外，还必须掌握设备和系统的正确操作方法和程序，以及运行过程中的调整方法。并严格遵循各项技术规程，按规定的方法和程序进行操作与调整，以提高系统的制冷效率，降低运行费用，延长设备的使用寿命。

第一节　中央空调制冷系统运行操作

一、活塞式中央空调系统的运行操作

中央空调系统中以活塞式压缩机为主机的称为活塞式制冷机组，属于蒸汽压缩制冷机组中的一种。它是将活塞式压缩机、蒸发器、冷凝器和节流机构、电控柜等设备组装在一个机座上，其内部连接管已在制造厂完成装配，用户只需在现场连接电气线路和外接水管（水冷型）即可投入运行。

1. 开机前的检查与准备

在我国，大多数舒适性中央空调系统的使用是间隙性的，运行时间从几个小时到十多个小时不等，季节性使用的机组更是如此。因开机前停机的时间长短不同和所处的状态不同而有日常开机和季节性开机之分，同时也决定了其日常开机和季节性开机前的检查与准备工作侧重点不同。

（1）日常开机前的检查与准备

① 检查压缩机冷冻机油的油位和油温。油面线应在视油镜中间或偏上位置，准确地说，飞溅式润滑的压缩机油面应在视油镜量程的 1/3 处，压力式润滑的压缩机油面应在视油镜的 1/2 处，检查油质是否清洁；油温应为 40～50℃，手摸加热器需感觉发烫，若油温过低，则应适当加热，以避免冷冻机油中溶有过多的制冷剂。防止在压缩机启动时，由于曲轴箱压力急剧下降，使油中的制冷剂迅速挥发，把冷冻机油带入气缸中产生“液击”现象，同时造成曲轴箱内的油量减少。

② 接通电源并检查电源电压和电流。电源电压应为 342～457V；最大线电压不平衡值应小于 2%（大于 2%绝对不能开机）；相电流不平衡值应小于 10%。

③ 检查储液器的制冷剂液位是否正常。

④ 对于自动化程度不高的大型老式设备，启动前应把压缩机吸气阀和储液器出液阀的阀杆旋入到底，使之处于关断位；打开系统中其他阀门使之处于正常工作状态，目的是启动压缩机时能够控制制冷剂的流量，以防“液击”的产生。

⑤ 具有卸载-能量调节机构的压缩机，应将能量调节阀的控制手柄放在能量最小位置；通过吸、排气旁通阀来进行卸载启动的老式压缩机，应先把旁通阀门打开。

⑥ 开启冷凝器的冷却水泵或冷凝风机，使冷却水或风冷系统提前工作。

⑦ 开启蒸发器的冷媒水泵或冷风机，使冷媒水或冷风系统提前工作。

(2) 季节性开机前的检查与准备

季节性开机是指机组停用很长一段时间后重新投入使用，例如机组在冬季和初春季节停止使用后，又准备投入运行。活塞式机组季节性开机前要做好以下检查与准备工作：

① 关闭所有的排水阀，重新安装蒸发器和冷凝器集水器中的放水塞。

② 根据各设备生产商提供的启动和维护说明对备用设备进行检修。

③ 排空冷却塔以及曾使用的冷凝器和配管中的空气，并重新注水；在这里系统（包括旁路）中的空气必须全部清除；然后关闭冷凝器水箱的放空阀。

④ 打开蒸发器冷冻水循环回路中所有的阀。

⑤ 如果蒸发器中的水已经排出，则排除蒸发器中的空气，并在蒸发器和冷冻水回路中注水。当系统（包括旁路）中的空气全部清除后，关闭蒸发器水箱的放空阀。

⑥ 检查各压力表阀是否处于开启位置。

⑦ 检查、调整高压控制器的保护动作值。该压力调定值的大小，应根据制冷剂种类、运转工况和冷却方式等因素而确定。参考值（表压）如下：

R22 的高压保护的断开值为 1.65～1.75MPa，闭合值比断开值低 0.1～0.3MPa；R717 的高压保护的断开值为 1.5～1.60MPa，闭合值比断开值低 0.1～0.3MPa。

此外，对于设置安全阀的装置，安全阀的开启保护压力为 (1.7±0.05)MPa，其高压控制器的保护动作值应比安全阀的开启保护压力值低 0.1MPa。

⑧ 检查、调整低压控制器的保护动作值。低压保护断开值的大小应取比最低蒸发温度低 5℃的相应饱和压力值，但不低于 0.01MPa（表压）。

⑨ 检查、调整油压差控制器的保护动作值。有卸载、能量调节装置时，油压差可控制在 0.15～0.3MPa；无卸载、能量调节装置时，取 0.075～0.1MPa。

⑩ 检查制冷系统管路中是否有泄漏现象。

⑪ 闭合所有切断开关。

完成上述各项检查与准备工作后，再接着做日常外机前的检查与准备工作。当全部检查与准备工作完成后，合上所有的隔离开关即可进入机组及其水系统的启动操作阶段。

2. 系统的启动

① 启动准备工作结束以后，向压缩机电动机瞬时通、断电，点动压缩机运行 2～3 次，观察压缩机、电动机启动状态和转向，确认正常后，重新合闸正式启动压缩机。

② 压缩机正式启动后应缓慢开启压缩机的吸气阀，注意防止出现“液击”的情况。

③ 同时缓慢打开储液器的出液阀，向系统供液，待压缩机启动过程完毕，运行正常后将出液阀开至最大。

④ 若压缩机设置有能量调节装置，则待压缩机运行稳定以后，应根据吸气压力调整能

量调节装置，即每隔15min左右转换一个挡位，直到达到所要求的容量为止。

⑤ 在压缩机启动过程中应注意观察：压缩机运转时的振动情况是否正常；系统的高、低压及油压是否正常；电磁阀、能量调节阀、膨胀阀等工作是否正常。待这些项目都正常后，启动工作结束。

3. 系统的运行调节

（1）正常运行参数

不同机组其正常运行的参数也各有不同，与采用制冷剂的种类和冷凝器的冷却形式有关。以下给出开利30HK/HR型活塞式冷水机组正常运行的主要参数，见表4-1。

表4-1 开利30HK/HR型活塞式冷水机组（R22）的正常运行参数

运行参数	正常范围
蒸发压力	0.4～0.55MPa
吸气温度	蒸发温度+(5～10)℃过热度
冷凝压力	1.7～1.8MPa
排气温度	110～135℃
冷却水压差	0.05～0.10MPa
冷却水温度	4～5℃
油温	＜74℃
油压差	0.05～0.08MPa
电动机外壳温度	＜51℃

（2）运行中的记录操作

运行记录是机组的重要的参考资料，通过它可以全面掌握机组的运转状态。当操作人员准确地记录下表上面的数据后，就可以用它来对冷水机组的运行特性及其发展趋势进行判断。例如，如果操作人员发现冷凝压力在一个月内有不断增加的趋势，则需对冷水机组进行系统地检查，找出可能引起这一情况的原因（比如冷凝器管上结垢，系统中有不凝性气体等等），见附表2-1。

（3）制冷量调节

活塞式制冷压缩机制冷量调节的方法主要有顶开吸气阀片调节、旁通调节、关闭吸气通道的调节、变速调节。对于多台压缩机并联运行时，可通过减少压缩机运行台数来达到调节制冷量的目的。

顶开吸气阀片调节是指采用专门的调节机构将压缩机的吸气阀阀片强制顶离阀座，使吸气阀在压缩机工作全过程中始终处于开启状态，可以灵活地实现上载或卸载，使压缩机的制冷量增加或减少，实现从无负荷到全负荷之间的分段调节。如对八缸压缩机，可实现0、25％、50％、75％、100％五种负荷。对六缸压缩机，可实现0、1/3、2/3和全负荷四种负荷。

活塞式制冷压缩机组在实际工作过程中的制冷量的调节，是通过制冷量调节装置自动完成的。制冷量调节装置由冷冻水温度控制、分级控制器和一些同电磁阀控制的气缸卸载机构组成，通过检测冷冻水的回水温度变化来控制压缩机的工作台数和一台特定压缩机若干个工作气缸的上载或卸载，从而实现制冷量的梯级调节。

4. 系统的停机

当制冷系统正常运转、监测温度达到调定值的下限时，温度控制器动作，压缩机自动停机，停机后一般不作操作处理；当制冷系统出现故障时，制冷空调装置自动化控制和保护已非常完善，停机操作大多简单易行，即按“OFF”或“0”按钮停止机组运行→10min后再停止水泵→切断电源；若装置的自动化程度较差或因故需要手动停车，则一般可按下述方法进行。

(1) 日常停机

机组在正常运行过程中，因为定期维修或其他非故障性的主动方式停机，称为机组的日常停机。有的空调制冷装置，如开启式制冷机组，停机之后轴封等处容易发生制冷剂的泄漏，应设法将制冷剂从低压区排入高压区，以减少泄漏量。其操作过程如下：

① 在停机前关闭储液器（或冷凝器）出液阀，使低压表压力接近0MPa（或稍高于大气压力）。原因是从出液阀到压缩机的这段低压区域容易发生泄漏，使低压区压力接近大气压，目的是减少停机时制冷剂的泄漏量。

② 停止压缩机运转，关闭压缩机的吸气阀和排气阀，目的是缩小制冷系统的泄漏范围。

③ 若有手动卸载装置，则将油分配阀手柄转到“0”位。

④ 待10min后，关闭冷却水泵（或冷凝风机）和冷媒水泵（或冷风机），切断电源。

(2) 季节性停机

空调制冷装置如需长期停用，则要对制冷系统和电气系统做好妥善处理。其操作过程如下：

① 提前开启冷凝水泵或冷凝风机，保证制冷剂能尽快冷凝，以防高压压力过高。

② 将低压控制器的控制线短接，使之失去作用，避免因吸气压力过低造成压缩机的中途停机。

③ 关闭储液器（或冷凝器）的出液阀，启动压缩机，让压缩机把低压区（主要是蒸发器）的制冷剂排入高压区（冷凝器和储液器）。

④ 当压缩机低压表指针接近0MPa时，使压缩机停机。

⑤ 若压缩机停机后，低压表指针迅速回升，则说明系统中还有较多的制冷剂，应再次启动压缩机，继续抽吸低压区的制冷剂。

⑥ 若停机后低压压力缓缓上升，则可在低压表指针回升至0MPa（或稍高于大气压）时，立即关闭压缩机吸、排气阀。

⑦ 如果压缩机停机后，低压表指针在0MPa以下不回升，则可稍稍打开油分离器手动回油阀或打开出液阀，从高压区放回少许制冷剂，使低压区的压力保持在表压0.02MPa左右。

⑧ 关闭冷却水的水泵或风冷冷凝器的冷却风扇。

⑨ 装置长期停用或越冬时，应将所有循环水全部排空，避免冻裂。

⑩ 将阀杆的密封帽旋紧，将系统所有油污擦净，以便于重新启动时检查漏点。

⑪ 将制冷系统所有截止阀处于关断位，以缩小泄漏的范围。

⑫ 对于带传动的开启式压缩机，应将带拆下，避免压缩机长期单向受力而变形，引起轴封渗漏。

⑬ 将配电柜中的熔断器摘下，在醒目处挂禁动牌。

5. 紧急停机

紧急停机，是空调制冷装置在运行过程中遇到意外故障或因外界影响对制冷系统带来严重威胁时，所采取的应急措施。需紧急停机时，操作人员切忌惊慌失措而乱关控制阀门或电气开关，应沉着而迅速地采取有效措施，谨防事故的蔓延和扩大。下面介绍压缩式中央空调系统的几种紧急情况下的停机方法。

（1）突然停电的紧急停机

在运转过程中遇此情况时，对于自动化程度不高的老式设备，应立即关闭供液阀，停止向蒸发器供液，以免下次启动时因蒸发器液体过多而产生“液击”现象；然后关闭制冷压缩机吸、排气阀和储液器的出液阀，之后拉下电源开关；最后再按日常停机程序处理其他设备。

（2）压缩机出现故障时的紧急停机

压缩机出现下列故障时，可执行日常停机操作：油压过低或压力升不上去；油温已超过允许值；轴封处制冷剂泄漏严重；压缩机有敲击声；发生比较严重的“液击”现象；排气压力及排气温度过高；卸载机构或能量调节装置失灵；冷冻机油太脏。

（3）冷却水突然断水时的紧急停机

当冷却水因某种原因造成供应突然中断时，应立即切断电源，停止制冷压缩机运转，以免高压压力过高；然后迅速关闭出液阀（储液器或冷凝器的出口阀）、压缩机的吸气阀；再按日常停机程序处理其他设备。

（4）冷冻水突然断水时的紧急停机

当冷冻水因某种原因造成供应突然中断时，应立即关闭出液阀（储液器或冷凝器的出口阀），停止向蒸发器供液，以免下次启动时因蒸发器液体过多而产生“液击”现象；然后切断电源，停止制冷压缩机运转，以免高压压力过高；然后迅速关闭压缩机的吸气阀；最后再按日常停机程序处理其他设备。

（5）遇火警时的紧急停机

当机房或相邻建筑发生火灾，并危及机组的安全时，应立即切断所有电源；迅速打开制冷系统中能与大气相通的开口，使制冷剂迅速排出，以防高温使制冷系统发生爆炸事故。

如情况紧急，应先切断电源，情况严重时，操作人员应立即跑出车间，拉开车间外部的电源开关，将车间内所有电动机的电源切断。

不论因上述哪种情况采取了紧急停机措施，都要详细记录紧急停机前后机组的相关情况以及采取的具体措施。

二、螺杆式中央空调系统的运行操作

螺杆式中央空调制冷机组有多种型式，根据冷凝器结构不同，可分为水冷式机组和风冷式机组。目前大中型中央空调系统大多数都采用水冷式冷水机组，它采用水作为冷却介质，带走冷凝器中制冷剂的热量；同时也采用水作为冷媒，将蒸发器中的冷量送到各个用户。由于螺杆式制冷压缩机压缩效率高，噪声小，达到和超过了传统的大量使用的活塞式制冷压缩机的相关性能，因而在大中型制冷和空调领域得到了迅速推广，大有取代活塞式压缩机的趋势。

1. 开机前的检查与准备

（1）日常开机前的检查与准备

① 启动冷冻水泵。

② 把冷水机组的三位开关拨到“等待/复位”的位置，此时，如果冷冻水通过蒸发器的流量符合要求，则冷冻水流量的状态指示灯亮。

③ 确认滑阀控制开关是设在“自动”的位置上。

④ 检查冷冻水供水温度的设定值，如有需要可改变此设定值。

⑤ 检查主电动机电流极限设定值，如有需要可改变此设定值。

（2）季节性开机前的检查与准备

① 在螺杆式机组运转前必须给油加热器先通电12h，对润滑油进行加热。

② 在启动前先要完成两个水系统，即冷冻水系统和冷却水系统的启动，其启动顺序一般为：空气处理装置→冷冻水泵→冷却塔→冷却水泵。两个水系统启动完成，水循环建立以后经再次检查，设备与管道等无异常情况后即可进入冷水机组（或称主机）的启动阶段，以此来保证冷水机组启动时，其部件不会因缺水或少水而损坏。

2. 系统的启动

在做好了前述启动前的各项检查与准备工作后，接着将机组的三位开关从“等待/复位”调节到“自动/遥控”或“自动/就地”的位置，机组的微处理器便会依次自动进行以下两项检查，并决定机组是否启动。

① 检查压缩机电动机的绕组温度。如果绕组温度小于74℃，则延时2min；如果绕组温度大于或等于74℃，则延时5min，再进行下一项检查。

② 检查蒸发器的出水温度。将此温度与冷冻水供水温度的设定值进行比较，如果两值的差小于设定的启动值差，则说明不需要制冷，即机组不需要启动；如果大于启动值差，则机组进入预备启动状态，制冷需求指示灯亮。

当机组处于启动状态后，微处理器马上发出一个信号启动冷却水泵，在3min内如果证实冷却水循环已经建立，微处理器又会发出一个信号至启动器去启动压缩机电动机，并断开主电磁阀，使润滑油流至加载电磁阀，卸载电磁阀以及轴承润滑油系统。在15～45s内，润滑油流量建立，则压缩机电动机开始启动。压缩机电动机的Y-△启动转换必须在2.5s之内完成，否则机组启动失败。如果压缩机电动机成功启动并加载，则运转状态指示灯会亮起来。

③ 机组运行后确认压缩机无异常振动或噪声，如有任何异常请立即停机检查。

④ 机组正常运行后用钳形表检测各项运行电流是否符合机组额定要求。

3. 系统的运行调节

（1）正常运行参数

特灵RTHA型和开利30HXC型双螺杆冷水机组正常运行的主要参数见表4-2与表4-3。

表4-2 特灵RTHA型双螺杆冷水机组（R22）的正常运行参数

运行参数	正常范围
蒸发压力	0.45～0.52MPa
冷凝压力	0.90～1.40MPa
油温	低于54.4℃

表4-3 开利30HXC型双螺杆冷水机组（R134a）的正常运行参数

运行参数	正常范围
蒸发压力	0.38～0.52MPa
冷凝压力	0.90～1.45MPa
油温	低于54℃

（2）运行中的记录操作

运行参数要作为原始数据记录在案，以便与正常运行参数进行比较，借以判断机组的工作状态。当运行参数不在正常范围内时，就要及时进行调整，找出异常的原因予以解决。其记录表形式如附表2-2所示。

(3) 制冷量调节

螺杆式制冷压缩机制冷量调节的方法主要有吸入节流调节、转停调节、滑阀调节、塞柱阀调节、变频调节等。目前使用较多的为滑阀调节、塞柱阀调节和变频调节。

滑阀调节方法是在螺杆式制冷压缩机的机体上，装一调节滑阀，成为压缩机机体的一部分。它位于机体高压侧两内圆的交点处，且能在与气缸轴线平行的方向上来回滑动，如图 4-1 所示。

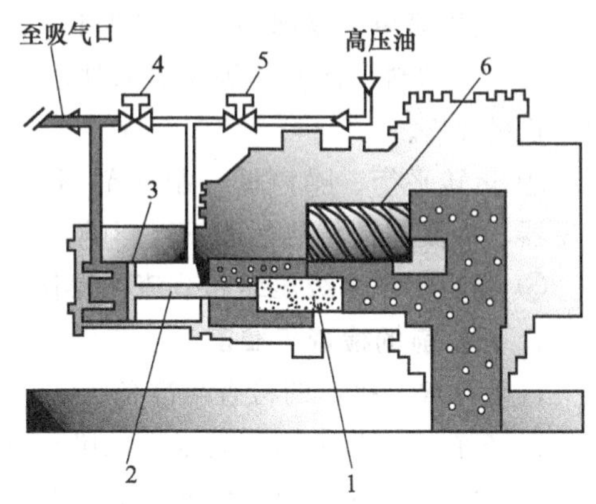

图 4-1 滑阀调节示意图

1—滑阀；2—拉杆；3—液压活塞；4—加载电磁阀；5—卸载电磁阀；6—转子

随着滑阀向排气端移动，输气量继续降低。当滑阀向排气端移动至理论极限位置时，即当基元容积的齿面接触线刚刚通过回流孔，将要进行压缩时，该基元容积的压缩腔已与排气孔口连通，使压缩机不能进行内压缩，此时压缩机处于全卸载状态。如果滑阀越过这一理论极限位置，则排气端座上的轴向排气孔口与基元容积连通，使排气腔中的高压气体倒流。为了防止这种现象发生，实际上常把这一极限位置设置在输气量 10%的位置上。因此，螺杆式制冷压缩机的制冷量调节一般为 10%～100%内的无级调节。调节过程中，功率与输气量在 50%以上负荷运行时几乎成正比例关系；但在 50%以下时，性能系数则相应会大幅度下降，显得经济性较差。

滑阀在压缩机内左右移动或定于某一位置都由加载电磁阀和卸载电磁阀控制油流入或流出油缸来实现，而电磁阀的动作信号则由机组微处理器根据冷冻水的出水温度情况发出，从而达到自动调节机组制冷量的目的。

4. 系统的停机

(1) 日常停机

① 按“OFF”或“0”按钮停止机组运行。机组将首先进行卸载，卸载后停转压缩机，紧接着让油加热器通电。停机时，压缩机以 25%的能量运行 30s 后停机；再延时 1min 停冷却水泵；再延时 2min 停冷冻水泵。如果按下紧急停机键，则机组将立即停转压缩机而不顾当前的负荷状态，因此平时不要轻易使用。

② 如果冷冻水泵和冷却水泵没有与机组电控柜联锁，则在压缩机停止后一定要手动关闭冷冻水泵和冷却水泵。

(2) 季节性停机

① 在水泵停转后关闭靠近机组的水系统截止阀。

② 关闭压缩机吸、排气截止阀。

③ 打开水系统上的放水放气阀门，放尽水系统中的水。为防止水系统管路因空气而锈蚀，在可能的管道段充入稍高于大气压的氮气，驱除空气后旋紧放水放气阀门防锈。

④ 保养机组及系统。

三、离心式中央空调系统的运行操作

离心式中央空调制冷机组也属蒸汽压缩式制冷机组中的一种。其主机为离心式压缩机，属于速度型压缩机，是一种叶轮旋转式的机械。目前，制冷量在 350kW 以上的大、中型中央空调系统中，离心式制冷机组是首选设备。与活塞式制冷机组相比，离心式制冷机组有如下优点：

① 制冷量大，最大可达28000kW。

② 结构紧凑、重量轻、尺寸小，因而占地面积小，在相同的制冷工况及制冷量下，活塞式制冷机组比离心式制冷机组重5～8倍，占地面积多1倍左右。

③ 结构简单、零部件少、制造工艺简单。没有活塞式制冷机组中复杂的曲柄连杆机构，以及气阀、填料、活塞环等易损部件，因而工作可靠，操作方便。维护费用低，仅为活塞式制冷机的1/5。

④ 运转平衡、噪声低、制冷剂不产生污染。运转时，制冷剂中不混有润滑油，因此，蒸发器、冷凝器的传热性能不受影响。

⑤ 容易实现多级压缩和节流，操作运行可达到同一制冷机组多种蒸发温度。

1. 开机前的检查与准备

(1) 日常开机前的检查与准备

① 查看上一班的运行记录、故障排除和检修情况以及留言注意事项。

② 检查压缩机电机电流限制设定值。通常压缩机电动机最大负荷的电流限制比设定在100%位置，除特殊情况下要求以低百分比电流限制机组运行外，不得任意改变设定值。

③ 检查油箱中的油位和油温。在较低的视镜中应该能看到液面或者超过这个视镜的显示范围；同时务必检查油箱温度，一般在启动前油箱的温度为60～63℃，油温太低时应加热，以防止过多制冷剂落入油中（在压缩机停机时，油箱加热器是通电的；在机组运行时，油箱加热器的电源则断开）。

④ 检查导叶控制位。确认导叶的控制旋钮是在“自动”位置上，而导叶的指示是关闭的；或通过手动控制按钮，将压缩机进口导叶处于全闭位置。

⑤ 检查抽气回收开关。确认抽气回收开关设置在“定时”位置上，确保无空气漏入制冷系统内。

⑥ 检查油泵开关。确认油泵开关是在“自动”位置上，如果是在“开”的位置，则机组将不能启动。

⑦ 检查冷冻水供水温度设定值。冷冻水供水温度设定值通常在7℃以内进行调节，在需要的时候可在机组的设置菜单中对其进行调节，但最好不要随意改变该值。

⑧ 检查制冷剂压力。制冷剂的高、低压显示值应在正常停机范围内。

⑨ 检查供电电压和状态。二相电压均在(380±38)V范围内，冷水机组、水泵、冷却塔的电源开关、隔离开关、控制开关均在正常供电状态。

⑩ 检查各阀门。机组各有关阀门的开、关或阀位应在规定位置。

⑪ 如果是因为故障原因而停机维修的，则在故障排除后要将因维修需要而关闭的阀门打开。

(2) 季节性开机前的检查与准备

① 关闭所有的排水阀，重新安装蒸发器、冷凝器以及集水器中的放水塞。

② 根据各设备生产商提供的启动和维护说明对备用设备进行检修。

③ 排空冷却塔以及曾使用的冷凝器和配管中的空气，并重新注水。系统（包括旁路）中的空气必须全部清除，然后关闭冷凝器水箱的放空阀。

④ 打开蒸发器冷冻水循环回路中所有的阀。

⑤ 如果蒸发器中的水已经排出，则排除蒸发器中的空气，并在蒸发器和冷冻水回路中注水。当系统（包括旁路）中的空气全部清除后，关闭蒸发器水箱的放空阀。

⑥ 如需要，给外部导叶控制连杆加润滑油。

⑦ 检查每个安全和运行控制设备的调节与运行。

⑧ 闭合所有切断开关。

完成上述各项检查与准备工作后，再接着做日常开机前的检查与准备工作。当全部检查与准备工作完成后，合上所有的隔离开关即可进入机组及其水系统的启动操作阶段。

2. 系统的启动

离心式制冷压缩机的启动运行方式有“全自动”运行方式和“部分自动”（即手动启动）运行方式两种。离心式制冷压缩机无论是“全自动”运行方式还是“部分自动”运行方式的操作，其启动联锁条件和操作程序都是相同的。制冷机组启动时，当启动联锁回路处于下述任何一项情况时，即使按下启动按钮，机组也不会启动，例如：导叶没有全部关闭；故障保护电路动作后没有复位；主电动机的起动器不处于启动位置上；按下启动开关后润滑油的压力虽然上升了，但升至正常油压的时间超过了20s；机组停机后再启动的时间未达到15min；冷媒水泵或冷却水泵没有运行或水量过少等。

当主机的启动运行方式选择“部分自动”控制时，主要是指冷量调节系统是人为控制的，而一般油温调节系统仍是自动控制。启动运行方式的选择对机组的负荷试机和调整都没有影响。

机组启动方式的选择原则是：新安装的机组及机组大修后进入负荷试机调整阶段，或者蒸发器运行工况需要频繁变化的情况下，常采用主机“部分自动”的运行方式，即相应的冷量调节系统选择“部分自动”的运行方式。

当负荷试机阶段结束，或蒸发器运行的使用工况稳定以后，可选择“全自动”运行方式。

无论选择何种运行方式，机组开始启动时均由操作人员在主电动机启动过程结束达到正常转速后，逐渐地开大进口导叶开度，以降低蒸发器出水温度，直到达到要求值。然后，将冷量调节系统转入“全自动”程序或仍保持“部分自动”的操作程序。

（1）启动操作

对就地控制机组（A型），按下“清除”按钮，检查除“油压过低”指示灯亮外，是否还有其他故障指示灯亮。若有就应查明原因，并予以排除。

对集中控制机组（B型），待“允许启动”指示灯亮时，闭合操作盘（柜）上的开关至启动位置。

（2）启动过程监视与操作

在“全自动”状态下，油泵启动运转延时20s后，主电动机应启动。此时应监听压缩机运转中是否有异常情况，如发现有异常情况就应立即进行调整和处理，若不能马上处理和调整就应迅速进行停机处理再重新启动。

当主电动机运转电流稳定后，迅速按下“导流叶片开大”按钮。每开启5%～10%导叶开度，应稳定3～5min，待供油压力值回升后，再继续开启导叶。待蒸发器出口冷媒水温度接近要求值时，对导叶的手动控制可改为温度自动控制。调节油冷却剂流量，保持油温在规定值内。启动完毕、机组进入正常运行时，操作人员还须定期进行检查，并做好记录。

3. 系统的运行调节

（1）正常运行参数

由于离心式制冷机组有一、二、三级压缩之分，使用的制冷剂也有所不同，因此其正常运行的参数也各有不同。以下给出开利19XL型和约克YK型单级压缩式冷水机组的正常运行参数以供比较，分别见表4-4和表4-5。

表4-4 开利19XL型单级压缩式冷水机组（R22）的正常运行参数

运行参数	正常范围
蒸发压力	0.41～0.55MPa
冷凝压力	0.69～1.45MPa
油温	43～74℃
油压差	0.1～0.21MPa

表4-5 约克YK型单级压缩式冷水机组（R134a）的正常运行参数

运行参数	正常范围
蒸发压力	0.19～0.39MPa
冷凝压力	0.65～1.10MPa
油温	22～76℃
油压差	0.17～0.41MPa

（2）运行中的记录操作

离心式冷水机组运行记录如附表2-3所示。

图4-2 进口导流叶片

（3）制冷量调节

离心式制冷压缩机制冷量调节的方法主要有进气节流调节、进口导流叶片调节、改变压缩机转速的调节等。目前大多采用进口导流叶片调节法，如图4-2所示。即在叶轮进口前装有可转动的进口导流叶片，导流叶片转动时，使进入叶轮的气流方向改变，从而改变了压缩机的运行特性曲线，也就是调节了制冷量。这种调节方法，被广泛应用在单级或双级的离心式制冷机组的能量调节上，如特灵CVHE型机组的调节范围为20%～100%，开利19XL型机组的调节范围为40%～100%，有的单级制冷机组的能量甚至可减少到10%。

当空调冷负荷减小时，蒸发器的冷冻水回水温度下降，导致蒸发器的冷冻水出水温度相应降低，当温度低于设定值时，感应调节系统会自动关小压缩机进口导叶的开度来进行减载，使冷水机组的制冷量减小，直到蒸发器冷冻水出水温度回升至设定值，机组制冷量与空调冷负荷达到新的平衡为止。反之，当空调冷负荷增加时，蒸发器的冷冻水进水温度上升，导致蒸发器的冷冻水温度高于设定值，则导叶开度自动开大，使机组的制冷量增加，直到蒸发器出水温度下降到设定值为止。

4. 系统的停机

（1）日常停机

① 通过手动控制按钮，将进口导叶开度关小到30%，使机组处于减载状态。

② 按下主机停止开关，压缩机进口导叶应自动关闭。若不能自动关闭，则应通过手动操作来关闭。在停机过程中要注意主电动机有无反转现象，以免造成事故。主电动机反转是由于在停机过程中，压缩机的增压作用突然消失，蜗壳及冷凝器中的高压制冷剂气体倒灌所导致的。因此，在保证安全的前提下，压缩机停机之前应尽可能关小导叶开度，降低压缩机

出口压力。

③ 压缩机停止运转后，继续使冷冻水泵运行一段时间，以保持蒸发器中制冷剂的温度在2℃以上，防止冷冻水产生冻结。

④ 切断油泵、冷却水泵、冷却塔风机、油冷却器冷却水泵和冷冻水泵的电源。

⑤ 切断主机电源，保留控制电源以保证冷冻机油的加温。油温应继续维持在60～63℃，以防止制冷剂大量溶入冷冻机油中。

⑥ 关闭抽气回收装置与冷凝器、蒸发器相通的波纹管阀，压缩机的加油阀，主电动机、回收冷凝器、油冷却器等供应制冷剂的液阀以及抽气装置上的冷却水阀等。

⑦ 停机后，主电动机的供油、回油管路仍应保持畅通，油路系统中的各阀一律不得关闭。

⑧ 停机后除向油槽进行加热的供电和控制电路外，机组的其他电路应一律切断，以保证停机安全。

⑨ 检查蒸发器内制冷剂液位高度，应比机组运行前略低或基本相同。

⑩ 再检查一下导叶的关闭情况，必须确认处于全关闭状态。

（2）季节性停机

按日常停机操作之后，再进行以下操作程序：

① 断开除控制电源切断开关以外的所有切断开关。

② 如果使用过冷凝器配管和冷却塔，则应排出它们里面的水。

③ 打开冷凝器集水器中的排水塞和排空塞，排出冷凝器中的水。

④ 在长期停机时，要启动排气装置，应确保每两周对机组进行2h的排气。

四、溴化锂吸收式中央空调系统的运行操作

溴化锂吸收式冷水机组是与蒸汽压缩式冷水机组在工作原理和基本构造方面完全不同的另一类冷水机组，因此其运行操作各方面的工作内容也与压缩式冷水机组有很大差别。特别是溴化锂吸收式冷水机组要在真空条件下运行，溴化锂在有空气的情况下对普通碳钢有较强的腐蚀性，机组运行时要采用直接蒸汽（或燃烧燃油和燃气）等，使得其运行操作的难度加大了很多，而且稍有疏忽就会影响机组的运行安全。

1. 开机前的检查与准备

（1）日常开机前的检查与准备

① 根据用户和环境温度变化调整开机时间、制冷温度及运行机组数量。

② 检查油箱油位，看是否缺油。

③ 检查机组运行方式是否正确。

④ 检查机组各阀门、水系统各管道阀门、供热系统各阀门是否在正常开机状态。

⑤ 检查各设备电源开关、控制开关是否处于正常开机位置（水泵控制开关应处于“手动”位置，油位控制开关应处于“自动”位置）。

⑥ 检查电源供电及电压是否正常［三相电源应在（380±10）V范围内］。

⑦ 检查卫生热水放水阀的开关位置（制备卫生热水时应关着，不制备卫生热水时应开着）。

⑧ 检查水系统压力表和机组真空表显示是否在正常值范围内。

（2）季节性开机前的检查与准备

① 外部情况检查。检查机组外表是否有锈蚀、脱漆，绝热层是否完好。

② 电器、仪表检查。检查控制箱动作是否可靠；温度与压力继电器的指示值是否符合要求；调节阀的设定值是否正确，动作是否灵敏；流量计与温度计等测量仪表是否达到精度要求。

③ 真空泵检查。可参考第三章相关内容。

④ 屏蔽泵电动机的绝缘情况检查。检查屏蔽泵电动机的绝缘电阻值是否符合要求。

⑤ 机组气密性检查。可参考第六章相关内容。

⑥ 机组清洗。机组经过气密性检查后，必须进行清洗，目的在于检查屏蔽泵的转向和运转性能，清洗内部系统中的污垢，检查冷剂和溶液循环管路是否畅通。

⑦ 供热系统检查。可参考第三章相关内容。

⑧ 检查排气风门手动开关是否灵活。

⑨ 检查线路接线是否紧固，有无脱落或松动现象等。

⑩ 检查蒸汽角阀、浓溶液角阀、稀溶液角阀是否处于制冷状态（打开）。

⑪ 打开温水放水阀并卸掉水阀手柄。

2. 系统的启动

（1）单效溴化锂吸收式制冷机组的启动操作

① 启动冷却水泵和冷媒水泵，慢慢打开冷却水泵及冷媒水泵出口阀，向机组输送冷却水和冷媒水，并调整流量至规定值±5%的范围内。打开水管路系统上的放气阀，以排除管内空气。同时，根据冷却水温状况，启动冷却塔风机，控制温度通常取32℃。超过此值，开启风机；低于此值，风机停止。

② 按下控制箱电源开关，接通机组电源。

③ 启动溶液泵，并调节溶液泵出口的调节阀门，分别调节送往发生器的溶液量和吸收器喷淋所需要的稀溶液量（若采用浓溶液直接喷淋，则只需调节送往发生器的溶液量），使发生器的液位保持一定，且吸收器溶液喷淋状况良好。

④ 打开蒸汽管路上的凝水排泄阀，并打开蒸汽凝水管路上的放水阀，放尽凝水系统的凝水，以免引起水击现象。然后慢慢打开蒸汽截止阀，向发生器供汽，对装有减压阀的机组，还应调整减压阀，调整进入机组的蒸汽压力使达到规定值。

⑤ 随着发生器中溶液沸腾和冷凝器中冷凝过程的进行，吸收器液面降低，冷剂水不断地由冷凝器流向蒸发器，冷剂水逐渐聚集在蒸发器水盘（或液囊）内，当蒸发器水盘（或液囊）中冷剂水的液位达到规定值时，启动冷剂泵，机组逐渐进入正常运行状态。

（2）双效溴化锂吸收式制冷机组的启动操作

① 启动冷却水泵和冷媒水泵，慢慢打开冷却水泵和冷媒水泵出口阀，向机组输送冷却水和冷媒水，并调整流量至规定值±5%的范围内。打开水管路系统上的放气阀，以排除管内空气。同时，根据冷却水温状况，启动冷却塔风机，控制温度通常取32℃。超过此值，开启风机；低于此值，风机停止。

② 合上机组控制箱电源开关。

③ 启动溶液泵，通过调节溶液泵出口阀，分别调节送往高压发生器和低压发生器的溶液量。对串联流程的双效机组，需调节送往高压发生器的溶液量，将高、低压发生器的液位稳定在顶排传热管，同时使吸收器喷淋良好。

④ 打开蒸汽管路上的凝水排放阀，打开蒸汽凝水管路上的放水阀，放尽凝水管路系统

的存水，以免发生水击现象。

⑤ 慢慢打开蒸汽阀，向高压发生器供汽。机组在刚开始工作时蒸汽表压力控制在0.02MPa，使机组预热，经30min左右慢慢将蒸汽压力调至正常给定值，使溶液的温度逐渐升高。同时，对高压发生器的液位应及时调整，使其稳定在顶排铜管。对装有蒸汽减压阀的机组，还应调整减压阀，使出口的蒸汽压力达到规定值。

⑥ 随着发生过程的进行，冷凝器中来自高压发生器管内的冷剂蒸汽凝水和冷凝的冷剂水一起流向蒸发器，当蒸发器水盘（或液囊）中的水达到规定值时，启动冷剂泵，机组便逐渐进入正常运行状态。

(3) 直燃型溴化锂吸收式冷热水机组的制冷工况启动操作

① 启动冷却水泵和冷媒水泵，慢慢打开冷却水泵和冷媒水泵出口阀，并调整流量至规定值±5%的范围内。打开水管路系统上的放气阀，以排除管内空气。同时，根据冷却水温状况，启动冷却塔风机，控制温度通常取32℃。超过此值，开启风机；低于此值，风机停止。

② 合上机组控制箱电源开关，并将制冷-采暖转换开关置于制冷挡。

③ 关闭机组中制冷-采暖阀，也就是说将机组从制热循环变换到制冷循环。

④ 启动溶液泵，调节溶液泵出口的调节阀，分别调节送往发生器和吸收器喷淋所需要的稀溶液量。发生器的液位应在顶排传热管，吸收器喷淋状况应良好（若采用浓溶液直接喷淋，则只需调节送往发生器的溶液量）。

⑤ 打开燃料供应阀，先使燃烧器小火燃烧，发生器内溶液经预热后沸腾。约10min后，燃烧器转入大火燃烧状态。与此同时，给燃烧器供应足够的空气，且打开排气风门到适当位置，通过对排烟情况的分析，了解燃烧是否充分。

⑥ 随着发生器中溶液沸腾、浓缩，冷剂水不断流向蒸发器，当蒸发器水盘（或液囊）中水位达到规定值时，启动冷剂泵，机组逐渐进入正常运行状态。

注：若机组由采暖工况直接转入制冷工况，则机组启动前应先开启真空泵，抽除采暖工况运行时漏入机内的空气以及因腐蚀产生的氢气等不凝性气体。

(4) 直燃型溴化锂吸收式冷热水机组的制热工况启动操作

① 将控制箱内制冷-采暖转换开关置于采暖挡。

② 将蒸发器中的冷剂水全部旁通至吸收器。

③ 打开机组中制冷-采暖切换阀。

④ 将冷却水管路的水放尽。

⑤ 启动热水泵（即制冷工况中的冷媒水泵），慢慢打开排出阀，并调整流量至规定值±5%的范围内，打开水室上的排气阀，以排除空气。一般情况下采暖工况热水进、出口温度均不超过60℃，因此冷媒水泵和热水泵为同一水泵，有关的管路也互用。若另设热水加热器，或热水温度较高，则热水泵与冷媒水泵的通用应根据管路布置与热水温度而定。

⑥ 启动溶液泵，调节溶液泵出口的调节阀，调节送往发生器的稀溶液量，使发生器的液位至顶排传热管附近。

⑦ 打开燃料供应阀，先使燃烧器小火燃烧，发生器内溶液经预热沸腾、浓缩。一定时间后，燃烧器进入大火燃烧状态。与此同时，应供给燃烧器足够的空气，且打开排气风门至适当位置，通过对排气情况的分析，了解燃烧是否充分。

3. 系统的运行调节

(1) 正常运行参数

溴化锂吸收式机组的正常运行参数，在实际操作中应根据具体使用的机器型号来参考，下面以远大Ⅵ型燃油直燃型溴化锂吸收式冷水机组正常运行时的主要参数作为参考，见表4-6。

表 4-6 远大Ⅵ型燃油直燃型溴化锂吸收式冷水机组正常运行时主要参数的参考值

参数	范围
冷冻水额定出水温度/℃	7
冷冻水额定进水温度/℃	12
冷冻水允许最低出水温度/℃	5
冷却水额定出水温度/℃	37
冷却水额定进水温度/℃	30
冷冻水、冷却水压力限制/MPa	0.8
额定制冷剂排气温度/℃	170

（2）运行中的记录操作

运行中记录的内容包括制冷机各种参数和运行中出现的不正常情况及其排除过程，一般为每 1h 或每 2h 记录一次。运行记录如附表 2-4 和附表 2-5 所示。

（3）制冷量调节

溴化锂吸收式机组的制冷量调节是通过对热源供热量、溶液循环量的检测和调节，来保证机组运行的经济性和稳定性的。调节装置主要由温度传感器、温度控制器、执行机构（调节电动机）和调节阀组成。温度传感器把被测冷冻水温度与设定的冷冻水温度相比较，根据它们的偏差与偏差积累，控制进入机组的热量，使之与外界的负荷相匹配来实现制冷比例积分调节。

溴化锂吸收式机组的制冷量调节是有一定范围的，蒸汽型机组一般为 20%～100%，燃气型机组为 25%～100%，燃油型机组为 30%～100%。如果机组的制冷量在调节范围之内，则可连续正常运行。当低于制冷量调节范围下限时，机组作间歇运行。对于蒸汽型机组，间歇运行相对来说比较可靠；但对于直燃型机组，间歇运行使点火和熄火的次数显著增多，发生事故的概率增大。为保证直燃型机组的安全燃烧，应注意下列几点：

① 控制燃烧的供应压力。

② 保持一定的空燃比。

③ 使用火焰不易熄灭的燃烧器。

④ 定期检查点火装置的动作灵敏性。

⑤ 加强对火焰检测装置的管理，加强对火焰的监测。

⑥ 定期检查电极棒点火花的间距，减少点火失败的次数。

⑦ 定期检查点火燃烧器喷嘴。一旦点火燃烧器喷嘴被灰尘堵塞，火焰的长度就会缩短，火焰的燃烧就不能顺利地进行，发出轻微的爆炸声，若不及时处理，则会引起重大事故。

（4）运行中的调整

由于溴化锂吸收式机组并非总是在名义工况下运行，随着室外条件、用户所需供冷情况的变化，机组运行的工况也应随之进行改变，因此，为适应各种条件的变化，对机组运行状况的调整是必然的。

① 液面的调整　在机组运行初期，首先要对各设备的液面进行调整，尤其是溴化锂溶液的液面调整，如果机组内相关设备的液面发生异常，则将会使机组无法正常运行。

a. 发生器的液面调整。不论是蒸汽型还是直燃型溴化锂吸收式机组，发生器液面均有高压发生器液面和低压发生器液面之分。发生器液面的调整又分为手动调节和自动调节两种方式。发生器内的液面过高，溶液就会从折流板的上部直接进入发生器溶液出口管，使机组性能下降。如果发生器内的液面过低，则发生器出口处溶液的质量分数就会过高，容易产生结晶；同时，若发生器液面过低，则随着溶液的沸腾，冷剂蒸汽将会夹带溴化锂液滴一起向上冲击传热管，特别是在高压发生器中，溶液温度过高，沸腾又剧烈，造成强烈的冲击腐蚀，易使发生器传热管发生点蚀，甚至会使传热管发生穿孔事故。

• 高压发生器的液面调整。高压发生器液面调整的手动方式，就是调节溶液泵出口处的溶液调节阀的开度，从而控制进入发生器的稀溶液流量，使发生器的溶液至顶排传热管附近。但高压发生器的液位是随热源变化而波动的，这是由于高压发生器内流出的浓溶液流经热交换器而进入吸收器（或低压发生器），是依靠高压发生器中冷剂蒸汽的压力与吸收器（或低压发生器）的压力差实现的。高压发生器内的压力随着热源温度的升高而增大，随着热源温度的降低而减小。另外，由吸收器通过溶液泵与溶液热交换器送至高压发生器的稀溶液量，与高压发生器内的压力有关。高压发生器压力升高，则送至高压发生器的稀溶液量减少，更促使高压发生器的液位降低。反之，高压发生器液位升高，沸腾的液滴随冷剂蒸汽进入冷凝器，易造成冷剂水的污染。所以，为使高压发生器内的液面稳定，需要调节溶液泵出口处溶液的调节阀，或调节送至高压发生器的稀溶液量。

高压发生器液面的自动调节是在发生器溶液出口壳体上装设液位计，当发生器液位偏高时，就给装在溶液泵出口的溶液调节阀或与溶液泵相连的变频器发出信号，通过执行机构关小调节阀或通过变频器降低溶液泵的转速，使进入发生器的稀溶液量减少。反之，发生器液位偏低时，使溶液调节阀开大或提高溶液泵转速，使发生器内的液位稳定在一定位置。

• 低压发生器的液面调整。低压发生器的液面调整大多是采用手动方式，而且一旦低压发生器的液位调定后，机组运行过程中液面的波动就会很小，这是由于低压发生器的压力变化不大而导致的。由于冷却水温度变化不大，因此冷凝压力变化有限，而低压发生器压力又与冷凝压力基本相同，因此，在低压发生器液面调到规定值之后，一般不需要再进行调节。

由于双效溴化锂机组的溶液流动方式不同，因此低压发生器液面的调节方法也不相同。对于并联流程，是调节安装于溶液泵出口进入低压发生器管路上的调节阀；对于串联流程，则是调节从高压发生器出口经热交换器进入低压发生器管路上的调节阀。

对于沉浸式低压发生器，应调节进入低压发生器进口管上的溶液调节阀，使低压发生器液位达到顶排传热管。若低压发生器壳体上有视镜，则可通过视镜观察液位。若低压发生器上无视镜，则可通过测量低压发生器出口处溶液的质量分数来判断，质量分数过高，则说明液位过低，此时应加大调节阀的开度；如果机组溶晶管发烫，则说明低压发生器液位过高，部分溶液从溶晶管经热交换器流至吸收器，此时应关小溶液调节阀。

b. 吸收器液面的调整。在发生器液位调到规定值且稳定之后，就要调节吸收器的液面。虽然机组中溴化锂溶液是按照样本或说明书的要求充注的，但是，由于实际使用工况与设计工况的差异，溴化锂吸收式机组在实际使用工况下运行，各部位的溴化锂溶液的质量分数和设计工况是不相同的，如果冷却水温度偏低，或冷媒水的出口温度偏高，则机组内溴化锂溶液的质量分数低，因而吸收器内的溶液就多，液位也就高。反之，机组内溴化锂溶液的质量分数高，吸收器液位就低，原来加入机组的溶液量就会显得偏少。

在吸收器传热管束下方设置抽气管，抽除不凝性气体。如果吸收器液位过高，则抽气管浸入溶液中，机组就无法将不凝性气体排出机外。反之，如果吸收器液位过低，则溶液泵吸空，将产生汽蚀和噪声。

吸收器液位过高时，要通过排液阀放出溴化锂溶液；液位过低时，机组要加入溴化锂溶液。在添加溴化锂溶液时必须防止外部空气进入机组内。

c. 蒸发器液面的调整。蒸发器水盘（或液囊）中冷剂水的液面过低，冷剂泵会被吸空，产生噪声。冷剂水不足，吸收器吸收冷剂水的量大于冷凝器流入蒸发器的冷剂水量时，冷剂水的液面会逐渐下降，装于蒸发器液囊上的液位控制装置动作，冷剂泵自动停止运转。随着冷剂水的积聚，液位很快上升，又会自动启动冷剂泵，导致冷剂泵频繁地启动和停止。

在溴化锂吸收式机组中，充注的溴化锂溶液和冷剂水的量是一定值，机组在运行过程中，若溶液的质量分数高，则冷剂水析出的就多，蒸发器液面上升；若溶液的质量分数低，则冷剂水析出的就少，蒸发器液面下降。

机组在深秋季节运行时，如果冷却水温度过低，则吸收器溶液的质量分数低，溶液中的水分增多，蒸发器的冷剂水减少，则可能导致冷剂泵吸空，此时要从外界补充冷剂水。机组在盛夏季节运行时，冷却水温度可能很高，则溶液的质量分数也高，溶液中水分减少，蒸发器水盘中的水分增加，则可能发生冷剂水溢流现象，此时要从系统中抽出冷剂水。

有些机组蒸发器部位有两个视镜，即高液位视镜和低液位视镜。只要蒸发器中冷剂水的液面在两个视镜之间，既不高过高位视镜，又可从低位视镜看到冷剂液面，则说明蒸发器液面是正常的，否则就要调整。

也有些机组，在蒸发器水盘上留有溢流口或装有溢流管，且在蒸发器水盘下方的机组壳体上装有视镜，可以从视镜上看出蒸发器溢流口（或溢流管）是否有溢流情况发生。若发生溢流现象，则说明冷剂水过多，需放出冷剂水。当冷剂水的液位高于蒸发器液囊上的视镜时，只要溢流口（或溢流管）不发生溢流，就说明冷剂水还不必放出。

目前，很多型号的机组均装有冷剂存储器。其目的是确保机组在各种负荷工况下都可以稳定运转，无需在低质量分数运行时补充冷剂水，在高质量分数运行时取出冷剂水。当蒸发器液囊中的冷剂水不足时，可通过冷剂存储器补给；过剩时，可通过冷剂存储器存储。蒸发器液囊中也不必装设液位控制装置。在这种情况下，冷剂水的添加量应按制造厂提供的使用说明书确定。

② 溶液的加入和取出　在机组运行之前已加入了一定量的溴化锂溶液，但在机组运行中，加入的溴化锂溶液量不一定合适，要进行调节，不足的部分应补充，多余的部分应放出。一般是从浓溶液的取样阀加入溶液，这是由于此处压力最低，呈负压状态，溶液容易进入机组。也可以从吸收器喷淋管前的取样阀加入。该取样阀的压力一般为负压，但如果阀内为正压，则要停止泵的吸入。不管从何处加入溴化锂溶液，都必须防止空气进入机组。但总难免有微量的空气漏入机组，因此，在加入溶液以后，应启动真空泵进行抽真空，以排除加入溶液时带入的不凝性气体。

溶液的取出相对比较简单。通常是从溶液泵出口的放液阀直接将溶液取出，因为放液阀后的压力高于大气压力。但应注意的是，阀门不要开得太大，以免影响送入发生器的溶液量。

对于单效机组而言，溶液泵出口处放液阀后的压力不一定是正压。如果是正压，则可直接放出溶液，若为负压，则不能直接放出溶液。简易判断正、负压的方法是，用大拇指挡住取样阀的出口，然后缓慢打开取样阀，若拇指感觉到的是压力，则为正压，若是吸力，则是负压。

③ 冷剂水的加入和取出 冷剂水从冷剂泵出口处的取样阀排出。由于机组中冷剂泵的扬程较低，取样阀出口处为负压，因此冷剂水的排出必须借助于真空泵才能完成。其操作程序如下。

a. 准备一个容积为 0.01m^3 以上且可耐 0.1MPa 以上压力的容器，一般以大口真空玻璃瓶为宜。

b. 在玻璃瓶口旋紧橡胶塞，且在塞上穿两个孔，分别插入直径为 8 mm 的铜管。如图 4-3 所示，真空玻璃瓶有两个呈直角方向进出的接头。

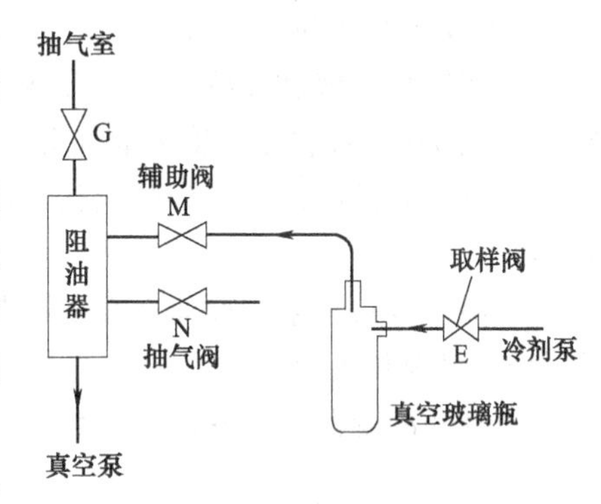

图 4-3 负压冷剂水取出示意图

c. 取一根真空胶管，一端与真空玻璃瓶接头相连，另一端和机组冷剂泵出口处的取样阀相连。再取另一根真空胶管，一端与真空玻璃瓶口上的另一铜管接头相连，另一端与真空泵抽气管路上的辅助阀相接。

d. 关闭机组上所有的抽气阀（如阀 G 和阀 N），打开辅助阀 M，并关闭冷剂泵出口阀。

e. 启动真空泵，将阻油器、抽气管路及真空玻璃瓶抽至高真空状态（需要 1～3min）。

f. 打开取样阀，冷剂水就不断地流入真空玻璃瓶中。当瓶内冷剂水快要充满时，关闭取样阀，打开冷剂泵出口阀，再关闭辅助阀 M。

g. 将真空玻璃瓶内的冷剂水倒入冷剂水桶内。如果机组内的冷剂水还需要排出，则可重复上述步骤，直到蒸发器水盘（或液囊）冷剂液面达到规定值为止。

冷剂水的加入与溶液的加入方法基本是一样的，应注意严格防止空气进入机组。冷剂水加入完成之后，启动真空泵，将机组内的不凝性气体抽出。

④ 辛醇的加入 为了提高溴化锂吸收式机组的制冷效果，机组中要加入表面活性剂。其作用主要是提高机组的吸收效果和冷凝效果，从而提高制冷能力，降低能耗。表面活性剂有异辛醇或正辛醇。辛醇的加入量一般为溶液充注量的 0.3%，正常时维持在 0.1%～0.3%。如果机组内辛醇不足，则机组的制冷量就会下降，或冷媒水的出口温度升高。这表明可能需要添加辛醇（辛醇只有在制冷工况时才起作用）。确定需要添加辛醇的方法是：从溶液泵出口处的取样阀或其他溶液取样阀取样。如果溶液中没有非常刺激的辛醇气味，则说明机组中需要加入辛醇。如果从溶液泵出口取样阀添加辛醇，由于此处一般为正压，因此必须停泵后才能添加；如果从浓溶液或中间溶液的取样阀添加辛醇，则机组运行时就可进行。如果从吸收器喷淋管前的取样阀加入则更好，因为加入的辛醇与喷淋溶液一起喷淋在吸收器的管束上，可使辛醇迅速、均匀地分布在吸收器的溶液中，起到提高吸收效果的作用。

辛醇的添加方法与溶液的加入方法基本相似。辛醇加入完毕后，也应启动真空泵进行抽真空，抽除在添加辛醇时可能漏进机组的空气，以保持机组的高真空状态。

4. 系统的停机

机组停机操作主要是防止溴化锂溶液结晶，必须使机组溶液得到充分稀释。单效溴化锂吸收式制冷机组的停机操作，通常按如下程序进行：

（1）日常停机

① 关闭蒸汽截止阀，停止向机组供汽加热，并通知锅炉房停止送汽。

② 关闭加热蒸汽后，冷剂水不足时可先停止冷剂水泵的运转，而溶液泵、冷却水泵、冷媒水泵应继续运转，使稀溶液与浓溶液充分混合，15～20min 后，依次停止溶液泵、冷却水泵、冷媒水泵和冷却塔风机的运行。

③ 停止各泵运转后，切断控制箱的电源和冷却水泵、冷媒水泵、冷却塔风机的电源。

④ 检查制冷机组各阀门的密封情况，防止停车时空气进入机组内。

⑤ 记录下蒸发器与吸收器液面的高度，以及停车时间。

（2）季节性停机

① 在停止蒸汽供应后，应打开冷剂水旁通阀，关闭冷剂水泵的排出阀，把蒸发器中的冷剂水全部导向吸收器，使溶液充分稀释，并关停冷剂泵。

② 溶液泵继续运转，分析溴化锂溶液质量分数，确认在停机期间溶液不会结晶，再关停溶液泵。

③ 停止冷媒水泵、冷却水泵及冷却塔风机，并切断控制箱的电源和冷却水泵、冷媒水泵、冷却塔风机的电源。

④ 打开冷凝器、蒸发器、发生器、吸收器、凝水排出管上的放水阀，放净存水，防止冻结。

⑤ 若是长期停车，则应每天派专职负责人检查机组的真空情况，保证机组的真空度。有自动抽气装置的机组可不派人管理，但不能切断机组、真空泵电源，以保证真空泵自动运行。

对于双效溴化锂和直燃型溴化锂吸收式制冷机组，停机操作程序基本上与单效机组相同。

（3）紧急停机

① 突然停电的处理　溴化锂吸收式机组在运行中会因停电而突然停机。此时机内溴化锂溶液的浓度（质量分数）较高，一般为60%～65%。机组又不能进行稀释运转，随着停电时间的延长，机内的溴化锂溶液会发生结晶。

a. 短时间停电（1h 以内）。如果停电时间较短，机组内溶液温度较高，一般来说，溶液结晶的可能性不大，可按下列程序进行启动。

• 启动冷水泵和冷却水泵。因为停电时，大多情况下冷却水泵和冷水泵也停止，因此断水指示灯亮。

• 按下复位开关。

• 将自动-手动开关置于“手动”位置，启动吸收器泵及冷剂泵，进行稀释运转。需要注意蒸发器中冷剂水的液位，如液位过低，则冷剂泵会发生汽蚀现象，这时应停止冷剂泵运转。

• 将自动-手动开关置于“自动”位置，按正常顺序进行机组的启动。

• 检查冷剂水，若其相对密度超过 1.04，则应进行再生处理。

b. 长时间停电（1h 以上）。由于机组内溶液浓度较高，停电时间又长，溶液温度逐渐降低，容易发生结晶，这时，应按下面步骤进行处理：

• 立即关闭热源截止阀，并停止热能供应。

• 如果机组正在抽气，则应立即关闭抽气主阀，以防空气漏入机组，并停止真空泵运转。

•停止冷却水泵运转。

•将溶晶开关放在“开”的位置（运行指示灯亮）。

•将吸收器泵置于“停止”位置。

•若恢复供电时，将热源调节阀门放在“30%”的位置，注意溶液温度不应超过70℃。

•此时应将溶晶开关置于“开”的位置，即30min内进行溶晶操作。

•启动冷却水泵及吸收器泵。

•在注意观察吸收器液面的同时，进行30min左右的试运转。

•如果在30min以内，吸收器液位过低，吸收器泵发生汽蚀现象，则不可继续运行，这就说明机组中的溶液发生了结晶，应当立即切断电源，使机组停止运转。

•通过上述步骤，确认机组溶液结晶，然后按溶晶及排除方法有关内容进行溶晶。

•机组溶晶结束后，可正常启动机组，并测量冷剂水相对密度是否小于1.04，符合要求，即可使机组正常运行。

② 冷却水突然断水的处理　冷却水断水如得不到及时处理，则易造成溶液结晶和屏蔽电动机温升过高受损等故障。冷却水断水的原因主要包括：动力电源突然中断，水泵出现故障，水池水位过低使水泵汽蚀。冷却水断水处理方法如下。

a. 立即通知供热部门停止供给蒸汽，以防溶液浓度继续升高。

b. 关闭蒸发器泵出口阀，并打开冷剂水旁通阀以稀释溶液。

c. 关闭吸收器泵。

上述操作可同时进行，但必须首先关闭蒸汽。如短时间内无法消除，则应在溶液温度下降到60℃左右时，关闭发生器泵和冷水泵，停止溴化锂吸收式机组的运行，并找出原因尽快予以消除。

③ 冷媒水突然断水的处理　冷媒水断水的原因和冷却水断水的原因相同。冷媒水断水故障发现不及时或处理不当，易造成蒸发器传热管冻裂事故，这将迫使制冷机长时间停车。

a. 冷媒水断水故障的处理方法如下：

•关闭蒸发器泵和吸收器泵，打开冷剂水旁通阀门稀释溶液，以免结晶。

•打开冷媒水循环阀门，迅速将蒸发器冷媒水排管内积水排净。

•通知供热部门停止供汽（蒸汽型），或在打开紧急排汽阀门的同时关闭加热蒸汽。

•保持发生器泵和冷却水泵继续运转，如故障短时间得以排除，则可继续开机运转制冷。

b. 由于种种因素，冷媒水断水使排管冻结事故偶尔也有发生。冻结先从蒸发器的冷剂水开始，可从蒸发器视镜中看到冰柱。

冻结事故的处理方法如下：

•首先按上述处理冷媒水断水的程序进行紧急处理，以防冻结加剧。

•发生器泵和冷却水泵继续运转，向发生器输送0.1MPa的低压蒸汽，以加热溶液，促使蒸发器升温，借以融化冰块。

•融冰过程进行到使蒸发器液囊中水位上涨到可避免泵汽蚀时，开启蒸发器泵，打开旁通阀门稀释溶液。此时，为了迅速提高溶液温度，应适量减少冷却水量，并使吸收器溶液保持在60℃左右，直到冰块彻底融化。

冰块融化后，密切注视机内真空度的变化，如真空度下降，则说明传热管有冻裂。此时应立即进行检漏试验。为了缩短检修时间，可采用负压检漏法。具体操作步骤如下。

打开水室盖，清洁管口，然后用“听、看、试”的经验方法进行检漏。泄漏严重时会听到吸入空气的“嘶嘶”声音；传热管如有孔洞或裂缝时，管内积水有可能被吸入机内而透光；当怀疑重点被确定后，再利用微压计或自制U形测漏仪测试。U形测漏仪如图4-4所示。用橡胶塞把传热管的一端塞紧，将U形测漏仪插头插入管子的另一端。泄漏量较大时，当插头插入管口后，接大气一端的液柱会迅速下降；即使漏量较小，几十秒钟后也会产生压差反映。如漏管不多，可用圆锥黄铜棒塞死，如图4-5所示。一般可不更换新管，因换管工艺难度大，机内曝气时间长，会加剧机内金属腐蚀。但当漏管数量超过10%时，则应补换新管，否则会使传热面积减小，制冷效率大幅度下降。

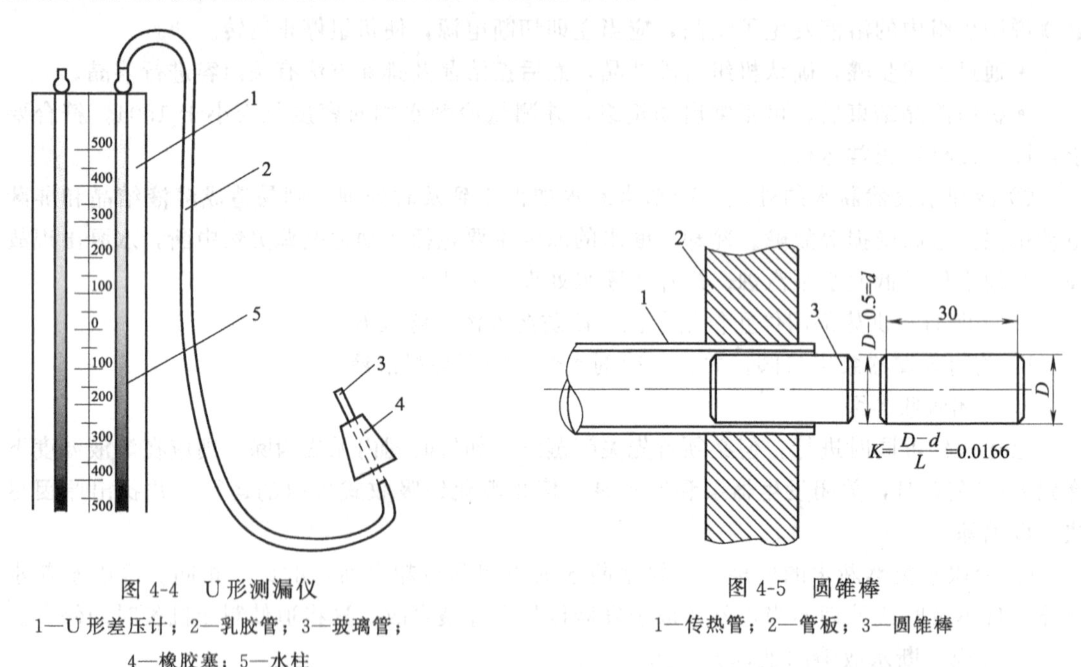

图4-4 U形测漏仪

1—U形差压计；2—乳胶管；3—玻璃管；4—橡胶塞；5—水柱

图4-5 圆锥棒

1—传热管；2—管板；3—圆锥棒

用圆锥棒封堵传热管时，为保证密封，可在管口内侧或铜棒上涂一层环氧树脂，塞堵时锤击力量要适当，以免挤压相邻的胀口使其变形而泄漏。漏管封堵后，开启真空泵抽真空至规定标准。

第二节 其他设备的运行操作

风机、水泵是中央空调系统中使用最多的流体输送机械，具有数量多、分布广、耗能大的特点；冷却塔长期在室外条件下运行，其作用是使水冷式冷凝器的冷却水向空气散热降温，让冷却水得以循环使用。因此，风机、水泵及冷却塔的正确运行操作，对加强其经济运行和延长其使用寿命有重要意义。

一、风机、水泵的运行操作

1. 风机的运行操作

风机是通风机的简称，在中央空调系统各组成设备中用到的风机主要是离心风机和轴流风机。由于离心风机在中央空调系统中的使用多于轴流风机，因此，在这里只介绍离心风机，轴流风机内容参阅冷却塔的相关内容。

（1）启动前的检查

① 皮带松紧度检查。

② 各连接螺栓螺母紧固情况检查

包括风机与基础或机架，风机与电动机，以及风机自身各部分（主要是外部）连接螺栓螺母是否松动的检查紧固工作。

③ 减振装置受力情况检查。

检查减振装置是否发挥了作用，是否工作正常。主要检查各减振装置是否受力均匀，压缩或拉伸的距离是否都在允许范围内，有问题要及时调整和更换。

④ 轴承润滑情况检查。

（2）风机启动

风机从启动到达到正常工作转速需要一定时间，而电机启动时所需要的功率超过其正常运转时的功率。由离心风机性能曲线可以看出，风量接近于零（进风口管道阀门全闭）时功率较小，风量最大（进风口管道阀门全开）时功率较大。为了保证电机安全启动，应将离心风机进口阀门全关闭后启动，待风机达到正常工作转速后再将阀门逐渐打开，避免因启动负荷过大而危及电机的安全运转。轴流风机无此特点，因此不宜关阀启动。

（3）运行检查

风机有些问题和故障只有在运行时才会反映出来，风机在运转并不表示它的一切工作都正常，需要通过摸、看、听及借助其他技术手段去及时发现风机运行中存在的问题和故障。因此，运行检查是不能忽视的一项重要工作，其主要检查内容有：电机温升情况、轴承温升情况（不能超过 60℃）、轴承润滑情况、噪声情况、振动情况、转速情况、软接头完好情况。如果发现上述情况有异常，则可参考第六章有关内容进行及时处理，避免发生事故，造成损失。

（4）运行调节

风机的运行调节主要是改变其输出的空气流量，以满足相应的变风量要求。调节方式可以分为两大类：一类是风机转速可改变的变速调节，另一类是风机转速不变的恒速调节。

① 风机转速改变的变速调节。风机转速改变可通过改变电动机调速方法和改变风机与电动机间的传动关系来完成。

② 风机恒速风量调节。

a. 改变叶片角度。改变叶片角度只适用于轴流风机的定转速风量调节方法，通过改变叶片的安装角度，使风机的性能曲线发生变化，这种变化与改变转速的变化特性很相似。由于叶片角度通常只能在停机时才能进行调节，调起来很麻烦，而且为了保证风机效率不至太低，这个角度的调节范围较小，再加上小型轴流风机的叶片一般都是固定的，因此，该调节方法的使用受到很大限制。

b. 调节进口导流器。调节进口导流器是通过改变安装在风机进口的导流器叶片角度，使进入叶轮的气流方向发生变化，从而使风机性能曲线发生改变的定转速风量调节方法。导流器调节主要用于轴流风机，并且可以进行不停机的无级调节。从节能情况来看，这种方法虽然不如变速调节，但比阀门调节要有利得多；从调节的方便、适用情况来看，比风机叶片角度调节优越得多。

2. 水泵的运行操作

在中央空调系统的水系统中，不论是冷却水系统还是冷冻水系统，驱动水循环流动所采用的水泵绝大多数都是各种卧式单级单吸或双吸清水泵（简称离心泵）。

（1）启动前的检查

① 检查水泵轴承的润滑油是否充足、良好。

② 水泵及电机的地脚螺栓与联轴器螺栓是否脱落或松动。

③ 水泵及进水管部分全部充满了水，当从手动放气阀放出的是水而没有空气时即可认定合格。

④ 轴封不漏水或为滴水状（但每分钟的滴数符合要求）。如果漏水或滴数过多，则要查明原因并改进到符合要求。

⑤ 关闭好出水管的阀门，以利于水泵的启动，如装有电磁阀，则手动阀应是开启的，电磁阀应为关闭的。同时要检查电磁阀的开关是否动作正确、可靠。

⑥ 对卧式泵，要用手盘动联轴器，看水泵叶轮是否能转动，如果转不动，则要查明原因，消除隐患。

（2）水泵启动

① 打开水泵吸水管的放气阀，放出吸水管和水泵内的空气。检查吸水管和泵体内的水是否充足，无水时要把它们灌满。

② 检查吸水管道和排水管道的阀门是否打开。水泵的吸水阀应打开，排水阀应关闭。

③ 检查水泵和电动机的轴承的润滑情况。

④ 启动水泵时，应注意电流表的负荷不得超过极限值。

⑤ 启动电动机，迅速打开水泵的排水阀。

注意在停泵时，应先关闭水泵的排水阀，再切断电动机电源。当电动机停止运转后，关闭吸水阀。

（3）运行检查

① 电机不能有过高的温升，无异味产生。

② 轴承润滑良好，温度不得超过周围环境温度35～40℃，轴承的极限最高温度不得高于80℃。

③ 轴封处（除规定要滴水的型式外）、管接头均无漏水现象。

④ 无异常噪声和振动。

⑤ 地脚螺栓和其他各连接螺栓的螺母无松动。

⑥ 基础台下的减振装置受力均匀，进出水管处的软接头无明显变形，都起到了减振和隔振作用。

⑦ 电流在正常范围内。

⑧ 压力表指示正常且稳定，无剧烈抖动。

（4）运行调节

水泵运行调节主要是通过改变系统中的水流量以适应负荷变化的需要。因此，可以根据情况采用以下三种基本调节方式中的一种：

① 水泵转速调节。

一般取3～5个末端供回水压差信号为循环流量的控制信号，当全部压差信号都大于设定值时，循环水泵降低转速，当任意一个压差小于设定值时，循环水泵增加转速。

② 并联水泵台数调节。

台数调节是通过改变水系统压差、流量或主机供回水温差等参数来控制水泵运行的台数的，适用于多台并联运行的水泵系统。一般主要有两种控制方法：

a. 压差控制调节。利用水泵并联后的总特性曲线，设定某个压力值作为上限，设定另一个压力值作为下限，各台水泵在设定的压差范围内运行。当末端侧流量改变时，压力随之变化，当压力超过设定的上限值时，开始减少水泵台数；反之增加水泵台数。

b. 流量控制调节。在供水总管上设置流量计测得实际用水量，通过变送器将信号发送到台数控制器，台数控制器将各水泵预设定的流量范围和变送器送来的信号进行比较。若实际用水量小于一台水泵的流量，则停止一台水泵，若水量继续减少则继续停泵；反之，则增加水泵运行。

采用台数调节时，当台数减少时，流速会降低，水泵流量偏大，扬程降低，水泵容易过载烧毁水泵电机，如图 4-6 所示。当减至只有一台水泵工作时，若流量继续下降，则应及时让旁通阀自动开启。

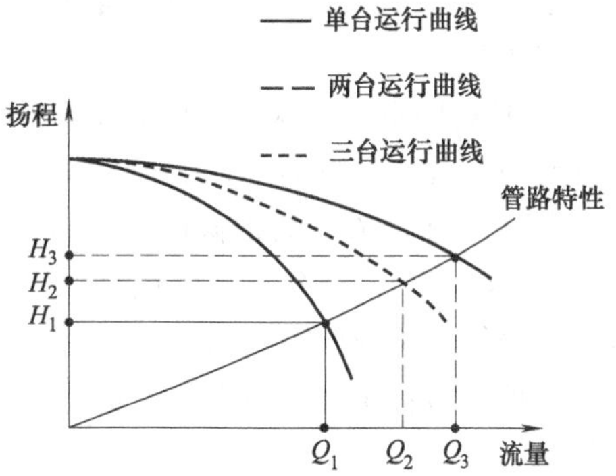

单台运行曲线
两台运行曲线
三台运行曲线
扬程
管路特性
H_3
H_2
H_1
Q_1 Q_2 Q_3 流量

图 4-6 多台泵运行的特性曲线

注意事项如下：

a. 采用台数调节的并联水泵宜采用特性曲线陡降型的水泵，水泵扬程最好一致，应尽可能选择同型号水泵。

b. 采用台数调节应确保水泵的启停能依次进行，保持水泵的工作机会均等，同时最好设置一台备用泵。

③ 并联水泵台数与转速的组合调节。

二、冷却塔的运行操作

冷却塔作为用来降低制冷机所需冷却水温度的散热装置，目前采用最多的是机械抽风逆流式圆形冷却塔，其次是机械抽风横流式（又称直交流式）矩形冷却塔。这两种冷却塔除了外形、布水方式、进风形式以及风机配备数量不同外，其他方面基本相同。因此，在运行操作方面，对二者的要求是大同小异的。

1. 检查工作

冷却塔组成构件多，工作环境差，因此检查内容也相应较多。对冷却塔的检查工作根据检查的内容、所需条件以及侧重点的不同，可分为启动前的检查与准备工作、启动检查工作和运行检查工作三个部分。

（1）启动前的检查与准备工作

当冷却塔停用时间较长，准备重新使用前（如在冬、春季不用，夏季又开始使用），或是在全面检修、清洗后重新投入使用前，必须要做的检查与准备工作内容如下。

① 检查所有连接螺栓的螺母是否有松动。特别是风机系统部分要重点检查，以免因螺栓的螺母松动，在运行时造成重大事故。

② 由于冷却塔均放置在室外暴露场所，而且出风口和进风口都很大，有的加设了防护网，但网眼仍很大，难免会有树叶、废纸、塑料袋等杂物在停机时从进、出风口进入冷却塔

内，因此要予以清除，如不清除则会严重影响冷却塔的散热效率；如果杂物堵住出水管口的过滤网，则还会威胁到制冷机的正常工作。

③ 如果使用皮带减速装置，则要检查皮带的松紧是否合适，几根皮带的松紧程度是否相同。如果不相同则换成相同的，以免影响风机转速，同时加速皮带的损坏。

④ 如果使用齿轮减速装置，则要检查齿轮箱内润滑油是否充满到规定的油位。如果油不够，则要补加到位。但要注意，补加的应是同型号的润滑油，严禁不同型号的润滑油混合使用，以免影响润滑效果。

⑤ 检查集水盘（槽）是否漏水，各手动水阀是否开关灵活并设置在要求的位置上。集水盘（槽）有漏水时则应补漏，水阀有问题时要修理或更换。

⑥ 拨动风机叶片，看其旋转是否灵活，有没有与其他物件相碰撞，有问题要马上解决。

⑦ 检查风机叶片尖与塔体内壁的间隙，该间隙要均匀合适，其值不宜大于0.008D（D为风机直径）。

⑧ 检查圆形塔布水装置的布水管管端与塔体的间隙，该间隙以20mm为宜，而布水管的管底与填料的间隙则不宜小于50mm。

⑨ 开启手动补水管的阀门，与自动补水管一起将冷却塔集水盘（槽）中的水尽量注满（达到最高水位），以备冷却塔填料由干燥状态到正常润湿工作状态消耗水量之用。而自动浮球阀的动作水位则调整到低于集水盘（槽）上沿边25mm（或溢流管口20mm）处，或按集水盘（槽）的容积为冷却水总流量的1%～1.5%确定最低补水水位，在此水位时能自动控制补水。

(2) 启动检查工作

启动检查工作是启动前检查与准备工作的延续，因为有些检查内容必须“动”起来了才能看出是否有问题，其主要检查内容如下。

① 启动风机，看其叶片是否俯视时是顺时针转动，而风是由下向上（天）吹的，如果反了则要调过来。

② 短时间启动水泵，看圆形塔的布水装置（又叫配水、洒水或散水装置）是否俯视时是顺时针转动，转速是否在表4-7所示对应冷却水量的数字范围内。如果不在相应范围内则就要调整，因为转速过快会降低转头的寿命，而转速过慢又会导致洒水不均匀，影响散热效果。布水管上出水孔与垂直面的角度是影响布水装置转速的主要原因之一，通常该角度为5°～10°，通过调整该角度即可改变转速。此外，出水孔的水量（速度）大小也会影响转速，根据作用与反作用原理，出水量（速度）大，则反作用力就大，因而转速就高，反之转速就低。

表4-7 圆形冷却塔布水装置参考转速

冷却水量/(m^3/h)	6.2～23	31～46	62～195	234～273	312～547	626～781
转速/(r/min)	7～12	5～8	5～7	3.5～5	2.54～4	2～3

③ 通过短时间启动水泵，可以检查出水泵的出水管部分是否充满了水，如果没有，则应连续几次间断地短时间启动水泵，以赶出空气，让水充满出水管。

④ 短时间启动水泵时还要注意检查集水盘（槽）内的水是否会出现抽干现象。因为冷却塔在间断了一段时间再使用时，洒水装置流出的水首先要使填料润湿，使水层达到一定厚度后，才能汇流到塔底部的集水盘（槽）。在下面水陆续被抽走，上面水还未落下来的短时间内，集水盘（槽）中的水不能干，以保证水泵不发生空吸现象。

⑤ 通电检查供回水管上的电磁阀动作是否正常，如果不正常则要修理或更换。

（3）运行检查工作

下列内容作为冷却塔日常运行时的常规检查项目，要求运行值班人员必须经常关注。

① 检查圆形塔布水装置的转速是否稳定、均匀。如果不稳定，则可能是管道内有空气存在而使水量供应产生变化所致，因此，要设法排除空气。

② 检查圆形塔布水装置的转速是否减慢或是有部分出水孔不出水。这种现象可能是因为管内有污垢或微生物附着而减少了水的流量或堵塞了出水孔所致，此时就要做清洁工作。

③ 检查浮球阀开关是否灵敏，集水盘（槽）中的水位是否合适。如果有问题要及时调整或修理浮球阀。

④ 对于矩形塔，要经常检查配水槽（又叫散水槽）内是否有杂物堵塞散水孔，如果有堵塞现象则要及时清除。槽内积水深度不宜小于50mm。

⑤ 塔内各部位是否有污垢形成或微生物繁殖，特别是填料和集水盘（槽）里，如果有污垢或微生物附着则要分析原因，并做好相应水质处理和清洁工作。

⑥ 注意倾听冷却塔工作时的声音，是否有异常噪声和振动声。如果有则要迅速查明原因，消除隐患。

⑦ 检查布水装置、各管道的连接部位、阀门是否漏水。如果有漏水现象则要查明原因，采取相应措施堵漏。

⑧ 对使用齿轮减速装置的，要注意齿轮箱是否漏油。如果有漏油现象则要查明原因，采取相应措施堵漏。

⑨ 注意检查风机轴承的温升情况，一般不大于35℃，最高温度低于70℃。温升过大或温度高于70℃时要迅速查明原因并予以消除。

⑩ 查看有无明显的飘水现象，如果有要及时查明原因并予以消除。

2. 清洁工作

冷却塔的清洁工作，特别是其内部和布水装置的定期清洁工作，是冷却塔能正常发挥冷却效能的基本保证，不能忽视。

① 外壳的清洁。目前常用的圆形和矩形冷却塔，包括那些在出风口和进风口加装了消声装置的冷却塔，其外壳都是采用玻璃钢或高级PVC材料制成的，这种外壳能抗太阳紫外线和化学物质的侵蚀，密实耐久，不易褪色，表面光亮，不需另刷油漆作保护层。因此，当其外观不洁时，只需用水或清洁剂清洗即可恢复光亮。

② 填料的清洁。填料作为空气与水在冷却塔内进行充分热湿交换的媒介体，通常是由高级PVC材料加工而成，属于塑料一类，很容易清洁。当发现其有污垢或微生物附着时，用水或清洁剂加压冲洗或从塔中拆出分片刷洗即可恢复原貌。

③ 集水盘（槽）的清洁。集水盘（槽）中有污垢或微生物积存最容易发现，采用刷洗的方法就可以很快使其变得干净。但要注意的是，清洗前要堵住冷却塔的出水口，清洗时打开排水阀，让脏水从排水口排出，避免脏水进入冷却水回水管。在清洗布水装置、配水槽、填料时都要如此操作。此外，不能忽视在集水盘（槽）的出水口处加设一个过滤网的好处，在这里设过滤网可以挡住大块杂物（如树叶、纸屑、填料碎片等）使其不会随水流进入冷却水回水管道系统，清洗起来方便、容易，可以大大减轻水泵入口水过滤器的负担，减少其拆卸清洗的次数。

④ 圆形塔布水装置的清洁。对圆形塔布水装置的清洁工作，重点应放在有众多出水孔

的几根支管上，要把支管从旋转头上拆卸下来仔细清洗。

⑤ 矩形塔配水槽的清洁。当矩形塔的配水槽需要清洁时，采用刷洗的方法即可。

⑥ 吸声垫的清洁。由于吸声垫是疏松纤维型的，长期浸泡在集水盘中，很容易附着污物，因此需用清洁剂配合高压水冲洗。

上述各部分的清洁工作，除了外壳可以不停机清洁外，其他都要停机后才能进行。

3. 运行调节

由于冷却水的流量和回水温度直接影响制冷机的运行工况和制冷效率，因此保证冷却水的流量和回水温度至关重要。而冷却塔对冷却水的降温功能又受室外空气的湿球温度的影响，且冷却水的回水温度不可能低于室外空气的湿球温度，因此了解一些湿球温度的规律对控制冷却水的回水温度也十分重要。从季节来看，春、夏季室外空气的湿球温度一般较高，秋、冬季较低；从昼夜来看，夜晚室外空气的湿球温度一般较高，白天较低；而夏季则是每日 10 时至 24 时室外空气的湿球温度较高，0 时至次日 10 时较低；从气象条件来看，阴雨天时室外空气的湿球温度一般较高，晴朗天较低。这些影响冷却水回水温度的天气因素是无法人为改变的，只有通过对设备的调节来适应这种天气因素的影响，才能保证回水温度在规定的范围内。

通常采用的调节方式主要是两种：一是调节冷却水流量，二是调节冷却水回水温度。具体可采用以下一些调节方法。

① 调节冷却塔运行台数。当冷却塔为多台并联配置时，不论每台冷却塔的容量大小是否有差异，都可以通过开启同时运行的冷却塔台数，来适应冷却水量和回水温度的变化要求。用人工控制的方法来达到这个目的有一定难度，需要结合实际，摸索出控制规律才行。

② 调节冷却塔风机运行台数。当所使用的是一塔多风机配置的矩形塔时，可以通过调节同时工作的风机台数来改变进行热湿交换的通风量，在循环水量保持不变的情况下调节回水温度。

③ 调节冷却塔风机转速（通风量）。采用变频技术或其他电机调速技术，通过改变电机的转速进而改变风机的转速，使冷却塔的通风量改变，在循环水量不变的情况下达到控制回水温度的目的。当室外气温比较低，空气又比较干燥时，还可以停止冷却塔风机的运转，利用空气与水的自然热湿交换来达到给冷却水降温的要求。

④ 调节冷却塔供水量。采用与风机调速相同的原理和方法，改变水泵的转速，使冷却塔的供水量改变，在冷却塔通风量不变的情况下同样能够达到控制回水温度的目的。如果在制冷机冷凝器的进水口处安装温度感应控制器，根据设定的回水温度，调节设在冷却泵入水口处的电动调节阀的开启度，以改变循环冷却水量来适应室外气象条件的变化和制冷机制冷量的变化，也可以保证回水温度不变。但该方法的流量调节范围受到一定限制，因为水泵和冷凝器的流量都不能降得很低。此时，可以采用改装三通阀的形式来保证通过水泵和冷凝器的流量不变，仍由温度感应控制器控制三通阀的开启度，用不同温度和流量的冷却塔供水与回水，得到符合要求的冷凝器进水温度。其系统形式如图 4-7 所示。

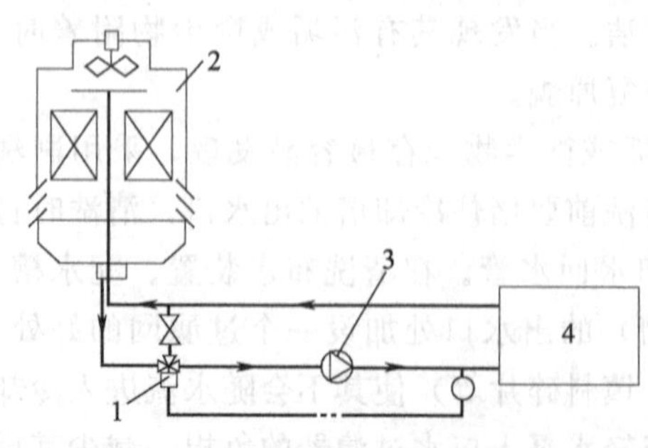

图 4-7　三通阀控制冷凝器进水温度

1—三通阀；2—冷却塔；
3—冷却水泵；4—冷凝器

上述各调节方法都有其优缺点和一定的使用局

限性，都可以单独采用，也可以综合采用。由于减少冷却塔运行台数和冷却塔风机降速运行的方法还会起到节能和降低运行费用的作用，因此，要结合实际，经过全面的技术经济分析后再决定采用何种调节方法。

复习思考题

1. 活塞式中央空调日常开机前的检查包括哪些？
2. 做运行记录主要目的是什么？
3. 压缩式中央空调遇突然停电时，如何操作？
4. 压缩式中央空调遇火警时，如何操作？
5. 冷水机组及其水系统启动顺序一般是怎样的？
6. 螺杆式中央空调日常停机和季节性停机有什么不一样？
7. 试述离心式中央空调日常开机前的检查。
8. 活塞式、螺杆式、离心式冷水机组通常各采用什么样的能量调节方式？
9. 试述双效溴化锂吸收式制冷机组的启动操作。
10. 试述直燃型溴化锂吸收式冷热水机组的制冷工况启动操作。
11. 溴化锂吸收式机组运行中可做哪些调整？
12. 如何调节风机输送的风量？
13. 水泵运行调节的方式主要有哪些？
14. 冷却塔通常采用的调节方式有哪些？

第五章

中央空调系统的维护保养

中央空调系统是为了满足人对室内空气环境的舒适要求，一旦停机，将导致方方面面的问题出现，如：办公室工作环境变得恶劣，工作人员变得焦虑、不安，工作效率下降；机房设备不能正常散热，温度逐步升高，产生很大的安全隐患，停机造成的损失无法估算；生产车间洁净度得不到保障，产品报废率直线升高，交货期无法保证，公司信誉度下降；娱乐场所、客房等由于空调故障造成的损失更是多方面的，投诉率升高、客源减少、公司形象下降等等。

好的中央空调设备当然是一个理想的中央空调系统的基础，好的设计和施工又是整个系统良好运行的保障，但是这只是系统能够正常运行的前提条件。无论是拥有多好的设备及工程，中央空调系统在运行过程中都会由于多方面的原因产生很多问题。比如由于制冷系统的长期运行，压缩机的润滑系统会产生很多的杂质，如铜屑、氧化皮、化学反应物、高温产生的油的碳化物等等，油的成分发生变化，性能大大下降，严重地威胁着压缩机的正常运行，如卡缸、抱轴等问题，轻者造成轴承损坏，重者将由于电流过大造成压缩机电机烧毁，其损失不言而喻。所以，要延长中央空调系统的使用寿命和减少运行故障，日常的维护与保养至关重要。

第一节　制冷压缩机的维护保养

一、活塞式制冷压缩机的维护保养

为使系统保持良好的运行状态，应进行定期检查和保养，使系统的可靠性增大；不需要做大的修理，即使需要修理，也只是小修；延长压缩机的寿命；明确压缩机的薄弱环节及引起故障的原因；对易损件、备品备件进行经济的管理；保持良好的运行效率；保养工作比较均衡。

为了进行维护保养，可参照制造厂家的使用说明书及有关技术资料，编制详细管理计划表，有计划有目的地对压缩机进行维护保养。

1. 日常运行和停机时的维护保养

(1) 日常运行时的维护保养

活塞式制冷压缩机的日常维护、保养应建立在日常的运行巡视检查基础上，只有这样，才能做到及时发现问题及故障隐患，以便及时采取措施进行必要的调整和处理，以避免因设备事故和运行事故的发生而造成不必要的经济损失。

在对活塞式制冷压缩机的日常运行检查中应注意以下问题：

① 压缩机的油位、油压、油温是否正常。

② 压缩机各摩擦部位温度是否正常。

③ 压缩机运转声音是否正常。

④ 冷却系统水温、水量是否正常。

⑤ 能量调节机构的动作是否灵活。

⑥ 压缩机轴封或其他部位的泄漏情况。

(2) 日常停机时的维护保养

① 对设备外表面的擦洗。要求设备表面无锈蚀、无油污，漆见本色，铁见光。

② 检查地脚螺栓、紧固螺钉是否松动。

③ 检查联轴器是否牢靠，传动带是否完好，松紧度是否合适。对于采用联轴器连接传动的开启式制冷压缩机，停机后应通过对联轴器减振橡胶套磨损情况的检查，判断压缩机与电动机轴的同轴度是否超出规定，如超出规定，则应卸下电动机紧固螺栓，以压缩机轴为基准，用百分表重新找正，然后将固定螺栓拧紧。

④ 检查润滑系统，保持润滑油量适当，油路畅通，油标醒目。若油量不足则应补充到位。加油前，应检查润滑油是否污染变质，若已污染变质，则应进行彻底更换，并清洗油过滤器、油箱、油冷却器、输油管道等装置。

⑤ 对制冷剂的补充。停机后应检查高压储液器的液位，偏低时应通过加液阀进行补充。中、小型活塞式制冷机一般不设高压储液器，可根据运行记录判断制冷剂的循环量，决定是否需要补充制冷剂。

⑥ 对油加热器的管理。大、中型活塞式制冷压缩机曲轴箱底部装有油加热器，停机后不允许停止油加热器的工作，应继续对润滑油加热，保证油温不低于30～40℃。必须切断电源清洗油过滤器、输油管道，更换润滑油时，可先停止油加热器的工作，待清洗工作结束后再恢复油加热器的工作，不允许先放油再停止油加热器工作，否则有烧坏油加热器的可能，清洗时应注意对油加热器的保护，防止碰坏油加热器。必要时可用万用表欧姆挡测量油加热器电热丝的电阻值，没有阻值或阻值无穷大时，说明电热丝已短路或断路，应进行更换。

⑦ 对冷却水、冷媒水的管理。停机后应将冷却水全部放掉，清洗水过滤网，检修运行时漏水、渗水的阀门和水管接头。对于冷媒水，在确认水质符合要求后可不放掉，若水量不足，则可补充新水并按比例添加缓蚀剂。停机时间安排在冬季时，必须将系统中所有积水全部放净，防止冻裂事故发生。油冷却器、氨压缩机气缸水套另设供水回路时，应同时将积水放净。

⑧ 检查泄漏情况。停机期间，须对机组所有密封部位进行泄漏检查，尤其是开启式压缩机的轴封，更应仔细进行检查。除采用洗涤剂（或肥皂液）、卤素灯进行检查外，还应对紧固螺栓、外套螺母进行防松检查。对于半封闭压缩机，电动机引线接线柱处的密封也需进行检查。

⑨ 对卸载装置的检查。短期停机时，只对卸载装置的能量调节阀和电磁阀进行检查，发现连接电磁阀的铜管、外套螺母等处有油迹时应进行修补，同时对连接铜管进行吹污，并

对供油电磁阀进行“开启”和“关闭”的试验，确保其正常工作。检查电磁阀时，可根据电磁阀线圈的额定工作电压，用外接电源进行检查。

⑩ 对阀片密封性能的检查。停机时应对吸、排气阀片进行密封检查，同时检查阀座密封线有无脏物或磨损，检查的同时应进行清洗。阀片变形、裂缝、积炭时应予更换，新更换的阀片应与密封线进行对研，确保密封性能良好。

2. 年度停机时的维护保养

压缩机的长期停机是指停机几个月或更长时间。制冷设备在长期停机期间，一般不处于待用状态，故可进行较多的保养工作。设备检修一般也安排在长期停机期间。活塞式制冷压缩机长期停机时的维护保养应做好以下几方面工作。

① 按操作程序关机，防止制冷剂泄漏。活塞式制冷机停机时间较长时，为防止制冷剂泄漏损失，在停机时应先关闭供液阀，把制冷剂收进储液器或冷凝器内，然后切断电源进行保养。低压阀门普遍关闭不严，停机后会有少量制冷剂从高压侧返回低压侧（压力平衡后返回停止），为防止泄漏，必要时可将吸、排气阀门与管路连接的法兰拆开，加装盲板使压缩机与系统脱开。

② 检查曲轴箱润滑油。经检查润滑油若没有污染变质时，可把润滑油放出，清洗曲轴箱、油过滤器，然后再把油加入曲轴箱内，若油量不足则应补充到位。对于新运行的机组，应把润滑油全部换掉，换油后，油加热器可不投入工作，待开机时根据规定提前对油加热。开启式压缩机停机期间可定期用手盘车，将油压入机组润滑部位，保证轴承的润滑和轴封的密封用油，并可防止因缺油而引起锈蚀。

③ 检查清洗或更换进、排气阀片。压缩机气阀尤其是排气阀片可能因疲劳而变形、产生裂缝，也可能因排气温度过高，导致滑油积炭或其他脏物垫在阀片与阀座的密封线上，造成关闭不严。保养时应打开缸盖进行检查，发现有变形、裂缝时必须进行更换，并对阀组进行清洗和密封性能试验。采用阀板结构的气阀，应检查阀板上阀片定位销、固定螺栓、锁紧螺母是否松动，阀板高低压隔腔垫是否被冲破，并进行阀片的密封性能试验。

④ 检查压缩机连杆。检查连杆螺栓有无松动或裂纹，防松垫片或开口螺母上的定位销有无松动或折断。换下的定位销按规定不能重复使用，应更换新销子。

⑤ 检查清洗轴封组件。开启式压缩机多采用摩擦环式轴封，保养时应对轴封进行彻底清洗，不允许动环与静环密封面上有凹坑或划痕。同时检查密封橡胶圈的膨胀变形，更换时应采用耐氟、耐油的丁腈橡胶，不允许使用天然橡胶密封圈。轴封组件中的弹簧是关键零件，弹力过大、过小都是不合适的。保养时，将轴封套入轴上到位后，在弹力的作用下应能缓慢弹出才为合适，否则很难保证轴封不发生泄漏。

⑥ 检查清洗卸载机构。检查清洗卸载机构，特别是对顶开吸气阀片的顶杆进行长度测量。顶杆长短不齐会造成工作时阀片不能很好地顶开或落下，这一点往往被忽视，应引起注意。

⑦ 检查缸盖、端盖上的螺栓。检查所有固定缸盖、端盖的螺栓有无松动或损坏。在运行中受压的螺栓不允许加力紧固。所以保养时应进行全面检查。为使螺栓受力均匀，应采用测力扳手，禁止猛扳和加长力臂（在扳手上加套管）紧固螺栓。

⑧ 检查联轴器的同轴度。由于振动或紧固螺栓的松动，联轴器的轴线会发生偏移，造成振动、减振橡胶套的磨损加快、轴承温度上升、出现异常噪声，出现上述情况时应进行检查和修复。

采用带传动的小型制冷压缩机，当用手下压传动带，下垂在1～2cm时，应视为松紧合适。传动带打滑、老化时，应更换所有的传动带，若只换其中一根，则会因传动带长短不一，工作时单根受力而很快拉长或断裂。

⑨ 安全保护装置的检查。机组上的油压差控制器，高、低压控制器，安全阀等保护装置都直接与机组连接，是非常重要的保护装置。在规定压力或温度下不动作时，应对其设定值进行重新调整。

⑩ 校验各指示仪表。

⑪ 全面检查冷却系统，清理水池，冲洗管道，清除冷凝器及压缩机水套中的污垢及杂物。

经过保养的制冷机运行前必须进行气密性试验，确保密封性能良好，运行安全。

二、螺杆式制冷压缩机的维护保养

螺杆式制冷压缩机组也是利用低温制冷剂气体的压缩、高温高压制冷剂气体的冷凝、对液态制冷剂的节流和蒸发吸热来完成制冷循环的。与活塞式制冷压缩机组相比，除了压缩机本体结构不同外，其他附属设备基本相同。因此，它们的维护、保养等具有一定的共性。

1. 日常运行时的维护保养

(1) 日常运行时的维护保养

螺杆式制冷压缩机组在日常运行检查中应注意以下问题。

① 机组运行中的振动情况是否正常。

② 机组在运转中的声音是否异常。

③ 运转中压缩机本体温度是否过高或过低。

④ 运转中压缩机本体结霜情况。

⑤ 能量调节机构的动作是否灵活。

⑥ 轴封处的泄漏情况及轴封部位的温度是否正常。

⑦ 润滑油温、油压及油液位是否正常。

⑧ 电动机与压缩机的同轴度是否在允许范围内。

⑨ 电动机运转中的温升是否正常。

⑩ 电动机运转中的声音、气味是否有异常。

⑪ 机组中的安全保护系统（如安全阀、高压控制器、油压差控制器、压差控制器、温度控制器、压力控制器）是否完好和可靠。

(2) 日常停机时的维护保养

① 检查机组内的油位高度，油量不足时应立即补充。

② 检查油加热器是否处于“自动”加热状态，油箱内的油温是否控制在规定温度范围，如果达不到要求，则应立即查明原因，进行处理。

③ 检查制冷剂液位高度，结合机组运行时的情况，如果表明系统内制冷剂不足，则应及时予以补充。

④ 检查判断系统内是否有空气，如果有，则要及时排放。

⑤ 检查电线是否发热，接头是否有松动。

2. 年度停机时的维护保养

螺杆式制冷机组年度停机维修保养能保证机组长期正常运行，延长机组的使用寿命，同时也能节省制冷能耗。对于螺杆式制冷机组，应有运行记录，记录下机组的运行情况，而且要建立维修技术档案。完整的技术资料有助于发现故障隐患，及早采取措施，以防出现故障。

① 螺杆式制冷压缩机。

螺杆式制冷压缩机是机组中非常关键的部件，压缩机的好坏直接关系到机组的稳定性。随着目前螺杆压缩机制造材料和制造工艺的不断提高，许多厂家制造的螺杆压缩机寿命都有了显著的提高。如果压缩机发生故障，则由于螺杆压缩机的安装精度要求较高，一般都需要请厂方来进行维护。

② 冷凝器和蒸发器的清洗。

由于水冷式冷凝器的冷却水是开式的循环回路，因此一般采用的自来水都经冷却塔循环使用，或者直接来源于江河湖泊，水质相差较大。当水中的钙盐和镁盐含量较大时，极易分解和沉积在冷却水管上而形成水垢，影响传热。结垢过厚还会使冷却水的流通截面缩小，水量减少，冷凝压力上升。因此，当使用的冷却水的水质较差时，应对冷却水管每年至少清洗一次，去除管中的水垢及其他污物。清洗冷凝器水管通常有两种方法，即使用专门的清管枪对管子进行清洗和使用专门的清洗剂循环冲洗，或将清洗剂充注在冷却水中，待24h后再更换溶液，直至洗净为止。

③ 更换润滑油。

机组在长期使用后，润滑油的油质变差，油内部的杂质和水分增加，所以要定期地观察和检查油质，一旦发现问题应及时更换，更换的润滑油牌号必须符合技术资料的规定。换油时，应设法排出油冷却器内的存油。应将油箱和抽气回收装置内的沉积物和铁锈彻底清除，并对油过滤器进行拆卸检查，保证更换后的润滑油清洁纯净，畅流无阻；不能将制冷系统内原有的油与新油混合使用，这样会破坏新油的各项性能指标，影响机组的使用寿命。

④ 干燥过滤器更换。

干燥过滤器是制冷剂进行正常循环的重要部件。由于水与制冷剂互不相溶，含有水分，将大大影响机组的运行效率，因此保持系统内部干燥是十分重要的，干燥过滤器内的干燥剂和滤芯必须定期更换。

⑤ 安全阀的校验。

螺杆式冷水机组上的冷凝器和蒸发器均属于压力容器，根据规定，要在机组的高压端即冷凝器筒体上安装安全阀，一旦机组处于非正常的工作环境下时，安全阀可以自动泄压，以防止高压可能对人体造成的伤害。所以安全阀的定期校验，对于整台机组的安全性是十分重要的。

⑥ 制冷剂的充灌。

如没有其他特殊的原因，一般机组不会产生大量的泄漏。如果由于使用不当或在维修保养后，有一定量的制冷剂发生泄漏，就需要重新添加制冷剂。充灌制冷剂必须注意机组使用制冷剂的牌号。

三、离心式制冷压缩机的维护保养

离心式制冷压缩机通常用于大型中央空调系统及对制冷量需求较大的场合。离心式制冷压缩机有单级和多级之分，单级即在压缩机主轴上只有一个叶轮，广泛用于空调系统，提供7℃左右的冷媒水。离心式制冷机易损件少，无需经常拆修。一般规定使用1～5年后，对机组全面检修一次，平时只需做好保养工作即可。

1. 日常运行时的维护保养

(1) 日常运行时的维护保养

① 离心式制冷压缩机的维护保养

a. 严格监视油槽内的油位。

机组在正常运行时，机壳下部油槽的油位必须处于油位长视镜中央（如为上、下两个圆视镜时，则油位必须在上圆视镜的中横线位置）。对新启用的机组必须在启动前根据使用说明书的规定加足冷冻机油。对于定期检修的机组，由于油泵及油系统中的残余油不可能完全排净，故再次充灌时必须以单独运转油泵时油位处于视镜中央为正常油位。油位过高将使小齿轮浸于油中，运转时油会产生飞溅，油温急剧上升，油压剧烈波动，轴承无法正常工作而导致故障停机。如果油位太低，则油系统中循环油量不足，供油压力过低且油压表指针波动，轴承油膜破坏，从而导致故障停机。但必须注意机组启动过程中的油位指示与机组运行约 4h 后油位指示的区别。机组在启动过程中，油中溶有大量制冷剂，即使油槽油温在 55℃，由于润滑油系统尚未正常工作，仍然不能较大限度地排出油中混入的制冷剂。因此在制冷机组运转时，油槽油位上部会产生大量的泡沫和油雾，溶入油中的制冷剂因油温升高不断地汽化、挥发、逸出，通过与进气室相通的压缩机顶部平衡管进入压缩机流道。当压缩机运行约 4h 后，由于制冷剂从油中排出，油槽油位将迅速下降，并趋于平衡在某一油位上。

如果机组在运行中油槽油位下降至最低限位以下，则应在油泵和机组不停转的情况下，通过润滑油系统上的加油阀向油系统补充符合标准的冷冻机油。如果油槽油位一直有逐渐下降的趋势，则说明有漏油的部位，应停机检查处理。

b. 严格监视供油压力。

离心式制冷机组正常的供油压力状态应包括：

• 可通过油压调节阀的开和关来调节油压的大小。

• 油压表上指针摆动幅度≤±50kPa。

• 油压不得呈持续下降趋势。如果机组在运转中加大导叶开度（即加大负荷），则油压虽有一定的下降趋势，但在导叶角度稳定之后应立即恢复稳定。故在运行时导叶的开大，必须谨慎缓慢，每开 5°应停一会，切忌过快过猛。一般在机组启动后、进口导叶开启前，油泵的总供油压力一般应调在 0.3～0.4MPa（表压）。为了保证压缩机的良好润滑，油过滤器后的油压与蒸发器内的压力差一般控制在 0.15～0.19MPa，不得小于 0.08MPa，控制和稳定总油压差的目的是为了保证轴承的强制润滑和冷却，确保压缩机-主电动机内部气封封住油不内漏，保证供油压力和油槽上部空间负压的稳定。

在进行油压调整时，必须注意在机组启动过程及进口导叶开度过小时，油压表的读数（与油槽压力差）均高于 0.15～0.19MPa。但当机组处于额定工况正常运行状态时，该油压差值必须小于压缩机的出口压力，只有这样，主轴与主电动机轴上的充气密封才能阻止油漏入压缩机内。

c. 严格监视油槽油温和各轴承温度。离心式制冷机组在运转中，为了保持油质有一定的黏度，确保轴承润滑和油膜的形成，保证制冷剂在油中具有最小的溶解度和最大的挥发度，必须使油槽油温控制在 50～65℃之间，并与各轴承温度相协调。运行实践证明，油槽油温与最高轴承温度之差一般控制在 2～3℃之间，各轴承温度应高于油槽的油温。机组在正常运转中，由于润滑油的作用，将轴承的发热量带回油槽，因此油槽的油温总是随轴承温度的上升而上升。如果主轴上的推力轴承温度急剧上升，虽低于70℃还未达到报警停机值，但与油槽内的油温差值已大于2～3℃，此时则应考虑开大油冷却器的冷却水量，使供油温度逐渐降低，最高轴承温度和油槽油温也将相应降低。如果轴承温度与油槽油温的差值仍远超出2～3℃，但轴承温度不再上升，则可采用油冷却水量和水温调节；但如果轴承温度仍继续上升，则应考虑停机进行检修。

d. 严格监视压缩机和整个机组的振动及异常声音。离心式制冷机组在运行中，如果某一部位有发生故障或事故的征兆，就会发出异常的振动和噪声。如压缩机、主电动机、油泵、抽气回收装置、接管法兰、底座等所产生的各种形式的振动现象，必须及时排除。这是离心制冷机组日常维护和保养的重要内容之一。离心式制冷压缩机在运行中可能产生振动的原因如下：

• 机组内部清洁度较差，各种污垢积存于叶轮流道上，尤其是在叶轮进口处积垢厚度在1～2mm时，就有可能破坏转动件已有的平衡状态而引起机组振动，故必须保持机组内部清洁。为此应做到：在设备大修时，对蒸发器和冷凝器筒体内壁、机壳和增速箱体内壁、主电动机壳体内壁等与制冷剂接触的部位所使用的防腐蚀、防锈涂料，必须确保与制冷剂不相溶和无起皮脱落，以避免落入压缩机流道内部，造成积垢。必须确保制冷剂的纯度符合质量标准，并应定期抽样化验。尤其是制冷剂中的水分、油分、凝析物等必须符合标准要求，避免器壁产生锈蚀和积垢。注意运行检查，如发现蒸发器、冷凝器传热管漏水则必须停机检修。确保机组密封性和真空度要求，避免外部空气、水分及其他不凝性气体渗入机组内，一旦发现系统不凝性气体过多，则必须用抽气回收装置进行排除。定期检修和清洗浮球室前过滤网。

• 转子与固定元件相碰撞。离心式制冷压缩机属于高速旋转的机械，其转子与固定元件之间各部位均有一定的配合间隙，如叶轮进出口部位与蜗壳、机壳之间，径向滑动轴承与主轴之间，推力轴承与推力盘之间等。当润滑油膜破坏时，将会引起碰撞。叶轮与蜗壳、机壳之间的碰撞，将会使铝合金叶轮磨损甚至破碎；叶轮的磨损或破碎又会使转子的平衡受到破坏，从而引起转子剧烈振动或破坏事故。如润滑油太脏，成分不纯，混入大量制冷剂，油压的过低或过高，油路的堵塞或供油的突然中断等，都可能导致轴承油膜的无法形成或破坏，这也是引起压缩机转子振动破坏的直接或间接原因。

• 压缩机在进行大修装配过程中，如果轴承的不同轴度、齿轮的正确啮合、联轴器对中、推力盘与推力块工作面之间的平行度、机组的水平度、装配状态达不到技术要求，则也会造成压缩机转子振动。

此外，离心式制冷压缩机的喘振和堵塞都会引起机组的剧烈振动，甚至导致破坏性的后果。在机组运行中，油泵故障也会造成油泵和油系统产生强噪声和过高的振动值，这可由产生振动的部位和观察油压表指针的摆动状态来加以判断。抽气回收装置中由于传动带的松紧不当或装配质量问题也会引起装置的剧烈振动，此时可切断抽气回收装置与冷凝器、蒸发器的连通阀，在不停机情况下检修抽气回收装置。

e. 严格控制润滑油的质量和认真进行油路维护。冷冻机油如果由微红色变为红褐色，透明度变暗，则说明润滑油中悬浮着有机酸、聚合物、酯和金属盐等腐蚀产物。此时润滑油的表面张力下降，腐蚀性增加，油质变坏，必须进行更换。在进行润滑油的更换时，必须使用与原润滑油同牌号、符合技术条件的润滑油，绝不许使用其他牌号或不符合技术标准的润滑油。

对润滑系统的维护管理应做到以下几点。

• 一般情况下应每年更换一次润滑油，更换时应对油槽做一次彻底清洗，以清除油槽中所有沉积的污物、锈渣，并不得留下纤维残物。

• 对于带有双油过滤器的离心式制冷机组，应根据油过滤器前后的油压表读数之差来判断油过滤器内部脏物堵塞的程度，随时进行油过滤器的切换，以使用干净的油过滤器。对于只有一个油过滤器的离心式制冷机组，应根据具体情况在停机期间清洗滤芯和滤网。如发现滤网破裂，则应立即更换。

• 在每次启动制冷机组时，应先检查油泵及油系统是否处于良好状态，再决定是否与主机联锁启动。如有异常则应处理后再启动。

• 油压力表应在使用有效期内，供油压力不稳定时不准启动机组。

• 油槽底部的电加热器在机组启动和停机时必须接通。如果长期停机但机组内有残存的制冷剂，则须长期接通电加热器。机组运行过程中，可根据情况断开或接通，但不论在任何情况下，必须保证油槽油温在 50～65℃，过低和过高均需要调节。

• 机组在启动和停机时应关闭油冷却器的供水阀。在长期运行中应根据油槽中润滑油的温度情况随时调整冷却水量。一般应以最高轴承温度为调整基准。

② 主电动机的维护保养

a. 机组在运行中应严格监视主电动机的运行电流大小的变化。离心式制冷压缩机组在正常运行中，其主电动机的运行电流应在机组额定工况与最小工况下运行电流值之间波动。一般主电动机应禁止超负荷运行，也就是说主电动机在运行过程中其电流不得超过其额定电流值。

在运行过程中，主电动机电流表指针的一些小幅度的摆动是由于电网电压的波动造成的。但有时由于电源三相的不平衡及电压的波动、机组负荷的变化以及主电动机绝缘不正常，也会造成电流表指针周期性或不规则的大幅度摆动。出现这些情况时应及时进行调整和排除。

b. 应严格注意主电动机的启动过程。为了保护主电动机，必须坚决避免在冷态连续启动两次，在热态连续启动一次和在一个小时内启动三次。这是因为：一方面主电动机在启动过程中，启动电流一般是正常运行时电流的 7 倍，如此大的启动电流会使主电动机绕组发热，加速绝缘老化，缩短电动机寿命，同时还造成很大的线路电压降而影响其他电器设备的运行；另一方面启动过程中转矩是不断变化的，对联轴器的连接部位（如齿轮联轴器的齿面）和叶轮轴连接部位（如键）等都会产生冲击作用，甚至使其发生破坏和断裂。

c. 严格监视主电动机的冷却状况。采用制冷剂喷射冷却的封闭型主电动机的离心式制冷机组，应注意冷却用制冷剂的纯度及是否发生水解作用。因为如果冷却主电动机用的制冷剂液体中含有过量的水分和酸分，就会给绕组带来不良影响而使绝缘电阻下降。高压主电动机绝缘电阻值应大于 10MΩ，低压主电动机绝缘电阻值应大于 1MΩ。造成封闭式主电动机的绝缘电阻下降的原因如下。

• 主电动机绕组由于吸湿、老化、出现间隙而产生电晕、缺相运行而烧坏或由于冷却不良而烧坏等。

• 冷却用制冷剂液体含水量过多。

• 冷却用制冷剂液体喷射而造成电动机绕组表面绝缘的剥离。

• 冷却用制冷剂液体因水解而带有过多的酸分，腐蚀绕组，造成绝缘恶化并使绝缘电阻下降。

• 由于制冷剂的过冷而使主电动机壳体表面结露时，容易使接线柱产生吸湿现象，因此应及时调节冷却用制冷剂液体的供液量，或对接线柱部位加以封闭覆盖。

主电动机处于运行状态时，其表面温度应以手触摸无冷热感觉，以不过热和不结露为宜。表面的过冷和过热都会损伤主电动机，并降低其使用寿命。尤其在机组负荷变化时，更须注意主电动机表面的温度。

d. 严格注意主电动机的绕组温度变化。绕组温度的测定，一般是利用装在绕组中的探测线圈和控制柜上的温度仪来完成的。对于封闭型主电动机，其绕组的温升必须控制在100℃以下，因为温度的升高会使制冷剂分解而产生HCl，破坏绕组绝缘。

e. 严格监视接线柱部位的气密性。应注意拧紧主电动机接线柱螺栓和导线螺栓，并注意压紧螺栓的松紧应均匀并不得压坏绝缘物。螺栓的松动将会导致气密性不良，使连接部位发热、熔化，造成绝缘物的变形和变质，甚至断路。

③ 抽气回收装置的维护保养　在离心式制冷机组中，其抽气回收装置一般为一独立的系统，必要时可以关闭与冷凝器、蒸发器相通的管路，进行单独维护保养。

抽气回收装置在机组的运行中一般采用自动方式启、停和工作。因此应做到如下几点。

a. 严格监视离心式压缩机和油分离器的油位。

b. 严格监视回收冷凝器内制冷剂液位，如果看不到液位则说明回收冷凝器效果不好，应检查供冷却液管路和过滤器是否堵塞。如果放气阀中所排除的不凝性气体中制冷剂气体较多，则应检查回收冷凝器顶部的浮球阀是否卡死。

c. 如果自动排气的放气阀达到规定的压力值还不能打开放气时，则应停止抽气回收装置的运行，对排气阀进行检修。

d. 如果抽气回收装置频繁的启动，则说明机组内有大量空气漏入。在制冷机组启动前或启动过程中，一般采用手动操作抽气回收装置，每次运转的时间以冷凝压力下降和活塞压缩机电动机外壳不过热为限，一般每次连续运转时间小于30min。

e. 如该装置长期未用则可短时开机，以使压缩机部分得以润滑。

f. 如果制冷机组不需要排除不凝性气体，则该装置也应每天或隔几天运转15～20min。

(2) 每季度运行时的维护保养

① 完成每日所有的保养工作。

② 清洁水管系统所有的过滤器。

(3) 每半年运行时的维护保养

① 完成每季度的维护保养工作。

② 润滑导叶执行器处的连接轴承、球形接头和支点；根据需要，滴几滴轻机油。

③ 旋下固定螺钉，滴几滴润滑油润滑在第一级叶片操作柄处O形圈，再拧紧固定螺钉。对有的压缩机，则需要同时旋下进出孔的固定螺钉，然后注入油脂，直至油脂溢出，再拧上螺钉。

④ 移开管塞，滴几滴润滑油润滑过滤器截止阀的O形圈，最后放回管塞。

⑤ 用一个真空容器抽取防爆片腔内和排气装置管路内的杂物，如果排气装置使用过于频繁，就需要经常进行这项工作。

⑥ 在导叶驱动器曲轴上滴几滴油，让它铺开成为一层很薄的油膜，这样可以保护曲轴不受潮生锈。

2. **年度停机时的维护保养**

1）机组在年度停机期间，要确保控制面板通电。这是为了使排气装置维持运行状态，避免空气进入冷水机组；同时，可以使油加热器保持加热状态。

2）抽气回收装置的维护保养。在对抽气回收系统中的离心式压缩机进行拆检之前，必须关闭抽气回收装置与蒸发器、冷凝器之间的波纹管阀，松开活塞式压缩机吸气阀侧的接管与外套螺母，启动压缩机直接吸入空气，检查排气阀是否在规定排气压力值时自动排气。如果排气压力值上不去，则可检查吸气阀或排气阀是否损坏漏气；如果排气压力正常，但压缩机停转后压力很快下降，则表明阀座中夹有脏污物质或阀本身变形而产生过大的间隙；如果排气阀在较低排气压力下就自动开启，则应调整排气阀。

由于抽气回收装置中的回收冷凝器采用浮球式自动排液机构，因此，浮球阀打开后，回收冷凝器底部聚集的液态制冷剂就会回到蒸发器中，故检查该浮球机构是否正常，对于回收装置能否正常运行是相当重要的。如果回收冷凝器中的制冷剂不在正常液位，则可关闭制冷剂回液管路上的波纹管截止阀。如此重复几次，使浮球阀机构上下运动，以排除其卡阻现象。上述方法如不能奏效，则应拆下修理。

抽气回收装置在进行拆检后，应按有关规定进行气密性、真空试验。

3）用冰水混合物来确认蒸发器制冷剂温度传感器的精度还在±2.0℃的误差范围内，如果蒸发器制冷剂温度的读数超出4℃的误差范围，就要更换该传感器。如果传感器一直暴露在超过它普通运行温度范围−18～32℃极限的环境中，就需要每半年检查一次它的精度。

4）压缩机润滑油的更换。建议先制订一个年度油分析程序，而不是单单地更换油，只有当油分析结果表明需要时才将油更换（比如从油的颜色、气味、手感、外观等来判断）。通过油质分析可以减少机组运行寿命内总的耗油量和制冷剂的泄漏量，从而可以减少维护费用，并且提高机组的运行寿命。这部分的内容详见第六章。

5）更换油过滤器。一般每年、每次换油或机组运转过程中油压不稳定时，都得更换油过滤器。更换油过滤器的步骤如下：

① 运转油泵2～3min以确保油过滤器温度升到储油槽的温度。

② 关闭油泵电机。

③ 拉动旋转阀锁销上的把手，同时旋转阀门至“排液”位置（在阀门的顶部有一个扳手用于旋转阀门，同时有指针指示旋转位置），如图5-1所示。当旋转到“排液”位置时，锁销由于弹力作用回到原来的位置锁住阀。

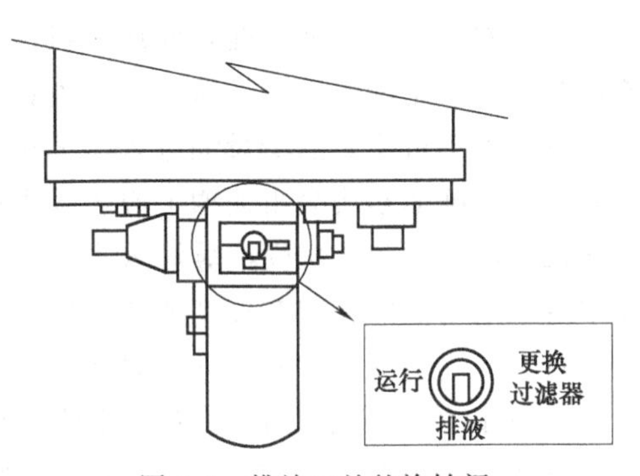

图5-1 排放口处的旋转阀

④ 至少需要15min才能使过滤器上的油全部回到储油槽中。

⑤ 再次拉动旋转阀锁销的把手，然后旋转阀门至“更换油过滤器”位置。这将使过滤器与机组隔离开来。在这个位置松开把手，以锁住阀门。

⑥ 迅速更换过滤器。按照过滤器说明书的要求固定过滤器，把替换下来的过滤器放到可回收利用的容器中。再次拉动把手，将阀门旋转至“运转”位置，然后松开把手，锁住

阀门。这个时候机组就可以开始运行了。

6）检查冷凝管是否脏污，必要时应进行清洗工作。

7）测量压缩机电机绕组的绝缘电阻。

8）进行制冷机的泄漏测试，这对那些需要经常进行排气的机组来说尤为重要。

9）每三年对冷凝器和蒸发器的换热管进行一次无损测试（根据制冷机所处环境的不同，管道测试的周期会不尽相同，对于运行条件苛刻的机组，频率要高一些）。

10）根据实际机组的运转情况，决定何时对机组进行全面的检测以检查压缩机和机组内部部件的状况。

① 检查压缩机转子平衡和振动。在对压缩机解体后，应检查叶轮流道和进口导叶表面积垢情况，并分析产生积垢的原因，采取相应的措施；检查叶轮与蜗壳（尤其是轮盖的外圆部分）有无摩擦痕迹，对压缩机转子进行动平衡校正；检查推力轴承推力块与推力盘工作面是否有擦伤或破坏情况，以分析叶轮与蜗壳的摩擦是由于压缩机转子不平衡所引起还是由于推力轴承油膜破坏所引起；检查叶轮与主轴连接的螺钉是否完好或松动，有无扭伤和裂纹，键连接的叶轮键槽径向有无裂痕或破损，因为这也是造成压缩机转子平衡破坏的重要原因；检查叶轮前端的端头螺母上防转螺钉是否松脱，因为松脱将会造成叶轮沿轴向窜动，从而引起叶轮与蜗壳的碰擦事故。

② 检查径向滑动轴承与推力轴承的间隙。检测机组停机后压缩机转子上的径向滑动轴承和推力轴承、大齿轮上径向滑动轴承和推力轴承、主电动机各径向滑动轴承的实际间隙值等，并认真检查各工作面的磨损情况及推力块工作面的磨损情况。轻微的推力面磨损可采用人工刮削或研磨方法，消除压伤、线痕或凹点。调整推力轴承背面或调整垫片的厚度，使推力轴承的轴向间隙恢复到要求范围内。严重时可进行磨损件的更换。

③ 检查齿轮啮合情况。检查齿轮的啮合面有无点蚀、损角、裂纹等。检查喷油孔是否畅通。注意在检查增速箱时不得碰伤各轴承的铜热电阻元件和外接测温线路。

④ 检查各气（油）封径向间隙是否符合装配规定。各气（油）封齿是否损伤，各密封垫纸垫片以及各节流圈是否破损、失效或堵塞，充气气封是否畅通。

⑤ 检查蜗壳底部和能量调节机构壳体底部的回油孔是否被杂质堵塞。推力轴承的回油孔应位于上部，严禁倒装。

从压缩机流道积油状况判断压缩机运转时漏油部位并进行处理。如果充气气封失效，则油将会沿转子主轴表面进入压缩机流道；平衡管过滤网的厚度不够，封油作用不严以及机组启动过程中不可避免的少量油进入压缩机流道；主电动机喷液回液腔与机壳腔之间气封作用如果失效，则油雾将会由油槽上腔进入主电动机回液腔并随制冷剂进入蒸发器，而将油带入压缩机流道。为防止机壳油雾渗入主电动机回液腔，常在主电动机回液管路上装设节流圈，以维持主电动机回液腔有较高的背压以阻止油雾的渗入。

对于上述情况应拆检处理，以保证设备能正常运行。

⑥ 进口能量调节机构的导叶转轴、转动部位、铰链等加润滑油脂，手动检查进口导叶由全闭至全开过程是否同步、灵活。如果采用钢丝和滑轮传动，则应检查钢丝是否打滑，并调整螺钉以保持钢丝适当松紧度，以不打滑为原则。检查进口导叶的驱动轴、密封胶圈、O形圈是否磨损失效，并决定是否更换。在各部位检查处理完毕后，应按要求装配，并手动检查进口导叶角度是否与驱动机构同步，并使用可调长拉杆与调节连杆进行调整。

四、溴化锂吸收式机组的维护保养

溴化锂吸收式制冷机长期稳定运行，性能长期保持不变，依赖于严格的操作程序和良好的保养。若忽视了严格的操作程序和良好的保养，则会使机组制冷效果变差，发生事故频率高，甚至在3～5年内使机组报废。因此，除了要掌握正确的操作技能外，机组操作人员还应熟悉机组的维护保养知识，以便保证机组安全、高效地运行。

1. 日常运行时的维护保养

所谓日常运行时的维护保养是指在运行过程中，需短期停机，时间为1～2周。此时的保养如下：

① 将机器内的溶液充分稀释。有必要时可将蒸发器中的冷剂水全部旁通至吸收器，充分稀释机内的溴化锂溶液，使其在当地的最低环境温度下不发生结晶。但是，如果停机期间，当地的最低环境气温比较高，则不仅不用将蒸发器的冷剂水全部旁通至吸收器，而且机组也不需要过分稀释，只需保持蒸发器冷剂水有一定的液位，确保停机时溶液不会结晶即可。这样在机组重新启动时，可缩短从机组启动到正常运行的时间。这是由于溶液中的冷剂水经过发生器及冷凝器后进入蒸发器，要使蒸发器冷剂水有一定高度的液位，需要一定的时间。

② 注意保持机器内的真空度，若真空值降低，则应随时启动真空泵，抽除空气，否则会导致溴化锂溶液对机组的腐蚀。

当检修屏蔽泵（溶液泵与冷剂水泵）、清洗喷淋管或更换隔膜阀隔膜时，切忌机器长久敞开于空气中，因此要迅速完成修理工作。若修理工作当天无法完成，则在不修理时，应采取临时措施，将与大气相通的部位密封，以使机器保持真空状态。

③ 在停机期间，若机组绝对压力上升过快，则应检查机组是否泄漏。若机组泄漏，则应尽快进行气密性检查。

④ 在停机期间，当地气温也有可能降至0℃以下，这时应将所有积水放尽。

2. 年度停机时的维护保养

年度停机时，机组的保养可分充氮保养和真空保养两种方法。

（1）机组内充氮保养

① 将蒸发器中冷剂水全部旁通到吸收器，使溶液充分稀释，以防在最低环境温度下结晶。

② 在机组充氮之前，启动真空泵，将机组内不凝性气体（特别是氧气）抽尽，以防溴化锂溶液对机组的腐蚀。即使机内溶液放入储液器，溶液也不能全部放尽，壳体壁、机组底部及死角都会残留液体。

③ 取一根能承受压力的橡胶管，一端与氮气瓶减压阀出口相连接，先打开氮气，将橡胶管内空气排除尽，然后再将橡胶管的另一端与机组测压阀相连。

④ 打开氮气瓶减压阀及机组测压阀，向机内充注氮气，其压力为0.02～0.04MPa（表压）。

⑤ 最好将溴化锂溶液放至储液器中，使溶液杂质沉淀，这也是溴化锂溶液的再生。在放溶液前，应先启动溶液泵，使溶液运行循环，以使机内铁锈及杂质混入溶液中，再与溶液一起被排出机外。若无储液器及其他容器，则亦可将溶液储于机组中。

⑥ 当外界环境温度在0℃以下时，运转溶液泵，将溶液泵出口取样阀与冷剂泵取样阀相

连，停止运转冷剂泵，打开两只取样阀，使溶液进入冷剂泵。通过对冷剂水的取样，确定注入的溶液量，以防冷剂水在冷剂泵内冻结。

⑦ 将发生器、冷凝器、蒸发器、吸收器水室及传热管内的存水放尽，以免冻结。即使环境温度在 0℃以上，也应放尽存水，以便于传热管的清洁。

⑧ 在长期停机期间，应注意防止电气设备和自动化仪表受潮，特别是室外机组。

⑨ 在长期停机期间，应经常检查机内氮气压力，压力监测应由专人负责，并将监测结果填入监测表中，如表 5-1 所示。若机内压力下降过快，则说明机组可能有泄漏。若确定机组有泄漏，则应对机组进行气密性检查并消除泄漏。

表 5-1 溴化锂制冷机停机压力监测表

记录时间 __年__月		环境温度 /℃	大气压		机内压力变化			
			mbar （毫巴）	mmHg （毫米汞柱）	正压（充氮）		负压（真空）	
					mmHg （p_b）	比差 （Δp_b）	mmHg （p_z）	比差 （Δp_z）
1	8:00							
	16:00							
2	8:00							
	16:00							
3	8:00							
	16:00							
4	8:00							
	16:00							
5	8:00							
	16:00							
6	8:00							
	16:00							
7	8:00							
	16:00							
8	8:00							
	16:00							
9	8:00							
	16:00							
10	8:00							
	16:00							
……								

注：表中的比差是指前一次监测和后一次监测的数值之差；比差值越大，说明机组泄漏越严重；在测定比差时应考虑环境对比差的影响。

（2）机组真空保养

① 在长期停机期间，应特别注意机组的气密性，定期检查机组真空度。

② 在定期检查机组真空度时，由于机组已经被使用了，机内存有冷剂水，水的蒸发亦会使真空度下降，因此，不能在短时间内确定机组是否泄漏，需放置较长时间以观察机组真空度下降情况。也可将机内充入 9.3kPa 的氮气，在一个月内，以机内的绝对压力上升不超过 300Pa 为合格。一旦确定机组有泄漏，就应尽快进行气密性检查，消除泄漏情况。

③ 对机组真空保养时，大都将溶液留在机组内，这对于气密性好、溶液颜色清晰的机组是可行的，但对于一些腐蚀较严重、溶液外观混浊的机组，最好还是将溶液送入储液器中，以便通过沉淀除去溶液中的杂物。若无储液器，则应对溶液进行处理后再灌入

机组中。

④ 其他方面可参见充氮保护内容。

一般季节性长期停机宜用充氮保护。若停机时间不太长，则以采用真空保养为宜。

(3) 机组的定期检查

在溴化锂吸收式制冷机运行期间，为确保机组安全运行，应进行定期检查。定期检查的项目如表 5-2 所示。

表 5-2　溴化锂吸收式制冷机定期检查项目

项目	检查内容	检查周期				备注
		每日	每周	每月	每年	
溴化锂溶液	溶液的质量分数		√		√	
	溶液的 pH 值			√		9～11
	溶液的铬酸锂含量			√		0.2%～0.3%
	溶液的清洁程度,决定是否需要再生				√	
冷剂水	测定冷剂水相对密度,观察是否污染,决定是否需要再生		√			
屏蔽泵(溶液泵、冷剂泵)	运转声音是否正常	√				
	电动机电流是否超过正常值	√				
	电动机的绝缘性能				√	
	泵体温度是否正常	√				不大于 70℃
	叶轮拆检和过滤网的情况				√	
	石墨轴承磨损程度的检查				√	
真空泵	润滑油是否在油面线中心	√				油面窗中心线
	运行中是否有异常声响	√				
	运转时电动机的电流	√				
	运转时泵体温度	√				不大于 70℃
	润滑油的污染和乳化	√				
	传动带是否松动		√			
	带放气电磁阀动作是否可靠		√			
	电动机的绝缘性能				√	
	真空管路泄漏的检查				√	无泄漏,24h 压力回升不超过 26.7Pa
	真空泵抽气性能的测定			√	√	
隔膜式真空阀	密封性				√	
	橡皮隔膜的老化程度				√	
传热管	管内壁的腐蚀情况				√	
	管内壁的结垢情况				√	
机组的密封性	运行中不凝性气体	√				
	真空度的回升值	√				
带放气真空电磁阀	密封面的清洁度			√		
	电磁阀动作可靠性		√			
冷媒水、冷却水、蒸汽管路	各阀门、法兰是否是有漏水、漏汽现象		√			
	管道保温情况是否完好				√	
电控设备、计量设备	电器的绝缘性能				√	
	电器的动作可靠性				√	
	仪器仪表调定点的准确度				√	
	计量仪表指示值准确度校验				√	
报警装置	机组开车前一定要调整各控制器指示的可靠性				√	

续表

项目	检查内容	检查周期				备注
		每日	每周	每月	每年	
水泵	泵体、电动机温度是否正常	√				不大于 70℃
	运转声音是否正常	√				
	电动机电流是否超过正常值	√				
	电动机绝缘性能				√	
	叶轮拆检、套筒磨损程度检查				√	
	轴承磨损程度的检查				√	
	水泵的漏水情况		√			
	地脚螺栓及联轴器情况是否完好			√		
冷却塔	喷淋头的检查			√		
	点波片的检查				√	
	点波框、挡水板的清洁				√	
	冷却水水质的测量			√		

对于直燃型溴化锂吸收式冷（热）水机组，除表 5-2 中所列检查保养的项目外，还要按表 5-3 所列的项目进行检查保养。

认真做好机组的各项检查，是机组安全高效运转的重要保证。根据检查结果，预测事故征兆，尽早采取措施，避免事故或重大事故的发生。重要的检查内容有以下几项。

表 5-3 直燃型溴化锂吸收式冷（热）水机组定期检查项目

项　目	检查内容	检 查 周 期			
		每日	每周	每月	每年或每季
燃烧设备	火焰观察	√			
	保养检查		√		
	动作检查			√	
	点火试验				√
燃烧要素	排气成分分析			√	
	空燃比调整				√
燃料配管系统	过滤器检查	√			
	泄漏检查			√	
	配件动作检查				√
烟道	烟道烟囱检查				√
	保温检查				√
控制箱	绝缘电阻				√
	控制程序				√

① 机组的气密性。可以通过吸收器损失法测量不凝性气体累积量，以判断机组是否有泄漏。一旦机组有泄漏，应迅速检漏并排除泄漏处。不要反复启动真空泵来维护机组内真空，更不应使真空泵不停地运转，勉强维持机组运行。

② 溴化锂溶液的检查。通过对溶液定期检查、分析，以及对溶液颜色的观察，来确定溶液中缓蚀剂的消耗情况，定性地确定机组被腐蚀的程度。

③ 冷剂水的相对密度。通过定期测量冷剂水的密度，或经常观察冷剂水的颜色，判断冷剂水中是否混入溴化锂溶液，了解冷剂水的污染情况。若冷剂水污染，则机组性能下降，必须再生。

④ 机组内的辛醇含量。添加辛醇是提高机组性能的有效措施，但辛醇与水及溶液不相溶，因而辛醇最容易聚集在蒸发器冷剂水表面。辛醇聚积后，其作用逐渐减弱，机组性能下降。另外，辛醇是易挥发性物质，机组在不断的抽气中，使辛醇随着气流一起被真空泵排出机外。辛醇在机内的含量多少很难测量，但可以通过真空泵的排气或溶液取样中有无刺激性气味，来判断机内辛醇的消耗情况。

⑤ 能量消耗率。在同一运行状态下，由于下列原因使能量消耗急剧上升。

a. 由于机组某些泄漏或传热管某些点蚀穿孔等原因，机组内有大量空气，吸收损失较大。

b. 冷剂水漏入溶液中，使溶液稀释，吸收水分减少。

c. 溶液进入冷剂侧，使冷剂水污染。

d. 冷却水进口温度高及冷却水量少，使吸收效果下降，且冷凝效果不好，溶液质量分数差减少。

e. 由于发生器水室隔板和垫片脱落，使工作蒸汽旁通，或者工作蒸汽部分未凝结而排出机外。

f. 传热管结垢严重，使传热效率降低，浓溶液质量分数下降而稀溶液质量分数上升。

g. 溶液循环量过大或过小。

h. 喷淋系统堵塞。吸收器喷嘴或喷淋孔堵塞，以及蒸发器喷嘴堵塞，都会使稀溶液质量分数升高。

i. 使用劣质燃料，燃烧状态恶化，产生烟垢，使排气温度升高。

j. 燃料的空气量不合适，空燃比过小，燃烧不完全。

第二节 其他设备的维护保养

中央空调系统除了压缩机设备之外，还包括冷凝器和蒸发器，以及冷冻水系统和冷却水系统所用到的风机、水泵和冷却塔设备。只有做好这些设备的维护保养工作，才能使整个空调系统正常运行和延长其使用寿命。

一、蒸发器、冷凝器的维护保养

由于蒸发器、冷凝器是组成制冷系统的重要部件，在其运行中起着重要的作用，因而对它们进行正确的维护保养和必要的修理是保证制冷系统正常运行的关键因素之一。

1. 蒸发器的维护保养

(1) 蒸发器的日常维护保养

① 对于立管式和螺旋管式蒸发器，在系统启动之前应先检查搅拌机、冷媒水泵及其他接口处有无泄漏现象，蒸发器水箱内水位是否高出蒸发器上集气管100mm，发现问题应及时处理。

② 监视制冷剂的液位。制冷系统在运行中，蒸发器内制冷剂的过多或过少，对制冷系统的正常运行都是不利的。保持要求的正确液位，是制冷机组在要求工况下正常运行的重要保证。因此，系统在正常运行中，应经常从各个部位的视镜处观察蒸发器（包括离心式制冷机组中的浮球室等）的制冷剂液位和汽化情况。

对于活塞式压缩制冷系统和螺杆式压缩制冷系统，蒸发器内制冷剂的过多和过少，可通过调节系统中节流阀的开度大小来进行调节，并由浮球阀来维持适当的液面高度。

对于离心式制冷系统，如蒸发器中液面过高，则可采用如下的方法进行排放。

a. 如果机组在运行中，则可将抽气回收装置上的制冷剂回收管路与蒸发器断开，接通制冷剂回收罐，同时将回收罐顶部预冷却，以防止高温高压的制冷剂在回收罐中造成闪发而形成损失。启动抽气回收装置进行排放。

b. 如果机组处于停机状态，则可充入 0.1MPa（表压）的干燥氮气将多余部分的制冷剂压出。

离心式制冷机组在正常运行过程中，浮球室内的制冷剂液面应处于要求的液面位置且浮球阀上的浮球应位于液面之上。如果出现液面过低、浮球位于液面之下、看不见液位以及浮球悬空与液位脱离等现象，则表明已出现故障，应进行处理。造成上述情况的原因大致有以下四种。

• 如果浮球室液面过低，则原因可能为制冷剂充灌量不足或浮球室的过滤网堵塞。

• 如果浮球室看不到液位，则原因可能为浮球室前过滤网堵死或浮球阀卡死，节流孔无法关闭。

• 如果浮球被液面所淹没，则原因可能为浮球本身有漏眼、制冷剂进入浮球内或浮球卡死、节流孔无法打开。

• 如果浮球悬空或与液面脱离，则原因可能为浮球阀卡死，无法落下关闭。

③ 注意检查和监视蒸发器冷媒水的出水温度。严格保证制冷机组蒸发器冷媒水出水温度是制冷运行的中心任务。应避免蒸发器冷媒水出水温度过高或过低。

a. 当蒸发器冷媒水出水温度过高时可采取以下措施。

• 加大能量调节，如增加活塞式制冷压缩机的运行气缸数，加大离心式制冷机进气口处的导叶开度等。

• 如果运行中冷媒水出水温度与系统的蒸发温度相差过大，则可能是制冷剂充灌量不足或经长期运行蒸发器水管积垢所致，应进行必要的处理。

• 如果要求必须保证提供规定的冷媒水温度，而制冷机组运行中冷媒水温度较高，则应适当减少进入蒸发器的水量。在冷媒水出水温度达到规定温度后，在其他相应参数正常的情况下，再恢复正常的供水量。

b. 当蒸发器冷媒水出水温度过低时可采取以下措施。

• 减小能量调节，如关小离心式制冷机进口导叶开度（但必须避开压缩机的喘振工作区)。减少活塞式制冷压缩机的运行气缸数等。

• 如制冷系统设有冷媒水池和冷媒水回水池时，可将回水池与冷媒水池之间的通路打开，使冷媒水池温度升高，或在冷媒水回水池中补充一定量的高于冷媒水温度的自来水，进而提高蒸发器的冷媒水进水温度，达到提高冷媒水出水温度的目的。

• 如果机组在运行过程中，需要较快地提高冷媒水的出水温度，则可适当加大冷媒水的供水量，在冷媒水温度提高至要求值后，且其他参数在正常范围内，可再恢复正常水量。

④ 应随时注意检查冷媒水出水温度与蒸发温度之差。制冷系统在正常运行过程中，一般冷媒水出水温度与蒸发温度之差（对于空调制冷工况）在 5℃左右，如温度差大于 5℃则应进行检查和处理。造成温差过大的原因可能有：

a. 蒸发器冷媒水侧结垢过多。

b. 蒸发器内制冷剂量太少。

c. 蒸发器内换热管可能漏水。

d. 冷媒水供水量不足。

e. 制冷剂不纯。

f. 机组内真空度不足，有空气漏入。

经分析判断，凡发生上述情况时，应及时采取措施予以排除，以保证运行的正常。

⑤ 运行中应随时监视冷媒水量和水质。制冷系统运行中，冷媒水量的保证依赖于冷媒水泵和冷媒水管路系统的工作情况，而冷媒水量是否达到要求值，一般是从水泵出口压力的大小以及水泵电动机运行电流的大小来判断的。水量的过大或过小，对制冷系统的正常运行都是不利的，应及时进行调整。

冷媒水水质应按国家规定的标准执行。由于水质的不纯，会导致换热管水侧结垢和腐蚀，从而减少机组的制冷量和造成漏水等事故，因此在机组的运行过程中，应定期对冷媒水系统中的水质进行化验分析。

⑥ 应注意蒸发器中积油的及时排放，以防止油膜对传热系数的影响。

(2) 蒸发器长期停止使用时的维护保养

若蒸发器长期停止使用，则应将蒸发器中的制冷剂抽到储液器中保存，使蒸发器内压力保持0.05～0.07MPa（表压）即可；立管式蒸发器在水箱中，如蒸发器长期不用，则箱内的水位应高出蒸发器上集气管100mm；若为盐水蒸发器则应将盐水放出箱外，将水箱清洗干净，然后灌入自来水保存；卧式壳管式蒸发器的清洗除垢方法与水冷冷凝器相同，对于表面式蒸发器肋片间的积灰和污垢，应及时采用压缩空气吹除，必要时可使用清洁剂进行清洗。

2. 冷凝器的维护保养

(1) 运行中应随时注意检查系统中的冷凝压力

制冷系统在正常运行过程中时，冷凝压力应在规定范围内，若冷凝压力过高，则说明制冷系统中存在着故障；如系统中不凝性气体过多，则对于离心式制冷系统还可能引起压缩机喘振的发生。因此，在制冷系统运行中，如果冷凝压力过高，但保护系统又未动作，则应采取以下措施。

① 对于活塞式压缩制冷系统，可按有关说明的办法从冷凝器的顶部进行不凝性气体的排放；对于离心式制冷系统，可启动系统中的抽气回收装置进行空气和不凝性气体的排放。

② 如果必须迅速降低冷凝压力（如在机组启动过程中），则可采用加大冷却水量、降低冷却水温的方法处理。当冷凝压力逐渐调整到额定值后，再减小冷却水量到额定值即可。

③ 对于活塞式压缩制冷系统，可减少投入运行的压缩机气缸数；对于离心式制冷系统，可以适当关小进口导叶开度，以对制冷压缩机进行减载运行。

④ 对于离心式制冷机组，可检查浮球室制冷剂的液位和浮球阀是否正常，如不正常则应进行处理。

⑤ 如果冷凝器上安装的压力表出现故障，则应及时更换。

⑥ 如果冷凝压力超过停机保护压力设定值而未实现自动保护动作，则应停机检查保护压力设定值，并重新按要求设定。

⑦ 如果制冷系统在启动过程中，冷凝压力急剧上升，直至达到压缩机的停机保护值而自动停机，则应：首先检查水冷式冷凝器的冷却水系统是否运转，水量是否正常；其次应检查制冷机组内，尤其是冷凝器顶部的空气与其他不凝性气体是否过多，若过多，则可在停机状态下进行排放，对于离心式制冷机组可启动抽气回收装置进行气体排放，连续运行时间不得少于 20min，之后方可对机组启动运行。

⑧ 检查冷却水系统中冷却塔风机运行是否正常，如果一台冷却塔不能满足制冷系统降低冷凝压力的需要，则可采用两台冷却塔并联运行。如冷却塔在正常运行状态下，进、出水温差较小，则应对冷却塔喷水管、填料等进行除垢处理和疏通喷孔处理。

(2) 运行中应随时注意冷凝器换热冷却水侧结垢和腐蚀程度

一般制冷系统的冷凝温度与冷凝器出水温度之差（对于空调制冷工况）在 4～5℃，如果温差不在这一范围，且冷凝器进出水温差较小，则说明冷凝器的换热管内有结垢、腐蚀、漏水、空气进入、制冷剂不纯、冷却水量不足等故障，应及时进行排除。

如果制冷系统在运行过程中，冷凝温度小于冷凝器内冷却水的出水温度，则是由于冷凝压力表的接管内制冷剂液化，将压力表管路堵塞，导致冷凝器压力表读数偏低。此时应采取措施消除故障。

(3) 风冷式冷凝器的除尘

风冷式冷凝器是以空气为冷却介质的。混在空气中的灰尘随空气流动，黏结在冷凝器外表面上，堵塞肋片的间隙，使空气的流动阻力加大，风量减少。灰尘和污垢的热阻较大，降低了冷凝器的热交换效率，使冷凝压力升高，制冷量降低，房间温度下降缓慢。因此，必须对冷凝器的灰尘进行定期清除，常用方法如下。

① 刷洗法。主要用于冷凝器表面油污较严重的场合。准备 70℃左右的温水，加入清洁剂（也可加入专用清洗剂)，用毛刷刷洗。刷洗完毕后，再用水冲淋。目前有一种喷雾型的换热器清洗剂，将清洗剂喷在散热片上，片刻后用水冲洗即可。

② 吹除法。利用压缩空气或氮气，将冷凝器外表附着物吹除。同时也可用毛刷边刷边吹除。在清洗冷凝器时，应注意保护翅片、换热管等，不要用硬物刮洗或敲击。

(4) 水冷式冷凝器的除垢

水冷式冷凝器所用的冷却水是自来水、深井水或江河湖泊水。当冷却水在冷却管壁内流动时，水里的一部分杂质沉积在冷却管壁上，同时经与温度较高的制冷剂蒸汽换热后，水温升高，则溶解于水中的盐类就会分解并析出，沉淀在冷却管上，黏结成水垢。时间长了，污垢本身具有较大的热阻，使热量不能及时排出，冷凝温度升高，影响制冷机的制冷量。因此要定期清除水垢，常用方法如下。

① 手工除垢法。将壳管式冷凝器两端的铸铁端盖拆下，用螺旋形钢丝刷伸入冷却管内，往复拉刷，然后再用接近管子内径尺寸的麻花钢筋，塞进冷却管内反复拉捅，一边捅一边用压力水冲洗。这种除垢方法设备简单，但劳动强度大。

② 电动机械除垢法。将卧式水冷冷凝器的端盖打开（将立式水冷冷凝器上边的挡水板拿掉)，用专用刮刀接在钢丝软轴上，另一端接在电动机轴上。将刮刀以水平或垂直方向插入冷却管内，开动电动机就可刮除水垢，同时用水管冲洗刮下的水垢并冷却刮刀，应注意冷凝器的焊口或胀口，以防振动而出现泄漏。这种方法效果很好，但只适用于钢制冷却管的冷凝器，不适用于铜管冷凝器。铰锥式刀头在管内清除水垢的情形，如图 5-2 所示。

③ 化学除垢法。化学除垢法是利用化学品溶液与水垢接触时发生的化学变化，使水垢

脱离管壁。它的方法有多种，通常采用酸洗法。酸洗法除水垢适用于立式和卧式壳管式冷凝器，尤其适用于铜管冷凝器。酸洗法除垢有采用耐酸泵循环除垢和灌入法（直接将配置好的酸洗溶液倒入换热管子）除垢两种方法。

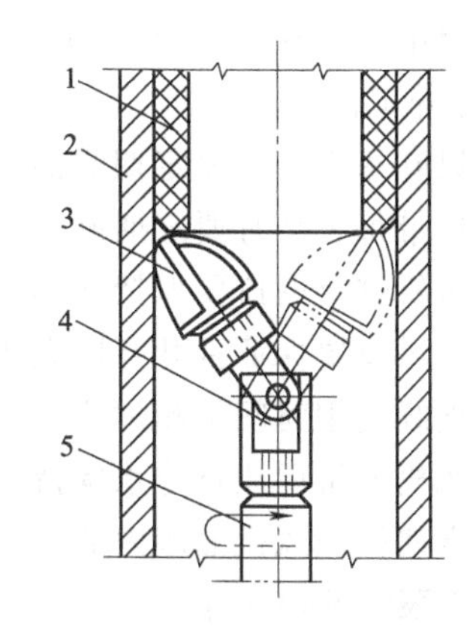

图 5-2　铰锥式刀头在管内清除水垢

1—水垢；2—水管；3—刀头；4—万向联轴器；5—传动软管

酸洗法除垢的操作方法如下。

a. 采用耐酸泵循环除垢时，首先将制冷剂全部抽出，关闭冷凝器的进水阀，放净管道内积水，拆掉进水管，将冷凝器进、出水接头用相同直径的水管（最好采用耐酸塑料管）接入酸洗系统中，如图 5-3 所示。

b. 其次向用塑料板制成的溶液箱 8 中倒入适量的酸洗液。酸洗液为 10%浓度的盐酸溶液 500kg 加入缓蚀剂 250g，缓蚀剂一般用六亚甲基四胺（又称乌洛托品）。酸洗液的实际需用量可按冷凝器的大小进行配制。启动酸洗泵，使酸洗液沿冷凝器管道和溶液箱循环流动，酸洗液便会与冷凝器管道中的水垢发生化学反应，使水垢溶解脱落，达到除垢的目的。

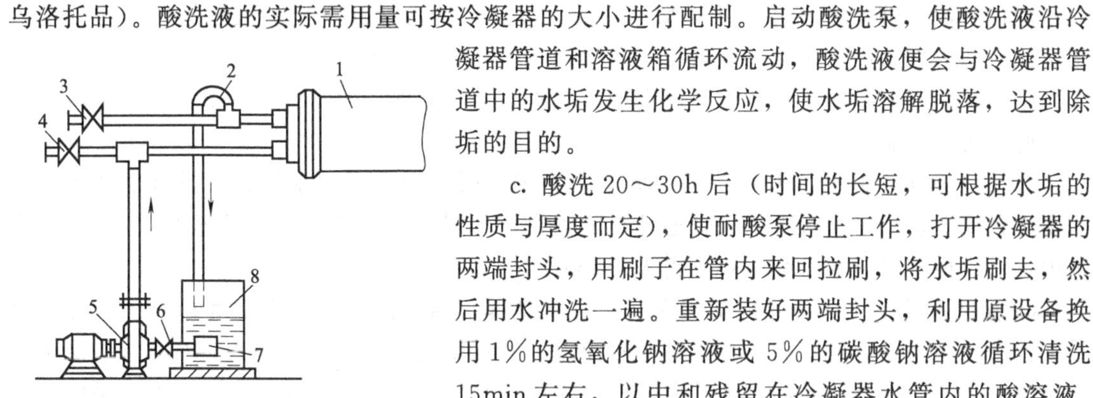

图 5-3　酸洗法除垢装置

1—冷凝器；2—回流弯管；3,4,6—截止阀；5—耐酸泵；7—过滤网；8—溶液箱

c. 酸洗 20～30h 后（时间的长短，可根据水垢的性质与厚度而定），使耐酸泵停止工作，打开冷凝器的两端封头，用刷子在管内来回拉刷，将水垢刷去，然后用水冲洗一遍。重新装好两端封头，利用原设备换用 1%的氢氧化钠溶液或 5%的碳酸钠溶液循环清洗 15min 左右，以中和残留在冷凝器水管内的酸溶液。再用清水循环冲洗 1～2h，直到水清为止。

除垢工作可根据水质的好坏和冷凝器的使用情况决定清洗时间，一般可间隔 1～2 年进行一次。除垢工作结束后，要对冷凝器进行压力检漏。

目前市场上有配置好的专用“酸性除锈除垢”清洗剂出售，按说明书要求倒入清洗设备中，按上述清洗法进行除垢即可。采用此种清洗剂不但效果好，而且省去了配置清洗液的麻烦，即安全又省时省力，是目前推荐使用的方法。

冷凝器也可在运行过程中除垢。运行去垢剂可直接加在冷却水中进行除垢，使用时制冷系统不必停止运行。将运行去垢剂按占冷却水量 0.1%的比例加入冷却水中，随着运行去垢剂与冷却水混合均匀，在运行过程中即可达到除垢的目的。除垢期为 20～30 天，除垢期间水池中有白盐类沉淀物，应经常排污，并及时补水、补药，以保证运行去垢剂的浓度。除垢期后系统可正常运行。

二、风机、水泵的维护保养

1. 风机的维护保养

风机停机不使用可分为日常停机（如白天使用，夜晚停机）和季节性停机（如每年 4～

11 月份使用，12～3 月份停机）。从维护保养的角度出发，停机期间主要应在以下几方面做好维护保养工作。

① 风叶每六个月要定期清洁，以延长风机使用寿命。

② 皮带每三个月要定期调整松紧。

③ 风机进风网口要保持通畅。

④ 出风口要保证百叶开启大于 70%。

⑤ 连续使用时间不超过 8～10h。

⑥ 风机电机要注意防水保持清洁。

⑦ 定期检查风机油座内的油是否足够正常运转，以及定期加油或更换新油。

2. 水泵的维护保养

为了使水泵能安全、正常地运行，为整个制冷系统的正常运行提供基本保证，除了要做好其启动前、启动以及运行中的检查工作，保证水泵有一个良好的工作状态，发现问题能及时解决，出现故障能及时排除以外，还需要定期做好以下几方面的维护保养工作。

① 加油。轴承采用润滑油润滑的，在水泵使用期间，每天都要观察油位是否在油镜标识范围内。油不够就要通过注油杯加油，并且要一年清洗换油一次。根据工作环境温度情况，润滑油可以采用 L-AN32 号或 L-AN46 号全损耗系统用油。

轴承采用润滑脂（俗称黄油）润滑的，在水泵使用期间，每工作 2000h 换油一次，润滑脂最好使用钙基脂。

② 更换轴封。由于填料用一段时间就会磨损，因此当发现漏水量超标时就要考虑是否需要压紧或更换轴封。对于采用普通填料的轴封，填料密封部位每分钟滴水数量应在 10 滴之内，而机械密封泄漏量则一般不得大于 5mL/h。

③ 解体检修。一般每年应对水泵进行一次解体检修，内容包括清洗和检查。清洗主要是刮去叶轮内外表面的水垢，特别是叶轮流道内的水垢要清除干净，因为它对水泵的流量和效率影响很大。此外还要注意清洗泵壳的内表面以及轴承。在清洗过程中，应对水泵的各个部件顺便进行详细认真的检查，以便确定是否需要修理或更换，特别是叶轮、密封环、轴承、填料等部件要重点检查。

④ 除锈刷漆。水泵在使用时，通常都处于潮湿的空气环境中，有些没有进行保温处理的冷媒水泵，在运行时其泵体表面更是被水覆盖（结露所致），长期这样，泵体的部分表面就会生锈。为此，每年应对没有进行保温处理的冷媒水泵泵体表面进行一次除锈刷漆作业。

⑤ 放水防冻。水泵停用期间，如果环境温度低于 0℃，就要将泵内的水全部放干净，以免水因冻胀作用胀裂泵体。特别是安装在室外工作的水泵（包括水管），尤其不能忽视。如果不注意做好这方面的工作，就有可能导致重大损坏。

三、冷却塔的维护保养

冷却塔在制冷系统中是用来降低冷凝器的进口水温（即冷却水温）的，在保证制冷系统的正常运行中起着重要的作用。为了使冷却塔能安全正常地使用尽量长的时间，除了做好启动前检查工作和清洁工作外，还需做好以下几项维护保养工作。

① 运行中应注意冷却塔配水系统配水的均匀性，及时进行调整。

② 对于管道、喷嘴应根据所使用的水质情况定期或不定期地清洗，以清除上面的脏物及水垢等。

③ 应定期清洗集水盘（槽），并定期清除百叶窗上的杂物（如树叶、碎片等），保持进风口的通畅。

④ 对使用带传动减速装置的，每两周停机检查一次传动带的松紧度，不合适时要调整。如果几根传动带松紧程度不同则要全套更换；如果冷却塔长时间不运行，则最好将传动带取下来保存。

⑤ 对使用齿轮减速装置的，每一个月停机检查一次齿轮箱中的油位，油量不够时要补加到位。此外，冷却塔每运行六个月要检查一次油的颜色和黏度，达不到要求必须全部更换。当冷却塔累计使用5000h后，不论油质情况如何，都必须对齿轮箱做彻底清洗，并更换润滑油。齿轮减速装置采用的润滑油一般为L-AN46或L-AN68全损耗系统用油。

⑥ 由于冷却塔风机的电动机长期在湿热环境下工作，为了保证其绝缘性能，不发生电动机烧毁事故，每年必须做一次电动机绝缘情况测试。如果达不到要求，则要及时处理或更换电动机。

⑦ 要注意检查填料是否有损坏的，如果有要及时修补或更换。

⑧ 风机系统所有轴承的润滑脂一般一年更换一次，不允许有硬化现象。

⑨ 当采用化学药剂进行水处理时，要注意风机叶片的腐蚀问题。为了减缓腐蚀，应每年清除一次叶片上的腐蚀物，均匀涂刷防锈漆和酚醛漆各一道；或者在叶片上涂刷一层0.2mm厚的环氧树脂，其防腐性能一般可维持2～3年。

⑩ 在冬季冷却塔停止使用期间，有可能因积雪而使风机叶片变形，这时可以采取两种办法避免：一是停机后将叶片旋转到垂直于地面的角度紧固；二是将叶片或连轮毂一起拆下放到室内保存。

⑪ 在冬季冷却塔停止使用期间，有可能发生冰冻现象时，要将冷却塔集水盘（槽）和室外部分的冷却水系统中的水全部放光，以免冻坏设备和管道。

⑫ 冷却塔的支架、风机系统的结构架以及爬梯通常采用镀锌钢件，一般不需要刷油漆。如果发现有生锈情况，则再进行去锈刷漆工作。

复习思考题

1. 对于活塞式制冷压缩机在日常运行维护中，主要检查哪些内容？
2. 活塞式制冷压缩机长期停机时，维护保养内容主要包括哪些？
3. 螺杆式制冷压缩机日常停机时，应采取哪些维护保养措施？长期停机时呢？
4. 如何判断离心式制冷机组供油压力状态是正常的？
5. 对于离心式制冷机组的润滑系统的维护管理，应注意哪几点？
6. 离心式制冷机组在什么情况下需更换油过滤器？如何更换？
7. 溴化锂吸收式机组日常运行时，维护保养内容主要包括哪些？
8. 试述溴化锂吸收式机组内充氮保养操作过程。
9. 冷媒水出水温度与蒸发温度差过大的原因有哪些？
10. 在制冷系统运行过程中，如果冷凝压力过高，但保护系统又未动作，应采取哪些措施？
11. 水冷式冷凝器清除水垢常用方法有哪些？
12. 风机如何进行维护保养？
13. 水泵如何进行维护保养？
14. 冷却塔如何进行维护保养？

第六章

中央空调系统的故障排除与检修

中央空调系统的性能好坏、寿命长短，不仅与制冷系统调试及运行操作有关，还与故障处理与检修密切相关。作为运行管理人员，除了要正确操作、认真维护保养外，还要能及时发现常见的一些问题，排除常见的一些故障，这对保证中央空调系统不中断正常运行，减小因出现问题和故障造成的损失及所付出的代价有重要作用。

第一节　中央空调制冷系统检修操作工艺

为了保证制冷系统的正常运行，一般在拆卸制冷压缩机、检查泄漏故障或对机组进行大修之后，应按设计要求和管道安装试验技术条件的规定，对制冷系统进行吹污、气密性试验、抽真空和充灌制冷剂等检修操作工艺。

一、活塞式制冷系统检修操作工艺

1. 制冷系统吹污

制冷系统必须是一个洁净、干燥而又严密的封闭式循环系统。尽管系统中各制冷设备和管道在安装之前已进行了单体除锈吹污工作。但是，各设备在安装时，特别是有些管道在焊接过程中不可避免地会有焊渣、铁锈及氧化皮等杂质污物残留在其内部，如不清除干净，污物有可能会堵塞膨胀阀和过滤器，影响制冷剂的正常流动，进而影响制冷系统的制冷能力；有时，可能会被压缩机吸入到气缸内，使气缸或活塞表面产生划痕、拉毛，甚至造成敲缸等安全事故。

系统吹污时，要将所有与大气相通的阀门关紧，其余阀门应全部开启。吹污工作应按设备和管道分段或分系统进行，先吹高压系统，后吹低压系统，排污口应选择在各段的最低点。吹污操作时绝对不能使用氧气或可燃性气体，排污口不能面对操作人员，以确保安全。具体可按下面的要求进行：

① 首先将排污口用木塞堵上，并用铁丝将木塞拴牢，以防系统加压时木塞飞出伤人。然后给排污系统充入氮气或干燥的压缩空气，对于氟利昂系统宜用氮气。当压力升至0.6MPa以后，停止充压，可用榔头轻轻敲打吹污管，同时迅速打开排污阀，以便使气体急剧地吹出积存在管子法兰、接头或转弯处的污物、焊渣和杂质。如此反复进行多次，直至系统内排出的气体干净为止。

② 检查方法是用一块干净白布，绑扎在一块木板上，放在距排污口约 200mm 处，5min 内白布上无明显污点即为合格。

吹污结束后，应将系统上的阀门进行清洗，然后再重新装配。吹污时系统上的安全阀应取下，孔口用盲板堵塞封闭。

2. 气密性试验

系统吹污合格后要对系统进行气密性试验，其目的是检查系统装配质量，检验系统在压力状态下的密封性能是否良好，防止系统中具有强烈渗透性的制冷剂泄漏损失。对于氟利昂系统，气密性尤为重要。因为氟利昂比氨具有更强的渗透性，且渗漏时不易发现，虽然无毒，但当其在空气中含量超过 30%（容积密度）时，会引起人窒息休克。同时，氟利昂不仅价格贵，而且泄漏后对大气臭氧层有破坏作用，因此必须细致、认真地对制冷系统进行气密性试验。气密性试验包括压力试漏、真空试漏和制冷剂试漏三种形式。

（1）压力试漏

① 试验压力　制冷系统的试验压力应按照设备技术文件的规定执行，无规定时可参照表 6-1 所示。

表 6-1　气密性试验压力　MPa

制冷剂种类	试验压力	
	高压侧	中、低压侧
R717	2.0	1.6
R22		
R502		

② 试漏介质　在氟利昂系统中，因对残留水量有严格要求，故多采用工业氮气来进行试验，因为氮气不燃烧、不爆炸、无毒、无腐蚀性、价格也较便宜，干燥的氮气具有很好的稀释空气中水分的能力，所以利用氮气可以在进行气密性试验的同时，也可起到对制冷设备和系统进行干燥的效果。若无氮气，则应用干燥压缩空气进行试验，严禁使用氧气或可燃性气体进行试验。

③ 操作步骤　图 6-1 为对制冷系统充氮气操作示意图。气密性试验的操作步骤如下：

a. 充氮气前应在高、低压管路上接上压力表。由于氮气瓶满瓶时压力为 15MPa，因此，氮气必须经减压阀再接到压缩机的排气多用通道上。

b. 关闭所有与大气相通的阀门，打开手动膨胀阀和管路中其他阀门。由于压缩机出厂前做过气密性试验，所以可将其两端的截止阀关闭。

c. 打开氮气瓶阀门，将氮气充入制冷系统。为节省氮气，可采用逐步加压的方式，先加压到 0.3～0.5MPa；如无大的泄漏继续升压；待系统压力达到低压段的试验压力时，如无泄漏则关闭节流阀前的截止阀及手动旁通阀；再继续加压到高压系统的试验压力值，关闭氮气瓶阀门，用肥皂液对整个系统进行仔细检漏。

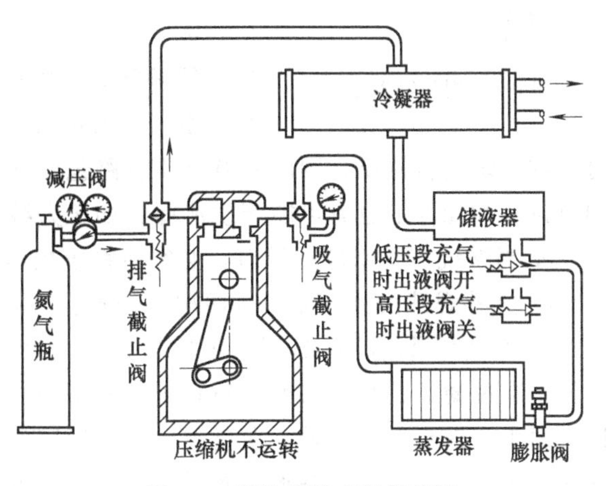

图 6-1　制冷系统充氮气检漏

d. 充氮后，如无泄漏，稳压 24h。按规范规定，前 6h，由于系统内气体的冷却效应，允许压力下降 0.25MPa 左右，但不超过 2%；其余 18h 内，当室温恒定时，其压力应保持稳定，否则为不合格。如果室内温度有变化，试验终了时系统内压力应等于式（6-1）所计算的压力值。

$$p_2=p_1\frac{273.15+t_2}{273.15+t_1} \tag{6-1}$$

式中 p_1——试验开始时的压力，MPa；

p_2——试验终了时的压力，MPa；

t_1——试验开始时的温度，℃；

t_2——试验终了时的温度，℃。

如果最终试验压力小于上式的计算值，则说明系统不严密，应进行全面检查，找出漏点并及时修补，然后重新试压，直到合格为止。

④ 检漏 检漏工作必须认真细致，传统上常采用皂液法进行，检漏用的肥皂水应有一定浓度，在焊缝、接头、法兰等处涂上肥皂水，若发现有冒泡现象，则说明该处有泄漏。同时，还可通过观察肥皂水泡形成速度的快慢及泡体大小来鉴别泄漏的严重程度。对于微漏，要经过一段时间才会出现微小气泡，切勿疏忽，要反复检查。系统较大而又难以判断泄漏点时，可采用分段查漏的方法，以逐步缩小检漏范围。

目前，常采用洗洁精来代替肥皂水，因为洗洁精具有携带方便、调制迅速、黏度适中、泡沫丰富等优点，检漏方法与肥皂水法相同。另外，还可采用喷雾器检漏，如图 6-2 所示，喷出的液体附着在检漏部位，当发现有气泡并渐渐膨胀变大时，就说明该处有泄漏。

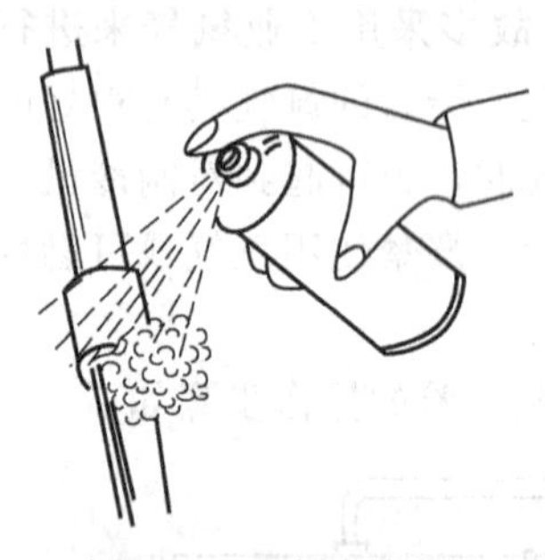

图 6-2 用喷雾器检漏

凡查明的泄漏点应做好记号，将系统中的压力排放后进行补漏工作，然后按上述步骤重新进行气密性试验，直到整个系统无泄漏为止。

⑤ 注意事项

a. 试验过程中压力和温度应每小时记录一次，作为工程验收的依据。

b. 在检漏过程中如发现压力有下降，但在系统中又一时无法找到渗漏处，则应注意以下几种可能性：冷凝器中制冷剂一侧向水一侧有泄漏，应打开水一侧两端封盖进行检查；如果是对旧的系统进行检修，则应注意低压管路包在绝热材料里面的连接处是否有泄漏；各种自动调节设备和元件上也有可能产生泄漏，如压力继电器的波纹管等。

c. 当系统需要修理补焊时，必须将系统内压力释放，并与大气接通，绝不能带压焊接。

d. 修补焊缝次数不能超过两次，否则应割掉换管重新焊接。

e. 若氟利昂制冷系统用压缩空气进行气密性试验，则空气必须经过干燥过滤器处理。空气干燥过滤器的结构与氟利昂系统中所用的相同，但体积要做得大些，增加空气与干燥剂接触面积，提高干燥效果。在夏季，应尽量避免使用压缩空气来进行气密性试验。因为水蒸气在高压下极易变成液态水，而干燥过滤器的吸水量是有一定限度的，这些液态水一旦进入系统后就很难被真空泵抽出，极易造成“冰堵”故障。

f. 当利用制冷压缩机本身向系统充压时，其排气温度不能超过 120℃，压缩机的吸、排气压力差不应超过 1.2MPa，严禁用堵塞安全阀的办法提高压力差。试压过程应逐渐升压、间断进行，以便于冷却。试验时可先将整个系统加压到低压系统试验压力，检查气密性合格后，关闭高、低压系统之间的阀门，吸入低压系统的气体，输送到高压系统，使高压系统逐渐达到试验压力。

(2) 真空试漏

用真空泵进行抽真空，制冷系统内残留空气的绝对压力应低于133Pa，保持24h内真空度没有明显降低即可。抽真空的目的有三个：一是抽出系统中残留的氮气；二是检查系统有无渗漏；三是使系统干燥。只有在系统抽真空后才能充灌制冷剂。

(3) 制冷剂试漏

① 向系统充制冷剂，使系统压力达到0.2～0.3MPa（表压），为了避免水分进入系统，要求氟液的含水量按质量计不超过0.025%，而且充氟时必须经过干燥过滤后才能进入系统。常用的干燥剂有硅胶、分子筛和无水氯化钙。如用无水氯化钙时，使用时间不应超过24h，以免其溶解后被带入系统内。之后用卤素检漏灯或卤素检漏仪进行检漏。

② 先向系统充入少量制冷剂，然后再充入氮气，当系统压力达到1MPa（表压）时，用上述同样方法进行检漏。

(4) 气密性试验报告

进行气密性试验时，应有相应的文字记录，这就是气密性试验报告。气密性试验报告单应记录的内容如下：

① 试验的时间和地点。

② 工程名称及建设单位和施工单位。

③ 系统的名称。

④ 试验的气体和试验的压力。

⑤ 试验中发现的问题及处理结果。

⑥ 试验终了的合格数据。

⑦ 相关人员的签字。

气密性试验报告，应作为技术文件存档，作为日后系统检修、设备更换和事故分析的依据。

3. 制冷系统抽真空

制冷系统抽真空操作，一般在气密性试验合格且压力释放后进行。抽真空的目的是进一步检验系统在真空状态下的气密性，排除系统内残存的空气和水分，并为系统下一步充灌制冷剂做好准备。

抽真空时，最好另备有真空泵。真空泵是真空度较高的抽气机，它适用于各种型式的制冷装置。还可以用压缩机把大量空气抽走后，再用真空泵把剩余气体抽净，但要注意不可用全封闭式压缩机进行系统的抽真空，否则会造成压缩机的损坏。如果不具备条件，也可利用制冷压缩机来抽真空，但只适用于缸径70mm以下、小型的开启式压缩机制冷系统。

(1) 用真空泵对制冷系统进行抽真空

① 将真空压力计和真空泵用耐压橡胶管接到机组的制冷剂充灌阀上，必要时也可以利用抽气回收装置接头接入。图6-3为用真空泵抽真空的示意图。在接入真空压力计和真空泵以前，机组系统内不得有制冷剂。系统中的润滑油最好先加入油箱或曲轴箱中，系统中的阀门应全部开启，而与大气相通的阀门应处于关闭状态，并装好低压侧安全阀膜片。

② 启动真空泵，分数次进行抽真空，以使系统内压力均匀下降。根据各种机组不同的

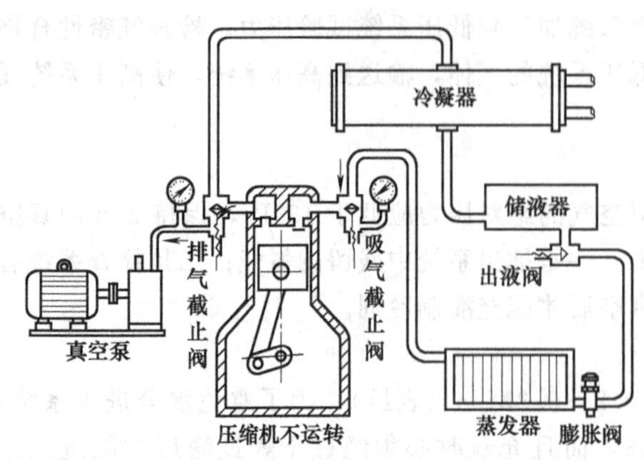

图 6-3 用真空泵抽真空

抽真空试验要求，抽至规定的真空度。

③ 机组系统保持真空状态 1～2h，如果压力有所回升，则再启动真空泵重抽，使真空度降到原已达到的真空水平。反复几次可以抽出残存在机组内的气体和水分。待真空度稳定后，关闭真空泵和机组间接管上的截止阀，并记录其真空度数值。

④ 如果经过多次反复操作，压力仍然回升，则可以判断机组系统某处存在泄漏或系统内有水分。检漏方法是把点燃的香烟放在各焊口及法兰接头处，如发现烟气被吸入即说明该处有漏点。若经反复查找发现不了漏点，则可以考虑系统内有水分存在。在弄清是水系统有水漏入制冷系统还是通过其他途径将水分带入系统之后，及时切断水分来源并将泄漏点修复，重新进行气密性试验和抽真空。

(2) 用制冷压缩机本身来抽真空

图 6-4 为用制冷压缩机本身来抽真空的示意图。用制冷压缩机进行抽真空时应注意以下事项：

① 在启动压缩机前，应关闭吸、排气截止阀，打开排气截止阀上的多用通道或排空阀。关闭系统中通向大气的阀门，打开系统中其他所有阀门。启动压缩机，待油压正常后慢慢打开吸气截止阀，但不能开大，尤其是大型制冷压缩机，否则排气口来不及排气，有打坏阀片的可能。

② 由于压缩机油泵在真空条件下工作，油压应保持在 0.05MPa（表压）以上，压力过低时可暂时停机，待油压回升后再进行。抽真空时一般应间断进行，直至达到要求为止。

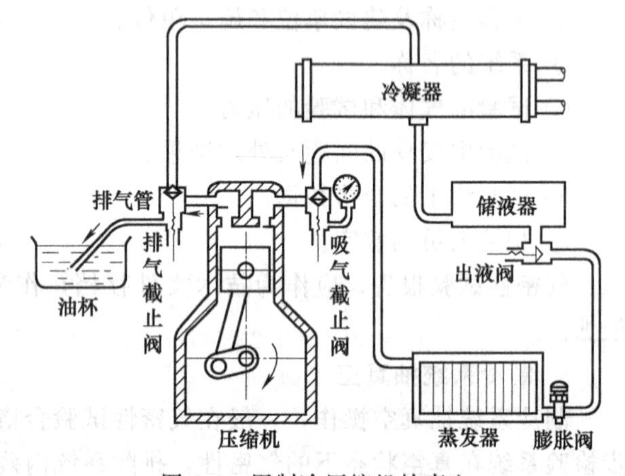

图 6-4 用制冷压缩机抽真空

③ 采用压力润滑方式的压缩机，如果装有油压控制器，抽真空时应将控制器电路断开，以免触头动作造成停机。

④ 抽好真空后，先关闭排空孔道，然后停机，以防止停机后因阀片的不密合而出现空气倒流现象。

⑤ 为了检查是否已将系统内的水分、空气等抽尽，可在压缩机排气截止阀的多用通道上接一临时管子（图 6-4），待系统中的大量空气排出后，将管子的另一端放入一只盛有冷冻油的容器内。若系统内还有水分、空气等，则油里就会出现气泡，一直要抽到在较长的一段时间里不出现气泡，即说明系统内的水分、空气等已抽尽。如果在较长一段时间内仍有气泡连续不断地产生，则可先关闭压缩机的吸气截止阀，检查一下压缩机本身是否泄漏。若压缩机不漏，则盛油容器里就不出现气泡，同时也说明是系统中有漏点；若压缩机泄漏，则气

泡就会连续产生，这往往是轴封不密合所造成的。如果气泡的出现是开始大、逐渐变小，气泡出现的间隔时间也越来越长，则说明轴封从不密合到逐渐密合。若发现管端（插入面不深的情况下）有将润滑油反复吸进吐出的现象，当将管端插到油内深处就看不出此现象，则一般是气阀阀片不密合所致，经重负荷使用后就会好转。

（3）抽真空结束后应填写报告单

制冷系统抽真空试验后应填写试验报告单，其内容如下：

① 抽真空的时间和地点。

② 工程名称及建设单位和施工单位。

③ 系统的名称。

④ 抽真空的具体数据。

⑤ 抽真空中发现的问题及处理结果。

⑥ 抽真空终了的合格数据。

⑦ 相关人员的签字。

4. 干燥除湿处理

水是极难溶于氟利昂制冷剂的，随着制冷剂温度的下降，水的溶解度减小。在制冷剂温度降至0℃及0℃以下时，从制冷剂溶液中分离出来的水分容易在机内的小孔（如热力膨胀阀出口）内引起冰塞现象，从而影响制冷系统的正常运行；同时，制冷系统中含有的水分会加速金属材料的锈蚀。由于水在制冷剂氟利昂中的水解作用，会生成卤化氢（HCl及HF）腐蚀材料，尤其是内置电动机时会腐蚀电动机的绝缘材料，因此消除制冷剂中的水分是很重要的一件事。在制冷系统中常用的干燥方式有下述几种方法：

（1）使用干燥过滤器

干燥过滤器是由干燥剂和过滤网组成的一种装置，当制冷剂液体通过干燥过滤器时，制冷剂液体中的水分便被干燥剂所吸收，从而达到去除制冷剂中水分的作用，因此在制冷系统中，应在位于冷凝器或储液器与膨胀阀之间的管道上安装干燥过滤器，以实现对制冷剂的干燥处理，避免制冷系统中出现结冰现象。

（2）真空干燥法

使用此种方法时，可关闭所有通向大气的阀门，系统内其他阀门均可开启。在压缩机吸气阀门的接管上连接真空泵，此时，可开启真空泵将系统内的所有气体排出，使机组内形成一定的真空度。由于在真空条件下，水的沸点温度很低，积存于机组内的水分会蒸发而成为气体，因此可使用真空泵将机组内的水蒸气排出机外，以达到对机组内部干燥处理的目的。

5. 制冷剂的充灌与取出

（1）制冷剂的充灌

向制冷系统充灌制冷剂必须在制冷系统气密性试验和制冷设备及管道隔热工程完成并经检验合格后进行。

① 系统制冷剂充灌量的估算　制冷剂应根据制造厂使用说明书的规定量充注，在无说明书及其他资料可依据时，则应根据设备的内容积计算其充灌量。计算时，只计算系统中存有制冷剂液体的设备和管道的容积。制冷系统中设备和管道的液体制冷剂充满度如表6-2所示，充灌的制冷剂质量按式（6-2）计算。

$$m=\Sigma V\cdot\rho \tag{6-2}$$

式中　m——需充灌的制冷剂质量，kg；

ΣV——系统总的液体制冷剂充灌容积，m^3；

ρ——液体制冷剂密度，kg/m^3，对于 R717、R12、R22，ρ 值可分别取 $650kg/m^3$、$1430kg/m^3$、$1300kg/m^3$。

表 6-2 氟利昂制冷系统中液体制冷剂在各部分中的充满度

设备名称		制冷剂液体充满度	设备名称	制冷剂液体充满度
蒸发盘管(热力膨胀阀供液)		盘管容积的25%	冷凝蒸发器	高温侧壳体容积的50%，低温侧盘管容积的25%
壳管式蒸发器	满液式	壳侧容积的80%	回热式热交换器	盘管容积的100%
	干式	传热管子容积的25%	液管	管道容积100%
壳管式冷凝器		壳侧容积的50%，盘管容积的100%	其他部件或设备	制冷剂侧总容积的10%～20%

② 系统制冷剂的充灌　向系统充灌制冷剂，有以下几种方法：

a. 低压侧充灌氟利昂。低压侧充灌制冷剂多由压缩机吸气截止阀的多用通道处充入，如图 6-5 所示。这种方法适用于中小型制冷系统初次充灌，以及制冷剂的补充。为防止产生“液击”，只能充灌气体而不能充灌液体，必须通过启动压缩机来吸入制冷剂，从而保证制冷剂的充灌量。具体操作如下：

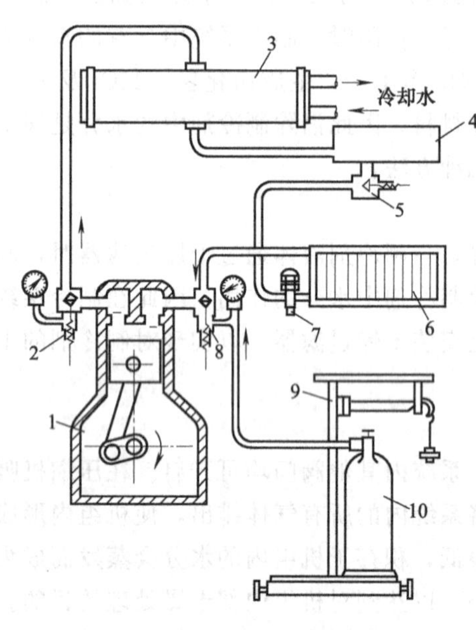

图 6-5　低压侧充灌制冷剂气体

1—压缩机；2—排气截止阀；3—冷凝器；4—储液器；5—出液阀；6—蒸发器；7—膨胀阀；8—吸气截止阀；9—磅秤；10—氟利昂钢瓶

·开启冷凝器的冷却水系统或启动风冷冷凝器的风机，使充入的制冷剂能及时冷凝。

·将氟利昂钢瓶放置于磅秤上，钢瓶口向上，装上 ϕ6mm×1mm 充氟软管。

·把吸气截止阀的阀杆旋出到底，使之处于“打开”位置来关闭旁通孔。在旁通孔上接 T 形接头，T 形接头一端接压力表，另一端接充氟管。安装压力表主要是为了完成补充制冷剂后的试机检查。

·稍微开启钢瓶阀门，把充氟管在 T 形接头一端的接扣旋松，利用制冷剂排除充氟管内空气，当出现雾状制冷剂时把接扣拧紧。

·称出钢瓶的总重，减去制冷剂的充灌量，就是磅秤砝码的放置位。

·开启钢瓶阀门，并把压缩机吸气截止阀的阀杆旋入 2～3 圈，使其处于三通位置，制冷剂蒸气依靠钢瓶与系统的压力差自动注入系统。当系统内的压力升至 0.1～0.2MPa（表压）时，应进行全面检查，无异常情况后，再继续充制冷剂。

·待系统内压力与钢瓶内压力平衡时，制冷剂不再进入系统。启动压缩机，利用压缩机来吸入制冷剂蒸气，也可通过关小出液阀或吸气截止阀来提高充注速度。

·注意磅秤上的砝码，一旦下落，说明达到了充灌量，立即关闭钢瓶阀门，旋出吸气截止阀阀杆到底，使之处于“打开”位置来关闭旁通孔。拆下充氟管和旁通孔的 T 形接头，用密封螺塞堵上旁通孔，充注制冷剂的操作结束。

若一瓶氟利昂不够充灌量时，则应另换新瓶，重复上述步骤。

b. 高压侧充灌氟利昂。多由排气截止阀多用通道处充入，操作方法与低压侧充灌基本相同。不同之处在于高压侧充灌的是氟利昂液体，氟利昂钢瓶应倾斜放置在磅秤上，如图6-6所示。充灌时，钢瓶位置要高于冷凝器（或储液器），靠压差和位差将液体氟利昂充入系统。充灌过程中不允许启动压缩机。当系统内的压力升至0.1～0.2MPa（表压）时，应进行全面检查，无异常情况后，再继续充制冷剂。当压力达到平衡时停止充灌。若充灌量不够，则可改由低压侧继续充灌。

高压侧充灌氟利昂速度较快，适用于系统内真空状态下首次充灌氟利昂。

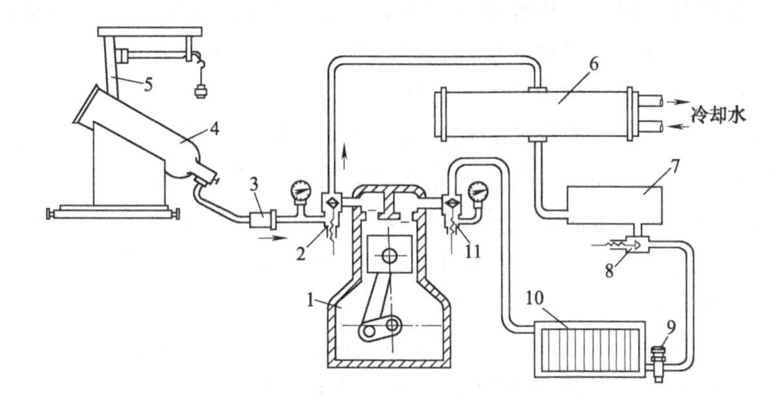

图6-6　高压侧充灌制冷剂

1—压缩机；2—排气截止阀；3—干燥过滤器；4—氟利昂钢瓶；5—磅秤；
6—冷凝器；7—储液器；8—出液阀；9—膨胀阀；
10—蒸发器；11—吸气截止阀

c. 从专用充注口充灌氟利昂。许多大型制冷系统，在干燥过滤器和储液器的出液阀之间的位置上设置了专用的充注口，可从专用充注口充注制冷剂，如图6-7所示。这种方法适用于系统内是真空状态下的第一次充注制冷剂，且充注的是液体；系统内有制冷剂但又不足的情况，属于制冷系统的“补氟”操作，可补充气体，也可补充液体，但需要启动压缩机。

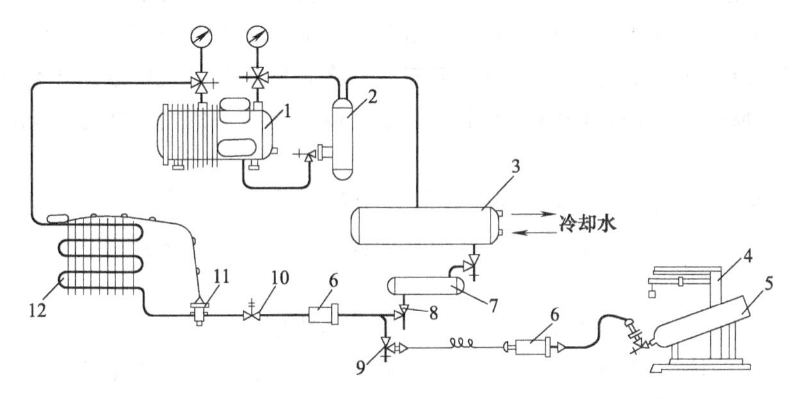

图6-7　从专用充注口处充灌制冷剂

1—压缩机；2—油分离器；3—冷凝器；4—磅秤；5—氟利昂钢瓶；
6—干燥过滤器；7—储液器；8—出液阀；9—充注口阀门；
10—电磁阀；11—热力膨胀阀；12—蒸发器

从专用充注口进行真空状态下第一次充灌制冷剂的操作，具体步骤如下：

·制冷系统所有阀门都打开。开启冷却水系统或启动冷凝风扇，预冷冷凝器。

·关闭充注口的阀门，以确保阀门处于关闭状态。拆下充注口阀门的密封螺母，接上充氟管，充氟管接氟利昂钢瓶。

·将氟利昂钢瓶倾斜放置在磅秤上，瓶口向下。

·打开钢瓶阀门，把充氟管的接扣拧松，排出充氟管内空气，当喷出雾状制冷剂后再拧紧接扣。

·称出钢瓶总重，减去制冷剂的充灌量，就是砝码的放置位。

·打开充注口阀门。此时，压缩机没有开启，电磁阀未打开，充注口与储液器相通，与蒸发器隔断，钢瓶内制冷剂直接进入储液器内。当系统内的压力升至0.1～0.2MPa（表压）时，应进行全面检查，无异常情况后，再继续充制冷剂。

·当制冷剂还没有充够，而钢瓶和储液器的压力又逐渐平衡，造成制冷剂很难继续充入时，可关闭出液阀，启动压缩机，依靠压缩机的吸力来充灌制冷剂。

·当磅秤的砝码开始下落时，表明制冷剂的充灌量达到了要求。关闭钢瓶阀门和充注口阀门，拆下充氟管，旋上充注口的密封螺母，充注制冷剂的操作结束。

从专用充注口补充制冷剂的操作，具体步骤如下：

·将制冷系统所有阀门都打开。开启冷却水系统或启动冷凝风扇，预冷冷凝器。

·关闭充注口的阀门，以确保阀门处于关闭状态。拆下充注口的密封螺母，接上充氟管，充氟管接氟利昂钢瓶。

·打开钢瓶阀门，把充氟管的接扣拧松，排出充氟管内空气，当喷出雾状制冷剂后拧紧接扣。

·把储液器出液阀的阀杆旋入到底，打开充注口阀门。此时，压缩机没有启动，电磁阀未打开，充注口与储液器和蒸发器都隔断。

·启动压缩机，电磁阀自动打开，充注口与蒸发器相通。在压缩机的吸力作用下，钢瓶内制冷剂经过膨胀阀，进入蒸发器，又被压缩机排入冷凝器内液化，储存在储液器内。

·由于制冷系统需要补充制冷剂的数量很难确定，因此应控制充注量，防止制冷剂充注过多。可关闭充注口阀门，停止充注。打开出液阀，让压缩机运转试车。试车时，依据制冷系统正常运转的标志，来判断制冷剂的补充量是否合适。若制冷剂不足，则可关闭出液阀，打开钢瓶阀门，继续补充制冷剂。若制冷剂充注过多，则应从系统中取出多余的制冷剂。

·关闭钢瓶阀门和充注口阀门，拆下充氟管，旋上充注口的密封螺母，充注制冷剂的操作结束。

d. 从出液阀的旁通孔充灌制冷剂。有的大中型制冷系统，它的出液阀是三通型结构，可通过出液阀的旁通孔来充灌制冷剂。这种方法仅适用于系统内是真空状态下的充灌，且充灌的是液体。具体操作如下：

·将制冷系统所有阀门都打开。开启冷却水系统或启动冷凝风扇，预冷冷凝器。

·按退出方向旋转出液阀的阀杆，确保出液阀处于“打开”位置来关闭旁通孔。拆下旁通孔的密封螺塞，在旁通孔上接一个直通型接头，直通型接头接充氟管，充氟管接氟利昂钢瓶。

·将氟利昂钢瓶倾斜放置在磅秤上，瓶口向下。

·打开钢瓶阀门，把直通型接头一端的充氟管的接扣拧松，排出充氟管内空气，当喷出雾状制冷剂后拧紧接扣。

·称出钢瓶总重，减去制冷剂的充灌量，就是砝码的放置位。

·把出液阀的阀杆旋入到底，使之处于断位，使旁通孔与储液器相通，与干燥过滤器隔断。此时，压缩机没有启动，电磁阀未打开，利用钢瓶与储液器之间的压力差来充灌液体制冷剂。当系统内的压力升至 0.1～0.2MPa（表压）时，应进行全面检查，无异常情况后，再继续充制冷剂。

·当磅秤的砝码开始下落时，表明制冷剂的充灌量达到了要求。关闭钢瓶阀门，把出液阀阀杆旋出到底，使之处于打开位来关闭旁通孔，拆下直通型接头，用密封螺塞堵上旁通孔，充灌制冷剂的操作结束。

对新系统第一次充灌制冷剂时，不要一次充足，应一面充灌一面调试，可避免万一系统产生故障而造成太大的损失。运行经验证明，第一次充灌以系统总充灌量的 60%～80%为宜。经过运转降温后，根据结霜和液位情况再决定是否需要添加制冷剂。系统正式运行制冷后，还要对系统内充注的制冷剂量进行检查，若充灌太多，则吸、排气压力过高，易产生压缩机的湿冲程，这时应抽出多余的制冷剂。若充灌量不足，则吸、排气压力偏低，制冷量小，冷间降温困难，这时应添加制冷剂。为保证氟利昂制冷剂的含水率，防止系统出现冰堵，充灌氟利昂制冷剂时在加液管路上应串联干燥过滤器，对制冷剂进行干燥处理。

(2) 制冷剂的取出

在制冷系统的检修中，如果从压缩机排气截止阀至储液器出口阀这段系统的部件中有故障需拆修，则为了减少环境污染和浪费，就应将制冷剂取出储存到另外的容器中。装置的其他任何部件需拆修，都不必再将制冷剂取出了。另外，若制冷装置长期停用，则为了防止泄漏，或者需要换制冷剂等原因，也需要取出制冷剂。从制冷系统中取出制冷剂的基本操作方法有两种：一种是将液态制冷剂直接灌入钢瓶，抽取部位选在储液器（或冷凝器）出液阀与节流阀之间的液体管道上；另一种是将制冷剂以过热蒸气的形式直接压入钢瓶，与此同时对钢瓶进行强制冷却，促使进入钢瓶的制冷剂过热蒸气变成液态而储存于钢瓶中，抽取部位选在制冷压缩机排气端。两种方法相比较，前者抽取制冷剂速度快，但不能抽取干净；后者抽取制冷剂速度慢，但能把系统中制冷剂抽尽；前者用于大容量系统，后者用于小容量的制冷系统。无论采用哪种方法，其原理都是靠压力差进行抽取。从系统中取出制冷剂，有以下两种方法（图6-8）：

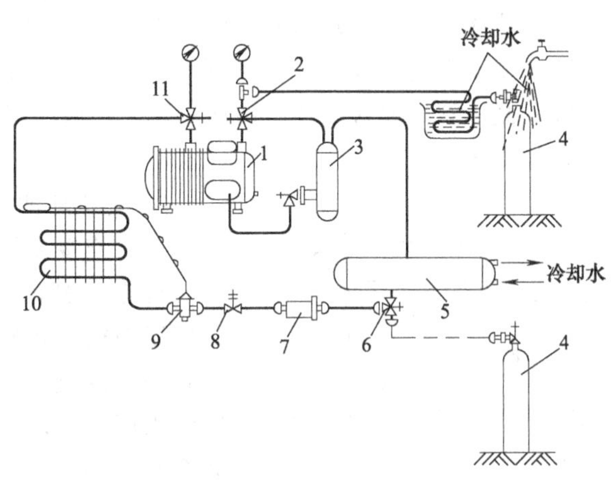

图 6-8 从制冷系统中取出制冷剂

1—压缩机；2—排气截止阀；3—油分离器；4—氟利昂钢瓶；5—冷凝器；6—出液阀；7—干燥过滤器；8—电磁阀；9—热力膨胀阀；10—蒸发器；11—吸气截止阀

① 从压缩机排气截止阀多用通道处取出制冷剂，即高压侧取出法。由于制冷剂以高压蒸气的形式进入钢瓶，因此取出速度较慢，适用于小型制冷系统。其具体操作如下：

a. 准备好空钢瓶（已抽空），将空瓶竖放在磅秤上，放置要牢靠。

b. 将排气截止阀阀杆旋出到底，使之处于打开位来关闭多用通道，卸下多用通道堵头，装上取氟管（一般用 ϕ6mm×1mm 紫铜管做成），管的另一端与空钢瓶连接。注意用系统中的制冷剂把取氟管中的空气赶跑。

c. 记下空瓶的重量。

d. 打开钢瓶阀门，并向钢瓶外表淋浇冷却水。

e. 启动压缩机，使系统正常运行。

f. 缓慢关小排气截止阀，打开多用通道，一部分高压气体即从多用通道进入钢瓶，并在钢瓶内被冷却成液体（此时钢瓶起冷凝器的作用）。

g. 观察吸气压力表，指针到零时停止压缩机，将排气截止阀阀杆旋出到底，关闭多用通道，关闭钢瓶阀门。若压力表指示值回升，则应重新打开阀门，启动压缩机，继续抽取。如压力表不再回升，则说明系统内制冷剂已抽完，再关闭钢瓶阀门，卸下取氟管即可。若一个钢瓶容纳不下总的抽取量，则可换瓶再抽。钢瓶不允许充满，一般充灌量不应超过钢瓶本身容积的 80%。

② 从高压储液器（或冷凝器）出液阀的多用通道处取出氟利昂。由于制冷剂是以高压液体的形态进入钢瓶，所以取出速度也快，一般用于大、中型系统放出氟利昂。其具体操作可参照高压侧取出法。

当系统内制冷剂放出量较多或需全部放出时，要启动压缩机，但应使蒸发器的供液电磁阀处于关闭状态。

6. 润滑油的充灌与取出

(1) 润滑油的充灌

机组在维护保养或首次运行前，要向制冷压缩机内充灌一定量的润滑油。按机组结构的不同情况，其润滑油的充灌方式分为开式加油、闭式加油和用油泵加油三种。

① 开式加油。

首先连接多用压力表，短接低压控制器，开启机组，关闭吸入阀，将低压侧抽至 0.01MPa 左右，停止压缩机，关闭排气阀，制冷剂即已抽吸至系统管路内。然后稍微将制冷剂由吸入截止阀处放入，开启加油螺塞，用漏斗将润滑油倒入。观察油视镜，将油加至正常油位，如图 6-9 所示。

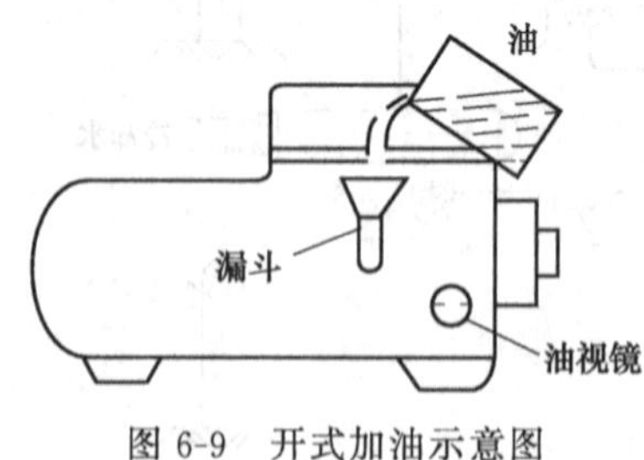

图 6-9 开式加油示意图

② 闭式加油。

首先连接多用压力表，将中间软管放入润滑油容器内，排除软管内空气，关闭吸入阀，短接低压控制器，开启压缩机，将转子箱内制冷剂排入冷凝器，压力表显示有一定的真空度，停止压缩机运行。关闭排气阀，利用多用压力表，将润滑油吸入压缩机内，观察吸入油位，如图 6-10 所示。此时千万不能让软管离开油位，以免外界空气被吸入机内。

③ 利用油泵加油。

这是半封闭式螺杆式制冷压缩机常用的一种加油方式。其程序是：

a. 将油泵连接到压缩机上的油充灌阀（关闭），连接得不要很紧。

b. 开启油泵，直到在油充灌阀接口处出现油涌出（泵内空气已排尽），然后将该接口旋紧。此接口处必须能完全隔绝外界空气，以免空气渗入油而进入机内。

c. 打开油充灌阀并开启油泵，开始正式充油，直至达到设计所要求的润滑油量或是预先从机组抽出的油的总量回充入油罐。

d. 在充油的全过程中，充油管道的吸口处必须浸放在润滑油中，以防空气渗入机内。当油管浸入油中时就关闭机上油充灌阀，再拆除管子。

e. 一旦所有适量的油充灌好后，就合上控制箱的隔离开关以启动油槽内的电加热器。

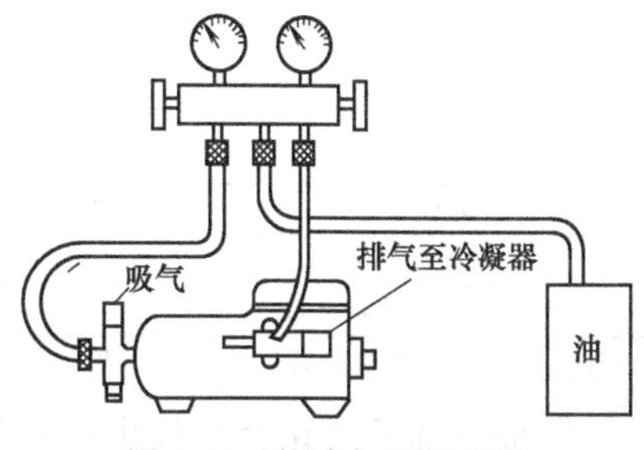

图 6-10　闭式加油示意图

(2) 润滑油的排出

一般是先排出制冷剂，再排出润滑油。在常温下，压缩机油的压力是一个恒定的正压。若要放油，则可打开位于供油管路及油槽出油处的充油检修阀门，并将油放入一个合适的器皿。按照下列步骤放油：

① 在充油阀处连接一根管子。

② 打开阀门，放出一定数量的油至器皿后关闭充油阀。

③ 计算（或量度）从油罐内放出的油的准确数量。

④ 回收油的器皿应密闭，并置于室内温度较低、干燥及通风良好处。所回收的油必须经过采样分析，其黏度、成分等质量指标都合格后才允许回用。

二、螺杆式制冷系统检修操作工艺

螺杆式制冷系统的检修操作工艺包括系统的吹污、气密性试验、抽真空、干燥除湿处理、制冷剂充灌与取出、润滑油更换。系统的吹污、气密性试验、抽真空、干燥除湿处理等工艺的操作方法及要求参照活塞式压缩制冷系统。由于压缩机的结构形式不一样，因此润滑油的更换、制冷剂的充灌稍有不同。

1. 润滑油的更换

(1) 润滑油的使用规范

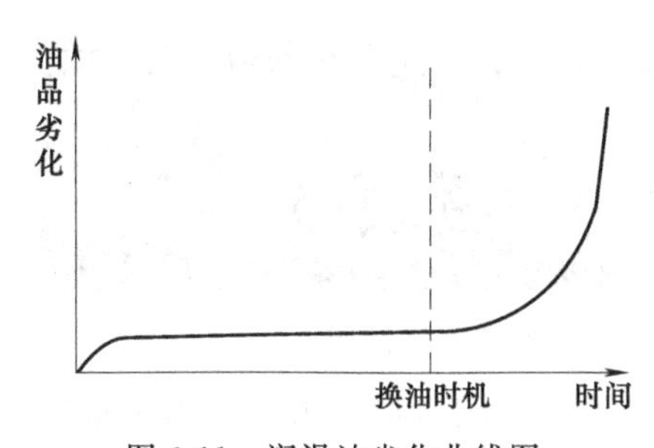

图 6-11　润滑油劣化曲线图

① 润滑油具有润滑、冷却、密封、驱动油压缸等功能，对螺杆压缩机的性能具有决定性的影响，若使用不当或错误，则会导致压缩机机体的严重损坏。因此内部润滑油系统是压缩机正常运转的关键。但油品的性能随时间而发生变化，有一段比较稳定的时期，接近寿命期限时性能会急剧劣化，如图 6-11 所示。因此要在适当的时机换油。

② 应该何时更换润滑油才能保证压缩机的正常运转？具体可依照下列方法。

a. 时间设定更换。一般每运转 10000h 须检查或更换一次润滑油；第一次运转时，对风冷螺杆压缩机工作 1000h 后，建议更换一次润滑油且清洗机油过滤器。因为系统组装的残渣在正式运转后都会累积至压缩机中，所以对风冷螺杆压缩机工作 1000h（累计 2 个月）后应更换一次润滑油，之后依系统清洁度状态定期更换，若系统清洁度佳，可每 10000h（或每年）更换一次。

b. 若压缩机的排气温度长期维持在高温高压状态，则润滑油劣化进度加快，须定期

(每 2 个月) 检查润滑油的化学特性，不合格即更换。若无法定期检查则建议按表 6-3 所示执行。

表 6-3 润滑油更换时间表

运行状态	制冷	45℃制热	50℃制热	55℃制热	55℃以上制热
更换时间/h	10000	8000	4000	1500	500
更换时间/运转月数	20	16	8	3	1

注：运转期间系以每天运转 16h 计算。

③ 润滑油的酸化会直接影响压缩机电机寿命，故应定期检查润滑油的酸度是否合格，一般润滑油酸度低于 pH6 即须更换。若无法检查酸度则应定期更换制冷系统中干燥过滤器滤芯，使系统干燥度保持在正常状态下。

④ 润滑油的更换程序需咨询压缩机厂家售后工作人员。尤其是系统有电机烧毁故障时，在更换电机后，更应每个月追踪润滑油状况，或定时 (200h) 更换润滑油，直到系统干净为止，否则系统中残留的酸性成分将破坏电机绝缘。

(2) 更换润滑油

① 准备工作。

检查压缩机润滑油是否预热 8h 以上。试运转前至少将机油加热器通电加热 8h，以防止启动时冷冻油发生起泡现象。当环境温度较低时，油加热时间需相对加长。在低温状态下启动时，因润滑油黏度大，会有启动不易与压缩机加卸载不良等状况。一般润滑油温度最低需达到 23℃才可开机运行。开机运行，并记录运行参数，分析机器以前及现在存在的问题，做好准备工作。

a. 短接高、低压差开关，如图 6-12 所示 (最好不要调节压差开关，可直接将两根导线短接。注意在冷媒回收后恢复压差开关)。在机器满载 (100%) 运行时，关闭角阀，如图 6-13 所示。

图 6-12 压差开关

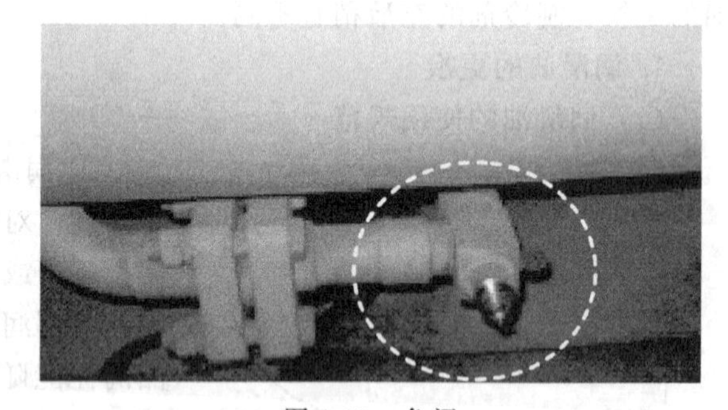

图 6-13 角阀

b. 当压缩机低压压力小于 0.1MPa 时，按下应急开关或关闭电源。由于压缩机排气口处有单向阀，因此制冷剂不会回流到压缩机，但有时单向阀可能会关闭不严，所以最好在按下应急开关的同时关闭压缩机的排气截止阀，如图 6-14 所示。

② 排放润滑油。

a. 关闭总电源。

b. 开始放油，如图 6-15 所示。冷冻油在系统冷媒气体的压力下喷出的速度很快，应注意卫生，不要使其喷溅到外面。

c. 清洗油槽和油过滤器，如图 6-16 所示。打开油槽盖子用干燥的纱布清洗油槽，并取出油槽内的两块磁铁，清洗后再放回油槽内，再用大扳手拆开油过滤器，用废油清洗。

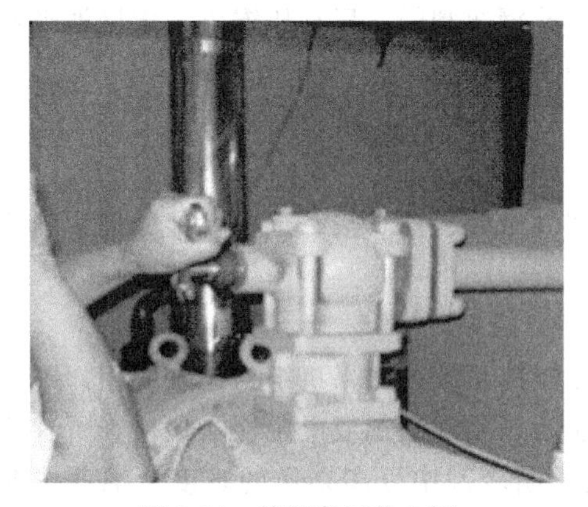

图 6-14 关闭高压截止阀

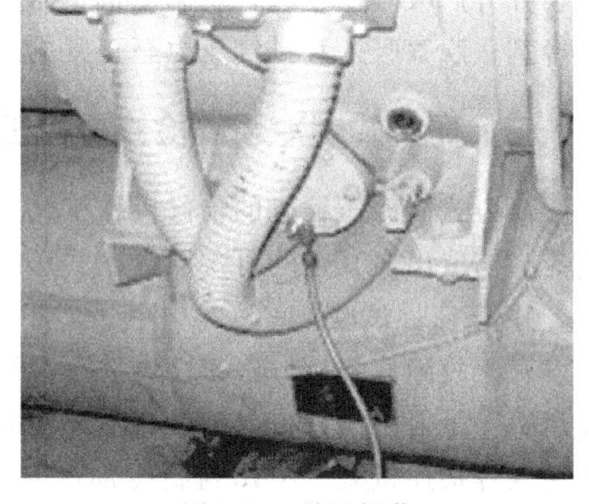

图 6-15 放油操作

d. 更换冷媒过滤器。在更换时速度要快，防止其与空气接触时间过长而吸附过多的水分。过滤器为易拉罐包装，在运输过程中应注意保护，一旦发现包装损坏即作废。

③ 加注润滑油 用干净的塑料管连接在放油阀上，塑料管的另一端放到油桶里（塑料管置于油桶底部）。根据压缩机的标准量加注润滑油，同时对系统进行抽真空。注油结束后，将系统抽空到压力为5Pa的程度。注油时应对油桶进行封闭，减少空气对油的污染。

④ 预热 上电预热至少将机油加热达到23℃，才可开机运行。

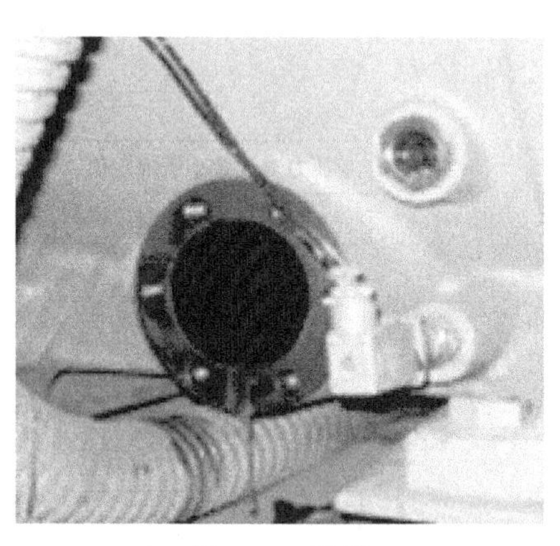

图 6-16 油槽

2. **制冷剂充灌**

目前，螺杆式制冷机组在出厂前一般都按规定充灌了制冷剂，现场安装后，经外观检查如果未发现意外损伤，则可直接打开有关阀门（应先阅读厂方的使用说明书，在运输途中，机组上的阀门一般处在关闭状态）开机调试。如果发现制冷剂已经漏完或者不足，则应首先找出泄漏点并排除泄漏现象，然后按产品使用说明书要求，加入规定牌号的制冷剂，注意制冷剂充灌量应符合技术要求。对于出厂未充灌制冷剂的螺杆式制冷机组，应按设备技术文件的规定充灌制冷剂。

螺杆式制冷机组常见的制冷剂充灌方式有两种：液态充灌和气态充灌。对大中型螺杆式制冷机组的充灌方式以液态充灌为主，缩短充灌时间；但必须注意，不能在压缩机吸入口和压缩机排气截止阀处充灌，以免在启动压缩机时引起“液击”。气态充灌是从压缩机吸入口充灌，充灌速度较慢，但充注量较精确。

① 液态充灌。通过多用压力表连接加液管至储液罐上的截止阀，排放管内空气。将制冷剂钢瓶倒置，开启钢瓶阀门，制冷剂以液态方式充灌入机组。一般采用称重法来称量制冷剂的充灌量。若机组使用非共沸混合制冷剂，则只能采用液态充灌法，将混合制冷剂所包括的各组分按质量比进行充灌。

② 气态充灌。通过多用压力表，将中间软管连接于压缩机的吸入口，排出软管内的空

气，并开启吸气截止阀，将制冷剂钢瓶直立放置，打开钢瓶阀门，启动压缩机，缓慢地吸入制冷剂，观察吸入和排气压力至正常的运行状态，结束充灌。

三、离心式制冷系统检修操作工艺

离心式制冷压缩机的检修操作工艺主要介绍气密性试验、抽真空、干燥除湿处理、制冷剂充灌与取出，其余的可参照活塞式压缩制冷系统。

1. 气密性试验

对于故障修复后，气密性试验可参照活塞式压缩制冷系统；如果机组初投入使用，则要确定机组是否泄漏，机组抽真空后充注制冷剂，加压后，用洗涤剂或电子检漏仪检查所有的法兰及焊接连接处。考虑到制冷剂泄漏难以控制及从制冷剂中分离杂质的难度，推荐按图6-17所示的步骤进行气密性试验。

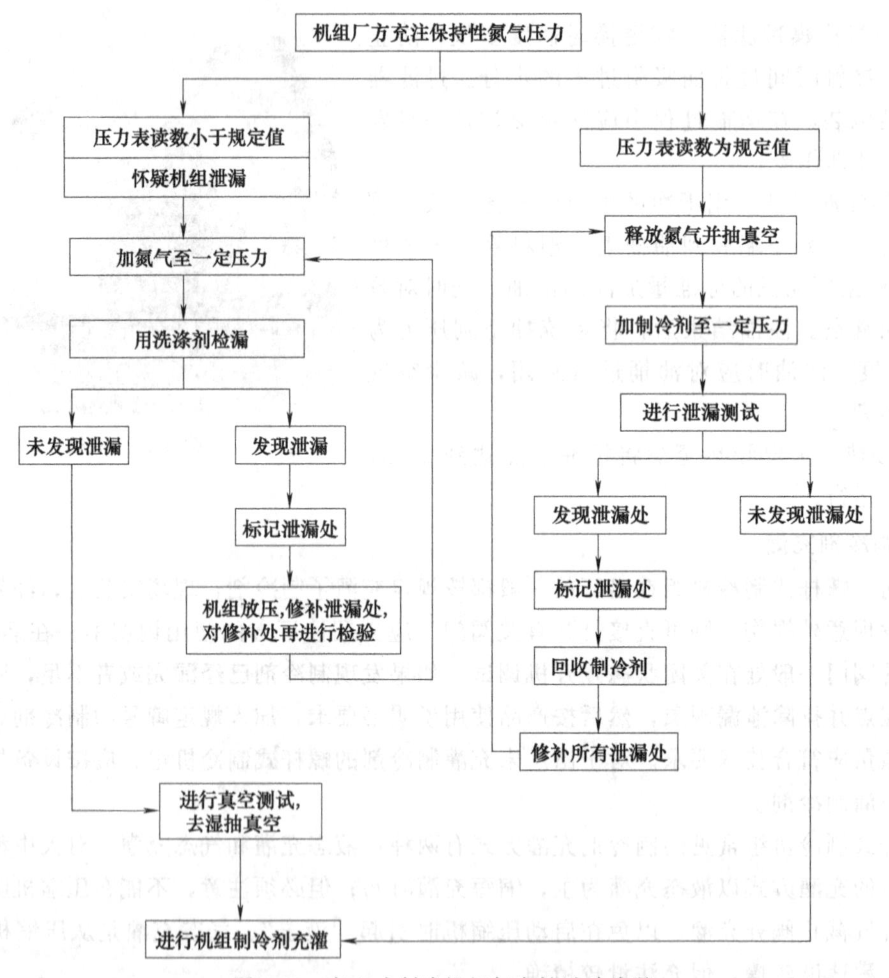

图 6-17　离心式制冷机组气密性试验步骤

1）如果机组工作压力正常：

① 从容器中排出保持性充注气体。

② 如果需要，则可通过增加制冷剂提高机组压力，直到机组压力等于周围环境温度的饱和压力。按泵出程序，将制冷剂从储存容器送入机组。

2）如果机组压力读数异常：

① 对带制冷剂运输的机组，准备泄漏试验。

② 通过连接一氮气瓶并加压至一定压力，检查大的泄漏。用肥皂水检查所有连接处，如果试验压力能保持 30min，则可准备小泄漏试验。

③ 发现泄漏处应做好标记。

④ 放掉系统压力。

⑤ 修补所有泄漏。

⑥ 重新试验修补处。

⑦ 成功完成大泄漏试验后，尽可能除去氮气、空气及水分。这可通过后面的去湿程序完成。

⑧ 加制冷剂，缓慢提高系统压力，然后进行小泄漏检测试验。

3）用电子检漏仪、卤素灯或肥皂水仔细检查机组。

4）泄漏确认。如果电子检漏仪发现泄漏，则可用肥皂水进一步确认，统计整个机组泄漏率。

5）如果在初次开机时没有发现泄漏，则在完成制冷剂气体从储存容器到整个机组的转移后，再次测试泄漏。

6）如果再次测试后未发现泄漏：

① 将制冷剂移入储存容器，执行标准的真空测试。

② 如果机组无法通过真空测试，则检查大的泄漏。

③ 如果机组通过标准真空试验，则给机组去湿，用制冷剂充注机组。

7）如果再次试验后又发现泄漏，则将制冷剂泵入储存容器，如果有手动隔离阀，则也可将制冷剂泵入未泄漏的容器。

8）移出制冷剂，直到截止压力降到 40kPa。

9）修补泄漏后，需重新检查机组的气密性，确保密封（如果机组在大气中敞开相当长的一段时间，在开始重复泄漏试验前应进行排空）。

2. 制冷系统抽真空

对机组进行抽真空操作时，由于气体指示仪在短时间内无法显示小量泄漏，因此需采用压力表或真空计。抽真空试验步骤如下：

① 用一个绝对压力表或真空计与机组相连。

② 用真空泵或抽气装置将容器压力降至 41kPa。

③ 关闭阀门保持真空，记下压力表或真空计读数。

④ 如果 24h 内泄漏率小于 0.17kPa，则表明机组密封性相当好；如果 24h 内泄漏率超过 0.17kPa，则机组需重新进行试验。

⑤ 修补泄漏处，再试验并去湿。

3. 干燥除湿处理

如果机组敞开相当长一段时间，则机组已含有水分，或已完全失去保持性充注或制冷剂压力，建议进行抽真空去湿。去湿可在室温下进行，环境温度越高，除湿也越快。在环境温度较低时，要求较高的真空度以去湿。如果周围环境温度较低，则应与专业人员联系，以获得所需技术去湿，过程如下：

① 将一高容量真空泵（$0.002m^3/s$ 或更大）与制冷剂充注阀相连，从泵到机组的接管

尽可能短，直径尽可能大，以减少气流阻力。

② 用绝对压力表或真空计测量真空度，只有读数时，才将真空计的截止阀打开，并一直开启 3min，以使两边真空度相等。

③ 如果要对整个机组除湿，则应开启所有隔离阀。

④ 在周围环境温度到达 15.6℃或更高时，进行抽真空，直至绝对压力为 34.6kPa 时，继续抽 2h。

⑤ 关闭阀门和真空泵，记录测试仪读数。

⑥ 等候 2h，再记一次读数，如果读数不变，则除湿完成；如果读数表示真空度已无法保持，则重复进行密封性检测。

⑦ 如果几次测试后，读数一直改变，则在最大达 1103kPa 的压力下，执行泄漏试验，确定泄漏处并修补之，再重新除湿。

4. 制冷剂的充灌与排出

(1) 制冷剂的充灌

对于离心式制冷机组，在完成了抽真空操作程序后，需进行制冷剂的充灌。

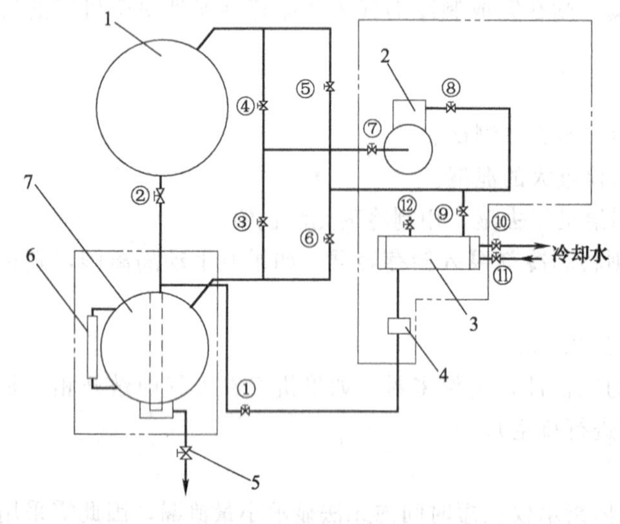

图 6-18 中压制冷剂的储液以及抽灌装置

1—蒸发器；2—小型活塞式制冷压缩机；3—抽灌装置中冷凝器；4—抽灌装置中浮球阀；5—排放阀；6—液位计；7—储液筒；①～⑫—阀门

① 中压制冷剂（如 R22、R134a 等）的充灌与补给，可采用机组上附设的充灌设备与储液筒以及抽灌装置（泵出系统），如图 6-18 所示。

该抽灌装置上配有功率为 3.7kW 的压缩冷凝机组。储液筒 7 布置在蒸发器 1 下方，制冷剂液体可靠重力由蒸发器流出。储液筒与蒸发器之间配有输液管及平衡管。当制冷剂液体大部分流入储液筒时，可将阀③、④和⑨打开，使抽灌装置投入运行，将蒸发器中残留的制冷剂蒸气吸入抽灌装置中的冷凝器 3 内凝结液化，再送入储液筒中（如定期拆检机组时）。

当打开阀②，启动压缩机 2 时，制冷剂即从储液筒 7 回到蒸发器 1 中。也可利用活塞压缩机的排气压力，将制冷剂液体从储液筒压回蒸发器。为防止制冷剂气化，也可从储液筒中将其抽出，送往冷凝器中液化，再送回蒸发器中。由储液筒下方的排液阀 5 排出残油。

② 低压制冷剂（如 R11、R113、R123 等）的充灌与补给，可采用以下方法：

a. 用铜管或 PVC（聚氯乙烯）管的一端与蒸发器下部的加液阀相连，而另一端与制冷剂储液罐顶部接头连接，并保证有良好的密封性。

b. 加氟管（铜管或 PVC 管）中间应加干燥器，以去除制冷剂中的水分。

c. 充灌制冷剂前应对油槽中的润滑油加温至 50～60℃。

d. 若在制冷压缩机处于停机状态时充灌制冷剂，则可启动蒸发器的冷媒水泵加快充灌速度及防止管内静水结冰。初灌时，机组内应具有 0.866×10^5Pa 以上的真空度。

e. 随着充灌过程的进展，机组内的真空度下降，吸入困难时（当制冷剂已浸没两排传热管时），可启动运行冷却水泵，按正常启动操作程序运转压缩机（进口导叶开度为15%～25%，避开喘振点，但开度又不宜过大），使机组内保持0.4×10^5Pa的真空度，继续吸入制冷剂至规定值。

在制冷剂充灌过程中，当机组内真空度减小，吸入困难时，也可采用吊高制冷剂钢瓶，提高液位的办法继续充灌。或用温水加热钢瓶，但切不可用明火对钢瓶进行加热。

f. 充灌制冷剂过程中应严格控制制冷剂的充灌量。各机组的充灌量均标明在《使用说明书》及《产品样本》上。机组首次充入量应为额定量的50%～60%。待机组正式投入运行时，根据制冷剂在蒸发器内的沸腾情况再作补充。

制冷剂一次充灌量过多，会引起压缩机内出现“带液”现象，造成主电动机功率超负荷和压缩机出口温度急剧下降；而机组中制冷剂充灌量不足，在运行中会造成蒸发温度（或冷媒水出口温度）过低而自动停机。

离心式制冷机组的制冷剂每年正常的泄漏量，一般为机组制冷剂总量的10%以下。

（2）制冷剂的排出

当拆机检修或长期停机时，根据机组气密状况，应将机内制冷剂全部排出。其操作要点如下：

a. 采用PVC软管，将排放阀（即充注阀）与置于磅秤上的制冷剂储液罐相连通。由蒸发器或压缩机进气管上的专用接管口处，向机内充以干燥氮气，加压至$(0.98\sim1.47)\times10^5$Pa（表压）后，将全部制冷剂排至储液罐中。排尽时应迅速关闭排放阀。

b. 若现场无法获得干燥氮气，则可开动抽气回收装置，将空气压入机内（限于立即拆卸的机组），蒸发器进水出水温度维持在30℃左右，促使机内压力升高。

c. 制冷剂储液罐内要留有约20%的体积空间。加热制冷剂，分离罐中剩余物，回收制冷剂。

d. 液体排尽后，开动抽气回收装置，使机内残存制冷剂气体液化回收（限于冷水冷却的抽气回收装置）。

e. 取样分析入罐的制冷剂中含油量、含水量等，决定是否再生。

四、溴化锂吸收式系统检修操作工艺

溴化锂吸收式系统检修操作工艺，包括机组的清洗、气密性试验、溴化锂溶液的充灌、冷剂水的充灌以及工况测试与调整等。

1. 机组的清洗

清洗的目的：一是检查屏蔽泵的转向和运转性能；二是清洗内部系统的铁锈、油污等脏物；三是检查制冷剂和溶液循环管路是否畅通。

清洗时最好用蒸馏水，若没有蒸馏水，则也可以使用水质较好的自来水。清洗方法步骤如下：

① 将屏蔽泵拆下，将泵进、出口管道封闭，然后将清洁自来水从机组上部的不同位置灌入，直至机组内的水量充足，接着分别从机组下部不同位置的接口放水，使机组内杂质和污物一同流出。重复清洗操作，直至放出的水无杂质、不浑浊为止，最后放尽存水，把机组最低部位放水口打开。

② 在屏蔽泵的入口装上过滤器，然后装上机组，注入清洁自来水至机组正常液位，其

充灌量可略大于所需的溴化锂溶液量。

③ 启动机组吸收器泵，持续4h，使灌入的清水在机内循环。

④ 启动冷却水泵，使冷却水在机组内循环，打开蒸汽阀门，让加热蒸汽进入高压发生器，使在机内循环的清水温度升高并蒸发产生水蒸气，水蒸气在冷凝器内经冷凝后进入蒸发器液囊。当蒸发器内水位达到一定高度后，启动蒸发器泵，使水在蒸发器泵中循环。因为系统内部在清洗过程中没有溴化锂溶液，所以不产生吸收作用。随着蒸发器内的水越来越多，可通过旁通管将蒸发器液囊中的水通入吸收器。

⑤ 进行上述清洗时，若供汽系统、冷却水泵系统暂不能投入运行，则也可用清水直接清洗。但最好把水温提高到60℃左右，以利于清洗机内的油污。

⑥ 制冷机组各泵运转一段时间后，将水放出。若放出的水比较干净，清洗工作则可结束；如果放出的水较脏，则还应再充入清水，重复上述清洗过程，直到放出的水干净为止。清洗结束后拆下机组各泵和泵入口的过滤器，清除运转过程中积聚在液囊中的脏物，重新把机组各泵装好。

⑦ 清洗检验合格后，应及时抽真空，灌注溴化锂溶液，让制冷机组投入运行。若长期停机，则必须对机组内部进行干燥和充氮气封存，以免锈蚀。

2. 气密性试验

溴化锂吸收式制冷机组是高真空的制冷设备，这是与其他制冷机的不同之处。因此，保持机组的高真空状态，即保持机组的气密性对溴化锂吸收式制冷机来说是至关重要的。若有空气进入机组，则不仅会使机组性能大幅度下降，而且会引起溴化锂溶液对机组的腐蚀。因此，设备在现场安装完毕后，为保证制冷机组的正常运行，应对机组进行气密性检验。

气密性检验内容包括压力检漏和真空检漏。以往仅仅采用压力检漏，随着技术的进步，对密封性提出了更高的要求，近年来已发展为采用压力检漏、电子卤素检漏与氦质谱仪检漏三种方法。

(1) 压力检漏

压力检漏就是向机体内充以一定压力的气体，以检查是否存在漏气部位。

① 准备工作。

a. 工具。常用的检漏工具有：毛刷、橡皮吸球、小桶、洗涤剂（或肥皂水）、氮气（或空气压缩机）等。

b. 人员。检漏人员以不超过4人为宜，每两人一组，以免出现漏检。

② 打压。向机组内充入表压为0.15～0.2MPa的氮气，若无氮气，则可用干燥的压缩空气，但对已经试验或运转的机组，若机内充有溴化锂溶液，则必须使用氮气。

③ 检漏。为了做到不漏检，可把机组分成几个检漏单元进行，譬如：

A组——高、低压发生器及冷凝器壳体；B组——吸收器、蒸发器壳体；C组——溶液热交换器、凝水回热器、抽气装置壳体；D组——管道；E组——法兰、阀门、泵体；F组——传热管。

对A、B、C、D四个单元可直接将洗涤剂涂刷在壁面上（尤其是焊缝），看有无连续的气泡生成。对E组部件可用塑料布兜水沉浸与涂刷洗涤剂相结合的方法进行检漏。对传热管的检漏可分两步完成：一是对传热管与管板胀口的检查，直接涂刷洗涤剂即可；二是对铜管本身的检查，可选用合适的橡胶塞堵住管子的一端，另一端涂刷洗涤剂并观察。对于高、低压发生器，因至少有一端封死，故不做铜管检查。

凡漏气部位必须采取补漏措施，直至复查时不漏为止。

④ 补漏。补漏工作应在泄压后进行。对金属焊接的砂眼、裂缝等处应采取补焊方式；传热管胀口松胀可用胀管器补胀；管壁破裂可换管或两端用铜销堵塞；真空隔膜阀的胶垫或阀体泄漏应予以更换。视镜法兰衬垫及特殊部位金属出现裂痕，可采用如下补救措施：

a. 视镜法兰衬垫。视镜法兰比通用法兰薄，法兰与玻璃视镜接触平面分有水线和无水线两种，中间加衬垫。一般随机的衬垫有耐温橡胶、高温石棉纸板和聚四氟乙烯衬垫等几种。在静态下打压找漏时法兰衬垫不漏气，但在机组运行中，由于受热膨胀，特别是经过多次的关、开，高、低压发生器会出现从衬垫和视镜间隙向内漏气的现象，这是由于衬垫材料在运行中受热膨胀而停机时又冷缩的缘故。

若机组内侧法兰平面不平或有纵向刻痕，则应用专用铣刀修整其平面并更换衬垫。内法兰平面若无水线，则可选用 2mm 厚的聚四氟乙烯垫（不宜过宽，可买板材自行加工），加垫时在机组一侧法兰平面对应的衬垫上涂一层薄薄的真空脂，再紧固螺钉，装上视镜即可；对于有水线的法兰平面，可采用耐温性能较好的氟胶板，当温度高达 200℃时仍能保持较好的弹性。衬垫的尺寸与通用胶垫相同。紧固玻璃视镜法兰螺栓或螺钉时务必注意：对角紧固使玻璃平面受力均匀，不然则会压裂玻璃，也容易造成漏气。

b. 特殊部位的处理。机组有的部位发现裂痕或砂眼不好补焊（如屏蔽泵的铸铁壳体）时，可用一些铁沫与某种树脂（如 102 黏合剂），按一定比例混合后涂抹在裂痕处。

补焊后可再行打压，待压力稳定一定时间（尽可能长）后再检查，如仍有泄漏则还须再行检漏，直到无明显泄漏为止。

⑤ 保压检查。机组无泄漏时，可对机组进行保压检查。应保持压力 24h，按式（6-1）计算，压力降不应大于 0.0665kPa。

（2）卤素检漏

由于溴化锂吸收式制冷机组筒体的充气压力受到限制且观察时间过长，因此不能满足低漏率的检测要求。为进一步提高机组的气密性，压力检漏合格后，可再进行卤素检查。卤素检查采用电子卤素检漏仪（晶体管检漏仪）进行。

HLD4000 型卤素检漏仪是新型的卤素检漏仪，可使用有利于环境保护的“替换型”卤素，即 R134a，也可使用“常规型”卤素，如 R11、R12、R22 等。这种卤素检漏仪在失去灵敏度时，会自动提醒需要再校准，且其内装校准器，任何时候只要将探头插入插孔内即可校准，以保证每个单元、每个班次都得到始终如一的检测结果。由于校准腔与外界干扰隔离，因此能得到高度准确的校准结果。

卤素检漏仪有较高的灵敏度，可达 6.2Pa · mL/s，因此，经压力检漏，机组泄漏基本消除后，再作卤素检漏为宜。正因为此种检漏仪灵敏度高，周围空间的氟利昂成分也会使仪表产生误动作，故应有良好的通风。此外，由于氟利昂的扩散作用，该仪器有时只能找出泄漏的大致部位，还需要进一步通过压力检漏才能确定泄漏部位。由于溴化锂吸收式机组体积较大，连接部位多，易产生漏检现象，且卤素检漏法也是用正压检漏，与机组运行状态恰恰相反，故目前卤素检漏法也不能作为机组密封检验合格的最终标准。

卤素检漏方法如下：

先将机组抽空至 50Pa 的绝对压力，然后向机组内充入一定比例的氮气和氟利昂（如 R22 等），一般来说，氟利昂约占 20%。气体充分混合后，用卤素检漏仪对焊缝、阀门、法兰密封面及螺纹接头等处进行检漏。

卤素检漏合格后，机组需抽真空。但机组中氟利昂难以抽尽，这是由于氟利昂扩散性很强所致。因此，在机组抽成真空后，应再向机组内充灌一些氮气，待其和机组内残留的氟利昂混合后，再将机组抽至真空。这样反复几次，最后将机组抽至高真空。

(3) 真空检漏

找漏和补漏合格，并不意味着机组绝对不漏。实践证明：有的漏气机组在表压低于20kPa时仍有泄漏，只不过泄漏速度非常缓慢而已。由于溴化锂吸收式制冷机组的大部分热质交换过程均在真空下进行，因此为了进一步验证在真空状态下的可靠程度，需要进行真空检漏。真空检漏是考核机组气密性的重要手段，也是气密性检验的最终手段。

① 真空检漏的方法和步骤。

a. 将机组通往大气的阀门全部关闭。

b. 用真空泵将机组抽至50Pa绝对压力。

c. 记录当时的大气压力 B_1、温度 t_1，以及U形管上的水银柱高度差所产生的压差 p_1。

d. 保持24h后，再记录当时的大气压 B_2、温度 t_2，以及U形管上水银柱高度差所产生的压差 p_2。

e. U形管水银差压计只能读出大气压与机组内绝对压力的差值，即机组内的真空度。绝对压力是大气压与真空度之差，由此可见，机组内绝对压力的变化，同样与大气压力和温度有关。检漏时，需扣除由于大气压和温度变化而引起的机组内气体绝对压力的变化量。若机组内的绝对压力升高（或真空度下降）不超过5Pa（制冷量小于或等于1250kW的机组允许不超过10Pa），则机组在真空状态下的气密性是合格的。

② 真空检漏的计算。机组由于泄漏而引起的绝对压力升高量 Δp 按照式（6-3）进行计算：

$$\Delta p = B_2 - p_2 - (B_1 - p_1)\frac{273+t_2}{273+t_1} \quad \text{(Pa)} \tag{6-3}$$

式中 B_1——试验开始时当地大气压，Pa；

p_1——试验开始时机组内真空度，Pa；

t_1——试验开始时温度，℃；

B_2——试验结束时当地大气压，Pa；

p_2——试验结束时机组内真空度，Pa；

t_2——试验结束时温度，℃。

真空检漏采用U形管水银差压计时，在24h内很难确定机组气密性是否合格。这是因为差压计上的每一小格值为136Pa，仪器本身的误差加上人为观察的误差远远超过5Pa。因此若采用U形管水银差压计作为测量仪器时，应放置较长时间（一周或更长时间）。通常真空检漏除采用U形管绝对压力计外，更多地采用旋转式麦氏真空计。这种真空计可以直接测出机组内的绝对压力，可读至0.133Pa的绝对压力，测量方便、准确。

同样，绝对压力值也与测量时的温度有关，也应扣除因温度变化而产生的影响。机组内绝对压力的升高（即机组泄漏值）Δp 按照式（6-4）进行计算：

$$\Delta p = p_2 - \frac{273+t_2}{273+t_1}p_1 \quad \text{(Pa)} \tag{6-4}$$

式中 p_1——试验开始时机组内绝对压力，Pa；

t_1——试验开始时温度，℃；

p_2——试验结束时机组内绝对压力，Pa；

t_2——试验结束时温度，℃。

如果机组真空试验不合格，则仍需将机组内充以氮气，重新用压力检漏法进行检漏。消除泄漏后，再重复上述的真空检漏步骤，直至达到真空检漏合格为止。

③ 真空检漏注意事项。如果机组内有水分，则当机组内压力抽到当时水温对应的饱和蒸汽压力时，水就会蒸发，从而很难将机组抽真空至绝对压力 133Pa 以下。此时，应将机组的绝对压力抽至高于当时水温对应的饱和蒸汽压力，避免水蒸发。通常抽至 9.33kPa（对应水的蒸发温度为 44.5℃），同样保持 24h，并记录试验前后大气压力、气温及真空计读数。考虑大气压及温度的影响后，若机组内绝对压力上升不超过 5Pa，则同样认为设备在真空状态下的气密性是合格的。但此时不宜使用旋转式麦氏真空计测量机内的绝对压力，因旋转式麦氏真空计测量的理论基础是波义耳定律，仅适用于理想气体。空气可近似认为是理想气体，而机组内含有水分，是空气与水蒸气的混合气体，与理想气体相差甚远，因此测量误差较大，此时可选用薄膜式及其他型式的真空计。

机组内含水分后的真空检漏是一项较难把握的工作，因此一般应在机组内不含水分的情况下进行真空检漏。机组内含有水分后，除了上述检漏方法外，还可采用一种简易的气泡法检验。检验方法如下：将真空泵的排气接管浸入油中，记录一分钟或数分钟逸出油面的气泡数；放置 24h 后，再启动真空泵，记录逸出油面的气泡数；二者相差若在规定的范围内，则视为机组气密性合格。

（4）氦质谱仪检漏

氦质谱仪是一种高性能的检漏设备，现已在溴冷机组上广泛采用。由于这种检漏仪的灵敏度极高，因此，机组经其检漏后，可进一步提高气密性，有利于机组的性能及寿命的提高。ASM120 氦质谱仪是其中的一种，这种氦质谱仪采用了新颖的排气系统（自动选择方式），即根据测试口压力自动选择测试方法的排气系统，灵敏度极高，可进行从 $10Pa \cdot m^3/s$ 至 $10^{-8} Pa \cdot m^3/s$ 的高质量检漏。

氦质谱仪的原理如图 6-19 所示。将机组抽空至 50Pa 的绝对压力（真空度越高越好），然后充入一定量的氦气。氦气通过泄漏处扩散到氦质谱仪接收端，冲击在钨丝 7 上，气体离子化，依靠电子枪 1 的作用，沿箭头所示方向前进，并依靠电磁棱镜 2 分离出重离子 3 与轻离子 6。在氦离子被分离的地方，设置极板 4 。根据被检验出的氦离子放电量，可测得氦离子数，进而确定泄漏量。

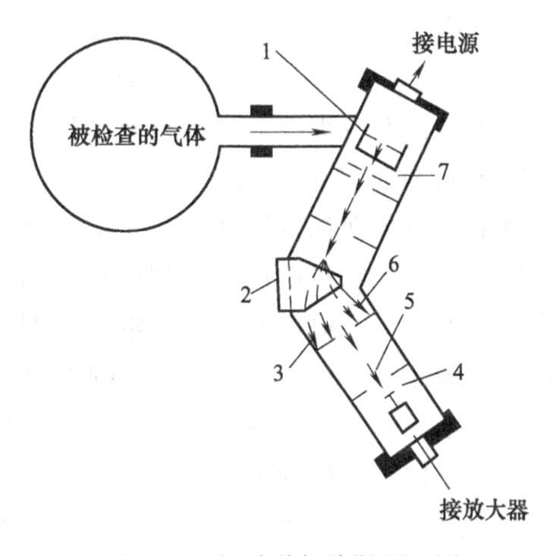

图 6-19 氦质谱仪检漏原理图

1—电子枪；2—电磁棱镜；3—重离子；4—极板；5—氦离子；6—轻离子；7—钨丝

① 机组内无溴化锂溶液时的检漏 用氦质谱仪检漏有以下两种方法：

a. 喷氦检漏

- 启动真空泵，将机组抽真空至所需要的真空度。
- 将氦质谱仪与机组相连。
- 对机组焊缝、接头、阀门等部位进行喷氦，检漏仪会显示出泄漏量。
- 对泄漏处进行修补，修补好后再进行喷氦检漏，直至合格为止。

b. 氦罩检漏

• 启动真空泵，将机组抽真空至所需要的真空度。

• 将质谱仪与机组相连。

• 用罩罩住机组，如图 6-20 所示。

• 向罩里充注一定量的氦气。

• 10min 后，待泄漏率显示稳定后，读出泄漏率数值并做好记录。

• 检验合格标准为机组整机泄漏率不大于 2Pa·mL/s。否则要对机组重新检漏，找出泄漏处。

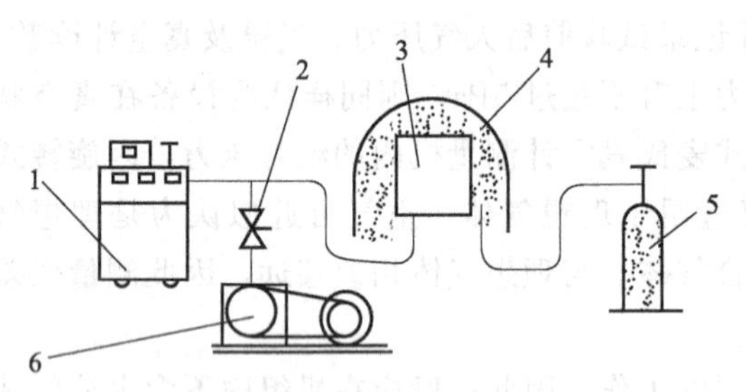

图 6-20 氦罩检漏示意图

1—检漏仪；2—辅助阀；3—吸收式机组；4—氦罩；5—氦气瓶；6—真空泵

应注意的是：检漏前，机身及焊缝处不得有油漆，以免油漆涂层堵塞漏孔；检漏时，水室盖板应打开。

② 对已充注溴化锂溶液或已使用过的机组检漏 可用吸枪法检漏，其操作步骤为：

a. 通过压缩空气将需检漏的地方吹净，防止杂质被吸进堵塞探尖。

b. 按工艺要求向容器里充注一定比例的氦气和氮气。

c. 调整吸枪上的压力控制，保证吸枪上有一定的吸力（为 10～20Pa）。

d. 将氦检漏仪的探尖以 25mm/s 的速度沿焊缝或装配缝移动，探尖与测试件的表面距离保持在 2～5mm；如见控制器上读数信号出现上升，则应立即将探尖移开，等 2s 后再回到原处；根据读数的最大值来判断漏点的合格性，单点允许漏率为 1.01Pa·mL/s。对检出漏点进行标记；对泄漏率大的漏点进行处理，防止漏点的延展、扩大。

e. 对所有的焊缝和装配缝全部检查后，根据标记进行补漏。补漏必须在常压下进行，对涂密封脂的接头处，需先清洁螺纹，然后重新均匀地涂上同样牌号的密封脂。

f. 对补漏处重新进行检漏，直至合格为止。

注意：检漏时焊缝等处不得有油漆。

3. 溴化锂溶液的充灌

目前，溴化锂都以溶液状态供应，其质量百分比浓度一般为 50%左右。虽然 50%的溶液浓度偏低，但在机组调试过程中可加以调整，使溶液达到正常运转时的浓度要求，而且有的溴化锂生产厂家提供的溴化溶液是“混合液”。“混合液”即是在溴化锂溶液中加入 0.2%左右的铬酸锂或 0.1%左右的钼酸锂缓蚀剂，并用氢氧化锂（LiOH）或氢溴酸（HBr）调整 pH 值为 9～10.5 的溶液，可直接灌入机组内使用。

（1）溴化锂溶液的配制

若无配制好的溴化锂溶液供应，则可按下面的步骤和方法进行配制。

当用固体溴化锂制备溶液时，可先准备一个 1～2m^3 的容器（可用聚氯乙烯塑料槽、不锈钢箱或大缸等），然后按质量百分比浓度为 50%的固体溴化锂和蒸馏水称好质量，先将蒸馏水倒入容器，再按比例逐步加入固体溴化锂，并用木棒搅拌，此时溴化锂放出溶解热，所以在加入固体溴化锂时，注意不要投入过快。固体溴化锂完全溶解于蒸馏水后，可用温度计和密度计测量溶液的温度和密度，再从溴化锂溶液性能图表上查出浓度。由于容器容积的限制，不能将设备所需的溶液一次配好，因此可分若干次配制。

(2) 溴化锂溶液的充灌方法

溴化锂溶液加入机组前，应留有小样，以便在调试过程中，碰到溶液质量等问题时进行分析。溶液的充灌主要有两种方式：溶液桶充灌和储液器充灌。新溶液一般采用溶液桶充灌方式，方法如下：

① 检查机组的绝对压力是否在 133Pa 以下，因为溶液是靠外面大气压与机内真空度形成的压差而被压进机组的。

② 准备好一只溶液桶（或缸，容积一般在 0.6m^3 左右），将溴化锂溶液倒入桶内。取一根软管（真空胶管），用溴化锂溶液充满软管，以排除管内的空气，然后将软管的一端连接机组的注液阀，另一端插入盛满溶液的桶内，如图 6-21 所示。溶液桶的桶口可加设不锈钢丝网或无纺布等过滤网，以免塑料桶内的杂质或其他垃圾进入溶液桶内。

③ 打开溶液充灌阀，由于机组内部呈真空状态，溴化锂溶液由溶液桶再通过软管，从充灌阀进入机组内，因此调节充灌阀的开启度，可以控制溶液充入速度的快慢，以使桶中的溶液液位保持稳定。必须注意，加液时，软管一端应始终浸入溶液中，以防空气沿软管进入机组。同时，软管与桶底的距离应不小于 100mm，以防桶底的垃圾、杂物随同溶液一齐进入机组。应当注意向溶液桶内的加液速度以及充灌阀的开度，使溶液桶内溶液保持一定的液位。

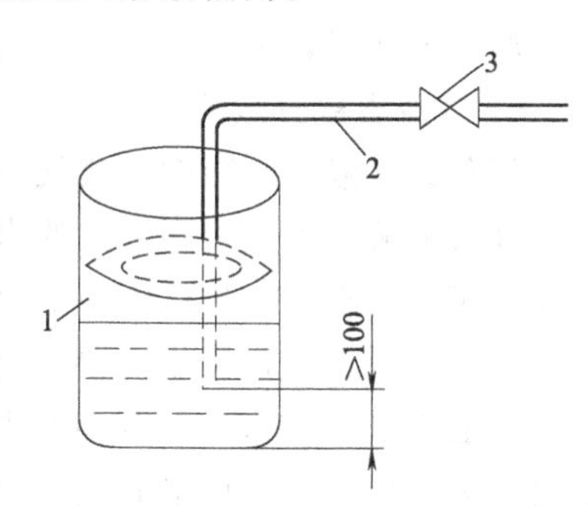

图 6-21　溶液桶充灌

1—溶液桶；2—软管；3—溶液充灌阀

④ 溶液的充灌量应参照制造厂的产品样本或说明书规定，但是，如果溴化锂溶液质量分数不符合说明书要求，充灌量就需要计算，使充灌的溴化锂溶液中含溴化锂量与要求相符。

⑤ 溴化锂溶液按规定量充灌完毕后，关闭充灌阀，启动溶液泵，使溶液循环。再启动真空泵对机组抽真空，将充灌溶液时可能带进机组的空气抽尽，同时还应观察机组液位及喷淋情况。

4. 冷剂水的充灌

充入机组的冷剂水必须是蒸馏水或离子交换水（软水），水质要求见表 6-4。不能用自来水或地下水，因为水中含有游离氯及其他杂物，影响机组的性能。

表 6-4　冷剂水的水质要求

项目	容许限度	项目	容许限度
pH 值	7	Na^+,K^+	<0.005%
硬度(Ca^{2+}、Mg^{2+})	<0.002%	Fe^{2+}	<0.0005%
油分	0	NH^{4+}	少许
Cl^-	<0.001%	Cu^{2+}	<0.0005%
SO_4^{2-}	<0.005%		

将蒸馏水或软化水先注入干净的桶或缸中，用一根真空橡胶管，管内充满蒸馏水以排除空气，一端和冷剂泵的取样阀相连，一端放入桶中，将水充入蒸发器中。其充灌步骤与溴化锂溶液充灌步骤相同。

最初的冷剂量应按照机组样本或说明书上要求的数量充灌。当然，冷剂水的充灌量与加入的溴化锂溶液的质量分数有关，如果加入的溴化锂溶液质量分数符合机组说明书要求，则冷剂水充灌量就按照说明书的要求数量加入。如果加入的溴化锂溶液质量分数低于 50%，则一般可先不加入冷剂水，通过机组调试从溶液中产生冷剂水，如冷剂水量还不足时再补充。但是，如果加入机组的溴化锂溶液质量分数在50%以上，且不符合机组说明书要求，则加入机组的冷剂水量也有变化，可进行计算，使加入机组的溴化锂溶液中的水分质量与加入机组冷剂水的质量之和，等于样本要求的溴化锂溶液中的水分质量与加入的冷剂水质量之和。

应该指出，机组中溶液及冷剂水量，随着机组运行工况变化而变化。当在高质量分数下运行时（如工作蒸汽压力较高，冷却水进口温度较高或冷水出口温度较低的场合），溴化锂溶液量少，而冷剂水量增多；反之，当在低质量分数下运行时（如加热蒸汽压力与冷却水进口温度较低、冷水出口温度较高的场合），溴化锂溶液量增多，冷剂水量减少。通常质量分数为50%的溴化锂溶液，在机组内浓缩时，所产生的冷剂水往往过多，必须排出一部分（受蒸发器水盘容量所限，但若机组配有冷剂储存器，则冷剂水可不排出），才能将溶液质量分数调整到所需要的范围。总之，加入的冷剂水量和加入的溴化锂溶液量一样，在机组实际运行时都要加以调整。

5. **溶液质量分数的测定**

溴化锂溶液吸收冷剂水蒸气的强弱，主要是由溶液的质量分数和温度决定的。溶液质量分数高及溶液温度低，则溶液的水蒸气分压就小，吸收水蒸气的能力就强，反之则弱。溶液吸收水蒸气的多少，与机组中浓溶液和稀溶液之间质量分数差相关。质量分数差越大，则吸收冷剂蒸汽量越多，机组的制冷量越大。溴化锂吸收式机组的质量分数差（或称为放气范围）一般为4%～5.5%。质量分数是机组运行中一项重要的参数，测量溶液质量分数，不仅是机组运行初期及运行中的经常性工作，而且也是分析机组运行是否正常的重要依据。若要测量机组中吸收器出口的稀溶液质量分数和高、低压发生器出口浓溶液的质量分数，则首先要对机组溶液进行取样。

(1) 溶液取样

① 浓溶液取样。

需要测量浓溶液及中间溶液时，由于取样阀处为真空，故溶液无法直接排出取样，只有借助于真空泵，通过取样器取样。取样器的结构示意，如图6-22所示。取一根真空胶管，一端与真空泵抽气管路上的辅助阀连接，另一端与取样器上部接口相连。再取一根真空胶管，一端与取样器的另一个接口连接，另一端与浓溶液取样阀相连。启动真空泵约1min，打开取样阀，溶液即可流入取样器。

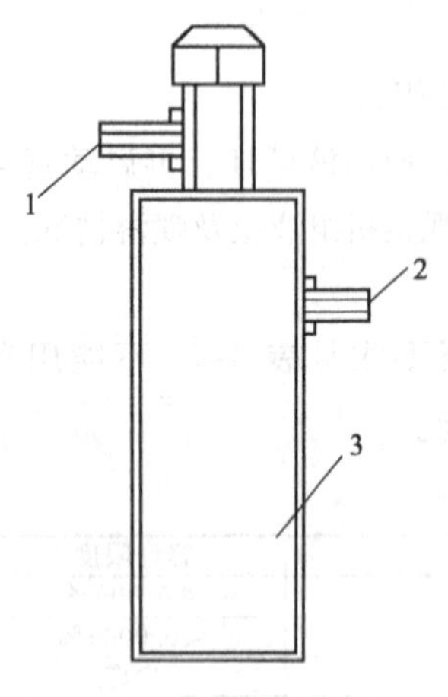

图6-22　取样器示意图
1—接真空泵；2—接浓溶液取样阀；3—有机玻璃容器

② 稀溶液取样。

稀溶液取样有两种方法：一种是溶液泵的扬程较高，泵出口压力高于大气压，可以从泵出口的取样阀直接排出，如图6-23所示；另一种是溶液泵的扬程较低，取样阀处溶液的压力低于大气压，必须借助于真空泵才能排出。操作方法与浓溶液取样基本相同。

(2) 溶液质量分数测定

溶液质量分数的测定方法如下：

① 将取出的溶液倒入量筒（250mL），插入实验室用水银玻璃温度计和量程适合的密度计进行测量，如图6-24所示。

② 同时读出温度计和密度计在液面线上的读数。注意：一定要同时读数，因为取出的溶液的温度在不断降低，溶液的质量分数也随之变化。并且，眼睛要平视读数，否则将带来

测量误差。

③ 根据溴化锂溶液的特性曲线——密度曲线，查出温度和密度所对应的溶液质量分数。

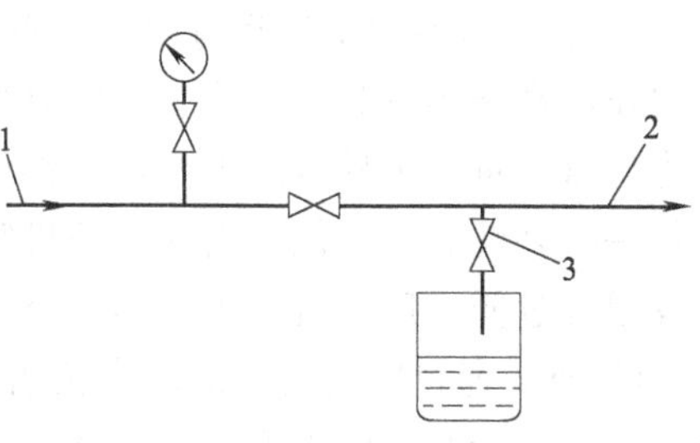

图 6-23　正压取样示意图
1—溶液泵出口；2—去发生器；3—取样阀

6. 溶液循环量的调整

机组运转后，在外界条件如加热蒸汽压力、冷却水进口温度和流量、冷媒水出口温度和流量基本稳定时，应对高、低压发生器的溶液量进行调整，以获得较好的运转效率。因为溶液循环量过小，不仅会影响机组的制冷量，而且可能因发生器的放汽范围过大，浓溶液的浓度偏高，产生结晶而影响制冷机的正常运行；反之，溶液循环量过大，同样会使制冷量降低，严重时还可能因发生器中液位过高而引起冷剂水污染，影响制冷机的正常运行。因此，要调节好溶液的循环量，使浓溶液和稀溶液的浓度处于设定范围内，保证良好的吸收效果。

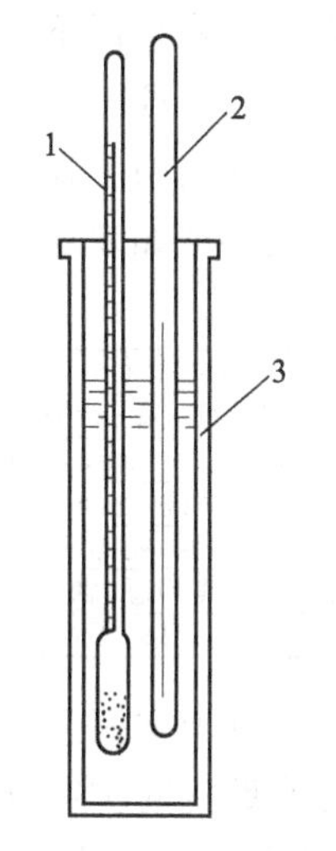

图 6-24　质量分数测量示意图
1—密度计；2—温度计；3—量筒

7. 冷剂水相对密度的测量

冷剂水的相对密度是制冷机运行是否正常的重要指标之一，要注意观察，及时测量。由于冷剂水泵的扬程较低，即使关闭冷剂水泵的出口阀门，仍无法从取样阀直接取出，因此还是应该利用取样器，通过抽真空取出。抽取冷剂水后，用密度计直接测量，机组在正常运转时，一般冷剂水的相对密度小于 1.04。若取出的冷剂水相对密度大于 1.04 时，则说明冷剂水已受污染，就应进行冷剂水再生处理，并寻找污染的原因，及时加以排除。

冷剂水再生处理，应关闭冷剂泵出口阀，打开冷剂水旁通阀，使蒸发器液囊里的冷剂水全部旁通入吸收器。冷剂水旁通后，关闭旁通阀，停止冷剂泵，待冷剂水重新在冷剂水液囊里聚集到一定量后，再重新启动冷剂泵。如果一次旁通不理想，则可重复 2～3 次，直到冷剂水的相对密度合格为止。

当蒸发器内的冷剂水量偏少，要补充冷剂水时，应注意冷剂水的水质，不能随便加入自来水。

第二节　中央空调制冷系统的故障分析与排除

在中央空调系统的运行过程中，操作人员可凭借仪表、指示器等方面数据的变化，来判断系统的运行情况，如运行相关数据不正常，则应及时调整，否则可能产生故障，造成后果严重的事故。因此，了解故障发生的原因，掌握排除常见故障的方法，对操作人员来说，是十分重要的。

一、故障检查的一般方法与处理程序

1. 故障检查的一般方法

中央空调的故障判断，要经过查看、测量和分析的过程，维修人员通常是采取看、听、摸、分析来判断故障的，下面以压缩式冷水机组为例来说明。

① 看。看冷水机组运行中高、低压力值的大小，油压的大小，冷却水和冷冻水进、出口水压的高低等参数，这些参数值以满足设定运行工况要求为正常，以偏离工况要求的参数值为异常，每一个异常的工况参数都可能包含着一定的故障因素。此外，还要注意看冷水机组的一些外观表象，例如出现压缩机吸气管结霜这样的现象，就表示冷水机组制冷量过大，蒸发温度过低，压缩机吸气过热度小，吸气压力低。

② 听。通过听运行中的冷水机组异常声响来分析判断故障发生的原因和位置。除了听冷水机组运行时总的声响是否符合正常工作的声响规律外，还要重点听压缩机、水泵、系统的电磁阀、节流阀等设备有无异常声响。

③ 摸。在通过看、听之后，有了初步的判断，再进一步体验各部分的温度情况，用手触摸冷水机组各部分及管道（包括气管、液管、水管、油管等)，感觉压缩机工作温度及振动，冷凝器和蒸发器的进出口温度，管道接头处的油迹及分布情况等。正常情况下，压缩机运转平稳，吸、排气温差大，机体温升不高；蒸发温度低，冷冻水进、出口温差大；冷凝温度高，冷却水进、出口温差大；各管道接头处无制冷剂泄漏且无油污等。任何与上述情况相反的表现，都意味着相应的部位存在着故障因素。用手摸物体对温度的感觉特征如表 6-5 所示。

表 6-5　触摸物体测温的感觉特征

温度/℃	手感特征	温度/℃	手感特征
35	低于体温,微凉	65	强烫灼感,触 3s 缩回
40	稍高于体温,微温舒服	70	剧烫灼感,手指触 3s 缩回
45	温和而稍带热感	75	手指触有针刺感,1s～2s 缩回
50	稍热但可长时间承受	80	有烘灼感,手一触即回,稍停留则有轻度灼伤
55	有较强热感,产生回避意识	85	有辐射热,焦灼感,触及烫伤
60	有烫灼感,触 4s 急缩回	90	极热,有畏缩感,不可触及

用手触摸物体测温，虽然只是一种体验性的近似测温方法，但它对于掌握没有设置测温点的部件和管道的温度情况及其变化趋势，迅速准确地判断故障有着重要的实用价值。

④ 分析。应将从有关指示仪表和看、听、摸等方式得到的冷水机组运行的数据和材料进行综合分析，找出故障的基本原因，考虑应采取什么样的应急措施，如何省时、省料、省钱地将故障排除。

2. 故障处理的基本程序

对故障的处理必须严格遵循科学的程序办事，切忌在情况不清、故障不明、心中无数时就盲目行动，随意拆卸。这样做往往会使已有的故障扩大化，或引起新的故障，甚至对机组造成严重损害。

故障处理的基本程序如图 6-25 所示。

(1) 调查了解故障产生的经过

① 认真进行现场考察，了解故障发生时冷水机组各部分的工作状况、发生故障的部位、危害的严重程度。

② 认真听取现场操作人员介绍故障发生的经过及所采取的紧急措施。必要时应对虽有故障，但还可以在短时间内运转不会使故障进一步恶化的冷水机组或辅助装置亲自启动操作，为正确分析故障原因、掌握准确的感性认识提供依据。

③ 检查冷水机组运行记录表，特别要重视记录表中不同常态的运行数据和发生过的问题，以及更换和修理过的零件的运转时间和可靠性；了解因任何原因引起的安全保护停机等情况；与故障发生有直接关系的情况，尤其不能忽视。

④ 向有关人员进行询问，聆听其对故障的认识和看法，并让其演示自己的操作方法。

(2) 搜集数据资料，查找故障原因

① 详细阅读冷水机组的《使用操作手册》是了解冷水机组各种数据的一个重要方法。《使用操作手册》能提供冷水机组的各种参数（例如机组制冷能力，压缩机型式，电机功率、转速、电压与电流大小，制冷剂种类与充注量，润滑油量与油位，制造日期与机号等）。列出各种故障的可能原因，将《使用操作手册》提供的参数与冷水机组运行记录表的数据进行综合对比，能为正确诊断故障提供重要依据。

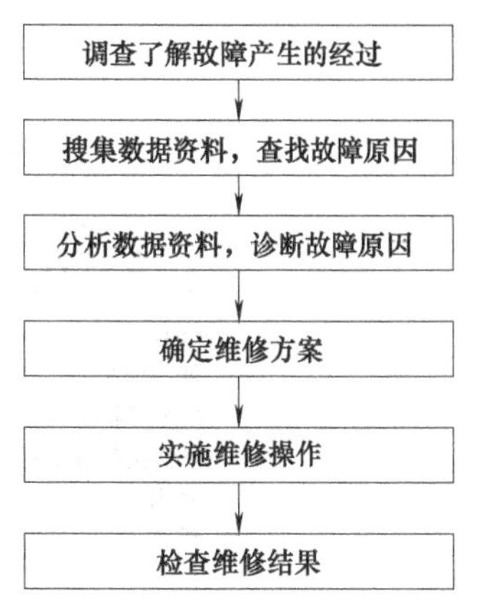

图 6-25 故障处理的基本程序

② 对机组进行故障检查应按照电系统（包括动力和控制系统）、水系统（包括冷却水和冷冻水系统）、油系统、制冷系统（包括压缩机、冷凝器、节流阀、蒸发器及管道）四大部分依次进行，要注意查找引起故障的复合因素，保证稳、准、快地排除故障。

(3) 分析数据资料，诊断故障原因

① 结合制冷循环基本理论，对所收集的数据和资料进行分析，把制冷循环正常状况的各种参数作为对所采集的数据进行比较分析的重要依据。例如，根据制冷原理分析冷水机组的压缩机吸气压力过高，引起制冷剂循环量增大，导致主电动机超载。而压缩机吸气压力过高的原因与制冷剂充注量过多、热力膨胀阀开度过大、冷凝压力过高、蒸发器负荷过大等因素有关。若收集到的资料发现制冷系统中吸气压力高于理论循环规定的吸气压力值或电动机过载，则可以从制冷剂充注量、蒸发器负荷、冷凝器传热效果、冷却水温度等方面去分析造成上述故障的原因。

② 运用实际工作经验进行数据和资料的分析。在掌握了冷水机组正常运转的各方面表现后，一旦实际发生的情况与所积累的经验之间产生差异，便可以马上从这一差异中找到故障的原因。将实际经验与理论分析结合起来，剖析所收集到的数据和资料，有利于透过一切现象，抓住使故障发生的本质原因，并能准确、迅速地予以排除。

③ 根据冷水机组技术故障的逻辑关系进行数据和资料分析。冷水机组技术故障的逻辑关系及检查方法是分析和检查各种故障现象的有效措施。把实际采集到的各种数据与这一逻辑关系联系起来，可以大大提高判断故障原因的准确性和维修工作进展的速度。通常把冷水机组运转中出现的故障分为机组不启动、机组运转但制冷效果不佳和机组频繁开停三类。各类故障的逻辑关系如图 6-26 所示。

(4) 确定维修方案

① 从可行性角度考虑维修方案。首先要考虑的是如何以最省的经费（包括材料、备件、人工、停机等）来完成维修任务，经费应控制在计划的维修经费数额以内。当总修理费用接近或超过新购整机费用时，在时间允许的条件下，应把旧机作报废处理。

② 从可靠性角度考虑维修方案。通常冷水机组故障的处理和维修方案不是单一的。从冷水机组维修后所起的作用来看，可分为临时性的、过渡性的和长期的三种情况。各种维修方案在经费的投入、人员的投入、维修工艺的要求、维修时间的长短、使用备件的多少与质量的优劣等方面，均有明显的差别，应根据具体情况确定合适的方案。

③ 选用对周围环境干扰和影响最小的维修方案。维修过程会对建筑物结构及居民产生安全及噪声伤害和环境污染的方案，都应极力避免采用。

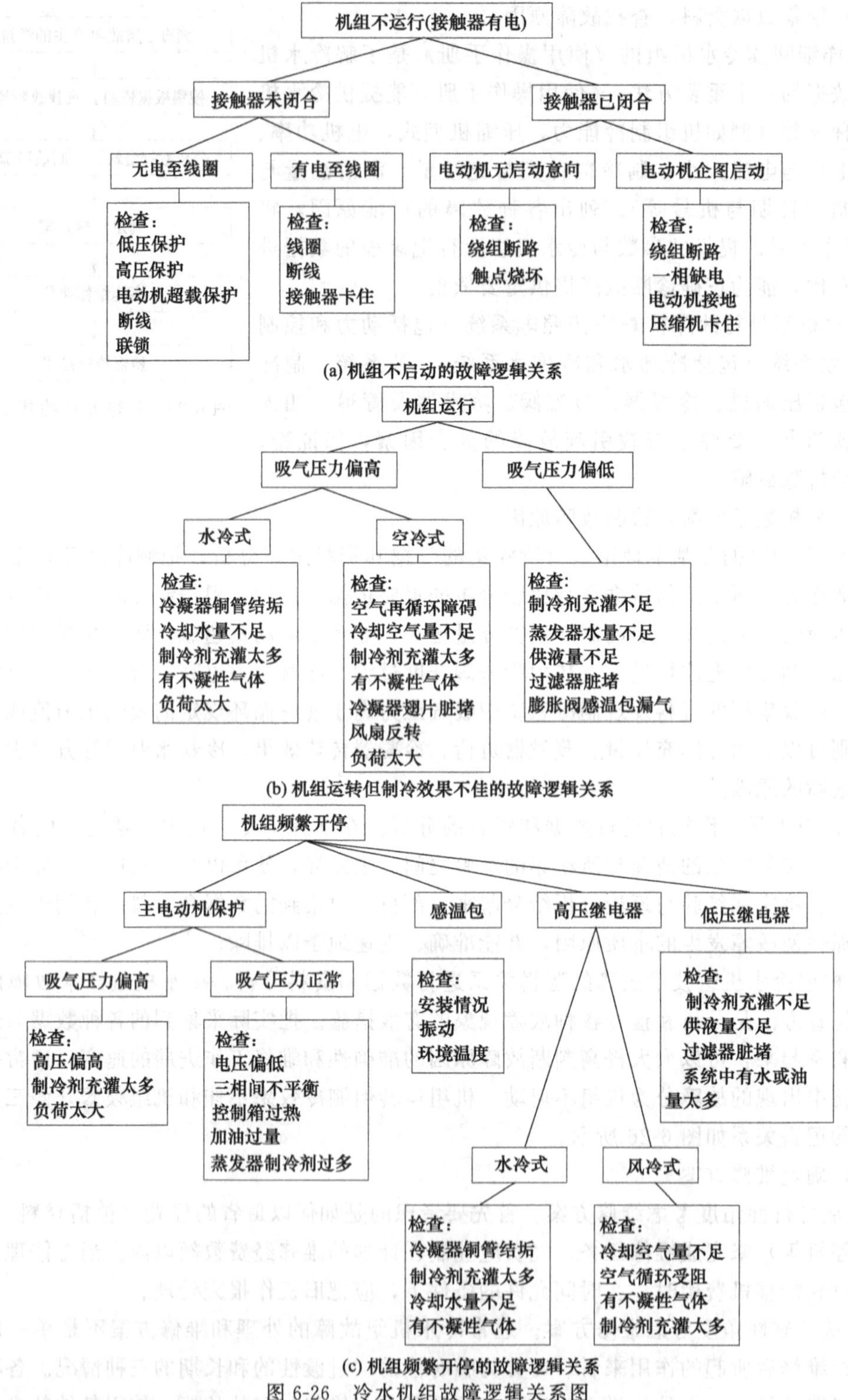

(a) 机组不启动的故障逻辑关系

(b) 机组运转但制冷效果不佳的故障逻辑关系

(c) 机组频繁开停的故障逻辑关系

图 6-26 冷水机组故障逻辑关系图

④ 在认真分析各方面的条件后，找出适合现场实际情况的维修方案。一般这些维修方案适用于调整、修改、修理或更换失效组件等内容中的各项综合行动。

(5) 实施维修操作

① 根据所定维修方案的要求，准备必要的配件、工具、材料等，做到质量好、数量足、供应及时。

② 进行故障排除的维修时，应按与检查程序相反的步骤，即按“制冷剂→油→水→电”四个系统的先后顺序进行故障排除，以避免因故障交叉而发生维修返工现象，从而节省维修时间，保证维修质量。

③ 正确运用制冷和机械维修等方面的知识进行操作。例如压缩机的分解与装配、制冷系统的清洗与维护、控制系统设备及元器件的调试与维修以及钎焊、电焊、机组试压、检漏、抽真空、除湿、制冷剂和润滑油的充注和排出等操作。

④ 分解的零件必须排列整齐，做好标记，以便识别，防止丢失。

⑤ 重新装配或更换零部件时，应对零部件逐一进行性能检查，以防止不合格的零件装入机组，造成返工损失。

（6）检查维修结果

① 检查维修结果的目的在于考察维修后的冷水机组是否已经恢复到故障发生前的技术性能。采取在不同工况条件下运转机组的方法，全面考核是否因经过修理给机组带来了新的问题。发现问题应立即予以纠正。

② 对冷水机组进行必要的验收试验时，应按照先气密性试验、后真空试验，先分项试验、后整机试验的原则进行。不允许用冷水机组本身的压缩机代替真空泵进行真空试验，以免损坏压缩机。

③ 除检查冷水机组的技术性能外，还要注意保护好机组整洁的外观和工作现场的清洁卫生。工作现场要打扫干净，擦掉溅出的油污，清除换下的零件和垃圾，最后清理工具和配件，不能将工具或配件遗忘在冷水机组内或工作现场。

④ 对于由于操作人员失误造成故障的冷水机组，维修人员应与操作人员一起进行故障排除或修复。事后一起进行机组试运行检查，一起讨论适合该机组特点的操作方法，改变不良操作习惯，避免同类故障再度发生。

二、活塞式机组常见故障分析与排除

下面列出了压缩机、冷凝器、蒸发器和热力膨胀阀的常见故障分析与排除方法，如表 6-6～表 6-9 所示。

表 6-6　活塞式制冷压缩机常见故障分析与排除方法

故障现象	原因分析	排除方法
压缩机不运转	①电气线路故障、熔丝熔断、热继电器动作 ②电动机绕组烧毁或匝间短路 ③活塞卡住或抱轴 ④压力继电器动作	①找出断电原因，换熔丝或按复位按钮 ②测量各相电阻及绝缘电阻、修理电动机 ③打开机盖、检查修理 ④检查油压、温度、压力继电器，找出故障，修复后按复位按钮
压缩机不能正常启动	①线路电压过低或接触不良 ②排气阀片漏气，造成曲轴箱内压力过高 ③温度控制器失灵 ④压力控制器失灵	①检查线路电压过低的原因及其电动机连接的启动元件 ②修理研磨阀片与阀座的密封线 ③检验调整温度控制器 ④检验调整压力控制器
压缩机启动、停机频繁	①吸气压力过低或低压继电器切断值调得过高 ②排气压力过高，高压继电器切断值调得过低	①调整膨胀阀的开度，重新调整低压继电器的切断值 ②加大冷风机转速或重新调整一下高压继电器切断值

续表

故障现象	原因分析	排除方法
压缩机不停机	①制冷剂不足或泄漏 ②温控器、压力继电器或电磁阀失灵 ③节流装置开启度过小	①检漏、修复、补充制冷剂 ②检查后修复或更换 ③加大开启度
压缩机启动后没有油压	①供油管路或油过滤器堵塞 ②油压调节阀开启过大或阀芯损坏 ③传动机构故障(定位销脱落、传动块脱位等)	①疏通清洗油管和油过滤器 ②调整油压调节阀,使油压调至需要数值,或修复阀芯 ③检查、修复
油压过高	①油压调节阀未开或开启过小 ②油压调节阀阀芯卡住	①调整油压使达到要求值 ②修理油压调节阀
油压不稳	①油泵吸入带有泡沫的油 ②油路不畅通 ③曲轴箱内润滑油过少	①排除油起泡沫的原因 ②检查疏通油路 ③添加润滑油
油温过高	①曲轴箱油冷却器缺水 ②主轴承装配间隙太小 ③油封摩擦环装配过紧或摩擦环拉毛 ④润滑油不清洁、变质	①检查水阀及供水管路 ②调整装配间隙,使符合技术要求 ③检查修理轴封 ④清洗油过滤器,换上新油
油泵不上油	①油泵严重磨损,间隙过大 ②油泵装配不当 ③油管堵塞	①检修更换零件 ②拆卸检查,重新装配 ③清洗过滤器和油管
曲轴箱中润滑油起泡沫	①油中混有大量氨液,压力降低时由于氨液蒸发引起泡沫 ②曲轴箱中油太多,连杆大头搅动油引起泡沫	①将曲轴箱中的氨液抽空,换上新油 ②从曲轴箱中放油,降到规定的油面
压缩机耗油量过多	①油环严重磨损,装配间隙过大 ②油环装反,环的锁口在一条垂线上 ③活塞与气缸间隙过大 ④油分离器自动回油阀失灵 ⑤制冷剂液体进入压缩机曲轴箱内	①更换油环 ②重新装配 ③调整活塞环,必要时更换活塞或缸套 ④检修自动回油阀,使油及时返回曲轴箱 ⑤开机前先加热曲轴箱中润滑油,再根据油镜指示添加润滑油
曲轴箱压力升高	①活塞环密封不严,高低压串气 ②吸气阀片关闭不严 ③气缸套与机座密封不好 ④液态制冷剂进入曲轴箱蒸发,使外壁结霜	①检查修理 ②检修阀片密封线 ③清洗或更换垫片,并注意调整间隙 ④抽空曲轴箱液态制冷剂
能量调节机构失灵	①油压过低 ②油管堵塞 ③油活塞卡住 ④拉杆与转动环卡住 ⑤油分配阀安装不合适 ⑥能量调节电磁阀故障	①调整油压 ②清洗油管 ③检查原因,重新装配 ④检修拉杆与转动环,重新装配 ⑤用通气法检查各工作位置是否适当 ⑥检修或更换
排气温度过高	①冷凝温度太高 ②吸气温度太低 ③回气温度过热 ④气缸余隙容积过大 ⑤气缸盖冷却水量不足 ⑥系统中有空气	①加大冷风量 ②调整供液量或向系统加氨 ③按吸气温度过热处理 ④按设备技术要求调整余隙容积 ⑤加大气缸盖冷却水量 ⑥放空气
回气过热度过高	①蒸发器中供液太少或系统缺氨 ②吸气阀片漏气或破损 ③吸气管道隔热失效	①调整供液量 ②检查研磨、阀片或更换阀片 ③检查更换隔热材料
排气温度过低	①压缩机结霜严重 ②中间冷却器供液过多	①调节关小节流阀 ②关小中间冷却器供液阀
压缩机排气压力比冷凝压力高	①排气管道中的阀门未全开 ②排气管道内局部堵塞 ③排气管道管径大小	①开大排气管道中的阀门 ②检查去污,清理堵塞物 ③通过验算,更换管径

续表

故障现象	原因分析	排除方法
吸气压力比正常蒸发压力低	①供液太多，使压缩机吸入未蒸发的液体，造成吸气温度过低 ②制冷量大于蒸发器的热负荷，进入蒸发器的液态制冷剂未来得及蒸发吸热即被压缩机吸入 ③蒸发器内部积油太多，造成制冷剂未能全部蒸发而被压缩机吸入	①适当减少供液量 ②调节压缩机，使制冷量与蒸发器的热负荷相一致 ③进行除霜和放油
压缩机结霜	①在正常蒸发压力下，压缩机吸气温度过低，氨液被吸入气缸 ②低压循环储液器氨液面超高 ③中间冷却器液面超高 ④热氨冲霜后恢复正常降温时吸气阀开启太快	①关小供液阀，减少供液量，关小压缩机吸气阀，将卸载装置拨至最小容量，待结霜消除后恢复吸气阀和卸载装置 ②关小供液阀或对循环储液器进行排液 ③关小中冷器供液阀或对中冷器进行排液 ④应缓慢开启吸气阀，并注意压缩机吸气温度，运转正常后再逐渐完全开启
压力表指针跳动剧烈	①系统内有空气 ②压力表失灵	①进行放空气 ②检修或更换压力表
气缸中有敲击声	①气缸中余隙容积过小 ②活塞销与连杆小头孔间隙过大 ③吸排气阀固定螺栓松动 ④安全弹簧变形，丧失弹性 ⑤活塞与气缸间隙过大 ⑥阀片破碎，碎片落入气缸内 ⑦润滑油中残渣过多 ⑧活塞连杆上螺母松动 ⑨制冷剂液体或润滑油大量进入气缸产生液击	①按要求重新调整余隙容积 ②更换磨损严重的零件 ③拆下压缩机气缸盖，紧固螺栓 ④更换弹簧 ⑤检修或更换活塞环与缸套 ⑥停机检查更换阀片 ⑦清洗换油 ⑧拆开压缩机的曲轴箱侧盖，将连杆大头上的螺母拧紧 ⑨调整进入蒸发器的供液量
曲轴箱有敲击声	①连杆大头瓦与曲拐轴颈的间隙过大 ②主轴承与主轴颈间隙过大 ③开口销断裂，连杆螺母松动 ④联轴器中心不正或联轴器键槽松动 ⑤主轴滚动轴承的轴承架断裂或钢珠磨损	①调整或换上新瓦 ②修理或换上新瓦 ③更换开口销，紧固螺母 ④调整联轴器或检修键槽 ⑤更换轴承
气缸拉毛	①活塞与气缸间隙过小，活塞环锁口尺寸不正确 ②排气温度过高，引起油的黏度降低 ③吸气中含有杂质 ④润滑油黏度太低，含有杂质 ⑤连杆中心与曲轴颈不垂直，活塞走偏	①按要求间隙重新装配 ②调整操作，降低排气温度 ③检查吸气过滤器，清洗或换新 ④更换润滑油 ⑤检修校正
阀片变形或断裂	①压缩机液击 ②阀片装配不正确 ③阀片质量差	①调整操作，避免压缩机严重结霜 ②细心、正确地装配阀片 ③换上合格阀片
轴封严重漏油	①装配不良 ②动环与静环摩擦面拉毛 ③橡胶密封圈变形 ④轴封弹簧变形、弹性减弱 ⑤曲轴箱压力过高 ⑥轴封摩擦面缺油	①重新装配 ②检查校验密封面 ③更换密封圈 ④更换弹簧 ⑤检修排气阀泄漏，停机前使曲轴箱降压 ⑥检查进出油孔
轴封油温过高	①动环与静环摩擦面比压过大 ②主轴承装配间隙过小 ③填料压盖过紧 ④润滑油含杂质多或油量不足	①调整弹簧强度 ②调整间隙达到配合要求 ③适当紧固压盖螺母 ④检查油质，更换油或清理油路、油泵
压缩机主轴承温度过高	①润滑油不足或缺油 ②主轴承径向间隙或轴向间隙过小 ③主轴瓦拉毛 ④油冷却器冷却水流动不畅 ⑤轴承偏斜或曲轴翘曲	①检查油泵、油路，补充新油 ②重新调整间隙 ③检修或换新瓦 ④检修油冷却器管路，保证供水畅通 ⑤进行检查修理
连杆大头瓦熔化	①大头瓦缺油，形成干摩擦 ②大头瓦装配间隙过小 ③曲轴油孔堵塞 ④润滑油含杂质太多，造成轴瓦拉毛发热熔化	①检查油路是否通畅，油压是否足够 ②按间隙要求重新装配 ③检查清洗曲轴油孔 ④换上新油和新轴瓦

续表

故障现象	原因分析	排除方法
活塞在气缸中卡住	①气缸缺油 ②活塞环搭口间隙太小 ③气缸温度变化剧烈 ④油含杂质多，质量差	①疏通油路，检修油泵 ②按要求调整装配间隙 ③调整操作，避免气缸温度剧烈变化 ④换上合理的润滑油

表 6-7 冷凝器常见故障分析与排除方法

故障现象	原因分析	排除方法
排气压力过高	风冷冷凝器冷却风量不足，原因： ①风机不通电或风机有故障不能运转 ②风机压力控制器失灵，触头不能闭合 ③风机电动机烧毁、短路 ④三相风机反转或缺相 ⑤风机周围有障碍物，通风不好	①开启、检查风机 ②调整或更换压力控制器使之正常工作 ③修理或更换电动机 ④检查并调整接线情况 ⑤清理周围障碍物，使通风良好
	风冷冷凝器表面过脏	清洗、吹除风冷冷凝器表面灰尘污垢
	水冷冷凝器冷却水量不足，原因： ①冷却水进水阀开度太小 ②水压太低（一般应在 0.12MPa 以上） ③进水管路堵塞 ④水量调节阀失灵	①开大进水阀 ②提高水压 ③清除堵塞物 ④调整修理水量调节阀
	水冷冷凝器水垢过厚	对冷凝器进行清洗
泄漏	盘管破裂或端盖不严	找出泄漏部位，补漏或更换部件

表 6-8 蒸发器常见故障分析与排除方法

故障现象	原因分析	排除方法
制冷效果差	蒸发器内积油过多	给蒸发器注入溶油剂，清除积油
吸入压力过高	蒸发器热负荷过大	调整热负荷
排气压力过低	蒸发器过滤网过脏	清洗过滤网
吸入压力过低	①蒸发器进液量太少 ②蒸发器污垢太厚 ③蒸发器冷风机未开启或风机反转	①调大膨胀阀开度 ②清洗污垢 ③启动风机，检查相序
制冷剂泄漏	蒸发器铜管泄漏	检修或更换铜管

表 6-9 热力膨胀阀的常见故障分析与排除方法

故障现象	原因分析	排除方法
制冷机运转，但无冷气	①感温包内充注的感温剂泄漏 ②过滤器和阀孔被堵塞	①修理或更换膨胀阀 ②清洗过滤器或阀件
制冷压缩机启动后，阀很快被堵塞（吸入压力降低），阀外加热后，阀又立即开启工作	系统内有水分，水分在阀孔处冻结，造成冰塞	加强系统干燥（在系统的液管上加装干燥器或更换干燥剂）
膨胀阀进口管上结霜	膨胀阀前的过滤器堵塞	清洗过滤器
膨胀阀发出“丝丝”的响声	①系统内制冷剂不足 ②液体无过冷度，液管阻力损失过大，在阀前液管中产生“闪气”	①补充制冷剂 ②保证液体制冷剂有足够大的过冷度
热力膨胀阀不稳定，流量忽大忽小	①选用了过大的膨胀阀 ②开启过热度调得过小 ③感温包位置或外平衡管位置不当	①改用容量适当的膨胀阀 ②调整开启过热度 ③选择合理的定装位置
膨胀阀无法关小	①膨胀阀损坏 ②感温包位置不正确 ③膨胀阀内传动杆太长	①更换或修理膨胀阀 ②选择合理的定装位置 ③把传动杆稍微锉短一些
吸入压力过高	①膨胀阀感温包松落，隔热层破损 ②膨胀阀开度过大	①放正感温包，包扎好隔热层 ②适当调小膨胀阀开度

三、螺杆式机组常见故障分析与排除

表6-10列出了水冷螺杆式冷水机组常见故障分析与排除方法。

表6-10 水冷螺杆式机组常见故障分析与排除方法

故障现象	原因分析	排除方法
排气压力过高	①冷凝器进水温度过高或流量不够 ②系统内有空气或不凝结气体 ③冷凝器铜管内结垢严重 ④制冷剂充灌过多 ⑤冷凝器上进气阀未完全打开 ⑥吸气压力高于正常情况 ⑦水泵故障	①检查冷却塔、水过滤器和各个水阀 ②使气体由冷凝器排出 ③清洗铜管 ④排出多余量 ⑤全打开 ⑥参考"吸气压力过高"栏目 ⑦检查冷却水泵
排气压力过低	①通过冷凝器的水流量过大 ②冷凝器的进水温度过低 ③大量液体制冷剂进入压缩机 ④制冷剂充灌不足 ⑤吸气压力低于标准	①调小阀门 ②调节冷却塔风机转速或风机工作台数 ③检查膨胀阀及其感温包 ④充灌到规定量 ⑤参考"吸气压力过低"栏目
吸气压力过高	①制冷剂充灌过量 ②在满负荷时,大量液体制冷剂流入压缩机	①排除多余量 ②检查和调整膨胀阀及其感温包,确定感温包紧固于吸气管上,并已隔热;使冷水入口温度高于限定温度
吸气压力过低	①未完全打开冷凝器制冷剂液体出口阀门 ②制冷剂过滤器有堵塞 ③膨胀阀调整不当或故障 ④制冷剂充灌不足 ⑤过量润滑油在制冷系统中循环 ⑥蒸发器的进水温度过低 ⑦通过蒸发器的水量不足	①全打开 ②更换过滤器 ③正确调整过热度,检查感温包是否泄漏 ④补充到规定量 ⑤查明原因,减少到合适值 ⑥提高进水温度设定值 ⑦检查水泵、水阀
压缩机因高压保护停机	①通过冷凝器的水量不足 ②冷凝器铜管堵塞 ③制冷剂充灌过量 ④高压保护设定值不正确	①检查冷却塔、水泵、水阀 ②清洗铜管 ③排除多余量 ④正确设定
压缩机因主电机过载停机	①电压过高或过低或相间不平衡 ②排气压力过高 ③回水温度过高 ④过载元件故障 ⑤主电机或接线座短路	①查明原因,使电压值与额定值误差在10%以内或相间不平衡率在3%以内 ②参考"排气压力过高"栏目 ③查明原因,并使之降低 ④检查压缩机电流,对比资料上的全额电流 ⑤检查电机接线座与地线之间的阻抗,并修复
压缩机因主电机温度保护而停机	①电压过高或过低 ②排气压力过高 ③冷水回水温度过高 ④温度保护器件故障 ⑤制冷剂充灌不足 ⑥冷凝器气体入口阀关闭	①检查电压与机组额定值是否一致,必要时更正相位不平衡 ②检查排气压力和确定排气压力过高原因,并排除 ③检查原因,并排除 ④排除或更换 ⑤补充到规定量 ⑥打开
压缩机因低压保护停机	①制冷剂过滤器堵塞 ②膨胀阀故障 ③制冷剂充灌不足 ④未打开冷凝器液体出口阀	①更换 ②排除或更换 ③补充到规定量 ④打开

续表

故障现象	原因分析	排除方法
压缩机有噪声	压缩机吸入液体制冷剂	调整膨胀阀
压缩机不能运转	①过载保护断开或控制线路熔丝烧断 ②控制线路接触不良 ③压缩机继电器线圈烧坏 ④相位错误	①查明原因,更换 ②检修 ③更换 ④调整正确
卸载系统不能工作	①温控器故障 ②卸载电磁阀故障 ③卸载机构损坏	①排除或更换 ②排除或更换 ③修理或更换

四、离心式机组常见故障分析与排除

排除离心式压缩机机组故障，应认真理解产品说明书及有关资料的内容，掌握故障的原因及其排除方法，对于机组的一般性故障要及时加以排除，避免发生重大事故。机组的常见故障与排除方法包括压缩机、主电动机、抽气回收装置、润滑油系统、机组的腐蚀，如表6-11～表6-15所示。

表 6-11　离心式制冷压缩机常见故障分析与排除方法

故障名称	故障现象	原因分析	排除方法
振动与噪声过大	压缩机振动值超差,甚至转子件破坏	转子动平衡精度未达到标准及转子件材质内部缺陷	复核转子动平衡或更换转子件
		运行中转子叶轮动平衡破坏: ①机组内部清洁度差 ②叶轮与主轴防转螺钉或花键强度不够或松动脱位 ③转子叶轮端头螺母松动脱位,导致动平衡破坏 ④小齿轮先于叶轮破坏而造成转子不平衡 ⑤主轴变形	①停机检查机组内部清洁度 ②更换键、防转螺钉 ③检查防转垫片是否焊牢,螺母螺纹方向是否正确 ④检查大小齿轮状态,决定是否能用 ⑤校正或更换主轴
		推力块磨损,转子轴向窜动	停机,更换推力轴承
		压缩机与主电动机轴承孔不同心	停机调整同轴度
		齿轮联轴器齿面有污垢、磨损	调整、清洗或更换
	喘振,强烈而有节奏的噪声及嗡鸣声,电流表指针大幅度摆动	滑动轴承间隙过大或轴承盖过盈太小	更换滑动轴承轴瓦,调整轴承盖过盈
		密封齿与转子件碰擦	调整或更换密封
		压缩机吸入大量制冷剂液	抽出制冷剂液,降低液位
		进、出气接管扭曲,造成轴中心线歪斜	调整进、出气接管
		润滑油中溶入大量制冷剂,轴承油膜不稳定	调整油温,加热使油中制冷剂蒸发排出
		机组基础防振措施失效	调整弹簧或更换新弹簧,恢复基础防振措施
		冷凝压力过高	见表6-7中的分析,排出系统内空气,清除铜管管内污垢
		蒸发压力过低	见表6-8中的分析
		导叶开度过小	增大导叶开度

续表

故障名称	故障现象	原因分析	排除方法
轴承温度过高	轴承温度逐渐升高，无法稳定	轴承装配间隙或泄（回）油孔过小	调整轴承间隙，加大泄（回）油孔径
		供油温度过高： ①油冷却器水量或制冷剂流量不足 ②冷却水温或冷却用制冷剂温度过高 ③油冷却器冷却水管结垢严重 ④油冷却器冷却水量不足 ⑤螺旋冷却管与缸体间隙过小，油短路	①增加冷却介质流量 ②降低冷却介质温度 ③清洗冷却水管 ④更换或改造油冷却器 ⑤调整螺旋冷却管与缸体间隙
		供油压力不足，油量小： ①油泵选型太小 ②油泵内部堵塞，滑片与泵体径向间隙过小 ③油过滤器堵塞 ④油系统油管或接头堵塞	①换上大型号油泵 ②清洗油泵、油过滤器、油管 ③清洗或拆换滤芯 ④疏通管路
		机壳顶部油-气分离器中过滤网层数过多	减少滤网层数
		润滑油油质不纯或变质： ①供货不纯 ②油桶与空气直接接触 ③油系统未清洗干净 ④油中溶入过多的制冷剂 ⑤未定期换油	①更换润滑油 ②改善油桶保管条件 ③清洗油系统 ④维持油温，加热逸出制冷剂 ⑤定期更换油
		开机前充灌制冷机油量不足	不停机充灌足制冷机油
	轴承温度骤然升高	供、回油管路严重堵塞或突然断油	清洗供、回油管路、恢复供油
		油质严重不纯： ①油中混入大量颗粒状杂物，在油过滤网破裂后带入轴承内 ②油中溶入大量制冷剂、水分、空气等轴承（尤其是推力轴承）巴氏合金严重磨损或烧熔	①更换清洁的制冷机油 ②拆机更换轴承
压缩机不能启动	启动准备工作已经完成，压缩机不能启动	主电动机的电源事故	检查电源，看是否有熔丝熔断，电源插头松脱等故障，使之供电
		进口导叶不能全关	检查导叶开闭是否与执行机构同步
		控制线路熔断器断线	检查熔断器，断线的更换
		过载继电器动作	检查继电器的设定电流值
	油泵不能启动	防止频繁启动的定时器动作	等过了设定时间后再启动
		开关不能合闸	按下过载继电器复位按钮，检查熔断器是否断线

表 6-12　主电动机的常见故障分析与排除方法

故障现象	原因分析	排除方法
轴承温度过高	轴弯曲	校正主电动机轴或更换轴
	连接不对中	重新调整对中及大小齿轮平行度
	轴承供油路堵塞	拆开油路，清洗油路并换新油
	轴承供油孔过小	扩大供油孔孔径
	油的黏度过高或过低	换用适当黏度的润滑油
	油槽油位过低，油量不足	补充油至标定线位
	轴向推力过大	消除来自被驱动小齿轮的轴向推力
	轴承磨损	更换轴承

续表

故障现象	原因分析	排除方法
主电动机肮脏	绕组端全部附着灰尘与绒毛	拆开电动机，清洗绕组等部件
	转子绕组黏结着灰尘与油	擦洗或切削，清洗后涂好绝缘漆
	轴承腔、刷架腔内表面都黏附灰尘	用清洗剂洗净
主电动机受潮	绕组表面有水滴	擦干水分，用热风吹干或作低压干燥
	漏水	以热风吹干并加防漏盖，防止热损失
	浸水	送制造厂拆洗并作干燥处理
电动机不能启动	负荷过大： ①制冷负荷过大 ②压缩机吸入液体制冷剂 ③冷凝器冷却水温过高 ④冷凝器冷却水量减少 ⑤系统内有空气	减小负荷： ①减少制冷负荷 ②降低蒸发器内制冷剂液面 ③降低冷却水温 ④增加冷却水量 ⑤开启抽气回收装置，排出空气
	电压过低	升高电压
	线路断开	检查熔断器、过负荷断电器、启动柜及按钮，更换破损的电阻片
	程序有错误，接线不对	
	绕线电动机的电阻器故障	检查并修理电路，更换电阻片
电源线良好，但主电动机不能启动	一相断路	检修断相部位
	主电动机过载	减少负荷
	转子破损	检修转子的导条与端环
	定子绕组接线不全	拆开主电动机的刷架盖，查出故障位置
启动完毕后停转	电源方面的故障	检查接线柱、熔断器、控制线路连接处是否松动
主电动机达不到规定转速	采用了不适当的电动机和起动器	检查原始设计，采用适当的电动机及起动器
	线路电压降过大、电压过低	提高变压器的抽头，升高电压或减小负荷
	绕线电动机的二次电阻的控制动作不良	检查控制动作，使之能正确作用
	启动负荷过大	检查进口导叶是否全关
	同步电动机启动转矩过小	更改转子的启动电阻或修改转子的设计
	滑环与电刷接触不良	调整电刷的接触压力
	转子导条破损	检查靠近端环处有无龟裂，必要时转子换新
	一次电路有故障	用万用表查出故障部位，进行修理
启动时间过长	启动负荷过大	减小负荷，检查进口导叶是否全关
	压缩机入口带液，加大负荷	抽出过量的制冷剂
	笼型电动机转子破损	更换转子
	接线电压降过大	修正接线直径
	变压器容量过小，电压降低	加大变压器容量
	电压低	提高变压器抽头，升高电压
主电动机运转中绕组温度过高或过热	过负荷	检查进口导叶开度及制冷剂充灌量
	一相断路	检修断相部位
	端电压不平稳	检修导线和变压器
	定子绕组短路	检修，检查功率表读数
	电压过高、过低	用电压表测定电动机接线柱上的线电压
	转子与定子接触	检修轴承
	制冷剂喷液量不足： ①供制冷剂液的过滤器脏污堵塞 ②供液阀开度失灵 ③主电动机内喷制冷剂喷嘴堵塞或不足 ④供制冷剂液的压力过低	 ①清洗过滤器滤芯或更换滤网 ②检修供液阀或更换 ③疏通喷嘴或增加喷嘴 ④检查冷凝器与蒸发器压差，调整工况
	绕组线圈表面防腐涂料脱落、失效，绝缘性能下降	检查绕组线圈绝缘性能，分析制冷剂中含水量
电流不平衡	电压不平衡	检查导线的连接情况
	单相运转	检查接线柱的断路情况
	绕线电动机二次电阻连接不好	查出接线错误，改正连接
	绕线电动机的电刷不好	调整接触情况或更换

续表

故障现象	原因分析	排除方法
电刷不好	电刷偏离中心	调整电刷位置或予以更换
	滑环起毛	修理或更换
振动大	基础薄弱或支撑松动	加强基础，紧固支撑
	电动机对中情况不好	调整对中情况
	联轴器不平衡	调整平衡情况
	小齿轮转子不平衡	调整小齿轮转子平衡情况
	轴承破损	更换轴承
	轴承中心线与轴心线不一致	调整对中情况
	平衡调整重块脱落	调整电动机转子动平衡情况
	单相运转	检查线路断开情况
金属声响	端部摆动过多	调整与压缩机连接的法兰螺栓
	开式电动机的风扇与机壳接触	消除接触
	开式电动机的风扇与绝缘物接触	
	地脚紧固螺栓松脱	拧紧螺栓
	喷嘴与电动机轴接触	调整喷嘴位置
	轴瓦或气封齿碰轴	拆检轴承和气封
磁噪声	气隙不等	调整轴承、使气隙相等
	轴承间隙过大	更换轴承
	转子不平衡	调整转子平衡状况
主电动机轴承无油	油系统断油或供油量不足	检查油系统，补充油量
	供油管路、阀堵塞或未开启	清洗油管路，检查阀开度
主电动机内部浸水	蒸发器或冷凝器传热管破裂	根据左列原因，应对各部件漏水情况分别处理，并对系统进行干燥除湿 对浸水的封闭型电动机必须进行以下处理： ①排尽积水，拆开主电动机，检查轴承本体和轴瓦是否生锈 ②检查转子硅钢片是否生锈，并用制冷剂、除锈剂进行清洗 ③对绕组进行洗涤(用 R11) ④测定电动机导线的绝缘电阻，拆开接线柱上的导线，测定各接线柱对地的绝缘电阻：低电压时，应在 10MΩ 以上；高电压时，应在 15～20MΩ(干燥后) ⑤通过电热器和过滤器向主电动机内部吹入热风，热风温度应≤90℃，排风口与大气相通 ⑥主电动机定子的干燥用电流不得超过定子的额定电流值。干燥过程中绕组温度不得超过 75℃ ⑦抽真空(对机组)除湿。若真空泵出口湿球温度达到 2℃，且两小时后无升高，则认为干燥除湿处理结束
	油冷却器冷却水管破裂	
	抽气回收装置中冷却水管破裂	
	制冷剂中严重含水	
	充灌制冷剂时带入大量水分	
	水冷却主电动机外水套漏水	

表 6-13　抽气回收装置的常见故障分析与排除方法

故障名称	故障现象	原因分析	排除方法
抽气回收装置故障	小活塞压缩机不动作	传动带过紧而卡住或带打滑	更换传动带
		活塞因锈蚀而卡死	拆机清洗
		活塞压缩机的电动机接线不良或松脱，或电动机完全损坏	重新接线或更换电动机
		断电	停止开机
	回收冷凝器内压力过高	减压阀失灵或卡住	检修减压阀或更换
		压差调节器整定值不正确，造成减压阀该动作而不动作	重新整定压差调节器数值
		回收冷凝器上部的压力表不灵或不准	更换压力表

续表

故障名称	故障现象	原因分析	排除方法
抽气回收装置故障	回收冷凝器效果差或排放制冷剂损失过大	制冷剂供冷却管路(采用制冷剂冷却的回收冷凝器)堵塞或供液阀失灵	清洗管路,检修供液阀
		所供制冷剂不纯	更换制冷剂
		冷凝盘管表面及周围制冷剂压力、温度未达到冷凝点(温度高但压力低)	检查排气阀及电磁阀是否失灵
		回收冷凝器与冷凝器顶部相通的阀未开启或卡死、锈蚀、失灵	检修阀或更换
		放液浮球阀不灵、卡死、关不住	检修浮球阀
		回收冷凝器盘管堵塞	清洗盘管
	活塞压缩机油量减少	活塞的刮油环失效	检查或更换刮油环
		油分离器及管路上有堵塞现象	拆检和清洗油分离器及管路
	装置系统内大量带油	对压缩机加油的加油阀未及时关闭	及时关闭加油阀
		放液阀与放油阀同时开启,导致油灌入冷凝器	注意关闭此阀
		启动油泵时,油分离器底部与油槽相通的阀未关闭,导致油灌入油分离器内	注意关闭此阀
		制冷剂大量混入油中 ①排液阀不灵,制冷剂倒灌 ②机组供油不纯	①检修排液阀 ②加热分离油与气

表 6-14 润滑油系统的常见故障分析与排除方法

故障名称	故障现象	原因分析	排除方法
压缩机无法启动	油压过低	油中溶有过多的制冷剂,使油质变稀	减少油冷却器用水量,将油加热器切换到最大容量
		油泵无法启动或油泵转向错误	检查油泵电动机接线是否正确
		油温太低: ①电加热器未接通 ②电加热器加热时间不够 ③油冷却器过冷	①检查电加热接线,并重新接通 ②以油槽油温为准,延长加热时间 ③调节并保持适当温度
		油泵装配上存在问题: ①油泵中径向间隙过大 ②滑片油泵内有脏物堵塞 ③滑片松动 ④调压阀的阀芯卡死 ⑤油泵盖间隙过大	①拆换油泵转子 ②清洗油泵转子与壳体 ③紧固滑片 ④拆检调压阀,调整阀芯 ⑤调整端部纸片厚薄
		主电动机回油管未接油槽底部而直接连通总回油管,未经加热,供油压力上不去	重新接通油槽
	油质不纯	油脏	更换油
		不同牌号冷冻机油混合,使油的黏度降低,不能形成油膜	不允许,必须换上规定牌号冷冻机油
		未采用规定的制冷机油	更换上规定牌号的油
		油存放不当,混入空气、水、杂质而变质	改善存放条件,按油质要求判断能否继续使用
	供油量不足	油泵选型容量不足	换上大容量油泵
		充灌油量不足,不见油槽油位	补给油量至规定值
	供油压力不稳定	制冷剂充灌量不足,进气压力过低,平衡管与油槽上部空间相通,油的背压下降,供油压力无法稳定而导致油压过低停车	补足制冷剂充灌量
		浮球上有漏孔或浮球阀开启不灵,造成制冷剂量不足,供油压力无法稳定而停车	检修浮球阀
		压缩机内部漏油严重,造成油槽内油量不足,供油压力难以稳定	拆机解决内部漏油问题

续表

故障名称	故障现象	原因分析	排除方法
油槽油温异常	油槽油温过高	电加热器的温度调节器上温度整定值过高	重新设定温度调节器温度整定值
		油冷却器的冷却水量不足： ①供水阀开度不够 ②油冷却器设计容量不足	①开大供水阀 ②更换油冷却器
		油冷却器冷却水管内脏污或堵塞	清洗油冷却器水管
		轴承温度过高引起油槽油温过高	疏通管路
		机壳上部油-气分离器分离网严重堵塞	拆换分离网
	油槽油温过低	油冷却器冷却水量过大	关小冷却水量阀
		电加热器的温度调节器温度整定值过低，油槽油温上不去	重新设定温度调节器温度整定值
		制冷剂大量溶入油槽内，使油槽油温下降	使电加热器较长时间加热油槽，使油温上升
油压表故障	油压表读数偏高，油压表读数剧烈波动	油压调节阀失灵或开度不够	拆检油压调节阀
		供油压力表后油路有堵塞，油泵特性转移，压力表上读数偏高	疏通压力表后油路
		油压表质量不良或表的接管中混入制冷剂蒸气和空气，表指示紊乱	拆换压力表，疏通排尽不良气体
		油槽油位低于总回油管口，油泵吸入大量制冷剂蒸气泡沫，造成油泵气蚀，油压波动	补足油量至规定油位
		“油压过低”故障引起管路阻力特性频繁变化，油泵排出油压剧烈波动	按本表中“油压过低”现象处理
		油压调节阀不良或损坏	拆检油压调节阀或更换
油泵不转	油泵不转，油泵指示灯也不亮	油泵连续启动后，油泵电动机过热	减少启动次数
		进口导叶未关闭，主电动机启动力矩过大，启动柜上空气开关跳闸，油泵无法启动	启动时关闭进口导叶
	油泵不转，油泵指示灯也亮	油泵电动机三相接线反位，造成油泵反转	调整三相接线
		油泵电动机通电后，由于电动机不良造成油泵不转	检查电动机
	油泵转动后又马上停转	油泵超负荷，电动机烧损	选用更大型电动机
		油泵电动机内混入杂质、卡死	拆检油泵电动机

表 6-15　离心式制冷机组的腐蚀故障分析与排除方法

故障名称	故障现象	原因分析	排除方法
机组腐蚀	机组内腐蚀	机组内气密性差，使湿空气渗入	重新检漏，做气密性试验
		漏水、漏制冷剂	检修漏水部位，对机组内部进行干燥处理
		压缩机排气温度达 100℃ 以上，使制冷剂发生分解	在压缩机中间级喷射制冷剂液体，降低排气温度
	油槽系统腐蚀	油加热器升温过高而油量过少	保持油槽中的正常油位
	管子或管板腐蚀	冷冻水、冷却水的水质不好	进行水处理，改善水质，在冷冻水中加缓蚀剂，安装过滤器，控制 pH 值

五、溴化锂机组常见故障分析与排除

溴化锂吸收式制冷机组运行过程中会发生各种各样的故障，其常见故障分析与排除方法如表 6-16 所示。

表 6-16　溴化锂吸收式制冷机组常见故障分析与排除方法

故障现象	原因分析	排除方法
机组无法启动	①控制电源开关断开 ②无电源进控制箱 ③控制箱熔丝熔断	①合上控制箱中控制开关及主空气开关 ②检查主电源及主空气开关 ③检查回路接地或短路，更换熔丝
启动时运转不稳定	①运转初期高压发生器泵出口阀开启度过大，送往高压发生器的溶液量过大 ②通往低压发生器的阀的开启度过大，溶液输送量过大 ③机器内有不凝性气体，真空度未达到要求 ④冷却水温度过低，而冷却水量又过大	①将蒸发器的冷剂水适量旁通入吸收器中，并将阀的开启度关小，让机器重新建立平衡 ②适当关小此阀，使液位稳定于要求的位置 ③启动真空泵，使真空度达到要求 ④适当减少冷却水量
启动时溴化锂溶液结晶	①机组内有空气 ②抽气不良 ③冷却水温太低	①抽气、检查原因 ②检查抽气装置 ③调整冷却水温度
运转时溴化锂溶液结晶	①蒸汽压力过高 ②冷却水量不足 ③冷却水传热管结垢 ④机组内有空气 ⑤冷剂泵或溶液泵不正常 ⑥稀溶液循环量太少 ⑦喷淋管喷嘴严重堵塞 ⑧冷媒水温度过低 ⑨高负荷运转中突然停电 ⑩安全保护装置发生故障	①调整蒸汽压力 ②调整冷却水量 ③清除污垢 ④抽气并检查原因 ⑤检查冷剂泵和溶液泵 ⑥调整稀溶液循环量 ⑦清洗喷淋管喷嘴 ⑧调整冷媒水温度 ⑨关闭蒸汽阀门，检查电路和安全保护装置并加以调整 ⑩检查溶液高温、冷剂水防冻结等安全保护继电器，并调整至给定值
停车后的溴化锂溶液结晶	①溶液稀释时间太短 ②稀释时冷剂水泵停下来 ③稀释时冷却水泵和冷媒水泵停下来 ④停车后蒸汽阀未全关闭 ⑤稀释时外界无负荷	①增加稀释时间，使溶液温度达 60℃以下，各部分溶液充分均匀混合 ②检查冷剂水泵 ③检查冷却水泵和冷媒水泵 ④关闭蒸汽阀门 ⑤稀释时必须施有外界负荷，无负荷时必须打开冷剂水旁通阀，将溶液稀释，使之在温度较低的环境条件下不产生结晶
冷剂水污染	①送往高压发生器的溶液循环量过大，液位过高 ②送往低压发生器的溶液循环量过大，液位过高 ③冷却水温度过低，而冷却水量过大 ④送往高压发生器的蒸汽压力过高	①适当调整送往高压发生器通路上阀的开启度，使液位合乎要求 ②适当调整送往低压发生器通路上阀的开启度，使液位合乎要求 ③适当减少冷却水的水量 ④适当调整蒸汽压力
"循环故障"指示灯亮，报警铃响 ①高压发生器出口溶液温度超过限定温度 ②低压发生器出口溶液温度超过限定温度 ③稀溶液出口温度低于 25℃ ④高压发生器出口浓溶液压力超过 0.02MPa	①蒸汽压力太高 ②机组内有空气 ③冷却水量不足，进口温度太高或传热管结垢 ④蒸发器中冷剂水被溴化锂污染 ⑤高压发生器溶液循环量太小 ⑥低压发生器溶液循环量太小 ⑦冷却水进口温度太低 ⑧溶液热交换器结晶 ⑨高压发生器传热管破裂	①降低蒸汽压力 ②抽真空至规定值 ③检查传热管，若结垢则应清洗 ④冷剂水再生 ⑤检查冷却水的流量、温度 ⑥调节机组稀溶液循环量 ⑦升高冷却水进口温度 ⑧检查机组是否结晶，若结晶，则应采取融晶处理 ⑨检查机组的压力值，判断传热管是否破裂

续表

故障现象	原因分析	排除方法
“冷媒水缺”指示灯亮，报警铃响 ①冷媒水泵不工作 ②冷媒水量太少，压差继电器因压差小于0.02MPa而动作	①冷媒水泵损坏或电源中断 ②冷媒水过滤器阻塞 ③水池水位过低，使水泵吸空	①检查电路和水泵 ②检查冷媒水管路上的过滤器 ③检查水池水位
“冷却水断”指示灯亮，报警铃响	①冷却水泵损坏或电源中断 ②冷却水过滤器阻塞	①检查电路和水泵 ②检查冷却水管路上的过滤器
“蒸发器低温”指示灯亮，报警铃响	①制冷量大于用量 ②冷媒水出口温度太低	①关小蒸汽阀，降低蒸汽压力 ②调整工作的机组台数
运转中机组突然停车	①电源停电 ②冷剂水温度低，继电器不动作 ③电动机因过载而不运转 ④安全保护装置动作而停机	①检查供电系统，排除故障，恢复供电 ②检查温度继电器动作的给定值，重新调整 ③查找过载原因，使过载继电器复位 ④查找原因，若继电器给定值设置不当，则重新调整
蒸发器冻结	①冷媒水出口温度太低 ②冷媒水量过小 ③安全保护装置发生故障	①对蒸发器解冻 ②检查冷媒水温度和流量，消除不正常现象 ③检查安全保护装置动作值，重新调整
制冷量低于设计值	①稀溶液循环量不适当 ②机器的密封性不良，有空气泄入 ③真空泵性能不良 ④喷淋装置有阻塞，喷淋状态不佳 ⑤传热管结垢或阻塞 ⑥冷剂水被污染 ⑦蒸汽压力过低 ⑧冷剂水和溶液注入量不足 ⑨溶液泵和冷剂泵有故障 ⑩冷却水进口温度过高 ⑪冷却水量或冷媒水量过小 ⑫结晶 ⑬表面活性剂不足	①调节溶液调节阀，使溶液循环量合乎要求 ②开启真空泵抽气，并检查泄漏处 ③测定真空泵性能，并排除真空泵故障 ④冲洗喷淋管 ⑤清洗传热管内壁污垢与杂物 ⑥测量冷剂水相对密度，若超过1.04时，则进行冷剂水再生 ⑦调整蒸汽压力 ⑧添加适量的冷剂水和溶液 ⑨测量泵的电流，注意运转声音，检查故障，并予以排除 ⑩检查冷却水系统，降低冷却水温 ⑪适当加大冷却水量或冷媒水量 ⑫排除结晶 ⑬补充表面活性剂
屏蔽泵气蚀	①溶液质量分数过高 ②冷剂水与溶液量不足 ③热交换器内结晶，发生器液位升高 ④冷剂泵运转时冷剂水旁通阀打开 ⑤负荷太低 ⑥稀释运转时间太长	①检查热源供热量和机组是否漏气 ②添加冷剂水与溶液至规定数量 ③将冷剂水旁通至吸收器中，根据具体情况注入冷剂水或溶液 ④关闭冷剂水旁通阀 ⑤按照负荷调节冷剂泵排出的冷剂水量 ⑥调节稀释控制继电器，缩短稀释时间

续表

故障现象	原因分析	排除方法
真空泵抽气能力下降	(1)真空泵故障： ①排气阀损坏 ②旋片弹簧失去弹性或折断，旋片不能紧密接触定子内腔，旋转时有撞击声 ③泵内脏污及抽气系统内部严重污染 (2)真空泵油中混有大量冷剂蒸汽，油呈乳白色，黏度下降，抽气效果降低 ①抽气管位置布置不当 ②冷剂分离器中喷嘴堵塞或冷却水中断 (3)冷剂分离器结晶	(1)检查真空泵运转情况，拆开真空泵： ①更换排气阀 ②更换弹簧 ③拆开清洗 (2)更换真空泵油： ①更改抽气管位置，应在吸收器管簇下方抽气 ②清洗喷嘴，检查冷却水系统 (3)清除结晶
冷媒水出口温度越来越高	①外界负荷大于制冷能力 ②机组制冷能力降低 ③冷媒水量过大	①适当降低外界负荷 ②参照"制冷量低于设计值"的排除方法 ③适当降低冷媒水量
自动抽气装置运转不正常	①溶液泵出口无溶液送至自动抽气装置 ②抽气装置结晶	①检查阀门是否处于正常状态 ②清除结晶

第三节　中央空调制冷装置的检修

中央空调系统出现故障之后，需查明故障原因，并立即对制冷装置进行检修，以保证系统正常运行。作为操作人员除了掌握故障检修的基本方法和思路之外，还应掌握零部件的检修与更换知识，同时还要加强实践，注重经验的积累，提高检修技能。

一、制冷机组的检修

1. 活塞式制冷机组的检修

由于活塞式制冷机组在中央空调应用中已逐渐被其他压缩机所代替，在这里就只简要介绍其典型故障维修，对其拆卸与装配不作叙述。

(1) 液击

当液态制冷剂或润滑油进入压缩机气缸时会造成冲击，从而损坏吸气阀片，在制冷工程中，俗称湿冲程、敲缸、冲缸等，它是制冷系统运行中危害最大的一种常见故障，轻者压缩机阀片被击碎，重者将连杆、活塞、曲轴撞击得扭曲变形甚至击裂气缸盖，学术上称为液击现象。液击的主要原因是液态物质进入气缸，因此只要避免液体进入气缸就可以防止液击的发生。

① 液击的判断方法。判别液击时，必须要了解压缩机的正常工作状态。压缩机正常工作时，电机运转会发出轻微的"嗡嗡"的电流振动声，吸、排气阀片会发出清晰均匀的起落声，而气缸、曲轴箱、轴承等部分不应有敲击声和异常杂音；油压应保持在规定范围内（无卸载装置的压缩机的油压应比吸气压力高 0.05～0.15MPa，带有卸载装置的压缩机的油压应比吸气压力高 0.15～0.3MPa）；又因为制冷压缩机的吸气温度常低于环境温度，所以制冷压缩机上部表面有时会有"结露"产生。实际生产中，通过观察压缩机的运转状态和系统的各项技术参数，可判断是否产生液击。

a. 听。听压缩机内部的声音可使用长柄螺丝刀等工具。若在机器运行过程中，发现运转声沉闷、阀片起落声音不正常及有轻微的敲击气缸的声音，则说明压缩机已经有出现液击的苗头，如出现“当当当”声，则是压缩机液击声，即有大量制冷剂湿蒸汽或冷冻机油进入气缸。此时除异常冲击（敲击或撞击）声外，还会伴随着强烈摇摆振动，说明液击正在进行中。

b. 看。在运行过程中，通过观测可能会发现：

• 吸气、排气温度下降较快。

• 润滑油的油位过高。

• 蒸发器结霜严重或结冰，低压压力过低。

• 压缩机工作时发出异常的声音并伴随着振动。

• 压缩机的曲轴箱和汽缸外壁结霜，气液分离器的霜一直不熔化，而且低压管部分也结霜。

若机器出现以上现象，那就意味着系统中带湿制冷剂的气体已经进入了压缩机，很有可能造成压缩机的液击。液击是压缩机运行过程的常见故障。发生液击表明制冷系统在设计、施工和日常维护中一定存在问题，需要加以改正，因此应认真观察、分析系统，找到引起液击的原因。在液击发生后，不能简单地只维修故障压缩机或更换一台新压缩机，如不从根源上防止液击，就会使液击再次发生。

② 液击原因分析。

a. 回液。回液是系统运行时蒸发器中的液态制冷剂通过吸气管路回到压缩机造成的液击故障。对于使用毛细管的小制冷系统，制冷剂加液量过大会引起回液；对于使用膨胀阀的系统，选型过大、感温包安装方法不正确等都可能造成回液；蒸发器结霜严重或风扇发生故障时，未蒸发的液体也会引起回液。

b. 长时间停用后再开机。在使用氟利昂的制冷系统中，氟利昂可部分溶解于润滑油。压缩机停用一段时间后，冷车启动，当压缩机吸气时，吸气侧压力突然下降，由于没有排出缸内的积液，因此溶解在油中的工质突然挥发出来，使油起泡且油会随着工质一起被吸入压缩机中而引起液击。

c. 气缸润滑油过量。气缸如果注油太多，油位太高，那么高速旋转的曲轴和连杆大头就会导致润滑油大量飞溅。飞溅的润滑油窜入进气道，进入气缸，就可能引起液击。在大型制冷系统安装调试时，尤其要解决回油不好的问题，注意化霜后润滑油突然大量返回压缩机可能造成的液击现象，在维护机器时不要盲目地补充润滑油。

d. 设计和操作不当引起的液击。设计的蒸发器蒸发面积过小，与压缩机的制冷量不匹配或表面霜层过厚，传热量减少，都是引起液击的原因之一。另在机组刚启动运行时，压缩机的吸入阀开得过快，节流阀开启过大，也会产生湿压缩。

③ 液击预防与处理。

液击是制冷压缩机最严重的故障之一，必须防止其发生。在压缩机运行时操作人员要经常观察吸气温度和曲轴箱温度，如发现异常应及时调整。为了防止压缩机产生液击，一般采取下列措施。

a. 改进压缩机的回油路径，在电机腔与曲轴箱之间增设回油泵，停机后即切断通路，使制冷剂无法进入曲轴腔。

b. 在回气管路上安装气液分离器，保证进入压缩机的是气态制冷剂。在设计时选用合理的过热度，让制冷剂在蒸发器内蒸发完全。

c. 安装曲轴箱加热器，采用抽空停机控制。若长时间停机不用，则在启动前用油加热器对润滑油加热，降低溶于润滑油中的制冷剂含量，可大大减少启动时产生的泡沫。对于大型制冷系统，停机前使用压缩机抽干蒸发器中的液态制冷剂（称为抽空停机），是避免液击的有效措施。

若由于操作不当或其他原因，使压缩机发生严重液击，则应立即停机，处理完进入气缸内的液体后才能重新开机运行。如压缩机发生的液击不太严重，则可进行以下调节：a. 迅速关小（或关闭）压缩机的吸气阀，同时关小（或关闭）供液阀；b. 卸载，将能量调节装置手柄打到最小位置，只留一组气缸工作；c. 调整油压和油温，保持油压，避免油温过低，待压缩机运转声音恢复正常，霜层融化后，逐渐开大吸气阀，并逐渐加载，恢复正常工作。

（2）连杆大头轴瓦的损坏

在活塞式制冷压缩机上，为改善连杆大头与曲柄销之间的磨损，在大头销上一般均装有连杆大头轴瓦。轴瓦内表面的减摩材料是锡锑铜合金，其中Sb占7.5%～8.5%、Cu占2.5%～3.5%、其余为Sn，合金硬度为22～30HBW。连杆大头轴瓦作为一个主要易损件，在制冷压缩机大、中修时经常因非正常磨损而报废。若要保证制冷压缩机的良好运行，延长设备的使用寿命，避免事故发生，确保连杆大头轴瓦在使用期间内可靠、低损耗运行，就必须了解连杆大头轴瓦损坏的原因与规律性，从而确定防止或缓和轴瓦损坏的方法和改进措施。

① 轴瓦的损坏原因分析　按其损坏形式看，主要有异常磨损、擦伤、划伤、黏着、咬死、杂质入侵、过热、减摩层变形、疲劳、腐蚀、汽蚀以及微动磨损的机械故障等。

a. 轴瓦材质差将会造成轴瓦异常磨损，加速轴瓦疲劳损坏，造成轴瓦腐蚀损坏。

b. 轴瓦尺寸合适与否将影响轴瓦使用寿命。轴瓦的擦伤、黏着、咬死以及汽蚀等损坏都与轴瓦尺寸不合适有关。

c. 轴瓦座与轴对轴瓦损坏影响不大，在实际生产当中，只与轴瓦的微动磨损有关。

d. 轴瓦的装配好坏是影响轴瓦损坏的重要因素。除划伤和汽蚀外，还有可能造成其他形式的轴瓦损坏。

e. 轴瓦的维护保养相当重要。保养维护做得好，可减少轴瓦的异常磨损、擦伤、划伤、黏着、咬死以及腐蚀等损坏情况的发生。

f. 设备润滑的好坏也影响轴瓦的使用寿命。

g. 轴瓦的温度、润滑油的温度、冷却装置效果对轴瓦擦伤、黏着、咬死、过热、减摩层变形和疲劳有很大影响。

h. 设备超负荷运转对轴瓦的损伤巨大。大多数轴瓦损伤都与设备超负荷运转有关。

i. 润滑系统清洁度对轴瓦的损伤影响很大。

② 对轴瓦的损坏的预防与处理　作为制冷压缩机的使用者，应当提高装配质量，加强对设备的维护保养（压缩机每运转3000h进行中修；每运转8000h进行大修），严格控制压缩机的运转工艺指标，防止设备超负荷运转，对润滑油的质量严格把关。这样，轴瓦的使用周期才可延长，避免事故发生。

（3）曲轴磨损

曲轴轴颈因不规则磨损，形成椭圆形和圆锥形。当曲轴的轴颈在轴承中旋转时，为使轴承的受力均匀分布和得到完善的润滑，要求轴颈有正确的圆柱形。如存在较大的圆柱度误差，则不仅会破坏油膜使轴承发热，而且也会使轴受到很大的冲击载荷，导致轴承合金迅速形成裂纹或脱落。因此，当轴颈的圆柱度和圆度超过表6-17范围时应及时修理。

表 6-17　轴颈的圆柱度和圆度的正常范围　mm

轴颈直径	曲轴轴颈的圆度和圆柱度误差	
	曲轴轴颈	曲拐轴颈
100 以下	0.10	0.12
100～200	0.125	0.22
200～300	0.20	0.30
300～400	0.30	0.35
400～500	0.35	0.40

① 曲轴轴颈、曲拐轴颈圆度和圆柱度的检查。

曲轴轴颈、曲拐轴颈的圆度和圆柱度常用普通千分尺进行测量，如图 6-27 所示。为确定圆度的公差，可在Ⅰ-Ⅰ和Ⅱ-Ⅱ两个互相垂直的平面上，根据一个断面，对轴颈分两次测量，测得数值的差即为轴颈圆度误差值；为确定圆柱度误差，应在轴瓦 8～10mm 的 1-1 及 2-2 两线上，就一个平面分两次进行测量，两次测得数值的差数即为轴颈的圆柱度误差值。

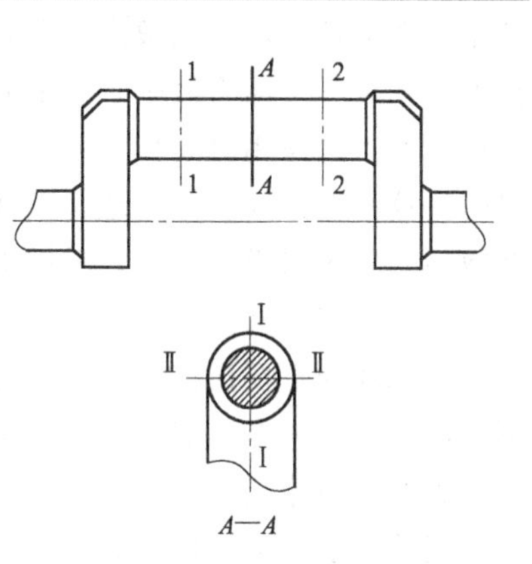

图 6-27　曲轴轴颈、曲拐轴颈圆度和圆柱度的测量

② 曲轴磨损检修。

修理时可根据具体情况使用手锉、曲轴磨床、车床专用机床或移动机床等专用设备、工具。通常对磨损较轻的曲轴，其圆度和圆柱度误差不大于 0.05mm 时，可用手锉或抛光用木夹具中间夹细砂布进行研磨修正；若圆度、圆柱度误差较大，则可在车床上车削或磨床上光磨。

车削或光磨时，应先从主轴颈开始，同时为了使车削或光磨后轴颈的尺寸相同，最好从磨损较大的轴颈开始。轴颈经车削或光磨后，表面必须光滑无刀痕，可在木夹具内衬 00 号砂布或涂以细研磨膏把轴颈进一步抛光，用 5～10 倍放大镜检查，无缺陷即为合格。由于设备条件限制也可用手工修正。

手工修正：首先测出曲轴轴颈椭圆形的锥形突出的两边尺寸并划好记号，然后将曲轴架在支架上固定好，可先用细锉刀手工修理，边修理边量其尺寸，直到轴颈的圆度和圆柱度偏差小于允许值；再在宽度与轴颈长度相等的布带上面敷上 00 号砂布，绕住轴颈需研磨的一边，用手拉住布带的两端作往复研磨，磨完一边再磨另一边；最后用砂布绕在整个轴颈上，用麻绳在砂布上绕几圈，在曲轴左右两侧各站一人拉绳，直到曲轴符合要求为止。

无论用什么方法修理曲轴，都应注意将轴颈径向油孔用螺塞或木塞堵住，防止污物进入。修理后，用压缩空气法将油孔道吹净。

(4) 气缸磨损

气缸的常见缺陷是气缸镜面（或缸套）的磨损。气缸的磨损是一种常见现象。磨损形状不同，引起磨损的原因也是不一样的。如活塞上止点位置比下止点位置磨损量明显加大，使气缸成为“锥形”；对于上部没有锥角过度的气缸来说，由于在缸壁上部不与活塞环接触的部位，几乎没有磨损，故形成一个明显的台阶，即“缸肩”。这些磨损属于正常磨损。但气缸磨损形成类似“腰鼓形”，则是由于机油中未被滤清的金属和杂质随机油溅到气缸表面产生磨料磨损而形成的。此时，还要考虑润滑油的清洁问题。但无论是哪一种磨损，在有油润滑压缩机系统里，保持良好的润滑都是十分重要的。气缸的磨损量通常用量缸表测量。在普通百分表的下面装一套联动杆就可做成量缸表了。不同尺寸的气缸极限尺寸是不一样的。对于轻微“缸肩”，可用刮刀刮去；对于“失圆”和“锥体”的气缸，如超出极限尺寸，则可用镗缸等办法处理，再压进一个薄壁缸套。对于带有缸套的气缸，当缸壁磨损时，只要换一个新缸套即可。

(5) 活塞磨损

活塞在工作中磨损最大的部位一般是活塞环槽。这是因为高压气体通过活塞环作用于槽的单位压力很大，温度很高，同时活塞在高速运动中活塞环环槽受到的冲击也很大。同一环槽的磨损以下平面为最多，上平面则较少。这是因为活塞环在工作中作用于环槽下平面的单位压力大，且作用时间长。另外，活塞裙部面会产生有规律的丝缕状磨损。一般来说，在中修时，这两种磨损不作处理，只在大修或有特殊要求时，在测量活塞裙部直径、塞环槽深等参数后，若超出极限尺寸，就用更换活塞或活塞环的方法来处理。

(6) 活塞环磨损

活塞环的主要损伤是磨损，另外还有断裂损坏。活塞环作为易损件，在检修时做更换处理。但新活塞环在装配前，需测量开口间隙。测量时，将环放入缸内外口，用厚薄规塞入开口。若开口间隙超出规定，则不能用此环；若间隙过小，则可用锉刀锉修环口至平整，使之达到间隙要求。除开口间隙需要测量外，有时还应测量背隙、侧隙。

(7) 气阀破裂与磨损

阀片的损坏形式有破裂与磨损。破裂主要是由于交变应力所造成的疲劳破坏。气阀中较易损坏的元件是阀片、弹簧。检修时弹簧做更换处理，阀片可研磨或更换，视磨损程度而定。在研磨时，把握好密封线的研磨质量。

2. 螺杆式制冷机组的检修

(1) 螺杆式制冷压缩机的拆卸与装配

下面以半封闭单螺杆制冷压缩机为例。

1) 拆卸与装配工具

拆卸与装配工具包括特殊工具和常用工具，如表 6-18 与表 6-19 所示。

表 6-18 特殊工具

序号	夹具/工具名称	数量			备注
		18S	18M	18L	
1	螺杆转子调心工具	1	1	1	调节螺杆轴位置
2	转子键提取工具	1	1	1	提取转子上的键
3	转子导杆	1	1	1	提取/安装转子
4	转子提取工具	—	—	—	提取/安装转子
5	转子锁定工具	1	1	1	固定/提取转子
6	空气间隙塞尺	1	1	1	测量电机空气间隙
7	间隙调节工具	1	1	1	调节高压密封间隙
8	螺杆部件放置架	1	1	1	
9	活动销提取工具	1	1	1	提取活动销
10	活动衬套提取工具	1	1	1	提取活动衬套

2) 拆卸压缩机前的准备工作

表 6-19 常用工具

序号	夹具/工具名称	规格	数量	备　注
1	内六角扳手	M5～M16	1 套	拆卸螺栓
2	六角套筒扳手	M5～M16	1 套	拆卸螺栓
3	六角套筒扳手	M5 长型	1	扭紧/拆卸星轮轴承固定器
4	力矩扳手	230QLK	1	测量扭转力矩
5	力矩扳手	450QLK	1	测量扭转力矩
6	力矩扳手	900QLK	1	测量扭转力矩
7	力矩扳手	1500QLK	1	测量扭转力矩
8	塞尺	0.03～0.3	1	测量间隙
9	千分尺	0～25	1	测量星轮转子厚度
10	吊索	ϕ8.0mm L:1500mm	2	起吊转子端盖
11	尼龙绳	250kg,L:1500mm	1	起吊转子/螺杆转子部件
12	螺栓	M8×100	2	拆卸螺杆转子副轴承
13	卡簧		1	安装/拆卸卡簧(孔)
14	卡簧	孔型	1	安装/拆卸卡簧(轴)
15	卡簧	轴型	1	拆卸轴承(星轮副)外座圈
16	密封垫刮刀	51-A	1	修刮密封垫
17	油石		1	修理法兰表面
18	黄铜棒	50cm,20cm	1/每种	拆卸轴承(螺杆副)/安装轴承(星轮主)
19	加热喷嘴		1	加热轴承(螺杆转子副/星轮副)内座圈
20	储油盒		1	拆卸轴承(螺杆转子/星轮副)内座圈
21	电加热器		1	
22	温度计	200℃	1	
23	双头螺栓	M12×400,M16×400	2/每种	
24	手锤		1	
25	塑料锤	PL-10	1	
26	厌氧胶	TB1324(3 bond)	1	
27	脱脂溶剂	2802(3 bond)	1	除油污/清洗
28	抗热电烙铁	B0(3P)		绝缘修补
29	常用钳工标准工具		1 套	

① 抽气。操作步骤如下：

a. 关闭液体管道的截止阀。注意不能关闭喷液截止阀，因为如果压缩机在喷液停止情况下则运行时就会损坏。

b. 启动压缩机进行抽气，当低压变为 0.2kgf/cm^2 或更低时，停止压缩机。

c. 待压缩机停止后，完全关闭喷液截止阀和排气截止阀。

d. 关闭主供电源和控制电源。

② 从压缩机内回收冷媒。操作步骤如下：

a. 回收存在于系统内的冷媒。

b. 由于在排气检验阀箱（直接装配在压缩机上）与排气截止阀间的管中残存有高压冷媒气体，因此必须排放出存在于管中的冷媒气体。

c. 由于在喷液电磁阀与喷液截止阀之间的管中残存有液态冷媒，因此必须回收这些冷媒并确定不存在残余压力。到此，准备工作完成。

3）从机组中拆卸压缩机

① 将压缩机和机组分离。操作步骤如下：

a. 确定冷媒气体完全排出。

b. 确定主供电源和控制电源已经关闭。

c. 拆下吸气和排气管，保证不存在任何压力。

d. 从机组管路端的电磁阀处拆开喷管。

e. 使用平口螺丝刀取走电机接线盒里的硅胶，拆除主供电缆和控制线（在主电缆上，注意在电缆末端缚上辨认标记。从接线柱上拆下控制线，在末端缚上辨认标记）。

f. 拆除排气温度热动开关的接线。

g. 拆下油加热器。

② 起吊压缩机。起吊压缩机时，将绳索缚在外壳上端的吊环螺栓上，然后起吊压缩机，为了更容易拆卸压缩机并保证高质量，在拆卸场地划出足够空间（底部）。起吊用的绳索要根据质量来选取型号，如表 6-20 所示。

表 6-20　型号与质量对照表

型　　号	质量/kg
MS-18S	760
MS-18M	800
MS-18L	870

4）螺杆制冷压缩机的拆卸

① 排油。操作步骤如下：

a. 连接管子一端到油分离器底部截止阀（排油阀）上，将另一端置于一空容器内（容积大约为 20L），打开阀门，将油排出，如图 6-28 所示。

b. 在电机的底部连接油管，将另一端导至容器内，松开锥形螺母，将油导出，如图 6-29所示。

图 6-28　排除油分离器底部的油

图 6-29　排除电机端盖的油

图 6-30　排除油过滤器部分的油

c. 在油过滤器端盖的下面放置油收集器，松开油分离器端盖 M8 螺栓。取下端盖，通过排油孔将油排出，如图 6-30 所示。

d. 为了在拆卸完成后更换与排出量相同的油，记下排出油的容量，如表 6-21 所示。

注意事项：第一，在铭牌上所列出的更换油的容量有时会与记录的最初更换的量不同，这是因为记录的更换量将存留于装置内的油也计算在内了；第二，排出的油量与铭牌上所列的油量会不同，是由于油在机组内有残留；第三，如机组上带有油箱，则在拆卸完成后应更换油箱内相同的油量。

表 6-21 油量记录 L

油分的底部	
电机端盖底部	
油过滤器部分	
B 侧星轮副轴承箱	
A 侧星轮主轴承箱	
总计	
重新安装更换量	

② 取下接线盒。操作步骤如下：

a. 取出接线盒内的硅胶保护层。注意使用工具（螺丝刀）时避免损坏电机热电保护、接线柱和接线板。当压缩机从机组上分离时，如果主电路电缆未拆开，则应注意在电缆的末端缚上识别标志，如图 6-31 所示。

b. 取下控制容量的电磁阀线圈和喷液电磁阀线圈。为使在安装电磁阀线圈时避免弄错，应缚上识别标志。当压缩机从机组上分离时，如果控制电缆未拆开，则应在初级端将其拆开，并缚上识别标志，如图 6-32 所示。

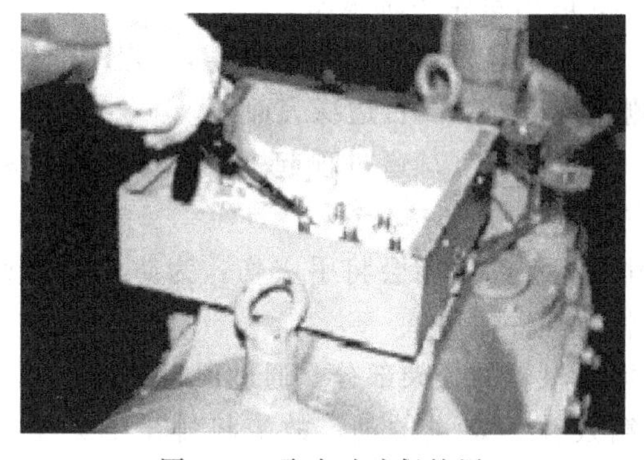

图 6-31 取出硅胶保护层

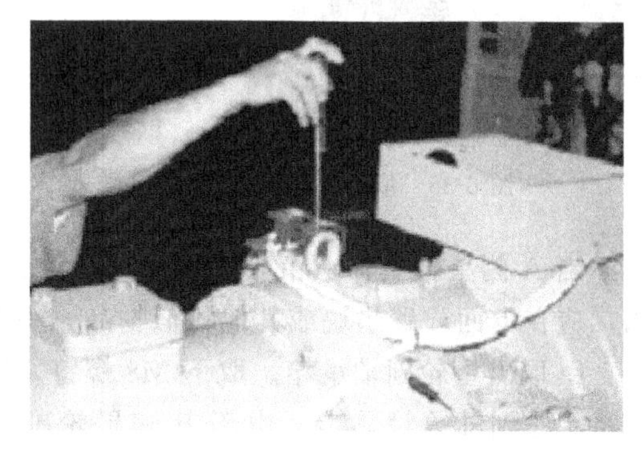

图 6-32 取下电磁阀线圈

c. 松开固定接线盒的螺栓，取下接线盒。

③ 取下喷液管装置。操作步骤如下：

a. 取下喷液控制阀的热感应管（感温包），拆开压力平衡管。

b. 取下喷液电磁阀的装配螺钉，松开侧端盖部分的锥形螺母，取下喷液管部件，如图 6-33 所示。

④ 取出星轮装置。

a. 取下 B 侧端盖（当从电机侧看压缩机时，右为 B 侧，左为 A 侧）

• 首先，取下最上面的两个螺栓，旋入辅助柱头螺栓，然后取下其他螺栓，如图 6-34 所示。

• 在端盖上的螺纹孔中旋入顶起螺栓后，将端盖从机体上分离，取下。

• 如果端盖上没有设供顶起用的螺纹孔，则应用塑料锤轻轻敲击端盖的一边，将端盖从机体上分离。在拆除侧端盖时，注意避免损坏内部构件（如星轮）和避免损坏垫圈座表面。

b. 测量边缘间隙（机体与星轮间）。测量边缘间隙的尺寸，并在表中记下。

c. 松开螺栓，移走星轮轴承箱端盖，如图 6-35 所示。

图 6-33 取下喷液管装置

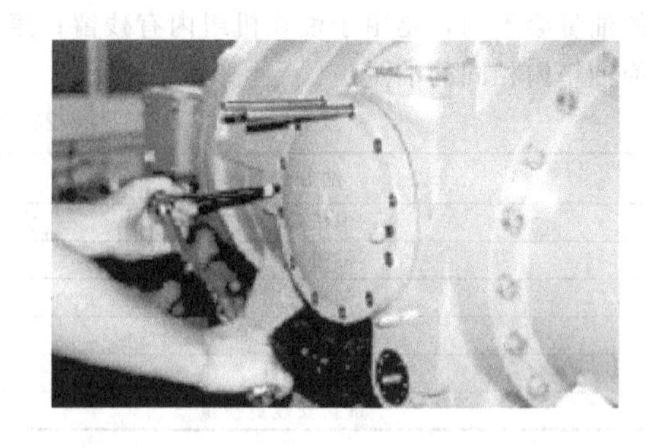

图 6-34 取下端盖

图 6-35 取下星轮轴承箱端盖

由于O形环不能再次使用，需更换；当A侧的星轮轴承箱端盖移走时，会流出一些油，用油接收器回收，记入表中。

d. 取出星轮轴压盖。用手握住星轮托架，松开螺栓取出星轮轴压盖。

e. 取出星轮主轴承箱。

• 为较容易地取出星轮托架，应使螺杆吸气侧的齿端处在凸台边缘表面处。

• 取下螺钉，通过顶起螺纹孔平稳地将星轮主轴承箱移走。

当A侧星轮主轴承箱取下后，它在重力作用下落下，可能会将手夹伤。为防止手被夹伤，应在下面放置垫块或其他相似物品，小心地将此部件取出。

f. 取出星轮副轴承箱。取下M8螺钉，用手握住星轮的托架部分，通过顶起螺纹孔平稳地将星轮副轴承箱移走。由于B侧星轮副轴承箱残存一定量的油，故应将排出油记录在表中。

g. 取出星轮托架部件。倾斜星轮托架，逐渐将其从螺杆处取出，注意不要将其碰伤，如图6-36所示。

h. 取出A侧的星轮，取出过程与B侧相似。

⑤ 取下油分离器。

a. 松开排气法兰盖的螺栓，取下检验阀箱。

b. 取下油分离器。

• 取下上面的螺栓，旋入辅助柱头螺栓，然后取走其他螺栓。

• 在壳体上的排气法兰部分安置吊环螺栓，使用链轮逐渐提高油分离器。由于油分离器连有垫片，因此应将其从机体上取下。如果使用链轮仍不能将其分开，则应在油分离器上放置木板或其他相似物品，然后使用铅锤轻轻敲击油分离器，将其与机体分离，如图6-37所示。

⑥ 取下电机端盖和转子。

a. 取出吸气过滤器。取下电机端盖部分的吸气法兰上的盖子，松开吸气过滤器，并将其从吸气法兰中取出。

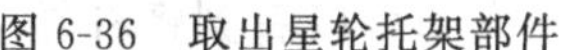

图 6-36 取出星轮托架部件

图 6-37 取下油分离器

b. 取下电机端盖。取下最上端的两个螺栓，旋入辅助柱头螺栓后取下其他螺栓，在电机端盖的移动侧的吸气法兰上旋入两个螺栓。再使用链轮逐渐提升端盖，将电机端盖从机体侧分离开来，其间要避免绳索打滑。如果通过链轮不能将其分开，则应在电机端盖上放置木板或其他相似物品，然后使用铅锤轻轻敲击电机端盖，并通过辅助柱头螺栓的导向逐渐拉动并取下电机端盖，如图 6-38 所示。

c. 取出电机转子。用转子锁紧工具卡住转子的末端翅片，在机体的螺栓孔（即与电机端盖连接螺栓孔）内旋入柱头螺栓。然后锁紧转子固定工具。旋转转子固定工具的螺母，使其紧紧卡住转子，如图 6-39 所示。将六角套筒扳手置于转子锁紧工具的中心孔处，松开用于转子制动的螺栓（丢弃圆锥弹簧垫圈，因为它是不能重新使用的）。

图 6-38 取下电机端盖

图 6-39 用转子锁紧工具卡住转子

d. 取下转子固定工具。

e. 使用转子键的提取工具，将键从转子中拉出。

f. 在轴上装转子导杆。

g. 将转子提取工具置于转子的提取孔中，逐渐将转子拉出一半。如果没有转子提取孔，则应用钳子夹住转子上的翅片，逐渐将其拉出一半。注意不要用力过大以免损坏转子翅片。

h. 由于转子的质量为 20～60kg，故应在其周围拴上尼龙吊索，用链轮提升然后拉出转

图 6-40 取出电机转子

子，如图 6-40 所示。

i. 取出转子导杆。

⑦ 取出螺杆转子。

a. 使用测间隙量规测量螺杆转子与机体压缩腔内壁的间隙，在 A、B 两侧各取 3 点进行测量，并记录测量结果。

b. 取下六角螺栓，将悬臂杆同活塞分离。

c. 取出锁紧螺母（上层和底层螺母），取下悬臂杆和滑阀弹簧。

d. 松开并取下机体外面用于紧固法兰压盘（容量控制）的螺栓。不要取下机体里面用于紧固法兰压盘和主轴承压盖的螺栓。

e. 拉出法兰压盘（容量控制），将螺杆转子连于其上，直到可以看到螺杆转子的齿凹槽为止。注意避免将螺杆转子拉出过多。如果法兰压盘（容量控制）牢固地连在机体上，则应从电机侧轻推轴使其移动。

f. 将尼龙绳索栓于转子轴承箱与螺杆转子的交界处，用链轮将其吊住。吊住后，前后移动螺杆转子，保证其能平稳移动。注意不要起吊过高，以免损坏螺杆转子。

图 6-41 取出螺杆转子

g. 将带有螺杆转子装置的法兰压盘从机体中取出，如图 6-41 所示。由于重心靠近法兰压盘（容量控制），因此在取出部件时应小心地扶住法兰。带有螺杆转子的法兰压盘部件重 30～50kg，因此应选用链轮。取出过程中，要注意避免损坏螺杆转子，并将取下的螺杆转子置于螺杆转子存放支座上。

h. 拉出滑阀部分。区别 A 侧与 B 侧，以免在重新装配时搞错。

⑧ 取下法兰压盖。松开连接法兰压盘与主轴承压盖的螺栓，取下法兰压盘、主垫片和预加载弹簧。

⑨ 取出螺杆转子副轴承的外座圈。取下卡簧，再从机体的电机侧，在轴承箱上旋入辅助柱头螺栓，逐渐推动并取下轴承。

5）清洗和部件修理

① 取下贴在法兰表面的垫片，用油石将其表面抹平。

② 清除机体内的碎渣。从机体排气端的油槽内、机体的中间腔体和电机部位的底部清除碎渣。

③ 清除油分离器中的碎渣。清除粘在油分离器内侧和除雾器上的碎渣。

6）螺杆制冷压缩机的装配

① 安装螺杆转子副轴承。

a. 安装轴承外座圈。从排气侧将螺杆转子副轴承的外座圈装入机体。同时用金属棒轻点外圆并仔细将其压入，注意不要倾斜，然后用锤子在其上 2 或 3 处敲实，使轴承外座圈处于卡簧内侧，并向轴承内注入足够的油。

b. 安装卡簧。

② 装配螺杆转子部件。

a. 取下螺杆转子主轴承。

• 松开螺栓，取下主轴承压盖。在拆卸过程中让螺杆转子竖立，操作起来会方便。

• 取下主轴承压盖，然后取下螺杆转子主箱、间隙调节垫片和垫圈。

b. 更换螺杆转子副轴承内座圈。

• 取下用于定位螺杆转子副轴承内座圈的卡簧。

• 取下螺杆转子副轴承内座圈。将螺杆转子垂直竖立，在螺杆转子副轴承内座圈的环向上均匀快速将其加热，然后内座圈因重力作用落下（如果在轴的同一位置上加热超过 5s，则轴将会弯曲或变形，因此要在最短的时间内使内座圈脱落），如图 6-42 所示。取下的内座圈不能再使用。

图 6-42　加热螺杆转子副轴承内座圈

• 安装螺杆转子副轴承内座圈。将螺杆冷却，立起螺杆转子，装上螺杆转子副轴承内座圈。内座圈与轴采用热套，即使用如图6-43所示的加热设备加热内座圈，然后快速装到轴上。加热内座圈的温度在 110～130℃，不要超过此温度。将冷冻油加热到此温度范围后，再将内座圈浸入其中约 10min。为避免烫伤，应戴上皮手套，然后再安装加热过的内座圈。

• 将卡簧装在螺杆轴上。

c. 安装螺杆转子主轴承。在螺杆转子主轴承箱里安装轴承。装配时，如图 6-44 所示，对准标记向内，并确认螺杆转子主轴承已经完全落位在轴承箱上。

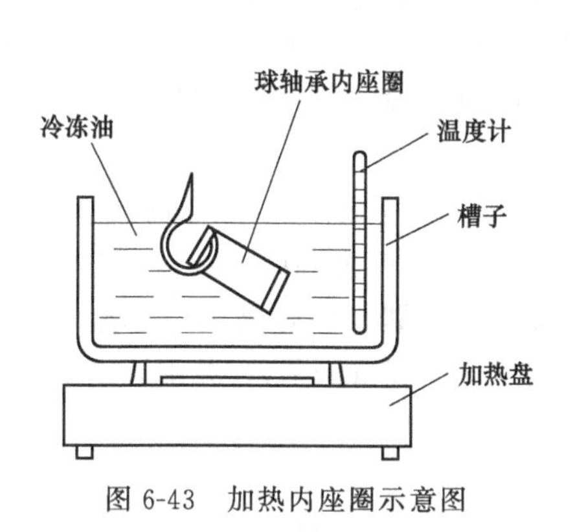

图 6-43　加热内座圈示意图

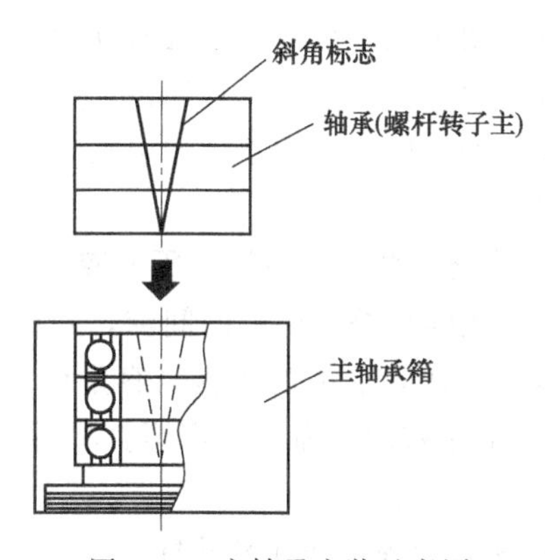

图 6-44　主轴承安装示意图

d. 装配螺杆转子部件。

• 调节高压密封间隙（选择副垫片）。将螺杆转子立起，在螺杆转子上安装垫圈和副垫片，再安装有轴承的螺杆转子主轴承箱；然后装配预加载弹簧和高压密封间隙调节工具，安装主轴承箱部件后再取下，选择副垫片，使得高压密封间隙为 0.08～0.12mm；再记下调节值和所装垫片的厚度；最后选择了副垫片后，取下调节工具。

• 安装主轴承箱。将主轴承箱安装在螺杆轴上，并用螺栓完全固定。同时，用清洗液除油污后，再在螺栓的顶端与第 2 或 3 螺纹处滴一滴厌氧胶。

• 安装法兰压盘（容量调节）。在主轴承箱上装预加载弹簧；在主轴承箱上装主垫片，垫片上孔的方向应与主轴承箱的油道孔方向相同，以免将其封闭；用螺栓将法兰压盘（容量调节）安装在主轴承箱上，并确认法兰气缸内的活塞能平稳移动。

③ 安装螺杆转子。

a. 安装滑阀。在机体上安装两个滑阀，确认其能平稳移动。注意在滑阀上标有 A 和 B，不要将 A 和 B 侧混淆。

b. 安装螺杆转子。用尼龙绳缚住连接了法兰压盘的螺杆转子部件，使用链轮将其吊起，然后装入机体内，螺杆转子装入机体后，用螺栓将法兰压盘（容量调节）装于机体上。

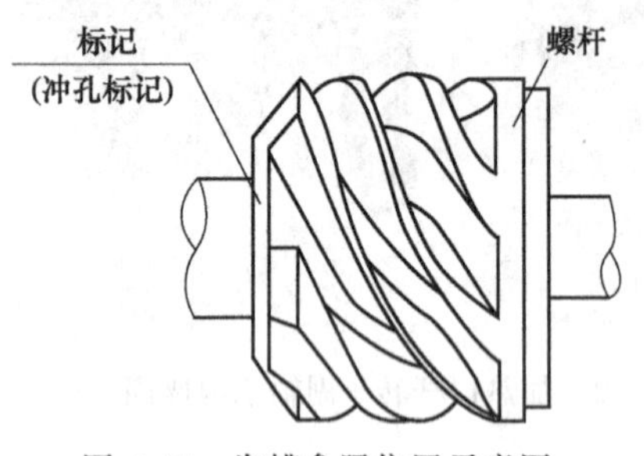

图 6-45 齿槽参照位置示意图

c. 螺杆的位置调节（主垫片的选择）。在机体 B 侧星轮部件的装配孔内安装螺杆转子调心工具。

• 将螺杆转子调心工具插到螺杆齿槽的参照位置，齿槽的参照位置在螺杆吸气端的冲孔标记指示处，如图 6-45 所示。

• 安装星轮副轴承箱部件。因为是暂时装配，在对角位置上安装约 2 个螺栓固定星轮副轴承箱。

• 安装星轮主轴承箱。因为是暂时装配，在对角位置上安装约 2 个螺栓固定星轮主轴承箱。

• 安装星轮轴压盘，用螺栓固定。

• 将螺杆转子调心工具的测量探针设在排气端，工具上的刻度盘对零。

• 从机体的电机侧握住螺杆转子，旋转螺杆，使得测量探针滑向吸气侧。此时，选择主调节薄垫片使刻度盘读数为 $-20\sim+20\mu m$。

• 记录调节数值和所选定的垫片的厚度。

为方便更换主垫片，应先取下将法兰压盘（容量调节）固定在机体和主轴承箱上的螺栓，保持螺杆转子调心工具的位置。将法兰挂在滑阀导杆上，然后更换垫片。安装主垫片，使其上孔的方向与主轴承箱油道孔方向相同，以免将其封住。同时注意安装垫片时避免预加载弹簧掉出。

d. 检查螺杆转子与机体压缩腔内壁的间隙。使用测厚度量规在 A、B 两侧各取 3 点测量螺杆与机体压缩腔内壁的间隙，并记录测量值。如果 A、B 两侧的间隙差异为 $15\mu m$ 或更多，则应松开固定法兰压盘（容量调节）与机体的螺栓，用塑料锤轻敲法兰压盘（容量调节），使得左右的间隙彼此相等。然后用螺栓紧固法兰压盘（容量调节），并确认滑阀能平稳移动。

e. 安装滑阀弹簧和悬臂杆。

• 使滑阀和活塞处于前侧（卸载位置），并在滑阀杆上装入滑阀弹簧。

• 备好悬臂杆，装上圆锥弹簧，用螺栓将悬臂杆装在活塞上。悬臂杆应直接装在朝上的槽口上，如果反向装配，则将会影响油分离器工作，导致不正常状况发生。同时，由于悬臂杆上的孔是为了避免妨碍汽缸端盖上的螺栓装配，因此应注意悬臂杆的安装方向。

• 将滑阀导杆的末端穿过悬臂杆上的孔，用锁紧螺母旋紧。

• 确认在法兰压盘（容量控制）的外圆上已装螺塞。

• 取下法兰压盘（容量调节）一端的螺塞，在如图 6-46 所示点 A 处，用气体压力检查滑阀的运行情况。由于滑阀导杆与悬臂杆之间有相对移动，滑阀有时可能与机体不能完全地配合。如果不能完全的配合，则应用力压紧导杆部分的锁紧螺母，重新检查滑阀的接触情况，如图 6-47 所示。检查完后，不要忘记装上螺塞。

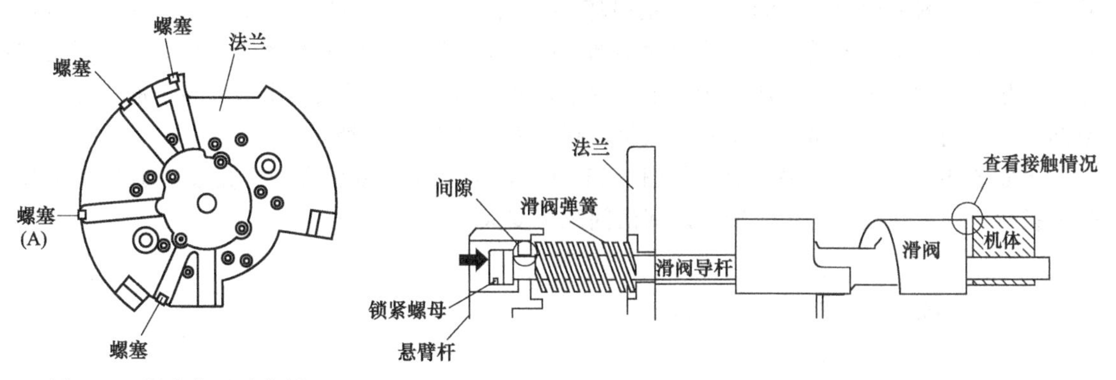

图 6-46　螺塞位置示意图

图 6-47　滑阀与机体接触示意图

④ 装配星轮托架部件。

a. 更换星轮转子。

• 更换星轮转子。

取下卡簧和垫板。沿着星轮托架逐渐取下星轮转子。如果星轮转子不能从星轮托架上取下，则取出活动销，再逐渐将星轮转子取下。从星轮托架的背侧，将工具放入销孔，用塑料锤敲击，将活动销取出。活动销不能重新使用，应更换，如图 6-48 所示。使用提取工具将活动衬套从星轮转子上取下。用千分尺测量取下的星轮转子的厚度，将测量结果记下。

• 取下星轮副轴承内座圈。先取下卡簧，并修理卡簧槽（用裹有砂纸的镊子磨掉毛刺）；再将星轮托架吊起，使副轴承内座圈的安装侧朝下，用火焰加热内座圈，使其变红，在重力作用下落下（如果不能自行落下，则用镊子将其拉下），如图 6-49 所示。

图 6-48　取下活动销

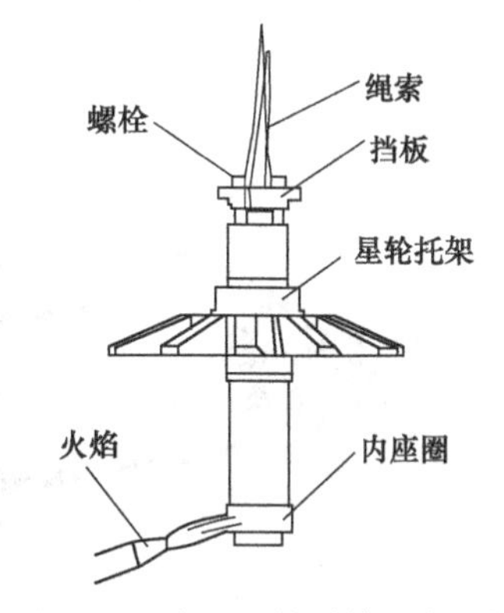

图 6-49　取下星轮副轴承内座圈

• 安装星轮副轴承内座圈。星轮托架冷却后，在油里加热星轮副轴承内座圈，操作过程与螺杆副轴承内座圈的安装操作程序相同；然后，将其热套到星轮托架上；最后安装卡簧。

注意：由于对轴承来说内座圈和外座圈是不可互换的，因此必须使用同一包装内相互配合的内外轴承座圈。

• 安装星轮转子。

用千分尺测量星轮转子的厚度（齿顶和齿根），并记录测量结果。安装活动衬套到星轮转子上。使用塑料锤轻敲，逐渐将活动衬套压入，并注意星轮转子的上面和下面，不要搞错衬套的安装表面。将O形环装在活动销上，再将活动销装在星轮转子上的活动衬套中。在将销装入活动衬套中时，应滴油以防止损坏O形环。定好活动销的位置，将星轮转子装在星轮托架上。保证星轮转子上安装活动销部位的均衡，用锤子轻敲活动销，将星轮转子装在星轮托架上，注意不要使销从星轮转子上脱落，并确认活动销子没凸出星轮转子的表面，如果凸出来，则应用锤子敲击，将其敲入星轮托架内，如图6-50所示。

• 安装垫片。在安装垫片前，如图6-51所示，将垫片轻微折弯一个角度。但如果垫片过分折弯，则星轮托架与星轮转子之间的间隙将变大。

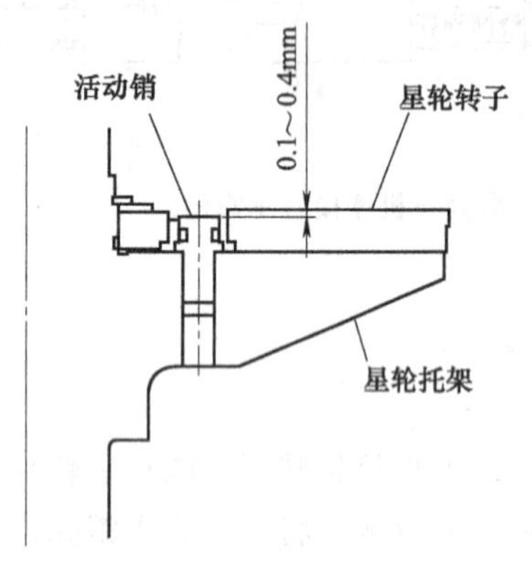

图6-50 星轮转子上活动销位置

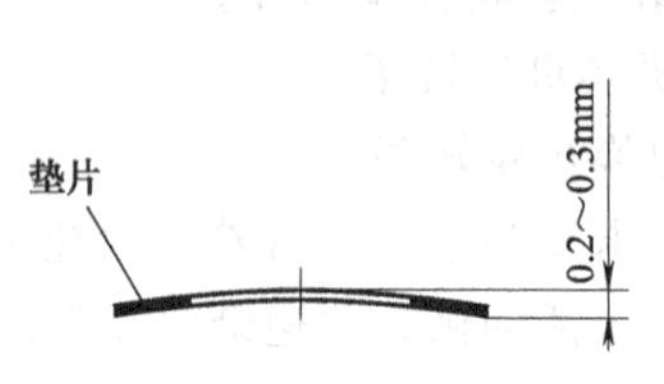

图6-51 垫片折弯角度

• 安装卡簧。用灯光检查星轮转子与星轮托架表面之间的间隙，确认即使在星轮托架轴的附近，也没有光漏过来。用塞尺测量其间隙，核实其为0.05mm或更少。用手握住星轮托架的副轴承侧，用塑料锤敲击星轮托架主轴承侧，使星轮转子与星轮托架间的间隙变得更小，如图6-52所示。在灯光下核实在星轮转子和星轮托架的外径边缘处有一定位移，如图6-53所示。

图6-52 敲击星轮托架主轴承侧

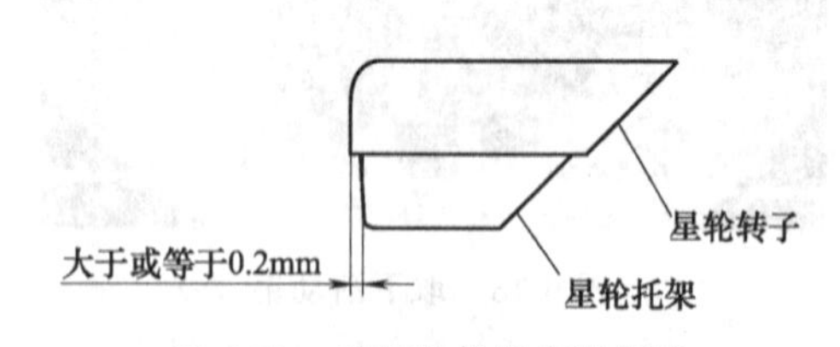

图6-53 星轮部件的安装间隙

b. 更换星轮轴承。

• 更换星轮副轴承外座圈。首先取下星轮副轴承箱上的卡簧，用手平稳地将星轮副轴承外座圈拉出。然后安装新星轮副轴承外座圈。由于对内、外座圈来说，轴承是不可互换的，因此应确定使用同一包装的相互配合的内外座圈，并注意轴承有印记侧朝向挡圈侧。最后安装卡簧。

• 更换星轮主轴承。首先取下星轮主轴承箱的卡簧，安装方向朝下，轻轻敲击星轮主轴承，将其取下。如果不能取出，则应使用圆铜棒将其顶出。然后将星轮轴挡圈安装在轴承的外侧。接着安装星轮主轴承。装入两个角接触轴承，使其前端相向而置，如图 6-54 所示。最后安装星轮主轴承的卡簧。安装时将倾斜的一面背向轴承（平直侧朝向轴承）。用手转动轴承的内座圈，证实其能平稳转动。

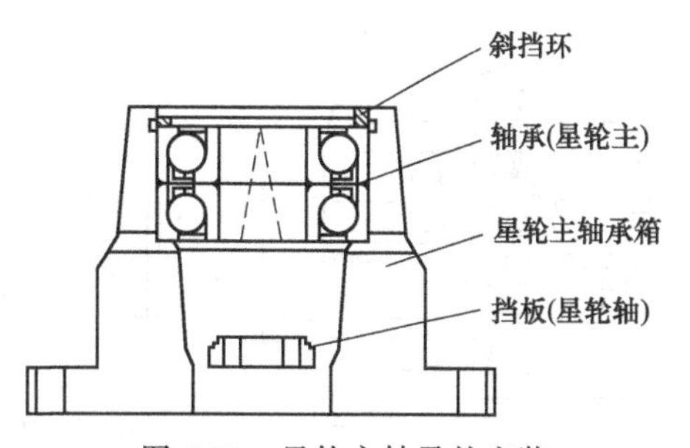

图 6-54 星轮主轴承的安装

⑤ 安装星轮托架部件。从 B 侧开始星轮托架的安装，同时，清理机体的法兰表面，以使星轮轴承箱在装配时没有碎渣。为了能容易地安装星轮托架，应将螺杆吸气侧齿端定位于凸台边缘表面处。

a. 安装星轮托架部件。准备 A、B 两侧的星轮部件，区别 A、B 侧部件。从星轮托架的副轴承开始将星轮托架装入机体，并将星轮倾斜，小心地使其与螺杆的齿槽相啮合。

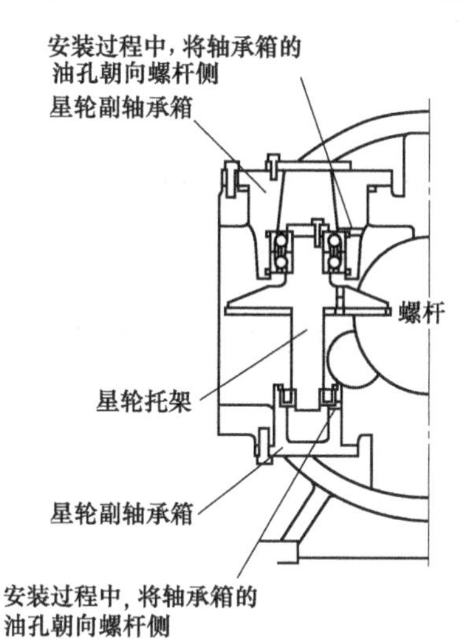

图 6-55 星轮副轴承箱的安装图

b. 安装星轮副轴承箱。放置星轮副垫片，然后安装星轮副轴承箱。注意安装星轮轴承箱时，应根据油孔的背侧标记将轴承箱上的所有油孔朝向螺杆转子侧，如图 6-55 所示。

c. 调节边缘间隙（选择轴承调节垫片）。

• 在星轮主轴承的内座圈上安装星轮高度调节垫片（厚度应与拆卸前的安装厚度相同），用 2～4 个螺栓临时将星轮主轴承箱装在机体上。

• 在星轮主轴承箱上安装星轮轴压盖。将凸台朝向星轮托架侧，用手按住压盖，用螺栓固定。

• 检查边缘间隙。用塞尺在排气和吸气侧测量星轮平面与凸台间的间隙，间隙的变化在 0.05～0.13mm。如果间隙超过预定的值，则取下压星轮轴盖和星轮主轴承箱，重新选配垫片，重新安装，并检查间隙。

• 记录边缘间隙和装配垫片的厚度。

• 检查边缘间隙，取下星轮轴承支架和星轮主轴承箱。

d. 安装星轮主轴承箱部件。

• 在 O 形环上涂抹冷冻机油，然后安装在机体上，再安装星轮主轴承箱部件。

• 安装星轮轴压盖。

• 在星轮轴承箱端盖上装 O 形环，然后用螺栓固定在星轮主轴承箱上。

e. 安装侧端盖。

⑥ 安装油分离器。

a. 在油分离器与机体相连接的螺栓孔的最上面两个孔安装辅助柱头螺栓。

b. 均匀地将冷冻机油涂抹在垫片上，定好螺栓孔的位置，将其安装在机体上。

c. 用链轮吊起油分离器，沿着辅助柱头螺栓装上，用螺栓紧固。

d. 安装排气阀箱和法兰。

⑦ 安装电机转子。

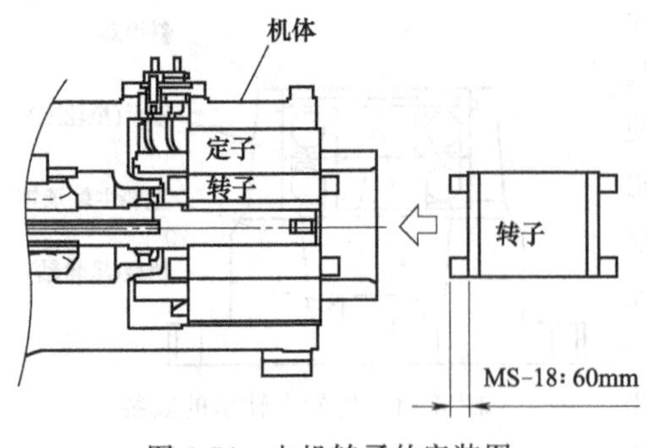

图 6-56 电机转子的安装图

a. 在螺杆转子电机侧的轴端安装转子导杆。

b. 沿着导杆，安装电机转子到轴上。安装电机转子，安装方向如图 6-56 所示。

c. 取下转子导杆，安装键。

d. 安装转子压盘、垫圈和螺栓到轴上，略微上紧螺栓。

e. 安装转子锁紧工具，其操作同拆卸时相同。

f. 取下转子锁紧工具，旋转电机转子使其能平稳转动。

g. 测量并记下电机定子与转子的间隙尺寸。

⑧ 安装电机端盖。

⑨ 安装油过滤器。

⑩ 安装喷液管部件。

⑪ 安装接线盒和电磁阀线圈。

⑫ 更换油，检查绝缘电阻。更换冷冻机油到油分离器，其容量与排出量相同。使用 DC 500V 高阻表来测试，确保绝缘电阻值为 2MΩ 或更多。

⑬ 气体泄漏试验。

a. 关闭法兰上的排气端口和吸气端口，在喷液电磁阀的入口安装密封帽，使压缩机内侧完全封闭。

b. 在油分离器的检查接点安装压力表。

c. 在压缩机内充大约 4kg 制冷剂，加压氮气，使内压达到 $14kgf/cm^2$。

d. 用气体泄漏检测器检查泄漏情况。

e. 确定压力没降低。

f. 清除压缩机内的气体，使内压等于环境压力。

g. 取下压力表，在检查接点安装封盖。

⑭ 将压缩机安装到机组上。

(2) 典型故障维修

① 机组发生不正常振动。

a. 安装不合理引起的振动，包括机组地脚螺栓未紧固，压缩机与电动机轴芯错位，机组与管道的固有振动频率相同而共振等。这种故障可以通过调整垫块，拧紧螺栓，重新找正联轴器与压缩机同轴度，改变管道支撑点位置等方法排除。

b. 压缩机转子不平衡，过量的润滑油及制冷剂液体被吸入压缩机，滑阀不能停在所要求的位置，吸气腔真空度高等也将产生振动。处理的方法是：调整转子，停机并用手盘联轴器排除液体，检查油路及开启吸气阀等。

② 压缩机运转过程中出现不正常响声。

主要故障有转子内有异物；推力轴承损坏或滑动轴承严重磨损，造成转子与机壳间的摩擦；滑阀偏斜；运动连接件（如联轴器等）松动；油泵汽蚀等。这种故障的排除方法是检修转子和吸气过滤器；更换轴承；检修滑阀导向块和导向柱；检查运动连接件及查明油泵汽蚀原因等。

③ 压缩机运转中自动停机。

a. 电路过载会引起停机。这种情况应查找过载原因并排除。

b. 自动保护和控制元件调定值不当或控制电路有故障。处理的方法是调整调定值和检修电路。

④ 滑阀系统故障。

压缩机滑阀是压缩机的能量调节机构，利用滑阀可以实现制冷量的无级调节，制冷量在10%～100%范围内，均可以保证机器正常运转。压缩机的液压控制系统可以移动滑阀，控制压缩机的加载或卸载，该系统也可以移动滑块，控制压缩机所需的容积比。这一液压控制机构使气缸被一固定的隔板分为两部分，左侧是滑阀的活塞，右侧是滑块的活塞，两部分可以看成是液压双作用气缸，由油压驱动活塞在两个方向上移动，这两部分受四通电磁阀的开关控制，四通电磁阀的开关由微处理器控制。

a. 滑阀不会加载或卸载。电磁线圈可能被烧毁，要更换；电磁线轴可能被滞住，或中央弹簧断裂要更换；检查输出模块和熔丝；通过对着电枢针插入一个直径为4.76mm的杆及把线轴推向另一端，就可以机械地驱动电磁阀，推动A侧以确认有无卸载能力，如果阀做功了，则故障可能是在电方面。

b. 滑阀任何一个方向都不起作用。电磁线圈可能被烧坏，要更换；电磁操作阀可能被关闭，要打开；用手推动电磁阀，如果滑阀没动，则表明显示机器有故障，需及时与生产厂家联系。

⑤ 压缩机和油泵的轴封漏油。

引起这种故障的机械原因有部件磨损，装配不良而偏磨振动，O形密封环腐蚀老化或密封面不平整；此外，轴封供油不足也会造成轴封损坏而漏油。排除方法是拆检、修理或更换有关部件，供足轴封供油。

⑥ 压缩机制冷能力下降。

a. 能量调节装置的滑阀位置不当，压缩机的吸气压力降低，喷油量不足，泄漏大等会使制冷量减小；压缩机的吸气过滤器堵塞，转子磨损后间隙过大，安全阀或旁通阀泄漏等机械部分的故障，也会使制冷量下降。处理方法是检修能量调节装置、油泵及油路，清洗过滤网，检修转子和阀门等。

b. 吸气压力低于蒸发压力过大或排气压力高于冷凝压力过大，使压力比增大，压缩机的输气量减小，也会影响其制冷量。这种情况主要是通过检查管道、阀门来排除故障。

⑦ 停机时压缩机反转。这种情况是由于吸气单向阀失灵或防倒转的旁通管路不畅通而引起的。解决的方法是检修单向阀，检查旁通管路及阀门。

⑧ 油路系统的故障。油路系统由油分离器、油冷却器、油泵、油粗过滤器、油精过滤器、油压调节阀组成。油分离器主要用于将润滑油从工艺气体中分离出去，并通过油冷却器使油温保持在设定值范围内。如果油温过高，则不能再喷入机器内起润滑、冷却作用。经冷却后油温应低于65℃。为了保证润滑油量的充足，向压缩机内喷入润滑油量应为理论排气量的0.5%～1.0%，压力应比排气压力高出0.15～0.3MPa。润滑油系统的故障，除系统的过滤器堵塞、阀门损坏外，主要是润滑油的损耗过快。

a. 油面渐渐损耗，分离器视镜中可见油液面。可能由于润滑油液面过高，压缩机在运行过程中制冷剂气体将润滑油带走，使油液面降低；冷却剂携带过量或液体注入过量，可能将润滑油带走，必须对工艺技术参数进行优化；润滑油脏污使分离器过滤器部件损坏或过滤器部件未安装到位，应对润滑油进行油品分析。检查分离器、过滤器安装情况。检查回流管过滤网及针阀；若润滑油回流关闭，则要打开回流阀。

b. 润滑油快速损耗，分离器视镜不可见油液面。润滑油油位长期不足，会对压缩机造成严重损坏。其故障原因可能为：压缩机入口单向阀或止回阀损坏，使压缩机在停车时，润滑油回流至压缩机管线内；检查入口止回阀的旁路阀开关情况，正常情况下该阀应关闭；压缩机在开机前打开入口阀时，大量的液体进入壳体内，当润滑油泵启动后，使压缩机内聚集大量的润滑油，压缩机启动时会使其出现液击现象；油分离器分离效果差，使大量润滑油被携带进入冷凝器中。

c. 油温过高导致压缩机停机。油温过高是指油温超过压缩机设定的润滑油温度。油温过高容易导致制冷剂气体中夹带大量的润滑油；油温超过设定值时，会导致压缩机自动停机，这时应检查油冷却器。

⑨ 机械密封石墨密封环炸裂。螺杆冷水机组的螺杆是高速旋转的机械构件，它的轴端采用机械密封，其动环和静环（石墨环）密封面经常会由于操作不当而产生磨损和裂纹。

a. 冷却水断水。当冷却水系统中混入空气或者冷却水循环不畅时，冷凝器内氟利昂冷凝困难，压缩机高压端排气压力骤然上升，动环和静环密封油膜被冲破，出现半干摩擦或干摩擦，在摩擦热力作用下，石墨环产生裂纹。压缩机启动时增载过快，高压突然增大，同样易使石墨环炸裂。

b. 轴封的弹簧及压盖安装不当，使石墨环受力不均，造成石墨环破裂。

c. 轴封润滑油的压力和黏度影响密封动压液膜的形成，也是石墨环损坏的重要因素。

在了解了损坏原因后，一般都采用更换机械密封的方式来修复制冷机组。

⑩ 膨胀阀冰堵。故障现象为：a. 低压过低保护；b. 视窗有颜色变化（显示系统有水分）；c. 膨胀阀后有结霜。

处理方法为：a. 收集或回收冷媒；b. 放净低压侧冷媒；c. 更换干燥滤芯并安装好；d. 重新抽真空（同时油箱加热），加冷媒调试。

3. 离心式制冷机组的检修

(1) 离心式制冷压缩机的拆卸与装配

现场的拆装是指机组的定期检修，以及发生迫使机组无法继续工作的破坏性故障时，对机组的解体拆装。这与在制造厂内对产品的正常生产组装过程不同，因为此时机组各零部件尺寸公差、装配间隙已配装到位，即便更换备件、零件，也仅是局部的。

1) 离心式制冷压缩机拆卸前注意事项

① 现场必须设置有足够吨位的吊装设备，其吊装吨位应是机组上最大起重件重量的1.5倍。

② 拆卸现场环境应清洁明亮、通风干燥、堆放有序。法兰螺栓应对称拆下。法兰定位止扣过紧时，不得硬拉硬拔，更不允许用锤子类铁器猛敲狠击，只能用木柱或铝棒沿法兰圆周轻敲，缓缓拔出。法兰接合面之间决不允许使用铁棒硬撬，以免破坏接合面的平整程度，影响机组气密性。螺栓应分类存放，在油槽中洗净。

③ 压缩机与主电动机在现场一般采用水平拆卸方式。吊卸时注意钢索应受力均匀、找好重心、挂钩牢实，以防止中途倾斜、滑脱、断索等。吊装工应有操作证。

④ 关键零部件如轴承、齿轮、叶轮、叶轮轴、电动机绕组、充气梳齿密封等应轻拆轻

卸、轻拿轻放，不得损伤工作面。放置时应高出地面，以防湿、防尘、防锈。其配套螺钉、螺母、销、键、垫块、调整垫片、调整轴套等应统一存放，以防丢失、错配。

⑤ 电控仪器、仪表、电缆、引线、测温测压元件等，应置于箱柜或台架上，以防尘、防温、防振。注意切断现场电动机及控制电源。

⑥ 拆卸油泵及油系统时，应预先排尽积油。

⑦ 重点零部件的拆卸应正确使用专用工具，并严格执行加压、加温规范。

⑧ 采用花键形式连接的叶轮与轴，其拆装必须对准对应记号，周向不得错位。

⑨ 推力轴承的推力块及其垫块、调整垫片等，必须按固定的周向方位，对号入位，拆卸时应做上对应记号。各轴承间隙、气封间隙及油封间隙等，在拆卸前后应实际测出，并与规定的允许值、极限值相一致（机组各配合间隙的允许值和极限值可查相关产品检修手册）。

⑩ 各连接部件的石棉橡胶垫板、垫纸、O 形圈等只供一次性使用，拆卸后必须更换，确保机组气密性。

2）离心式制冷压缩机的拆卸　拆卸工作必须由制造厂或经制造厂培训合格的熟悉该机组结构的人员进行。按照压缩机总图及有关部件结构图，由外及里拆卸。

① 拆卸顺序

a. 从压缩机进气端开始的拆卸顺序：

• 拆除主电动机电源线及部分电控引线。

• 拆卸压缩机平衡管及进回油管、进回制冷剂液管。

• 拆卸压缩机进气管两端法兰螺栓，并吊开进气管。

• 拆卸进口能量调节机构的导叶驱动连杆及导叶壳体法兰螺栓。

• 吊开进口能量调节机构及导叶壳体。

• 拆卸进气座与蜗壳法兰螺栓，并吊开进气座。

• 拆卸叶轮轮盖密封体，并吊开蜗壳。

• 拆卸叶轮端头螺母，并采用专用工具拆卸叶轮。

• 拆卸叶轮后位的充气梳齿密封、油封、甩油环等。

b. 从主电动机尾端开始的拆卸顺序：

• 拆卸主电动机尾部端盖及底座连接螺栓。

• 拆卸大齿轮轴端头圆螺母、锁紧垫片、气封。

• 沿水平方向吊开主电动机，并拆卸其轴承及充气梳齿密封。

• 拆卸齿轮箱体后端盖及小齿轮端头螺母；或水平取出有竖直剖面的增速箱体，再取出轴承、齿轮。

• 取出大小齿轮及推力轴承、滑动轴承、叶轮主轴。

• 拆卸藏入机壳侧或蒸发器端头的油泵及油系统管路。

• 拆卸各个油过滤器、油分离器、油冷却器及制冷剂过滤器等。

② 重点零部件的拆装

a. 叶轮的拆装。压缩机叶轮与轴采用锥面摩擦连接形式，如图 6-57（a）所示。

• 拆卸叶轮。先将拆卸专用工具的油缸、活塞彻底清洗脱脂后，与套筒 4 一起装到叶轮轴 6 上。将油泵 8 与油缸 3 接通，以回转棒 7 拧紧套筒。将油压升至 10MPa（表压），活塞 1 向外移动并拉长轴。按百分表记录下轴的伸长量。由于轴被拉长变细，因此只需旋转回转

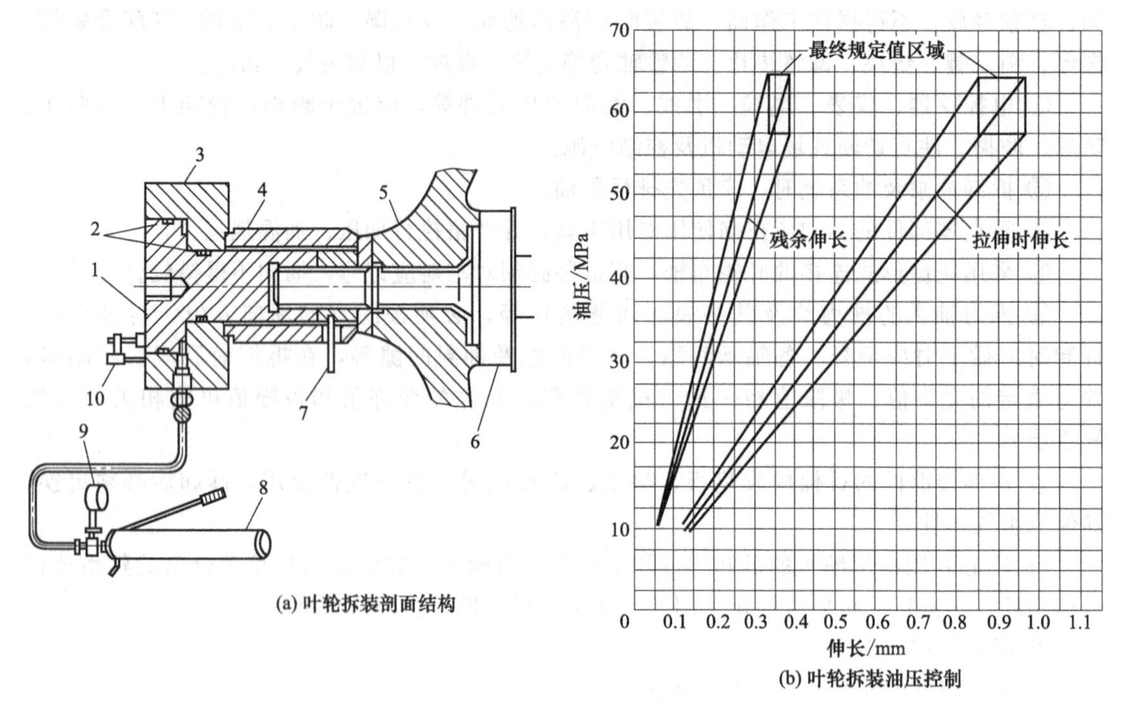

图 6-57 锥面摩擦连接形式叶轮的拆装

1—活塞；2—O 形环；3—油缸；4—套筒；5—叶轮；6—叶轮轴；
7—回转棒；8—油泵；9—压力计；10—百分表

棒 7，即可使油缸、套筒及叶轮一并退出。将油压降至 0.2MPa，再次记录轴的伸长量。将记录下的油压值及轴伸长量，与相应机组的“叶轮拆装油压控制图”上值相比较，如图 6-57 (b)所示，其最大油压值应符合该图上所示的最终规定值。

叶轮拆卸完毕后，将油压降至零，取下专用工具和百分表。

• 组装叶轮。可以采用热套法（叶轮热套温度为 50～60℃），或采用上述专用工具进行叶轮组装（叶轮拆卸的逆过程）。

b. 齿轮的拆装。

• 拆卸齿轮。按图 6-58 所示边加压边取出齿轮，油压值范围为 90～110MPa。

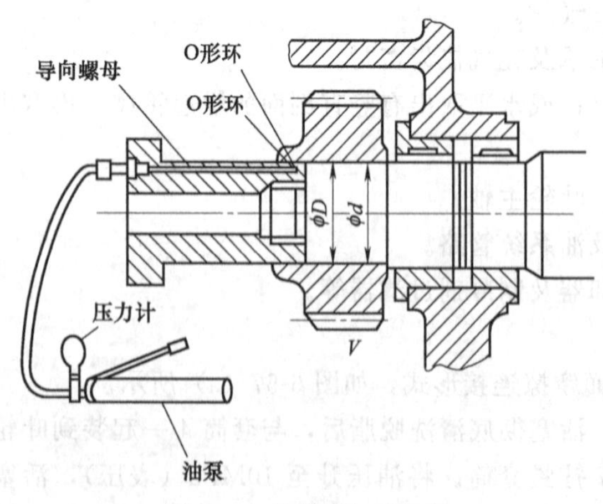

图 6-58 齿轮拆卸示意图

• 组装齿轮。组装前测定过盈量（主电动机轴外径减去齿轮孔内径尺寸），按热套法进行组装。

3）离心式制冷压缩机的装配　装配是拆卸的还原过程。在组装过程中，必须确保压缩机各零部件之间的配合间隙，并配合组装的工序进行严格的检查。

① 轴承的装配和检查　压缩机及主电动机的各个径向轴承、推力轴承以及气封、油封等的装配间隙值，应主要由机械加工给予保证，不必进行人工修刮。但在现场检修过程中若需要更换轴承（特别是推力

轴承)，则必须按下述方法进行。

a. 更换推力轴承（块）时的装配检查。换上部分或全部推力块备件后，对推力块组合后的工作端面和非工作端面均应进行表面研磨着色检查，接触面积应不小于工作面积的70%，以确保推力轴承工作端面、非工作端面与推力盘平面的平行度及油膜厚度的均匀性。同时，还应检查推力轴承工作端面及非工作端面对径向滑动轴承孔中心线的垂直度。

b. 对推力轴承与推力盘（环）之间的轴向装配间隙的检查。以千分表顶针触头沿轴向与叶轮的轴头螺母接触，千分表磁铁座固定在机壳的垂直加工端面上，靠支架与千分表连接，并能调整连杆长度、角度。先推动转子推力盘与副推力面贴紧，将千分表盘上指针调在零位。再反向拉出转子推力盘与主推力面贴紧，此时千分表盘上的刻度读数值即为压缩机转子的轴向装配间隙实测值，应符合图纸规定。其调整靠修磨主推力块背部的调整垫块厚度来保证，如图 6-59 所示。

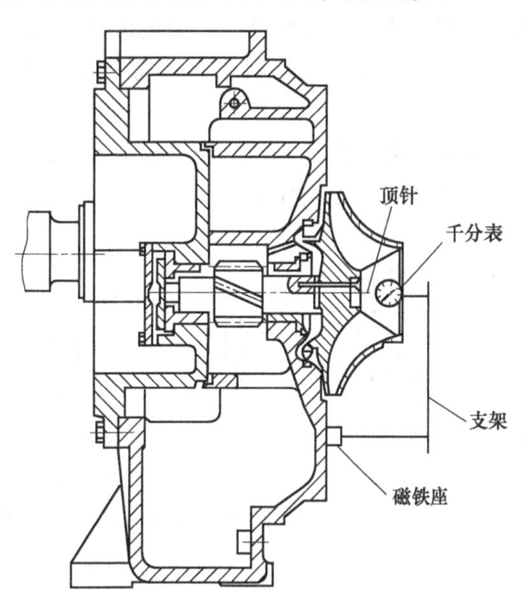

图 6-59 压缩机转子推力轴承轴向装配间隙检查

c. 轴承装配注意事项

• 对具有球面可倾性的径向滑动轴承轴瓦背部，组合前应涂以显示剂，压入后旋转检查其接触面积，应不小于工作面积的 80%。

• 瓦块组合式推力轴承的各瓦块上及瓦座上，均有制造厂的顺序编号印记，组装时应对号入座。换上推力瓦块备件后，应相应补上顺序编号印记，防止在拆装时发生错乱。

• 各轴承油孔、气封充气孔的方位，在组装时应对准，不得错位调向。在组装水平或垂直剖分的径向滑动轴承时，注意不允许颠倒调位。

• 各轴承、气封、油封的上下左右端面的固定连接螺钉必须拧紧。防转圆柱销应入孔到位，严防在机组运行过程中松动退出，磕碰损伤转子零部件。

② 齿轮和增速箱的装配　离心式制冷压缩机的增速箱有整体式和分体式两种结构形式，两者的装配特点各异。

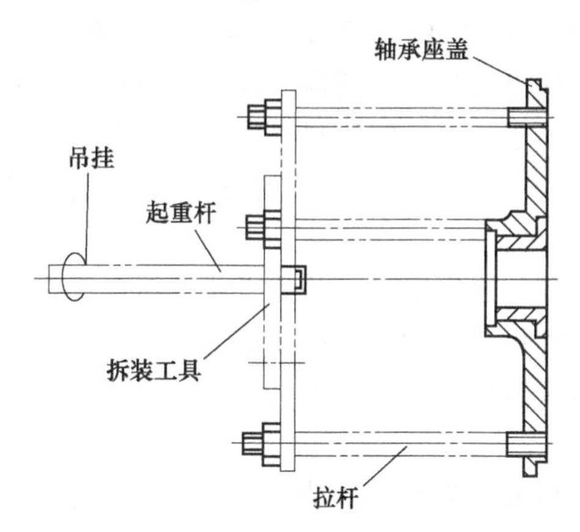

图 6-60 轴承座盖轴向拆装工具示意图

a. 整体式结构装配特点。

• 增速箱体与机壳为一整体铸铁件，其支承大小齿轮的径向滑动轴承均为整块圆环型。机组拆卸时，仅拆开封闭大小齿轮的轴承座盖即可，如图 6-60所示。蜗壳与增速箱体-机壳体的连接法兰一般不必拆卸。只有当法兰密封失效（泄漏）时，才换上同厚度（$\delta=1$mm）的石棉垫片，以免影响叶轮出口与扩压器流道的对中基准面。

• 这种“整体”式结构最适宜采用竖式装配方法。即将增速箱体-机壳与蜗壳放倒在地面的干净塑料布上，增速箱体后端朝上。大小齿轮轴的右径向滑动轴承已预先置于增速箱体上。将大齿轮轴上的右（主）推力盘平稳轻放于右轴承端面上，保持孔的同心。将装配好的大齿轮转子垂直吊入，再旋入小齿轮轴。注意垂直吊正，慢进轻放，不得碰拉轴承孔。然后，将装上大齿轮左径向滑动轴承的后轴承座盖吊入大齿轮轴头，再将后轴承座盖法兰上的定位销打紧到位。

• 装入小齿轮轴（叶轮轴）的左径向滑动轴承、主推力轴承、推力盘，调整好推力轴承轴向装配间隙，扳紧圆螺母，装上推力座压盖。大齿轮轴左径向滑动轴承的油封应装在后轴承座盖上。装上齿式联轴器的半联轴器及喷油器流螺塞，再接上小齿轮轴推力轴承的回油管。

• 装上大齿轮轴左径向滑动轴承及小齿轮轴推力轴承主推力面的端面铜热电阻温度计，并按标记引至各接线柱上。

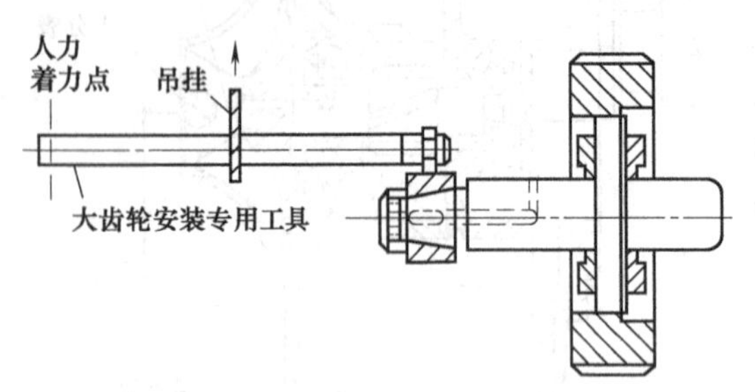

图 6-61 大齿轮轴的水平轴向拆装专用工具示意图

• 如受现场吊装及场地的限制，则也可采用水平轴向装配方式。大、小齿轮轴的拆装采用如图 6-61 所示的专用工具。其步骤是：将专用工具套入大齿轮一端的锥颈，上紧轴端圆螺母，将大齿轮轴衔起，用行车吊挂成水平状态，利用杠杆原理，手持工具一端轻慢送入增速箱体内，不得刮伤右轴承孔。同时用手将小齿轮轴水平送入增速箱的高速右轴承孔。此时大齿轮轴仍由行车吊挂成水平状态，以免损坏大齿轮右轴承。待小齿轮轴送进且大小齿轮啮合到位后，方可松下吊挂，取下专用工具。

b. 分体式结构的装配特点。由于该压缩机的大齿轮套装在主电动机轴伸端上，之间没有联轴器，故在装配时，一般是将增速箱带主电动机转子（与定子分离），在机组外装好。也存在“竖装”与“卧装”两种方式，但考虑到使用现场条件限制，这里仅介绍适宜于现场的水平轴向装配方式。

• 对增速箱体做单件清理。应用干燥压缩空气或氮气吹净各孔、槽及箱体内外的杂质污渍，接通箱体上的各外接管路（在机壳顶部的天窗孔处操作）。

• 齿轮与增速箱的机外装配。将箱体气封及大、小齿轮轴位上的径向滑动-推力组合轴承在机外半增速箱体内就位。

将大齿轮挂在主电动机轴端上，上紧端头圆螺母，水平吊起，平稳落入大齿轮径向-推力轴承半瓦内。将小齿轮与大齿轮啮合旋入小齿轮径向滑动轴承半瓦内。将主电动机轴尾端同时置于工具轴承架上。依次合好轴承两半瓦，上紧两半瓦连接螺钉与定位销（对准进油孔方位）。合上另一半增速箱体，上紧螺钉与定位销（对准外接气、油接头的方位）。增速箱机外组装完成。

• 增速箱在机组上就位。将增速箱带主电动机轴整体水平吊起，并使增速箱转至垂直中分面位置，水平地装入圆筒型机壳内，注意不得磕碰箱体充气油封梳齿和轴承孔。

箱体与机壳端面止口定位后，上紧周向法兰螺钉及定位销。此时主电动机轴中部支承在箱体上的充气油封梳齿上。

由主电动机轴尾端套装主电动机定子并穿过已就位的尾端径向滑动轴承。上紧主电动机外壳与机壳端面的连接法兰（一般不宜拆开），合上主电动机端盖和支撑板、支撑座。

现场“竖装”方式，步骤与上述相同。

③ 叶轮和转子的装配及流道调整　叶轮与叶轮轴的连接方式大体上有“三键式”、“三螺钉式”、“花键式”及“锥面摩擦连接式”等结构。其中，“锥面摩擦连接式”的拆装内容已介绍过了，这里仅介绍目前各类机组上使用较为普遍的“花键式”连接。

a.“花键式”叶轮的装配。叶轮的花键孔与主轴的花键齿位均已标注上编号印记，套装叶轮时需对号入位。叶轮背面的长轴套系调整流道用，尺寸已在制造厂内配好，不得变换。

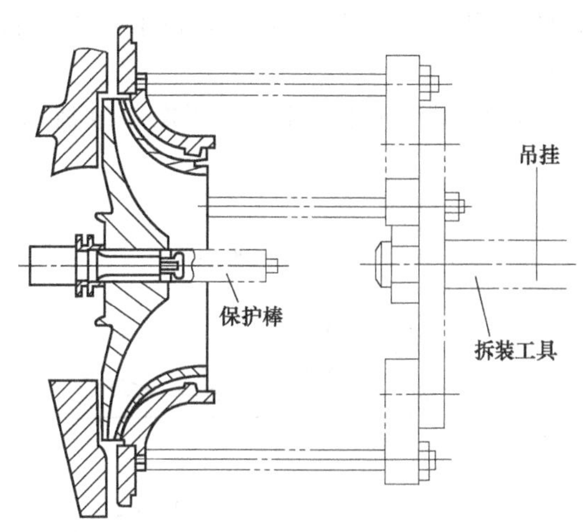

图 6-62　“花键式”叶轮轮盖密封部拆装专用工具

采用水平轴向装配方式。主轴轴头螺纹处装上专用保护棒（图 6-62），沿水平轴向送进叶轮，到位后取下保护棒，用随机专用深位套筒扳手上紧轴头螺母。

轮盖密封部的拆装采用图 6-62 所示的专用工具。组装时，轮盖密封部（轮盖气封已先装上）周向三个螺孔装在专用工具的三根接长螺钉端部，吊起专用工具沿水平轴向缓慢送进。三根接长螺钉固定在蜗壳外侧法兰螺孔上。压送时不得碰伤轮盖气封齿，待轮盖密封体上止口到位后，方可退出专用工具，上紧轮盖密封法兰螺栓。

b. 叶轮转子的流道调整。这里是指叶轮出口流道中心线与扩压器流道中心线的偏差调整。目前在空调用离心式制冷压缩机中，无叶扩压器的宽度常取成与叶轮出口处的叶片宽度相等，即 $b_2=b_3=b_4$，见图 6-63（a）。或采用 $b_3=b_4<b_2$ 的形式，见图 6-63（b）。

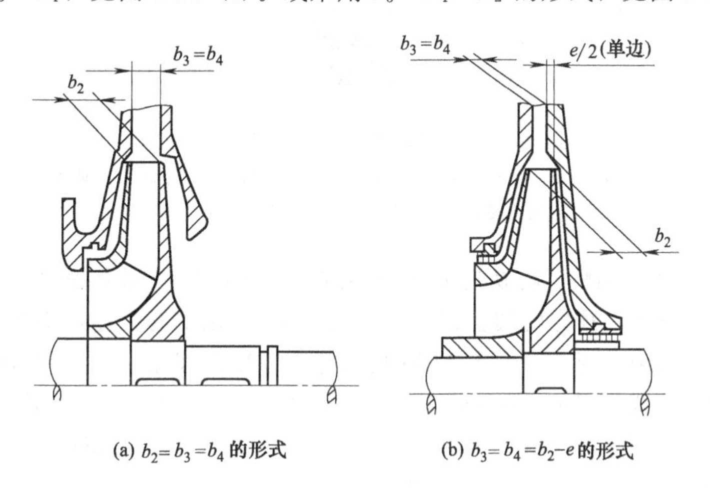

(a) $b_2=b_3=b_4$ 的形式　(b) $b_3=b_4=b_2-e$ 的形式

图 6-63　叶轮出口叶片宽度与无叶扩压器宽度的相对位置

叶轮出口流道与无叶扩压器流道的对中调整，与压缩机转子推力轴承轴向装配间隙的调整密切相关。流道对中的轴向尺寸调整是推力轴承轴向间隙的粗调过程。

现场机组解体重装时，只有出现更换推力瓦块、推力盘、主轴（小齿轮轴）、叶轮、转子等零部件情况时，才存在流道重新调整对中问题。

当压缩机转子处于散件状态时，其流道对中调整步骤如下：

• 选定定位基准面。一般选定压缩机转子推力轴承推力块工作面，作为调整的定位基准面。

• 压缩机转子和定子各组成一组尺寸链。以主轴上推力轴承推力盘的工作面为基准面，测得转子和定子上零部件尺寸，各作一尺寸链简图。装配时其流道对中可按尺寸链简图进行调整。

④ 负荷调节机构的装配　以图 6-64 所示铰链传动式机构为例，介绍其装配要点如下：

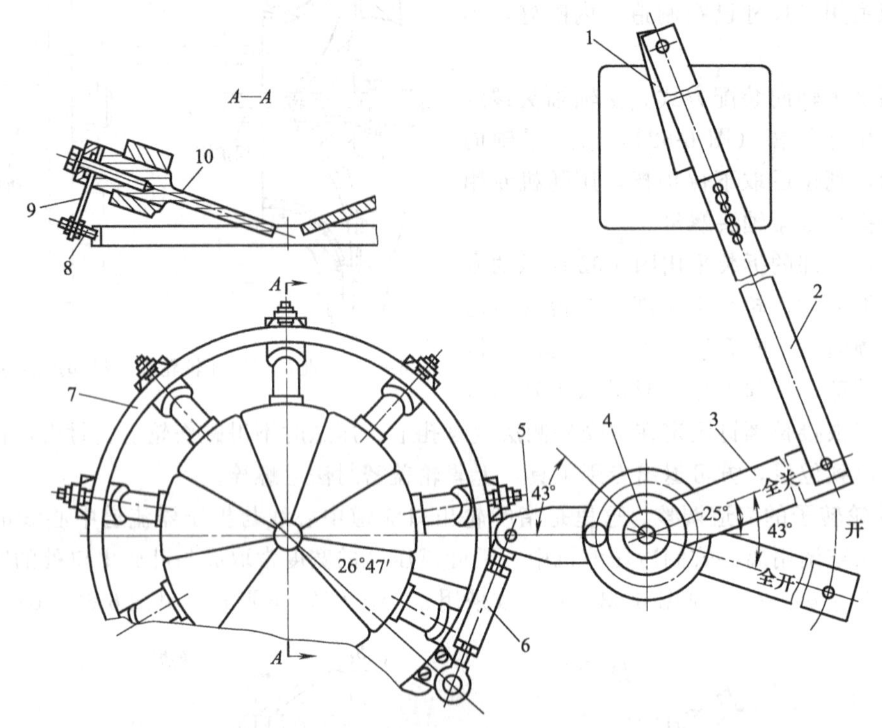

图 6-64　铰链传动的轴向进口能量调节机构

1—驱动摇柄；2—接长连块；3—外柄；4—调节轴；5—内柄；6—调节杆；7—调节圈；8—圆球螺钉；9—连接块；10—导叶

a. 导流叶片开闭的调整。将初选的 M 片导叶 10 在出气口朝上平放的进气室（或称进口）壳体流道周向排齐，预先已装上铜套。M 片导叶 10 尾部套上连接块 9，拧紧连接螺栓。各连接块 9 悬臂端与调节圈 7 周向上 M 颗圆球螺钉 8 尾部固紧。使周向 M 片导叶 10 先处于全闭状态，再旋转调节圈 7，使导叶 10 转过 90°处于全开位置。若 M 片导叶 10 中有不同步者，则取下导叶尾部连接螺钉，调整导叶至同步后，再装上连接螺钉。

b. 装上调节轴与内柄、外柄。注意调节轴 4 上胶圈压合后，压盖上双头螺栓可调节松紧程度。注意调节轴 4 上两个防转销的位置，装上内柄 5、外柄 3、特殊垫圈及穿孔螺钉，旋转内柄 5、外柄 3，使其与水平线分别呈 30°与 33°角（导叶 10 全闭位置）后，装上防转销，拧紧穿孔螺钉。

c. 调节杆的调整。将调节杆 6 与内柄 5、调节圈 7 上推块两头连接上。将外柄 3 转动 α 角度（在进气室上标上记号），带动周向 M 片导叶 10 由全闭至全开。若不同步，则可调整调节杆 6 两头的调节螺钉，改变调节杆的长短，目的是为了解决导叶 10 转角 90°时的开闭同步问题。

d. 进气室与压缩机蜗壳外侧的法兰连接。通过接长连块 2、外柄 3 与电动执行机构上的驱动摇柄 1 相接。使外柄 3 与水平线呈 33°角度时，驱动摇柄 1 上的指针在电动执行机构刻度盘上指示为零（注意驱动摇柄 1 不得通过顶点，靠调整接长连块 2 的长度来定）。外柄 3 按正面逆时针转动 α 角度，使驱动摇柄 1 转动刻度盘上转过的 β 为限位角度，β 不一定等于 90°，视调整时实际情况而定。但集中控制柜（盘）上导叶角度指示必须为 0°～90°，即与导叶转角同步。

⑤ 压缩机各连接面的结构形式和装配要点

a. 压缩机各连接面的密封结构形式。由于机组对气密性要求比较严格，因此必须重视各连接面的密封性。采用制冷剂 R123（R11）时，机组的负压段总是存在空气渗入内部的可能性。对采用 R22、R134a 为制冷剂的机组，若气密性不好，则会引起机组内部制冷剂的外漏。目前，国内外空调用离心式制冷压缩机上普遍采用端面法兰连接的密封结构形式，如图 6-65 所示的垫片结构形式和 O 形圈结构形式。

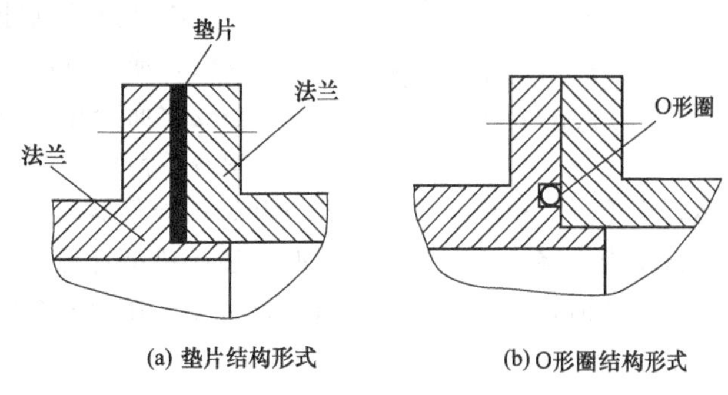

图 6-65　压缩机端面连接的密封结构形式

选择密封垫片材料时，要考虑耐腐蚀性和溶解性以及强度和气密性。可用的有石棉纤维板、纸板、铜片、铝片、氯丁橡胶片、尼龙线、氟塑料片等；对氨气不能采用铜材料；对氟利昂类制冷剂，切忌使用天然橡胶和油脂类材料；一般常用石棉纤维板。

选择 O 形圈材料时，要考虑耐腐蚀性和溶解性、可塑性、强度和粘接性。可用的有氯丁橡胶、氟塑料、2-氯丁乙烯等。一般常用氯丁橡胶。

标准的 O 形圈断面尺寸公差和槽的尺寸公差配合应符合国家标准规定。非标准（内直径＞420mm）的 O 形圈和槽的尺寸公差选择，要注意压紧后的材料填满，并保持端面有一定的过盈量。非标准 O 形圈采用条形粘接形式，粘接的断面坡口角度 γ 以 30°～45°为宜，如图 6-66 所示。O 形圈表面要求光滑、无压痕裂纹，无其他影响强度、密封性的缺陷。

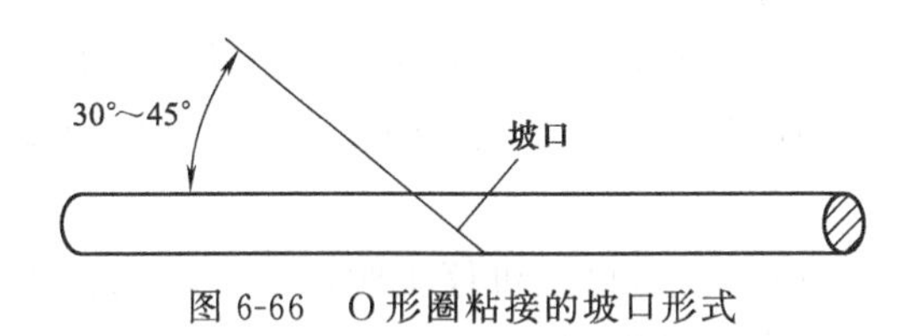

图 6-66　O 形圈粘接的坡口形式

b. 压缩机各连接面的装配要点。上述各轴向连接结构，主要用于主电动机外壳法兰、机壳法兰、蜗壳法兰、进气室法兰、进气管法兰、蒸发器出气法兰等的连接，出气管两端法兰分别与蜗壳出口法兰、冷凝器进气法兰的连接，以及主电动机端盖法兰、轴承座盖法兰、增速箱体法兰、轮盖密封体法兰、浮球室端盖法兰等处的连接。

不允许使用失效的气密垫片和 O 形圈，一经拆卸，必须更换新的。轴向端面 O 形圈一般采用内径定位。使用时，应仔细检查 O 形圈断面直径公差，不得浸油。

O 形圈在入槽前须在表面涂以薄薄的一层 7303 密封胶或真空密封脂，以免在吊装和水平轴向组合时脱出。有条件时，应在 O 形圈入槽后，将其水平放置，检查并记录自然状态时 O 形圈超出槽平面的凸起高度尺寸（图 6-67），确定其符合要求。

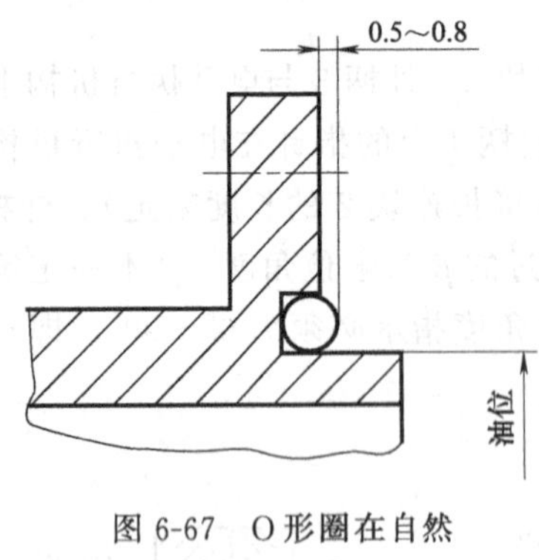

图 6-67 O形圈在自然状态时的凸出尺寸

（2）典型故障维修

1）压缩机喘振。离心式制冷压缩机是一种速度型压缩机，也称透平式制冷压缩机。它能获得较大的制冷量，所以普遍用于蒸发温度较高的集中式中央空调系统，以提供 7℃冷冻水。离心式制冷压缩机的最大优点是能量调节范围大；最大缺点是单级压缩机在低负荷时容易发生喘振。

① 离心机喘振特征　离心式压缩机的排气压力高低，或冷凝压力高低，均随压缩机吸气口的流量大小变化而变化，当超过压缩机的最高排气压力时，或制冷负荷低于喘振点对应负荷时，离心式压缩机开始出现运行不稳定，也就是说压缩蒸汽开始从冷凝器向压缩机倒流。制冷剂蒸汽的倒流使压缩机排气口压力下降，下降到一定值时，压缩机又开始排气，排气压力又上升，当排气口压力上升到一定值时，又发生气体倒流。这种排气压力时降时升不稳定的现象就称为喘振。喘振特征如下：

a. 一般间隔 3s 左右，也有间隔稍大的。如小型装置，频率较高些。因此，喘振时离心机会出现周期性的噪声增大和振动。

b. 排气温度升高。

c. 冷凝压力和制冷剂的流动周期性波动。

d. 电机功率和电流周期性变化。

② 喘振故障原因分析

a. 制冷系统有空气。当离心机组运行时，由于蒸发器和低压管路都处于真空状态，因此连接处极容易渗入空气。另外空气属不凝性气体，绝热指数很高，为 1.4，当空气凝积在冷凝器上部时，会造成冷凝压力和冷凝温度升高，从而导致离心机喘振发生。

b. 冷凝器积垢。由于冷凝器换热管内表水质积垢（开式循环的冷却水系统最容易积垢），而导致传热热阻增大，换热效果降低，使冷凝温度升高或蒸发温度降低。另外，由于水质未经处理和维护不善，同样会造成换热管内表面沉积沙土、杂质、藻类等物，造成冷凝压力升高而导致离心机喘振发生。

c. 关机时未关小导叶角度和降低离心机排气口压力。当离心机停机时，由于增压突然消失，导致蜗壳及冷凝器中的高压制冷剂蒸汽倒灌，容易发生喘振。

d. 冷却塔冷却水循环量不足，进水温度过高等。由于冷却塔冷却效果不佳而造成冷凝压力过高，导致喘振发生。

e. 蒸发器蒸发温度过低。由于系统制冷剂不足、制冷量负荷减小、球阀开启度过小，导致蒸发压力过低而发生喘振。

③ 喘振故障的处理　离心式制冷机组工作时一旦进入喘振工况，应立即采取调节措施，降低出口压力或增加入口流量。

a. 系统中有空气。离心机采用 R11 制冷剂时，若液体温度超过 28℃，则一般表明系统中有空气存在。出现喘振现象时，可启动抽气回收装置，将不凝性气体排出，一般将制冷剂 R11 的压力抽到稍低于制冷剂液体温度相对应的饱和压力。

b. 冷凝器结垢。清除传热面的污垢和清洗冷却塔。

c. 停机时喘振。关停离心机时应注意主电机有无反转现象，并尽可能关小导叶角度，降低离心机排气口压力。

d. 蒸发压力过低。检查蒸发压力过低的原因，若制冷剂不足，则添加制冷剂；若制冷量负荷小，则关闭能量调节叶片。

e. 启动后发生喘振。进行反喘振调节。当能量调节大幅度减少时，会造成吸气量不足，即蒸汽不能均匀流入叶轮，导致排气压力陡然下降，使压缩机处于不稳定工作区而发生喘振。为了防止发生喘振，可将一部分被压缩后的蒸汽，由排气管旁通到蒸发器，不但可防喘振，而且对离心机启动时有益：减小蒸汽密度和启动时的压力，可减小启动功率。

总之在操作过程中，应保持冷凝压力和蒸发压力的稳定，使离心机制冷量高于喘振点对应制冷量，以防喘振。

2）叶轮与转子的不平衡振动。离心式制冷压缩机的高速旋转叶轮和转子的可靠使用，首先要依靠高精度的平衡校验来加以保证。这项工作已在制造厂内完成，但由于操作失误、叶轮材料失效、系统清洁度差、制冷剂不纯、漏水及其他机械装配故障等原因，会导致叶轮与转子的不平衡振动，使机组无法正常运行，并有可能酿成重大的破坏性事故。因此，有必要对叶轮和转子的平衡重新复核校验。

叶轮与转子的平衡校验工作，必须在有经验的操作人员指导下，在具有足够吨位的高精度动平衡机上完成。因此，最好委托该产品的制造厂家负责去做，以确保平衡精度。

① 叶轮与转子的静平衡校验

a. 对于高速旋转的叶轮与转子，在进行动平衡校验之前，应先进行静平衡校验，目的是解决叶轮（转子）的周向质量分布不均匀问题。其方法是：将压缩机叶轮套装在一根平衡心轴上，心轴两端置于具有尖刃的平行导轨上，如图 6-68 所示。以手推之使其来回轻微转动。

当转动的叶轮在导轨上某个角度达到自然静止时，在该角度下垂重心的反向半径靠叶轮外圆处加配质量，如粘接橡皮泥块，也可加配在对称于重心反向半径的两侧位置，供微调校正用。然后推动叶轮转动，直到在任何角度上都能达到自然静止随遇平衡为止。再于配重位置的反向轴心对称处，以磨、铣、锉等加工方法去掉相等质量的叶轮母材，使之重新达到随遇平衡即合格。

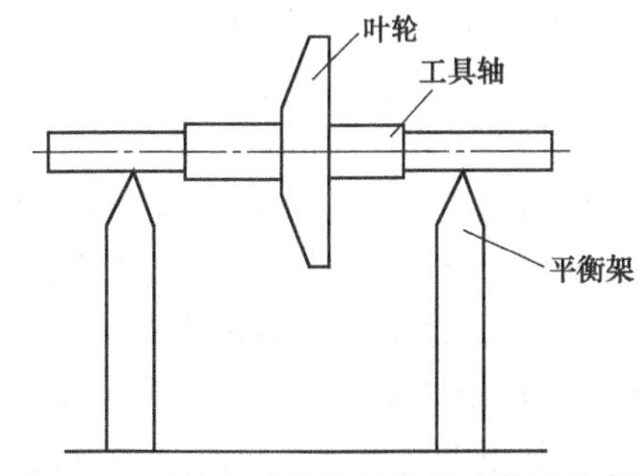

图 6-68　压缩机叶轮静平衡校验装置示意图

b. 静平衡精度计算方法。沿校正平面（轮盘背部）将圆周分成 6 或 8 等份。当各等分射线处于水平位置时，由小到大在某个半径 r 处试加质量，测出叶轮刚刚能开始转动时的试加质量。该试加质量在各等分位置上是不等的，但在周向上某两个呈 180℃轴心对称的相位上为最大和最小试量，即记下 $m_{\max}$ 和 $m_{\min}$。故可判断，叶轮的残余不平衡量 m 应在 $m_{\min}$ 所在相位，其数值为：

$$m=\frac{1}{2}(m_{\max}-m_{\min})\qquad(\mathrm{g})\tag{6-5}$$

残余不平衡量 m 造成的叶轮重心偏心距 e 为：

$$e=\frac{mr}{\omega} \quad (\mu m) \tag{6-6}$$

式中 m——试加质量，g；

r——试加质量所在位置的半径，mm；

ω——叶轮与心轴等组合质量，kg。

由式（6-6）计算出的 e（或 mr）即为该叶轮的实际静平衡精度。

② 叶轮与转子的动平衡校验　对于两级以上的多级叶轮转子，要求逐个对叶轮单件做动平衡校验，再组合成转子总体做校验。现仅介绍单级叶轮转子的动平衡校验。

a. 叶轮与转子的动平衡校验，必须在足以承受叶轮转子重量的高精度动平衡机上进行。

b. 通过测定作用于支承上的离心力（或振幅）来求得不平衡量及其相位。对于“刚性体”的压缩机转子（悬臂叶轮转子），可根据两个校正平面与悬臂两支承的安装尺寸及平衡校正半径，在动平衡机上自动计算出两校正平面应加配或应去除的质量和相位。这样反复试验，直至达到在不同工作转速下，叶轮（或转子）的允许质心偏移量符合表 6-22 的规定为止。

表 6-22　叶轮（转子）动平衡精度（JB/T 3355—91）

转动件工作转速 /(r/mm) ≤	3000	4000	5000	6000	7000	8000	9000	10000	12000	14000	16000	18000	20000
偏心距 /μm ≤	8.0	6.0	5.0	4.0	3.4	3.0	2.7	2.4	2.0	1.7	1.5	1.3	1.2

其残余不平衡力矩 M，可按式（6-7）计算：

$$M=m\,\frac{e}{10}(\mathrm{g \cdot cm}) \tag{6-7}$$

式中 m——压缩机转子质量，kg；

e——偏心距，μm。

③ 叶轮与转子的超转速试验（应按国家机械行业标准 JB/T 3355—91 中规定）　叶轮（或转子）在完成静、动平衡后，还应进行超转速试验。试验的转速应不低于工作转速的120%，时间不少于 30min。

超转速试验后，应在进气口处轮盘侧的叶片根部和轮盖的进气口外侧，进行无损探伤检查，不应有损坏或裂纹。叶轮外径及轮盖密封面直径的变形量，应不大于 0.2/1000。

3）干燥过滤器。干燥过滤器使用无水氯化钙作为干燥剂时，工作 24h 后必须进行更换（一般一次使用周期为 6～8h），否则氯化钙吸水后潮解变成糊状物质，进入系统后会造成阀门或细小管道的堵塞，严重时将会迫使制冷系统无法工作。

使用硅胶或分子筛作干燥剂时，为防止细小颗粒进入系统，一般在过滤网的两头加装有脱脂纱布。当发现干燥器外壳结露或结霜时，说明干燥过滤器已经被脏物堵塞，这时应拆开清洗过滤网，更换干燥剂和脱脂纱布。更换时脱脂纱布不能加装过厚，否则会增加阻力。若系统比较干净，干燥剂没有过多细小颗粒，则也可不装脱脂纱布。

更换干燥剂时必须是在一切准备工作完成后，把干燥剂瓶子打开，迅速装入干燥过滤器中，尽量缩短干燥剂与空气的接触时间。检查新的干燥剂是否有吸湿能力，除变色硅胶可以从颜色的变化判断外，简单的办法是把有吸湿能力的干燥剂放在潮湿的手上应有与手粘连的感觉，否则说明已失去了吸湿能力，应进行再生处理。处理的方法是把干燥剂放入烘箱中升温，然后迅速装入干燥过滤器中。现场进行干燥时可用电炉加热，把干燥剂放在薄钢板上，在电炉上加热并均匀搅动，当用手触摸感到具有吸湿能力（粘手）时，筛去粉末装入干燥过滤器中即可使用。

装入干燥过滤器内的干燥剂，一般应装满空隙，否则干燥过滤器工作时受压力的冲击会发出声响，干燥剂互相碰撞挤压容易破碎，也有可能将过滤网损坏（裂缝、开焊），这一点在更换干燥剂时应当注意。

4. 溴化锂吸收式制冷机组的检修

（1）真空阀门的检修

在溴化锂吸收式制冷机组中，为了抽气、取样、调节及节流等的需要，需装有不同类型的阀门。由于机组为高真空的设备，因此阀门也应是高真空阀门，应具有良好的密封性能，通常采用真空隔膜阀、真空蝶阀、真空球阀以及真空角阀等。

① 高真空隔膜阀的检修　在溴化锂吸收式制冷机组中，抽气系统、溶液与冷剂取样及连接测试仪表等，通常采用真空隔膜阀。目前大多采用密封性较强的焊接式真空隔膜阀，其主要部件是真空隔膜。真空隔膜通常由丁腈橡胶、氖橡胶以及其他橡胶制成，使用时间过长，易产生老化、失去弹性或者断裂，因此需定期更换。通常每2～3年更换一次，如果用于抽气系统或高温部位，则建议最好每1～2年更换一次。

对高真空隔膜阀的检修，主要是调换真空隔膜而不需要换新的隔膜阀。其步骤如下：

a. 用氮气破坏机组的真空，其目的是防止空气进入机组。

b. 根据阀门位置，需要的话，应将溴化锂溶液排出机组。

c. 拆下阀盖上的螺栓，拿掉阀盖。

d. 取下旧隔膜，换上新隔膜。

e. 装上阀盖，并拧紧螺栓。

f. 对所有连接处进行检漏。

g. 将溶液重新注入机组（与排出量相同）。

h. 启动真空泵，将机组抽至高真空。

机组在运行中（或停机期间）调换真空隔膜，也可带真空操作。不管真空隔膜阀装于何位置，均可不需破坏机内的真空与放出溶液（或冷剂水）。方法是：准备好新的隔膜和阀盖组件，迅速进行更换，尽量使空气少泄漏入机内。更换结束后，启动真空泵，抽除漏入机内的空气，直至机组运转工况恢复正常（或机内呈高真空状态）。

② 高真空球阀的检修　高真空球阀是用手柄通过轴杆将球旋转90°，以接通或切断气流及液流。采用聚四氟乙烯贴球面，达到内部密封的目的。球阀可以转动任意角度并定位锁定，从而达到调节流量的目的。阀门要保存在清洁干燥处，防止因潮湿而生锈。安装阀门时，应注意不得碰伤密封面，零部件要清洁。阀门调节流量时要拧紧，轴端红线槽和球通径方向要一致。真空球阀密封橡胶应定期检查，如发现泄漏则应拆卸检查或更换密封橡胶，通常每2～3年更换一次。

③ 真空蝶阀的检修　真空蝶阀虽型号各不相同，但结构基本相似，采用旋转手柄通过轴杆使阀板转动，改变管道内截面积大小，达到调节流量的目的，其位置可任意调节，也可用电动执行器通过连杆带动轴旋转。阀门应保存在清洁干燥处，以防生锈。安装及调换阀门时，螺栓应对称均匀地拧紧。调节时结合刻度定位。调节阀的检查与修理主要是针对密封件，应保持密封面不漏。密封件一般每2～3年更换一次，视具体情况缩短或延长更换期限。在安装或更换密封件时，注意使密封面不受损坏并保持密封面清洁干燥。

(2) 屏蔽泵的检修

在溴化锂吸收式制冷机组中，为了保证机组能长期安全可靠地运行，应在屏蔽泵发生故障或出现异常情况之前，有计划地安排检修屏蔽泵。一般屏蔽泵中易出现故障，需检修的是石墨轴承，它的使用寿命为15000h。

溴化锂吸收式制冷机组中的溶液泵和冷剂泵都是屏蔽泵，这种泵属于离心泵，但泵与电动机连在一起，呈密封型。泵中转子安装于一个很薄的不锈钢壳体内，泵出口的一部分溶液通过泵的内部或外部循环，以冷却电动机并润滑轴承。进口装有诱导轮，以降低泵的吸程。

屏蔽泵的结构，由于制造厂家不同，有一定的差异，但基本上大同小异。同一厂家型号的产品，结构型式也有差异。对屏蔽泵的检修是一项专业性较强、有一定难度的工作，一般均由屏蔽泵制造厂家承担。这里介绍的检修方法仅供用户检修操作时参考。

① 主要检修事项

a. 检查轴承的磨损是否在允许的范围内。

b. 检查轴套和推力板是否有损坏。

c. 检查各部分的螺栓是否松动。

d. 检查泵壳、叶轮等部件是否被腐蚀。

e. 循环管路和过滤网是否有阻堵。

f. 电动机的绝缘电阻和线圈电阻是否在允许范围内。

g. 接线盒的接线端子是否完好无损。

② 拆卸

a. 断开机组电源，特别是要断开屏蔽泵电源，将开关锁紧。

b. 机组停机后，将机组内抽至高真空，使机内无不凝性气体，然后用氮气破坏真空，使机组内呈正压。

c. 将机组内溴化锂溶液和冷剂水注入储液器中，储液器内也抽至高真空。

d. 打开泵的接线盒并断开电源线，在拆下的导线端子上分别作好记号，以防再接线时发生错接。

e. 拆下电动机与泵体连接处法兰上的螺栓，按次序在两个法兰上做上记号。移动电动机前，应用物体支撑电动机。

f. 如果有循环冷却管与泵体相连，则应拆下循环冷却管。

g. 用卸盖螺栓将电动机从泵体拉出来，这时就可以检查泵壳内部、叶轮及诱导轮。

h. 拆卸诱导轮和叶轮。松开叶轮与诱导轮之间的锁紧垫片，给诱导轮轻微的逆时针方向冲击力，拧下诱导轮，然后再拆卸叶轮。注意：不要勉强撬动叶轮造成轴弯曲。

i. 从电动机上拆下前、后轴承座，将转子机组从电动机后部抽出。在抽出转子组件时，当心不要擦伤定子屏蔽套。

在泵解体后，应用清水清洗部件，彻底清除泵内的残留溶液，以防止腐蚀生锈。

③ 检测　屏蔽泵拆卸完毕后，可对易损件及其他零件进行检查和测量，以便确定零件是否要更换。

a. 检查电动机内的循环通路和循环管，需要时应清洗。

b. 检查转子和定子腔有无伤痕、摩擦痕迹或小孔，损坏严重时要换新电动机。

c. 检查电动机端盖上的径向轴承孔和摩擦环室，若内表面粗糙或磨损到直径大于规定数值则应更换。

d. 检查径向推力轴承，若表面非常粗糙或伤痕深，或磨损至厚度小于规定数值，则需要更换轴承。位于叶轮端的推力轴承通常磨损最为严重。

e. 检查叶轮的摩擦面。若非常粗糙或磨损到其外径小于规定数值，则要更换叶轮。

f. 检查摩擦环。若摩擦面非常粗糙或有较深伤痕，或摩擦环内径小于规定数值，则需要更换摩擦环。摩擦环由螺栓固定。

g. 检查转动轴上的径向轴套表面情况，若非常粗糙或磨损严重，则要更换。径向轴套由销子固定。

h. 检查电动机绝缘电阻，要求绝缘电阻大于 10MΩ。

④ 重新组装　重新组装按照与拆卸相反的顺序进行即可，但应注意以下几点：

a. 清洁所有部分，如放垫片的表面、O 形环的槽。使用新的垫片和新的 O 形环。

b. 按照拆卸零件时所作的记录装配，不要弄错，如电动机电线的记号，电动机与泵法兰上的位置记号，径向轴承与推力轴承的位置和方向记号，以及电动机末端径向轴承和推力轴承的位置和方向记号等。

c. 更换轴承时，先将垫片放入轴承外圈的横向槽内，再将轴承推入轴承座中，把固定螺钉拧至垫片处，拧到可使轴承有轻微左右移动的程度。

d. 更换轴套和推力板时，不要遗忘键；将推力板光滑面的方向朝着石墨轴承。

e. 在安装前、后轴承时，一定要注意将定位销放入固定法兰的孔内，并把角形密封圈放好。

f. 安装辅助叶轮时，注意叶轮方向，叶片是向后安装。在锁紧螺母前，插入内舌垫片，用锁紧螺母（左旋）紧固，并使垫片折边。

g. 叶轮安装前应先将过滤网装好，叶轮与诱导轮之间放入内舌垫片，叶轮由诱导轮紧固后，将内舌垫片折边，以防诱导轮松动。

h. 诱导轮安装结束后，在装入泵壳前用手转动叶轮，检查转动是否灵活。若转动灵活，则可将泵装入泵壳。若用手转动时，泵轴转动不灵活，则重新拆卸，检查前、后轴承座的安装是否正确，轴是否弯曲。

i. 泵壳与定子间的连接螺母不要单边紧固，而必须由对称位置开始，依次均匀地进行慢慢紧固。

⑤ 完善工作

a. 将屏蔽泵与机组重新连接起来，若需焊接，则应防止异物及焊渣进入机组。

b. 向机组充入氮气，对屏蔽泵进行检漏，以确定泵的所有连接处不泄漏。

c. 启动真空泵，将机组抽至高真空。

d. 将放出的溴化锂溶液和冷剂水等量地重新注入机组。

e. 重新对泵接线盒按拆卸时的记号接线，使接线和原来相同，接线盒置放原处。

f. 对机组恢复供电，可以重新启动机组。

g. 记录检查日期和检查结果。

(3) 抽气系统的检修

① 真空泵的检修　真空泵是抽气系统中最主要的设备，通常采用的是旋片式真空泵。一般情况下，泵使用 2000h 后，应进行检修，但由于使用场合及条件不同，会存在一定的差异。如在溴化锂吸收式制冷机组中抽气时，水蒸气会随同不凝性气体一同进入真空泵内，使油乳化，影响泵抽气性能，且水会使真空泵零件生锈；若操作不当，则还会使溴化锂溶液被

抽至真空泵内，产生腐蚀而使泵生锈，影响其性能。因此，必须根据实际情况缩短检修期，并及时更换易损件。真空泵通常每年应检修一次。

对于新真空泵，跑合运转后，可能有少量金属碎屑和杂质在油箱中沉积起来，因此在运转一段时间后，应将油放出，加新真空泵油。此外，对存放日久而真空度达不到要求的泵，可密闭泵口，开气镇阀 2～4h，必要时可换新油。以后的换油期根据使用情况和效果酌情决定。

换油方法：密闭进气口，先开泵运转半小时，待油变稀，再停泵使其从放油孔放出，然后再开进气口运转 10～20s，同时从进气口缓缓加入少量清洁真空泵油（30～50cm^3），以排出腔内存油并保持润滑。如放出来的油很脏，则再缓缓加入少量清洁真空泵油，但不可用清洗液冲洗泵内存油和杂质。将油放尽后，旋紧放油螺塞，从加油孔加入清洁真空泵油。

a. 拆卸。倘若需要拆泵检修或者清洗，则必须注意拆泵顺序，以免损坏机件。下面以 2XZ-B 型真空泵为例加以说明。

• 放尽真空泵内存油。

• 松开进气法兰螺栓，拔出进气接管，松开气镇法兰螺栓，取出气镇阀。

• 拆下油箱，拆下防护罩，松开联轴器上的紧固螺栓。

• 拆除挡油板、排气阀盖板、气道压盖。松开高级泵盖与支座连接的螺栓，取下泵体。

• 松开低级泵盖螺钉，连同低级转子和旋片一起拉出。

• 用同样方法拆下高级泵盖和高级转子、高级旋片。

• 如需要进一步拆卸，则松开装在低级转子轴头上的偏心轮体上的螺钉，抽出低级转子。

• 其他零件是否需要拆卸，视情况而定。

如果拆下后，零件完好无损，油也清洁无杂物，则泵腔内壁可不必擦洗；若零件有损伤或损坏，则应更换零件。需要擦洗时，一般用砂布擦拭即可。有金属碎屑、泥沙或其他脏物必须清洗时，可用汽油等擦洗。应避免纤维留在零件上，防止堵塞油孔。用清洗液清洗时，不要浸泡，以免渗入螺孔、销孔。洗后需干燥后才可装配。

b. 重新装配。

• 装配前，用砂布擦拭零件，不要用棉纱或回丝，以防堵塞油孔。零件表面涂以清洁真空泵油。

• 先装高级转子和旋片，再装高级定盖销、螺钉、键、泵联轴器等。建议以定子端面为基准竖装。装后用手旋转转子，应无滞阻和明显轻重。转子与定子弧面不可紧贴，以防咬合。用同样方法装低级转子和旋片。注意各 O 形环密封圈应先装在槽内，且 O 形环应更换。

• 将止回阀偏心块转到上方，拔起偏心块，检查进油嘴上的橡胶止回阀头平面与进油孔嘴的开启最大距离，应为 2～3mm。松手后，阀头应自动关住进油孔。必要时，可调节阀杆座上的三个螺钉。

• 将泵部件、键、泵联轴器装在支架上，旋紧紧固螺栓。手盘动联轴器应能轻松旋转。再装上防护盖。

• 装上气道压盖、排气阀、挡油板、装油箱。

• 装上进气嘴、气镇阀，并以法兰紧固。在装气镇阀时，先将 O 形圈涂上油。装入气镇阀时，应使气镇阀密封平面与油箱顶面尽量平行，然后紧固油箱螺栓。

装配后，应观察运转情况，测量极限真空，不合格时应加以调整；在检修泵的同时，亦应对系统管道、阀门和电动机等加以检查、检修。

② 真空电磁阀的检修 真空电磁阀是安装在真空泵和抽气管路上的专用阀门，与真空泵接在同一电源上，泵的开启与停止直接控制了阀的开启与关闭。

真空电磁阀应每年检修一次。将电磁阀接上额定电压，若动作，则电磁阀工作；若不动作，则应拆卸检查。也可将电磁阀与真空泵接在同一电源上，启动真空泵，若电磁阀上通大气的阀开始吸气，马上又不吸气，则说明电磁阀是好的；若电磁阀一直吸气，则说明电磁阀不工作，应检修。当真空泵停止运行时，电磁阀上通气阀吸气，则电磁阀工作；若不吸气，则说明电磁阀已坏。

断开电源，拆下电磁阀罩盖，检查线路上的熔断器和整流二极管是否完好，如果损坏则应更换新品。用万用表检查线圈绕组阻值是否正常，如果线圈烧坏或阻值不合要求，则应更换。

拆下电磁阀中的弹簧，若生锈，则应除锈或换新的弹簧。若机组在抽真空时，真空电磁阀经检查其他都正常，仅仅是因锈蚀而咬牢，则可用铁棒顶弹簧，使弹簧滑动而恢复工作。

③ 钯元件检修 在自动抽气装置中，抽出的不凝性气体在分离室中分离，若机组密封性好，则一般不凝性气体主要是氢气，可以通过把元件加热后自动排放至大气。

每隔两年应检查或更换钯加热器。如果钯元件不热或不起作用，则应检查钯元件供应电压是否正常、运行情况是否正常、接线是否牢固、是否生锈等。

应注意，若储气室中排气操作有误，钯元件隔离阀未关闭，而使钯元件接触溴化锂溶液，则钯元件会被损坏，应检查或更换。如果维修机组时需用火焰切割，则应放尽储气室中的气体，否则由于氢气的存在，对储气室进行火焰切割时，有引起爆炸的危险。

④ 高真空隔膜阀的检修 在溴化锂吸收式制冷机组抽气系统中，其阀门一般均采用真空隔膜阀，特别是主抽气阀，经常关、开，应定期检修或更换，详见真空阀的检修有关内容。

⑤ 抽气系统的泄漏检修 在抽气系统中，对接管、接头等部位应定期检查是否泄漏，特别是与测试真空的仪表如U形管差压计相连时，一般采用真空胶管与U形玻璃管相连接。既不能扎得过紧，以防玻璃管破碎，又不能太松，以防泄漏。为保证机组的气密性，最好在接头处涂以真空膏密封。

机组检修后，应参照表6-23所列内容进行对照检查，确认机组的设备是否完好。

表6-23 溴化锂制冷机设备完好技术条件

项目	检查项目	技术要求	备注
主机	机组密封	24h下降值小于或等于66.7Pa(0.5mmHg)	
	传热管排清洁	管内壁光洁，呈金属本色	
	机外防腐蚀包括管板、水室等	全部除锈，涂防腐材料	
	隔膜式真空阀	密封良好，隔膜无老化	
	控制仪表	灵敏、可靠	
	机体部分保温	完整无损坏	
	溶液： 溴化锂溶液质量分数 pH值 铬酸锂含量 浑浊情况	 符合工艺要求(一般为56%～58%) 9.0～10.5 0.1%～0.3% 纯净、无沉淀物	
屏蔽泵	石墨轴承与推力盘径向间隙	0.15mm	最大不超过0.25mm
	叶轮与口径环径向间隙	0.2～0.3mm	最大不超过0.6mm
	转子窜量	1.0～1.5mm	

续表

项目	检查项目	技术要求	备注
屏蔽泵	叶轮静平衡	摆动角度不超过 10°	
	过滤器	干净、无腐蚀孔洞	
	密封性能	正压检漏无泄漏	
	电动机绝缘	不低于 0.5MΩ	
真空泵	定子、转子旋片粗糙度	保持平正光滑	不准有明显划伤、沟槽
	泵体内清洁	干净无污物	
	润滑油孔	畅通无堵塞	
	轴封与密封环	严密而可靠	
	阀片	灵活适中	
	电磁阀	性能可靠	
管道		按设计要求做好保温及防腐工作，不准有锈蚀、泄漏	
阀门		严密、灵活、无泄漏	
制冷量		不低于 90%	可结合设备实际状况和外界条件而定

二、风机、水泵和冷却塔的检修

1. 风机常见故障检修

风机不论是在制造、安装还是选用和维护保养方面，稍有缺陷即会在运行中产生各种问题和故障。了解这些常见问题和故障，掌握其产生的原因和解决方法，是及时发现和正确解决这些问题和故障、保证风机充分发挥其作用的基础。风机常见问题和故障的分析与解决方法如表 6-24 所示。

表 6-24 风机常见问题和故障的分析与解决方法

问题或故障	原因分析	解决方法
电机温升过高	①流量超过额定值 ②电机或电源方面有问题	①关小阀门 ②查找电机和电源方面的原因
轴承温升过高	①润滑油(脂)不够 ②润滑油(脂)质量不良 ③风机轴与电机轴不同心 ④轴承损坏 ⑤两轴承不同心	①加足 ②清洗轴承后更换合格润滑油(脂) ③调整同心 ④换 ⑤找正
皮带方面的问题	①皮带过松(跳动)或过紧 ②多条皮带传动时，松紧不一 ③皮带易自己脱落 ④皮带擦碰皮带保护罩 ⑤皮带磨损、油腻或脏污	①调电机位张紧或放松 ②全部更换 ③将两皮带轮对应的带槽调到一条直线上 ④张紧皮带或调整保护罩 ⑤更换
噪声过大	①叶轮与进风口或机壳摩擦 ②轴承部件磨损，间隙过大 ③转速过高	①参见下面有关条目 ②更换或调整 ③降低转速或更换风机
振动过大	①地脚螺栓或其他连接螺栓的螺母松动 ②轴承磨损或松动 ③风机轴与电机轴不同心 ④叶轮与轴的连接松动 ⑤叶片重量不对称或部分叶片磨损、腐蚀 ⑥叶片上附有不均匀的附着物 ⑦叶轮上的平衡块重量或位置不对 ⑧风机与电机两皮带轮的轴不平衡	①拧紧 ②更换或调紧 ③调整同心 ④紧固 ⑤调整平衡或更换叶片或叶轮 ⑥清洁 ⑦进行平衡校正 ⑧调整平衡

续表

问题或故障	原因分析	解决方法
叶轮与进风口或机壳摩擦	①轴承在轴承座中松动 ②叶轮中心未在进风口中心 ③叶轮与轴的连接松动 ④叶轮变形	①紧固 ②查明原因，调整 ③紧固 ④更换
出风量偏小	①叶轮旋转方向反了 ②阀门开度不够 ③皮带过松 ④转速不够 ⑤进风或出风口、管道堵塞 ⑥叶轮与轴的连接松动 ⑦叶轮与进风口间隙过大 ⑧风机制造质量问题，达不到铭牌上标定的额定风量	①调换电机任意两根接线位置 ②开大到合适开度 ③张紧或更换 ④检查电压、轴承 ⑤清除堵塞物 ⑥紧固 ⑦调整到合适间隙 ⑧更换合适风机

2. 水泵常见故障检修

水泵在启动后及运行中经常出现的故障，及其原因分析与解决方法如表 6-25 所示。

表 6-25　水泵常见故障的分析与解决方法

问题或故障	原因分析	解决方法
启动后出水管不出水	①进水管和泵内的水严重不足 ②叶轮旋转方向反了 ③进水和出水阀未打开 ④进水管部分或叶轮内有异物堵塞	①将水充满 ②调换电机任意两根接线位置 ③打开阀门 ④清除异物
启动后出水压力表有显示，但管道系统末端无水	①转速未达到额定值 ②管道系统阻力大于水泵额定扬程	①检查电压是否偏低，填料是否压得过紧，轴承是否润滑不够 ②更换合适的水泵或加大管径、截短管路
启动后出水压力表和进水真空表指针剧烈摆动	有空气从进水管随水流进泵内	查明空气从何而来，并采取措施杜绝
启动后一开始有出水，但立刻停止	①进水管中有大量空气积存 ②有大量空气吸入	①查明原因，排除空气 ②检查进水管口的严密性、轴封的密封性
在运行中突然停止出水	①进水管、口被堵塞 ②有大量空气吸入 ③叶轮严重损坏	①清除堵塞物 ②检查进水管口的严密性、轴封的密封性 ③更换叶轮
轴承过热	①润滑油不足 ②润滑油(脂)老化或油质不佳 ③轴承安装不正确或间隙不合适 ④泵与电机的轴不同心	①及时加油 ②清洗后更换合格的润滑油(脂) ③调整或更换 ④调整找正
泵内声音异常	①有空气吸入，发生气蚀 ②泵内有固体异物	①查明原因，杜绝空气吸入 ②拆泵清除
泵振动	①地脚螺栓或各连接螺栓螺母有松动 ②有空气吸入，发生气蚀 ③轴承破损 ④叶轮破损 ⑤叶轮局部有堵塞 ⑥泵与电机的轴不同心 ⑦轴弯曲	①拧紧 ②查明原因，杜绝空气吸入 ③更换 ④修补或更换 ⑤拆泵清除 ⑥调整找正 ⑦校正或更换

续表

问题或故障	原因分析	解决方法
流量达不到额定值	①转速未达到额定值 ②阀门开度不够 ③输水管道过长或过高 ④管道系统管径偏小 ⑤有空气吸入 ⑥进水管或叶轮内有异物堵塞 ⑦密封环磨损过多 ⑧叶轮磨损严重	①检查电压、填料、轴承 ②开到合适开度 ③缩短输水距离或更换合适的水泵 ④加大管径或更换合适的水泵 ⑤查明原因，杜绝 ⑥清除异物 ⑦更换密封环 ⑧更换叶轮
耗用功率过大	①转速过高 ②在高于额定流量和扬程的状态下运行 ③叶轮与蜗壳摩擦 ④水中混有泥沙或其他异物 ⑤泵与电机的轴不同心	①检查电机、电压 ②调节出水管阀门开度 ③查明原因，消除 ④查明原因，采取清洗和过滤措施 ⑤调整找正

3. 冷却塔常见故障检修

冷却塔在运行过程中经常出现的问题或故障，及其原因分析与解决方法如表 6-26 所示。

表 6-26 冷却塔常见故障的分析与解决方法

问题或故障	原因分析	解决方法
出水温度过高	①循环水量过大 ②布水管(配水槽)部分出水孔堵塞造成偏流 ③进出空气不畅或短路 ④通风量不足 ⑤进水温度过高 ⑥吸、排空气短路 ⑦填料部分堵塞造成偏流 ⑧室外湿球温度过高	①调阀门至合适水量或更换容量匹配的冷却塔 ②清除堵塞物 ③查明原因、改善 ④参见通风量不足的解决方法 ⑤检查冷水机组方面的原因 ⑥改善空气循环流动为直流 ⑦清除堵塞物 ⑧减小冷却水量
通风量不足	①风机转速降低；传动皮带松弛；轴承润滑不良 ②风机叶片角度不合适 ③风机叶片破损 ④填料部分堵塞	①调整电机位张紧；更换皮带；加油或更换轴承 ②调至合适角度 ③修复或更换 ④清除堵塞物
集水盘(槽)溢水	①集水盘(槽)出水口(滤网)堵塞 ②浮球阀失灵，不能自动关闭 ③循环水量超过冷却塔额定容量	①清除堵塞物 ②修复 ③减少循环水量或更换容量匹配的冷却塔
集水盘(槽)中水位偏低	①浮球阀开度偏小，造成补水量小 ②补水压力不足，造成补水量小 ③管道系统有漏水的地方 ④冷却过程失水过多 ⑤补水管径偏小	①开大到合适开度 ②查明原因，提高压力或加大管径 ③查明漏水处，堵漏 ④参见冷却过程水量散失过多的解决方法 ⑤更换
有明显飘水现象	①循环水量过大或过小 ②通风量过大 ③填料中有偏流现象 ④布水装置转速过快 ⑤隔水袖(挡水板)安装位置不当	①调节阀门至合适水量或更换容量匹配的冷却塔 ②降低风机转速或调整风机叶片角度或更换风量合适的风机 ③查明原因，使其均流 ④调至合适转速 ⑤调整

续表

问题或故障	原因分析	解决方法
布(配)水不均匀	①布水管(配水槽)部分出水孔堵塞 ②循环水量过小	①清除堵塞物 ②加大循环水量或更换容量匹配的冷却塔
配水槽中有水溢出	①配水槽的出水孔堵塞 ②水量过大	①清除堵塞物 ②调至合适水量或更换容量匹配的冷却塔
有异常噪声或振动	①机转速过高,通风量过大 ②轴承缺油或损坏 ③风机叶片与其他部件碰撞 ④有些部件紧固螺栓的螺母松 ⑤风机叶片螺钉松 ⑥皮带与防护罩摩擦 ⑦齿轮箱缺油或齿轮组磨损 ⑧隔水袖(挡水板)与填料摩擦	①降低风机转速或调整风机叶片角度或更换合适的风机 ②加油或更换 ③查明原因,排除 ④紧固 ⑤紧固 ⑥张紧皮带,紧固防护罩 ⑦加够油或更换齿轮组 ⑧调整隔水袖(挡水板)或填料
滴水声过大	①料下水偏流 ②冷却水量过大	①查明原因,使其均流 ②调整循环水量

第四节 中央空调自动控制系统故障分析与检修

为了保证中央空调系统能在安全、经济及节能的条件下正常运行，并使房间的空气控制参数不受室内外干扰的影响，就必须在中央空调系统运行期间，随时对其进行必要的调节，并在出现对设备安全不利的情况时进行保护。这种调节和保护通常可以采取手动和自动两种方式进行。有些关键设备或部位的部件由于其工作的重要性，用手动方式进行调节往往不够精确、及时，又由于其本身的价值，用手动方式进行保护解决不了问题，因此自动控制技术在中央空调系统中得到了广泛的应用。

一、自动控制系统故障的检查方法

引起自动控制系统故障的原因一般有两个方面：一个是系统运行的外界环境条件通过系统内部反映出来的故障；另一个是系统内部自身产生的故障。

由外界环境条件引起故障的因素主要有工作电源异常、环境温度变化、电磁干扰、机械的冲击和振动等。其中许多干扰对于集散控制系统中分站使用的DDC控制器以及中央站的可编程控制器等设备的影响尤为重要。

由系统内部引起故障的因素有现场硬件（如传感器、变送器和执行器等）的故障及控制器的故障（如元器件的失效、焊接点的虚焊脱焊、接插件的导电接触面氧化或腐蚀及接触松动、线路连接的开路和短路等）。

查找系统故障常常先从外部环境条件着手，首先检查工作电源是否正常，然后再查系统内部产生的故障，如调节阀是否正常等；有经验的运行人员，常常根据运行积累的经验，首先查找经常发生故障的部位或根据故障现象查找可能发生故障的部位，这样可以缩短查找故障的时间，便于及时进行处理，尽快使系统恢复正常运行。

二、自动控制系统常见故障的分析与排除

1. 外界环境引起的故障的分析与排除

1）电源电压异常及其预防。电源电压的瞬间波动、短时停电等，虽然是一种可恢复性

的故障，但在发生故障期间，会使计算机程序出错，造成内存数据丢失、报警装置失灵或误报警，最终导致过程控制程序失效。

目前常用的预防方法有：利用交流稳压电源供电、采用不间断供电电源 UPS、在计算机硬件方面采用内存掉电保护电路等。

2）温度影响及预防。电子元器件的参数值往往随着温度变化而变化，使模拟电子电路的输入、输出关系也随温度变化而变化。另外，现场硬件（传感器与执行器）与控制器之间均有一定距离，连接导线的阻值也会受温度的影响。若系统各部分存在较大的温差，则对诸如镀锌螺钉与铜导线的连接处，可能会产生如热电偶一样的热电效应，产生附加电势，造成测量误差的产生。

对温度变化给系统带来的不良影响，可采取如下措施解决：设备选型应考虑与现场温度相匹配的温度范围；关键元件的选择应注意其温度特性；系统各设备的安装应选择在温度变化较小，且不致出现高温的地点；必要时可使用风扇加快设备的散热或采用空调机保持恒温。

3）电磁干扰及其抑制。电磁干扰来源于变配电系统的变压器、输配电线路、驱动各种机械的电动机、电焊机、运载设备发动机的点火系统。另外，各种有线、无线通讯装置，也会在一定的范围内产生一定强度的电磁波。

现场使用的传感器、变送器，经传送线将信号送入 DDC 控制器。在信号传送过程中，有可能叠加上由电磁场形成的干扰信号，一起沿通道进入 DDC。如果信号有一定强度，就会影响测量精度，严重时会造成控制失灵。工程上常用如下的方法抑制电磁干扰。

① 在电源系统中抑制干扰

a. 同一电源网路上有较多大功率设备时，应在控制系统与供电电源之间加入三相隔离变压器。变压器主边需按三角形接法连接，次边按星形接法连接。这样有利于抑制工频的 3 次以上谐波对控制系统的干扰。

b. 采用 LC 组成的交流电源滤波器，用于抑制由交流电源线引入的高频干扰。

c. 采用分组供电电源。例如每户 DDC 控制器由独立变压器供电，可防止控制器之间的干扰。执行机构（24V AC）也使用独立变压器供电。

② 模拟量输入通道干扰的抑制

a. 合理的一点接地。如果系统各部分不是在同一点接地，则任意两接地点之间便有可能出现电位差，这个电位差可能通过各种方式叠加到其他部分电路的信号上，形成对这些信号的干扰。

b. 屏蔽信号传送线路。为防止空间电磁场以感应方式对传送线中的信号产生干扰，在敷设信号线时，首先要使它远离高压输电线路和大功率的用电设备；其次，应采用带金属屏蔽层的导线作为信号传送线，也可以把信号线穿入铁管或放入铁质的线槽中，利用金属屏蔽层、铁管或铁质线槽把信号线与外界电磁场隔离开。

c. 设置通道的隔离电路。为避免信号源接地点存在电位差形成的干扰，通常采用光电耦合器件隔离等。

d. 采用无屏蔽双绞线，利用双绞线的平衡特性抑制干扰。

2. 自动控制系统常见故障的分析及排除

（1）常见控制部件故障的分析及排除

① 传感器　传感器时间常数过大是常见问题。以温度传感器为例，传感器时间常数过

大（热惯性大），会导致其反映的温度值与真实值有差异。传感器时间常数与传感器的保护套管厚薄及是否结垢有关。当发现系统产生振荡又无其他原因时，可检查传感器污染情况以及原选型是否合理，有污染时要及时清洗，原选型不合理的要更换时间常数小的传感器，更换时切记其分度号要与原传感器分度号一致。

② 继电器　表 6-27 列出了继电器常见故障的分析与排除方法。

表 6-27　继电器常见故障的分析与排除方法

故障现象	原因分析	排除方法
触点不吸合	①线圈断路 ②线圈电压过低 ③触头被卡住	①更换 ②查明原因，提高到规定值 ③查明原因，修复
触点打不开	①弹簧被卡住 ②触点烧蚀粘连	①查明原因，修复 ②更换

③ 电磁阀　电磁阀在工作中发生故障和损坏，与安装的正确与否以及使用条件是否符合要求等有很大关系。另外，在修理或试验时长时间的通电以及频繁的启闭等也会造成电磁阀损坏，应引起足够重视。

a. 通电后阀不动作。

• 用万用表测量供电电压是否符合要求。电磁阀的工作电压不能低于铭牌规定电压的85%，如 FDF 电磁阀铭牌规定线圈工作电压为：交流电压有 36V、220V、380V，直流电压有 24V、110V、220V 等。如果低于 85%，则必须调整电压使达到规定标准。

• 用万用表测量线圈是否开路（即烧断）。如果开路则须更换新阀或重绕线圈，重绕时应量出漆包线线径并记录匝数。

b. 阀芯被卡死或锈死。被油污卡死的主要原因是干燥过滤器内的过滤网破裂，干燥剂和脏物进入电磁阀后与冷冻机油混合成糊状油污。用于水系统的电磁阀多数是因为长期不用或不定期清洗，防锈层破坏造成严重锈蚀。对于这类故障，可在电磁阀通电的情况下用木棒自下而上小心地敲打阀体，有时可以奏效。若故障不能排除，则必须将阀芯拆下清洗。

DF 继动式电磁阀（即间接启闭式电磁阀）被卡死时，可将调节阀上下旋动，反复数次也可能把污物排除。锈蚀的阀芯必须拆下清洗，严重时应重新镀防锈层。

c. 电磁阀关闭不严。

• 若电磁阀安装与管道不能垂直，则当阀芯落下时阀杆容易受阻，造成关闭不严。修理时可对该段平行管道进行调正，保证阀体与管道垂直。

• 长期工作的电磁阀，由于阀芯和阀座磨损，造成密封部位出现缝隙时，须更换新阀。

• DF 继动式电磁阀关闭不严的原因有可能是浮阀与阀体之间间隙过小。间隙一般应在 0.03～0.05mm。当阀针关闭时，进入浮阀上端腔内的液体减少，浮阀单靠本身重量不易关闭阀孔。根据经验可在浮阀下端面上钻一个 ϕ0.6～1mm 的辅助小孔，使其进液。注意：钻孔时应先小后大进行试验，如果一次钻孔偏大时，进入流体过多，就会造成浮阀上下压差变小，电磁阀反而不易打开。

④ 自动调节阀　表 6-28 列出了自动调节阀常见故障的分析与排除方法。

⑤ 可编程控制器

a. 使用不当引起的故障。可根据使用情况初步判断故障类型、发生部位。常见的使用不当包括供电电源错误、端子接线错误、模板安装错误、现场操作错误等。

表 6-28 自动调节阀常见故障的分析与排除方法

故障现象	原因分析	排除方法
阀杆滞涩	较长时间使用而没有清洗	将填料松开、清洗
阀门不能动作	①较长时间不使用而锈死 ②执行机构中的分相电容损坏使电动机不能运转	①手动操作至能灵活动作或拆卸阀芯清洗 ②更换电容

b. 偶然性故障或由于系统运行时间较长所引起的故障。这类故障首先应检查系统中的传感器、开关、执行机构、电动调节阀等是否有故障，然后再检查可编程控制器本身。在检查可编程控制器本身故障时可参考可编程控制器 CPU 模块和电源模块上的指示灯进行：如果 CPU 处于 STOP 方式时红色指示灯亮，则故障可能发生在 CPU 模块上；如果 CPU 处于 RUN 方式时绿色指示灯亮，则表示操作出现故障，且故障可能是软件故障或 I/O 模块故障；如果电源模块上的绿色指示灯不亮，则应检查此模块，必要时可更换。

如果采取上述步骤还检查不出来故障的部位和原因，则可能是系统设计错误，应重新检查系统设计，包括硬件和软件。

c. 可编程控制器系统故障的自诊断。可编程控制器具有很强的自诊断功能，不论是自身故障还是外围设备故障，都可通过可编程控制器上具有自诊断指示功能的发光二极管（LED）的显示状态（亮或灭）来检查。在可编程控制器的基本模块上一般都有以下发光二极管：

• 电源指示灯（POWER）。当可编程控制器电源接通时，若该指示灯亮则说明电源正常。

• 运行指示灯（RUN）。当可编程控制器上的状态开关置于“监控”（MONITOR）位置时，若基本模块的运行（RUN）开关合上，则表明可编程控制器处于运行状态，运行指示灯亮。即当基本模块运行，监控状态正常时，运行指示灯一直亮。

• 程序出错指示灯（CPU・E）。可编程控制器在正常运行时，运行指示灯亮，程序出错指示灯不亮。如果该指示灯常亮而不灭，则说明由于外来浪涌电压的出现，使电噪声瞬时加到基本模块内，导致程序执行出错。或者程序执行时间大于 0.15s，引起监视器动作，也会使程序出错指示灯常亮。当编制的程序语法、线路出错，或者定时器缺乏常数 K 值设定值时，程序出错指示灯会闪烁。锂电池电压降到一定值或由于噪声干扰或导线头落在可编程控制器内引起“求和”检查出错时，程序出错指示灯也会闪烁。

• 锂电池电压指示灯（BATT・V）。当可编程控制器编程或正常运行时，该指示灯不亮。当锂电池电压跌落时，该指示灯亮，说明应该更换锂电池。

• 输入指示灯。如果输入正常，则输入端子对应指示灯亮。如果正常输入而输入指示灯不亮或未加输入而指示灯亮，则为故障。

• 输出指示灯。若输出指示灯亮，其对应输出通道的输出继电器正常工作，则说明输出部分的工作是正常的；若仅仅输出指示灯亮而输出继电器不动作，则说明输出部分有故障。

d. 可编程控制器常见故障的分析与排除方法。可编程控制器常见故障的分析与排除方法见表 6-29～表 6-31。

表 6-29 CPU 模块常见故障的分析与排除方法

故障现象	原因分析	排除方法
电源指示灯灭	①熔丝熔断 ②输入接触不好 ③输入配线断线	①更换 ②处理后重接 ③焊接或更换
熔丝多次熔断	①负载短路或过载 ②输入电压设定或连接点错误 ③熔丝容量太小	①找出短路点或减小负载 ②按额定电压设定或正确连接 ③更换大一点的
运行指示灯灭	①程序中无"END"指令 ②电源故障 ③I/O 接口地址重复 ④远程 I/O 无电源 ⑤无终端	①修改程序 ②检查电源 ③修改接口地址 ④接通 I/O 电源 ⑤设定终端
运行输出继电器不闭合	电源故障	查电源
特定继电器不动作	I/O 总线有异常	查主板
特定继电器常动	I/O 总线有异常	查主板
若干继电器均不动作	I/O 总线有异常	查主板

表 6-30 输入模块常见故障的分析与排除方法

故障现象	原因分析	排除方法
输入均不接通	①输入电源未接通 ②输入电源电压过低 ③端子螺钉松动 ④端子排接触不良	①接通电源 ②提高到额定电压 ③拧紧 ④处理后重接或更换
输入全异常	输入模块电路故障	更换模块
某特定输入继电器不接通	①输入器件故障 ②输入配线断线 ③端子排接触不良 ④端子螺钉松动 ⑤输入接通时间过短 ⑥输入回路故障	①更换 ②焊接或更换 ③处理后重接或更换 ④拧紧 ⑤调整输入器件 ⑥更换模块
某特定输入继电器常闭	输入回路故障	更换模块
输入不规则，随机性动作	①输入电源电压过低 ②端子排接触不良 ③端子螺钉松动 ④输入噪声过大	①提高到额定电压 ②处理后重接或更换 ③拧紧 ④加屏蔽或滤波措施
动作异常的继电器都以 n 个为一组	①"COM"螺钉松动 ②CPU 总线有故障	①拧紧 ②更换 CPU 模块
输入动作正确，但指示灯不亮	LED 损坏	更换

表 6-31 输出模块常见故障分析与排除方法

故障现象	原因分析	排除方法
输出均不能接通	①未加负载电源 ②负载电源电压过低 ③端子排接触不良 ④熔丝熔断 ⑤输出回路故障 ⑥I/O 总线插座接触不良	①接通电源 ②提高到额定电压 ③处理后重接或更换 ④更换 ⑤更换模块 ⑥更换模块
输出均不关断	输出回路故障	更换模块
某特定继电器的输出不接通指示灯灭	①输出接通时间过短 ②输出回路故障	①修改程序 ②更换模块

续表

故障现象	原因分析	排除方法
某特定继电器的输出不接通指示灯亮	①输出继电器损坏 ②输出配线断线 ③端子排接触不良 ④端子螺钉松动 ⑤输出回路故障 ⑥输出器件不良	①更换 ②焊接或更换 ③处理后重接或更换 ④拧紧 ⑤更换模块 ⑥更换
某特定继电器的输出不关断指示灯灭	①输出继电器损坏 ②存在漏电流或残余电压	①更换 ②更换负载或加泄露电阻
某特定继电器的输出不关断指示灯亮	①输出回路故障 ②输出指令的继电器编号重复使用	①更换模块 ②修改程序
输出不规则，随机动作	①电源电压过低 ②端子排接触不良 ③端子螺钉松动 ④噪声引起误动作	①提高到额定电压 ②处理后重接或更换 ③拧紧 ④加屏蔽或滤波措施
动作异常的继电器都以 n 个为一组	①"COM"螺钉松动 ②熔丝熔断 ③CPU 中 I/O 总线故障 ④端子排接触不良	①拧紧 ②更换 ③更换 CPU 模块 ④处理后重接或更换
输出动作正确，但指示灯不亮	LED 损坏	更换

(2) 控制系统常见故障的分析及排除

控制系统常见故障的分析及排除方法见表 6-32。

表 6-32 控制系统常见故障的分析及排除方法

故障现象	原因分析	排除方法
受控房间温度失调	①温度控制器和敏感元件故障 ②温度敏感元件安装位置不当	①检查修复 ②重新测点安装
送风温度不能稳定	①二次加热器不能正常工作 a. 电动阀的行程限位开关位置不当 b. 电动阀的电动机的电容短路，导致电动机损坏 c. 提供热源不能满足工艺要求 d. 阀门本身故障，电动二通阀不能有效地控制流量，电动三通阀不能有效地控制热媒温度 e. 脉动开关的通断比不合适 ②夏季调节二次回风量的调节风门长期受潮锈蚀，无法调节	①检查电动阀的电动执行机构 a. 电动阀的行程限位开关位置不当，需重新校调 b. 更换电容，若电动机损坏则需修理或更换 c. 热源不能满足要求，需对热源进行检查 d. 阀门本身的故障，需进行修理 e. 结合脉动开关的通断比调节 ②在季节转换时，应检查风门是否活动自如，对锈死的风量调节阀要进行修理
室内相对湿度不稳	①喷淋水系统故障 ②冷媒水不能达到工艺要求 ③电动阀故障 ④"露点"温度敏感元件布置位置不当 ⑤季节转换，转换开关未动作 ⑥表面冷却器不能产生足够的制冷效果 a. 直接蒸发式表面冷却器、热力膨胀阀或回路中其他自控元件故障 b. 水冷式表面冷却器的电动阀的动作和冷媒水温度不符合工艺要求 ⑦电加湿器断路	①检查喷淋水系统的水泵、喷嘴是否完好，有故障应进行修理 ②检查制冷机组 ③检修电动阀及电动阀电路 ④应将其放置于喷淋室挡水板后 ⑤把转换开关旋至合适位置 ⑥检查制冷系统或冷媒水系统 a. 找出原因并进行修理 b. 如分为几组的冷却盘管的电动阀失灵，不能根据负荷的变化及时调整冷却器冷却面积的投入量等 ⑦检修或更换
变风量装置无法改变风量	①可控硅调压装置损坏 ②变速电机烧毁	①检修或更换 ②更换

复习思考题

1. 简述活塞式制冷系统的吹污操作步骤。
2. 如何对活塞式制冷系统进行气密性试验？
3. 试述对活塞式制冷系统抽真空的方法和操作步骤。
4. 试述对活塞式制冷系统充注制冷剂的操作步骤。
5. 简述螺杆式制冷压缩机润滑油的作用和使用规范。
6. 如何更换螺杆式制冷压缩机润滑油？
7. 如何对离心式制冷系统进行气密性试验？
8. 试述离心式制冷系统抽真空操作步骤。
9. 溴化锂机组清洗的目的是什么？
10. 溴化锂机组气密性检验的方法有哪些？
11. 溴化锂溶液的如何配制？并叙述其充注方法。
12. 为什么要随时调整溴化锂溶液循环量？
13. 试述对中央空调制冷系统的故障检查的一般方法和处理程序。
14. 试述膨胀阀发出“丝丝”响声的原因和处理方法。
15. 制冷压缩机启动后，膨胀阀很快被堵塞（吸入压力降低），阀外加热后，阀又立即开启工作。试述其原因和处理方法。
16. 试述水冷螺杆式机组排气压力过高的原因和处理方法。
17. 试述水冷螺杆式机组排气压力过低的原因和处理方法。
18. 解释离心式压缩机的喘振，以及发生喘振的原因。
19. 解释溴化锂机组的冷剂水污染，以及发生冷剂水污染的原因。
20. 什么叫液击？如何判断机组是否发生液击？
21. 滑阀在螺杆式压缩机的作用是什么？常会发生的故障是什么？
22. 试述离心式压缩机的喘振特征。

第七章

中央空调系统的水质维护

水在中央空调系统中被广泛用作制冷机组的冷却介质和外界冷（热）量交换的媒介。由于受中央空调系统工作环境和条件的影响，水在物理、化学、微生物等因素作用下，水质很容易发生变化，产生结垢等不良现象，这对中央空调系统的运行费用、运行效果和设备、管道的使用寿命影响很大，因此中央空调系统的水质维护，能保证不因水质问题而影响制冷与空调效果，对提高设备与管道寿命有着极为重要的意义。

第一节　冷却水的水质管理与水处理

冷却水系统通常采用带冷却塔的开式系统，受工作环境和条件影响，水在物理、化学、微生物作用下会出现结垢、腐蚀、污物沉淀和菌藻繁殖现象，造成热交换效率降低、管道堵塞、水循环量减少、动力消耗增大、管道损坏、部件和设备损坏等一系列不良后果。严重影响到中央空调系统的运行效果、运行费用和使用寿命。冷却水的水质问题及危害如图 7-1 所示。

一、冷却水的水质管理及水质标准

1. 冷却水的水质管理

冷却水的水质管理，不仅对中央空调系统的安全、经济性有重要意义，而且对减少排污量、最大限度减少补水量、节约水资源也具有重要意义。为此，要从以下几个方面做好冷却水水质管理的工作。

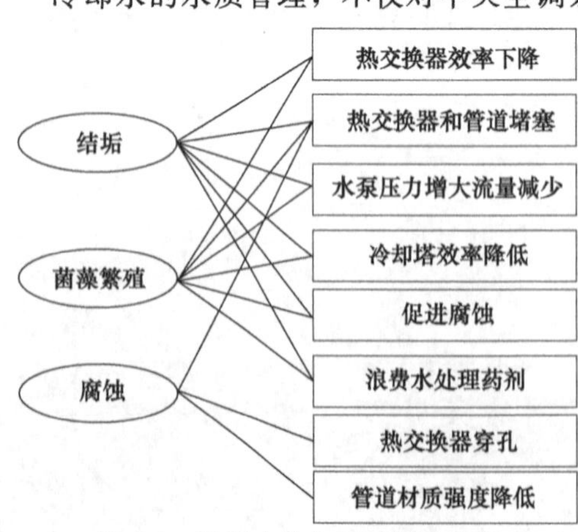

图 7-1　冷却水的水质问题及危害

① 采用化学方法进行水处理，要定期投放化学药剂，防止系统结垢、腐蚀与菌藻繁殖。

② 定期进行水质检验，及时掌握水质情况与水处理效果。

③ 定期清洗，防止系统沉积过多污物。

④ 及时补水，防止蒸发、飘散和泄漏循环水。

要做好上述四个方面的工作，第一，必须

掌握循环冷却水的水质标准；第二，要了解循环冷却水系统结垢、腐蚀、菌藻繁殖的原因和影响因素；第三，要掌握阻垢、缓蚀、杀生的基本原理以及采用化学方法进行水处理时所需要的化学药剂的性能和使用方法；第四，根据水质情况，经济合理地采用不同手段进行水处理。

2. **水质标准**

水质标准是循环冷却水水质控制的指标。国家标准 GB 50050—2007《工业循环冷却水处理设计规范》对离心式冷水机组和直燃型溴化锂吸收式冷、热水机组做了规定，其他机组无明确规定，但可参照执行。

开式系统循环冷却水的水质标准应根据换热设备的结构形式、材质、工况条件、污垢热阻值、腐蚀率以及所采用的水处理配方等因素综合确定，并应符合表 7-1 的规定。

表 7-1　开式系统循环冷却水水质标准（摘录）

项目	要求和使用条件	允许值
悬浮物/(mg/L)	换热器为板式、翅片管、螺旋板	≤10
pH 值	根据药剂配方确定	7.0～9.2
甲基橙碱度(以 $CaCO_3$ 计)/(mg/L)	根据药剂配方及工况条件确定	≤500
Ca^{2+}/(mg/L)	根据药剂配方及工况条件确定	30～200
Fe^{2+}/(mg/L)		<0.5
Cl^-/(mg/L)	碳钢换热设备	≤1000
	不锈钢换热设备	≤300
SO_4^{2-}/(mg/L)	SO_4^{2-} 和 Cl^- 之和	≤1500
硅酸(以 SiO_2 计)/(mg/L)		≤175
	Mg^{2+} 与 SiO_2 的乘积	<15000
游离氯/(mg/L)	在回水总管处	0.5～1.0
异养菌数/(个/mL)		$<5\times10^5$
黏泥量/(mL/m³)		<4

注：Mg^{2+} 以 $CaCO_3$ 计。

3. **水质检测项目**

在中央空调系统运行期间，水质检测是保证循环冷却水水质标准必不可少的手段。一般一个月进行一次水质检测。由于检测项目受检测方法、检测仪表设备、专业人员配置和水质项目要求的限制，难以面面俱到，因此对于中央空调系统水质检测，主要检测以下几个项目即可：

① pH 值　水的 pH 值，即氢离子浓度，表示水的酸碱性，在化学上 pH=7 的水为中性，按表 7-2 所述 pH 值的范围来区分水的酸碱性。

表 7-2　水的 pH 值

酸性水	弱酸性水	中性水	弱碱性水	碱性水
pH<5.5	pH=5.5～6.5	pH=6.5～7.5	pH=7.5～10	pH>10

pH 值在循环冷却水项目检测中占有重要地位。补充水受外界影响，pH 值可能发生变化；循环冷却水由于 CO_2 在冷却塔溢出，pH 值会升高；部分药剂配方需要冷却水的 pH 值必须保持在一定范围内才能发挥最大作用。因此 pH 值是循环冷却水检测的一个重要指标。

② 硬度　硬度是指能够结垢的两种主要盐类即钙盐及镁盐的含量。钙、镁的盐类很多，水中的钙、镁盐主要分两种形式存在：

a. 钙、镁的碳酸盐或重碳酸盐。它主要是重碳酸钙 $Ca(HCO_3)_2$、重碳酸镁 $Mg(HCO_3)_2$。这些盐形成的硬度叫做碳酸盐硬度或暂时硬度。这些盐类经煮沸后就会分解形成沉淀，暂时硬度就大部分消除了。

b. 除碳酸盐和重碳酸盐以外的其他钙、镁盐类。主要是硫酸钙（$CaSO_4$）、硫酸镁（$MgSO_4$）、氯化钙（$CaCl_2$）、氯化镁（$MgCl_2$）、硅酸钙（$CaSiO_3$）等。这些盐形成的硬度叫做非碳酸盐硬度或永久硬度。

一般而言，循环冷却水中 Ca^{2+}、Mg^{2+} 有较大幅度下降，说明结垢严重；Ca^{2+}、Mg^{2+} 含量变化不大的话，说明阻垢效果稳定。

③ 碱度　金属与氢氧根的化合物是碱，某些金属与弱酸的盐也呈碱性，因而形成碱度的物质，主要是氢氧根离子 OH^- 以及含碳酸根 CO_3^{2-} 和重碳酸根 HCO_3^- 等盐类。总碱度就是这些离子总和的数量。碱度是操作控制中的一个重要指标，当浓度倍数控制稳定，没有其他外界干扰时，由碱度的变化可以看出系统的结垢趋势。

④ 电导率（或称电导度）　是用于近似表示含盐量常用的指标。水溶液的电阻随着离子量的增加而下降。电导是电阻的倒数，因此电阻的减小就意味着电导的增大。当水中溶解物质较少时，其电导率与溶解物质含量大致成比例的变化，因此测定电导率，可短时间内推断总溶解物质的大致含量。通过对电导率的测定可以知道水中的含盐量。含盐量对冷却水系统的沉积和腐蚀有较大影响。

⑤ 悬浮物　表示悬浮状态的粗分散杂质的含量，常用过滤方法将水样过滤干燥而称重，以确定其含量。如菌藻繁殖、补充水悬浮物大、空气灰尘多等都可以增加循环冷却水的悬浮物。悬浮物多是循环冷却水系统形成沉积、污垢的主要原因，这些沉积物不但影响换热器的换热效率，同时也加剧金属的腐蚀。因此循环冷却水悬浮物的含量是影响污垢和热腐蚀率的一项重要指标。

⑥ 游离氯　游离氯是指水中次氯酸和次氯酸盐中氯的含量。游离氯是控制循环冷却水菌藻微生物的重要元素。调查表明循环冷却水的余氯量一般为 0.5～1.0mg/L，如果通氯以后仍然连续监测不出余氯，则说明系统中硫酸盐还原菌大量滋生，硫酸盐还原菌滋生时会产生 H_2S、S^{2-}，它们与氯气反应消耗氯。因此监测余氯对杀菌灭藻保证水质有重要意义。

⑦ 药剂浓度　检测药剂浓度是为了保持药剂浓度的稳定，以便及早发现问题、处理问题，保证水质。

二、冷却水的处理

1. 冷却水的化学处理

开式循环冷却水系统的化学处理，主要通过投加化学药剂来防止结垢、控制金属腐蚀、抑制微生物繁殖。目前使用最广泛的化学药剂从功能上分为阻垢剂、缓蚀剂、杀生剂三种。

(1) 垢与阻垢剂

① 垢的形态与危害　黏着在冷却水管道管壁上的沉积物统称为“垢”，按沉积物的成分可分为水垢、污垢和黏泥。

水垢也称硬垢，是溶于水的盐类物质，由于温度的升高或者冷却水在冷却过程中的不断蒸发浓缩，使水中的盐类物质超过其饱和溶解度而结晶沉积在金属表面上，因此又称为盐垢，如重碳酸盐、硫酸盐、氯化物、硅酸盐等。大多数情况下，换热器传热表面上形成的水垢是以碳酸钙为主的。

污垢一般是由颗粒细小的泥沙、尘土、不溶性盐类的泥状物、胶状氢氧化物、杂物碎屑、腐蚀产物、油污、菌藻的尸体及其新性分泌物等组成的。水处理控制不当，补充水浊度过高，细微泥沙、胶状物质等带入冷却水系统，菌藻杀灭不及时或腐蚀严重、腐蚀产物多以及操作不慎，油污、工艺产物等泄漏入冷却水中，都会加剧污垢的形成。特别是当水走壳程时，流速较慢的部位污垢沉积较多。这种污垢体积较大、质地疏松稀软，故又称为软垢。由于污垢的质地松散稀软，因此它们在传热表面上黏附不紧，容易清洗，有时只需用水冲洗即可除去。但在运行中污垢和水垢一样，也会影响换热器的传热效率。

黏泥是主要成分为微生物分泌物、残骸、凝胶物质以及有机腐殖物等的黏浊沉积物。它们是引起垢下腐蚀的主要原因，也是某些细菌（如厌氧菌）生存和繁殖的温床。

② 垢形成的主要因素

a. 水质。冷却水的硬度、碱度、悬浮物和含盐量是影响垢形成的主要成分。水中的盐类物质越多越容易产生硬垢。

b. 水温。水温的高低直接影响冷却水的结垢过程。水温高会加速重碳酸盐的分解，增高水的 pH 值；pH 值升高则钙、镁盐的溶解度就降低。

c. 水流速。管道或换热器中的冷却水流速过低或水流分布不均匀形成滞流区或死角，会易于悬浮物沉积；水流速度较大，可起到水流冲刷作用，带走沉积物、剥离黏着在金属表面的沉积物。

d. 水中微生物。水中菌藻类微生物在新陈代谢过程中分泌的黏液物与冷却水中的污染物黏聚，会形成难以处理的污垢。

e. 金属腐蚀物。换热器的金属表面并不是均匀的。当它与冷却水接触时会形成许多微小的腐蚀电池（微电池）。其中活泼的部位称为阳极，腐蚀学上把它称为阳极区；不活泼的部位则称为阴极，腐蚀学上把它称为阴极区。在阳极区析出的铁离子 Fe^{2+} 与水中的氢氧根离子 OH^- 生成氢氧化亚铁 $Fe(OH)_2$。氢氧化亚铁能黏聚水中的有机或无机污染物，形成污垢，同时也会引起或促成其他金属离子的加速沉淀。

f. 热交换器结构。热交换器的结构和水流通道的尾部会影响到水流状态和热交换器内的温度分布。水流处于湍流状态，不易产生水垢。在换热器的死角区，水流速度降低，易造成局部温度过高，存在于水中的盐类物质会结晶析出沉淀。

③ 阻垢剂　在循环冷却水中添加阻垢剂是目前应用最广泛、效果最好的消除、阻止结垢的方法。常用的阻垢剂见表 7-3。

表 7-3　常用阻垢剂

<table>
<tr><th>类别</th><th colspan="2">化(聚)合物</th><th>用量/(mg/L)</th><th>特性</th></tr>
<tr><td rowspan="2">聚磷酸盐</td><td colspan="2">六偏磷酸钠</td><td>1～5</td><td rowspan="2">①在结垢不严重或要求不太高的情况下可单独使用
②低剂量时起阻垢作用，高浓度时起缓蚀作用</td></tr>
<tr><td colspan="2">三偏磷酸钠</td><td>2～5</td></tr>
<tr><td rowspan="3">有机磷酸盐系</td><td rowspan="2">含氧</td><td>氨基三亚甲基磷酸(ATMP)</td><td rowspan="3">1～5</td><td rowspan="3">①不宜单独使用，一般与锌、铬或磷酸盐共用
②含氧的不宜与氯杀菌剂共用</td></tr>
<tr><td>乙二胺四亚甲基磷酸(EDTMP)</td></tr>
<tr><td>不含氧</td><td>羟基乙叉二磷酸(HEDP)</td></tr>
<tr><td>磷酸酯类</td><td colspan="2">单元醇磷酸酯
多元醇磷酸酯
氨基磷酸酯</td><td>5～30</td><td>与其他抵制剂联合使用效果好</td></tr>
<tr><td>聚羟酸类</td><td colspan="2">聚丙烯酸
聚马来酸
聚甲基丙烯酸</td><td>1～5</td><td>在铜质设备中使用时必须加缓蚀剂</td></tr>
</table>

④ 阻垢剂选择原则

a. 阻垢效果好，当水中盐类物质含量较大时，仍然有较好阻垢效果。

b. 化学稳定性好，在高浓缩倍数、高温以及与缓蚀剂、杀生剂共用时，阻垢效果也不明显下降。

c. 符合环保要求，无毒，易生物降解。

d. 药剂配制、投加、操作等简便。

e. 价格低廉，采购、运输储藏方便。

（2）腐蚀与缓蚀剂

冷却水对金属的腐蚀主要是电化学腐蚀。中央空调水系统具备电化学腐蚀的条件：a. 冷却水含有盐类物质，构成电解质，能导电；b. 管道、设备等金属部件之间会产生电位差；c. 具有起导线作用的金属本体，能传递电子。

控制冷却水对金属的电化学腐蚀一般是向循环冷却水系统中投加缓蚀剂，阻止电化学腐蚀过程中的阴、阳极反应，降低腐蚀电位，或促使阴极或阳极极化作用抑制电化学腐蚀反应的进行。

① 缓蚀剂的类型　缓蚀剂一般是指抑制、减缓或降低金属处在具有腐蚀环境中产生腐蚀作用的药剂。对于一定的金属腐蚀介质体系，只要在腐蚀介质中加入少量的缓蚀剂，就能有效地降低该金属的腐蚀速度。腐蚀剂的使用浓度一般很低，使用时不需要特殊的附加设备，也不需要改变金属设备或构件的材质及进行表面处理。因此，使用缓蚀剂是一种经济效益较高且适应性较强的金属防护措施。根据缓蚀剂所形成保护膜的特性，可将缓蚀剂分为氧化膜型和沉淀膜型两种类型。一些代表性缓蚀剂见表 7-4。

表 7-4　代表性缓蚀剂及防腐蚀膜的类型与特性

防腐蚀膜类型		典型的缓蚀剂		使用量/(mg/L)	防腐蚀膜特性
氧化膜型		铬酸盐	铬酸钠、铬酸钾	200～300	膜薄、致密、与金属结合牢固、防腐蚀性能好
		亚硝酸盐	亚硝酸钠、亚硝酸胺	30～40	
		钼酸盐	钼酸钠	50 以上	
沉淀膜型	水中离子型	聚磷酸盐	六偏磷酸钠、三聚磷酸钠	20～25	膜多孔、较厚、与金属结合性能差
		硅酸盐	硅酸钠	30～40	
		锌盐	硫酸锌、氯化锌	2～4	
		有机磷酸盐	HEDP、ATMP、EDTMP	20～25	
	金属离子型	巯基苯并噻唑(MBT)		1～2	膜较薄、比较致密、对铜和铜合金具有特殊缓蚀性能
		苯并三氮唑(BTA)			
		甲基苯并三氮唑(TTA)			

a. 氧化膜型缓蚀剂。它与金属表面接触进行氧化而在金属表面形成一层薄膜。这种薄膜致密且与金属结合牢固，能阻止水中溶解氧扩散到金属表面上，从而抑制腐蚀反应的进行。实践证明，铬酸盐缓蚀剂生成的防腐蚀膜效果最好，但毒性大，如没有回收处理设施，则会产生公害。

b. 沉淀膜型缓蚀剂。它与水中的金属离子作用，形成难溶解盐，当从水中析出后沉淀吸附在金属表面，从而抑制腐蚀反应的进行。金属离子型的缓蚀剂不和水中的离子作用，而是和被防腐蚀的金属离子作用形成不溶性盐，沉积在金属表面上起到防腐蚀作用。

② 复合缓蚀药剂　将具有缓蚀和阻垢作用的两种或两种以上的药剂联合使用，或将阻垢剂和缓蚀剂以物理方法混合后所配制成的药剂，称为复合药剂，也称为复合水处理剂。复

合药剂的缓蚀阻垢效果均比单一药剂效果好，复合药剂类型繁多，下面主要介绍国内外使用过和推荐使用的一些复合药剂及其选用原则。

a. 磷系复合药剂。

• 聚磷酸盐＋锌盐。聚磷酸盐质量浓度为30～50mg/L，锌盐质量浓度宜小于4mg/L，pH值宜小于8.3，一般应控制在6.8～7.2。

• 聚磷酸盐＋锌＋芳烃唑类化合物。添加芳烃唑类化合物的主要目的是保护铜及铜合金，一般添加1～2mg/L即可起到有效的保护作用，同时亦能起防止金属产生坑蚀的作用。常用的芳烃唑类化合物有巯基苯并噻唑（MBT）和苯并三氮唑（BZT），它们都是很有效的铜缓蚀剂，pH值的范围为5.5～10。

• 六聚磷酸钠＋钼酸钠。可以形成阴极、阳极共有防护膜，大大提高缓蚀效果和控制点蚀的能力，铝酸盐在温度高于70℃、pH值大于9的水中缓蚀效果最好，使用量通常为3mg/L左右。钼酸盐的毒性小，对环境不会造成严重污染。

b. 有机磷系复合药剂。

• 锌盐＋磷酸盐。用35～40mg/L的磷酸和10mg/L的锌盐，在pH值为6.5～7.0的条件下能有效地控制金属腐蚀；当改变上述两种药剂的组成比例，使锌盐的用量为磷酸盐质量的30%时，可获得最佳缓蚀作用。使用时应注意下列条件：pH值不应大于8.5，当用于合金材质的系统时，若pH值小于6.5，则磷酸盐会损伤金属；不宜用在有严重腐蚀产物的冷却水系统中；不适用于闭式冷却水系统；水的温度不宜高于400℃。

• 巯基苯并噻唑＋锌＋磷酸盐＋聚丙烯酸盐。推荐的巯基苯并噻唑使用质量浓度为1～2mg/L，磷酸盐为8～10mg/L，锌为3～5mg/L，聚丙烯酸盐为3～5mg/L。

• 以聚磷酸盐、聚丙烯酸和有机磷酸盐为主的组合如下：

六偏磷酸钠＋聚丙烯酸钠＋羟基亚乙基二膦酸

六偏磷酸钠＋聚丙烯酸钠＋羟基亚乙基二膦酸＋巯基苯并噻唑

六偏磷酸钠＋聚丙烯酸钠＋羟基亚乙基二膦酸＋巯基苯并噻唑＋锌

三聚磷酸钠＋聚丙烯酸钠＋乙二胺四亚甲基膦酸＋巯基苯并噻唑

具体各部分的配比和投加量应根据水质特性和运行条件，通过试验并结合实际运行效果确定。应该引起注意的是，这四种组合中均含有磷，为菌藻类微生物的生长提供了营养物质，在使用时必须同时投加杀生剂，阻止菌藻类微生物大量繁殖。

c. 其他复合药剂。

• 多元醇＋锌＋木质磺酸盐。在有大量污泥产生的循环水系统中，采用这种复合抑制剂较为有利，其使用质量浓度一般为40～50 mg/L，pH值可提高到8左右。如再添加巯基苯并噻唑，则可提高缓蚀阻垢性能，而基本功能与不掺加时相似。另外，只用多元醇＋锌组成的复合抑制剂，也能获得较好的缓蚀阻垢效果。

• 亚硝酸盐＋硼酸盐＋有机物。该复合抑制剂主要用于闭式循环冷却水系统，在pH值为8.5～10时，投加剂量可为2000mg/L。

• 有机聚合物＋硅酸盐。这种复合抑制剂对所有类型的杀生剂都无影响，适用于pH值为7.5～9.5的冷却水系统，在高温（70～80℃）和低流速运行条件下一般不会有结垢现象。

• 锌盐＋聚马来酸酐。聚马来酸酐是有效的阻垢剂，所以这种复合抑制剂主要用于有严重结垢的冷却水系统，不宜用于硬度较低且具有腐蚀趋势的冷却水系统。在运行中应使水的pH值控制在8.5以下。

• 羟基亚乙基二膦酸钠＋聚马来酸。缓阻效果好，加药量少，成本低，药效稳定且停留时间长，没有因药剂引起的菌藻问题。

• 钼酸盐＋葡萄糖酸盐＋锌盐＋聚丙烯酸盐。对于不同水质适应性强，有较好的缓蚀阻垢效果，耐热性好，克服了聚磷酸盐存在的促进菌藻繁殖的缺点，要求 pH 值在 8～8.5 的范围。

• 硅酸盐＋聚磷酸盐＋聚丙烯酸盐＋苯并三氮唑。对不同水质适应性较好，操作简单，价格便宜，使用质量浓度为 10～15 mg/L。

d. 复合药剂的选用原则。

• 水质特性。实际操作过程中要通过模拟试验筛选，选出适宜的复合药剂，视其效果再调整各组成的配比及投加量。在无试验条件情况下，可参考同类冷却水系统的运行数据。但不宜直接套用其配方，因为水质特性、系统组成、运行条件、操作方式等不同，可能会使缓蚀阻垢效果产生较大差异。

• 注意协同效应，优先采用有增效作用的复合配方，以增强药效。

• 考虑复合药剂的使用费和购买是否方便。

• 配方中的各药剂不应有相互对抗的作用，而且与配用的药剂相溶。

• 在排放含有复合药剂残液的冷却水时，应符合环保部门的规定，对周围环境不造成污染。

• 不会造成换热器表面传热系数的降低。

(3) 微生物与杀生剂

① 微生物　循环冷却水中常见的微生物是细菌和藻类。微生物在循环水系统中的生长繁殖，使水质恶化，而且附着于塔体和管壁上，干扰水流动，降低冷却效率。微生物还与其他有机或无机的杂质构成黏泥沉积在系统中，增加水流阻力；附着在热交换器管壁上形成污垢，降低热交换器的传热效率。

a. 细菌。

• 产黏泥细菌。产黏泥细菌又称黏液形成菌、黏液异养菌等，是冷却水系统中数量最多的一类有害细菌。它们既可以是有芽孢细菌，也可以是无芽孢细菌。在冷却水中，它们产生一种胶状的、黏性的或黏泥状的附着力很强的沉积物。这种沉积物覆盖在金属的表面上，降低冷却水的冷却效果，阻止冷却水中的缓蚀剂、阻垢剂和杀生剂到达金属表面发生缓蚀、阻垢和杀生作用，并使金属表面形成差异腐蚀电池而发生沉积物下腐蚀（垢下腐蚀）。但是，这些细菌本身并不直接引起腐蚀。

• 铁沉积细菌。铁沉积细菌能在冷却水系统中产生大量氧化铁沉淀，这是由于它们能把可溶于水中的亚铁离子转变为不溶于水的三氧化二铁的水合物作为其代谢作用的一部分。铁沉积细菌的锈瘤遮盖了钢铁表面，形成氧浓差电池，并使冷却水中的缓蚀剂难以与金属表面作用生成保护膜。铁沉积细菌还从钢铁表面的阳极区除去亚铁离子（腐蚀产物），从而使钢的腐蚀速度加快。图 7-2 为铁细菌通过锈瘤建立氧浓差腐蚀电池从而引起钢铁腐蚀的示意图。

• 硫酸盐还原菌。硫酸盐还原菌是在无氧或缺氧状态下用硫酸盐中的氧进行氧化反应得到能量的细菌。在冷却水中，硫酸盐还原菌产生的硫化氢与铬酸盐和锌盐反应，使这些缓蚀剂从水中沉淀出来，生成的沉淀则沉积在金属表面形成污垢。

• 真菌。冷却水系统中的真菌包括霉菌和酵母两类。它们往往生长在冷却塔的木质构件

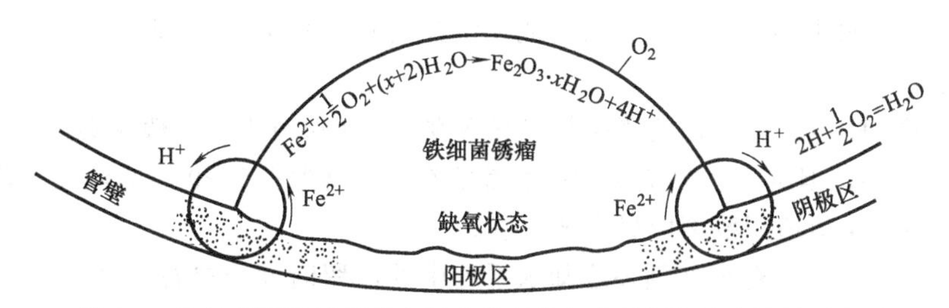

图 7-2 铁细菌通过锈瘤建立氧浓差腐蚀电池引起钢铁腐蚀的示意图

上、水池壁上和换热器中。真菌破坏木材中的纤维素，使冷却塔的木质构件朽蚀。真菌的生长能产生黏泥而沉积覆盖在换热器中换热管的表面上，降低冷却水的冷却作用。

一般来讲，真菌对冷却水系统中的金属并没有直接的腐蚀性，但它们产生的黏状沉积物会在金属表面建立差异腐蚀电池而引起金属的腐蚀。黏状沉积物覆盖在金属表面，使冷却水中的缓蚀剂不能到那里去发挥防护作用。

b. 藻类。循环冷却水系统常见的藻类主要有蓝藻、绿藻和硅藻。水中的磷是藻类生长繁殖最主要的营养物质。藻类主要在冷却塔上部配水装置中和塔内的各种构件上附着生长。

死亡的藻类会变成冷却水系统中的悬浮物和沉积物。在换热器中，它们将成为捕集冷却水中有机体的过滤器，为细菌和霉菌提供食物。藻类形成的团块进入换热器后，会堵塞换热器中的管路，降低冷却水的流量，从而降低其冷却作用。

一般认为，藻类本身并不直接引起腐蚀，但它们生成的沉积物所覆盖的金属表面则由于形成差异腐蚀电池而常会发生沉积物下腐蚀（垢下腐蚀）。

② 杀生剂　控制微生物的方法主要有物理法和化学法。物理法包括水的混凝沉淀、过滤以及改变冷却塔等设备的工作环境等，以除去或抑制微生物的生长；化学法即向循环水中投加各种无机或有机的化学药剂，以杀死微生物或抑制微生物的生长和繁殖，这是目前普遍采用并行之有效的方法。

a. 杀生剂类型。投加到水中杀死微生物或抑制微生物生长和繁殖的化学药剂称为杀生剂，又称为杀菌灭藻剂。目前，常用的杀生剂及特性见表 7-5，按其作用机理可分为氧化性杀生剂和非氧化性杀生剂两大类。

表 7-5　常用杀生剂及特性

性质	类别	杀生剂	使用浓度/(mg/L)	pH 值
氧化性杀生剂	氯	氯气、液氯	2～4	
	次氯酸	次氯酸钠、次氯酸钙、漂白粉		6.5～7
		二氧化氯	2	6～10
		臭氧	0.5	
		氯胺	20	
非氧化性杀生剂	有机硫化合物	二甲基二硫代氨基甲硫酸 亚乙基二硫代基甲酸二钠		＞7
		乙基大蒜素	100	＞6.5
	季铵盐类化合物	洁尔灭、新洁尔	50～100	7～9
	铜化合物	硫酸铜	0.2～2	＜8.5
		氯化铜		

b. 影响杀生剂效果的因素。选用杀生剂除了要考虑的高效、广谱、易溶、杀生速度快、持续时间长、操作简便、价廉易得、使用费用低等问题外，还要考虑 pH 值适应范围、系统

的排污量、药剂在水中的停留时间、与其他化学药剂的相溶性、自身稳定性以及对环境污染的影响等问题。

• 冷却水的 pH 值。微生物的繁殖都有其适宜的 pH 值范围，一般藻类为 5.5～8.5，而细菌则多数为 5～8。但绝大多数微生物一般都能在 pH 值为 6.5～9.5 的环境下繁殖。因此，选用杀生剂时其 pH 值适用范围应尽量宽一些。

• 药剂的停留时间。药剂在循环冷却水系统中的停留时间与排污率和系统水容积有关，排污率大，而容积小时，停留时间就短，反之则停留时间就长。

• 与其他化学药剂的相溶性。如果杀生剂与其他加入冷却水中的化学药剂（如阻垢剂和缓蚀剂）不相互干扰、杀生效力不变或提高，则表明有较好的相溶性；如果效力降低则表明它们之间不相溶。

• 与有机物的吸附作用。某些杀生剂具有表面活性，易被水中的有机物质、细胞黏泥和悬浮的有机物所吸附，从而降低其杀生活性。具有这种吸附作用的杀生剂主要是季铵盐类化合物。在排污率比较小的系统中杀生剂停留时间长的条件下，应慎重考虑此问题。

• 稳定性。不论是有机还是无机杀生剂，在水中常受到 pH 值和温度的影响，pH 值过高或过低都会使其有杀生性能降低或水解的可能性，从而降低杀生效力。此外，紫外线的照射也会使某些杀生剂受到影响。不受这些影响或影响较小的杀生剂即认为其稳定性较好。

• 起泡。具有表面活性的季铵盐类化合物在水中易产生泡沫，泡沫多会降低杀生剂的作用，尤其在高浓缩倍数的冷却水系统中应考虑这一影响因素。它不仅降低杀生剂的杀生效力，而且还会导致系统中水污染。

• 水中污染物质。对于水中悬浮物和污泥较多的系统，采用任何杀生剂都会降低其杀生活力，采用产生泡沫少的表面活性剂或分散剂则可弥补此影响。

• 环保要求。某些杀生力较强、本身毒性太大的杀生剂，在排污时不可避免地要带出一些残余量，会对环境甚至人身安全造成危害，因此要格外慎重地对待。最好采用杀生后容易生物降解、不会产生毒性积累的杀生剂。另外，各种杀生剂不可能对所有微生物都有满意的杀生效果，因此应当选择几种药剂配合使用。

c. 杀生剂的投放方式。杀生剂的投药方式一般有三种：连续投加、间歇投加和瞬间投加。其中采用最多的是定期间歇投药方式。在投药量相同的情况下，采用瞬间投加可以造成一段时间内的高浓度，往往可以得到良好的杀生效果。连续投药消耗量大，只有在瞬间投加与间歇投加都不起作用时才采用。

2. 冷却水的物理处理

冷却水的化学水处理有操作简单、不需专用设施、效果显著等优点，但也有不足之处：

① 需要定期进行水质检验，以决定投加的药剂种类和药量。用药不当则达不到水质要求，甚至破坏设备和管道，因此技术性要求高。

② 大多数化学药剂都或多或少地有一些毒性，随水排放时会造成环境污染。

采用物理方法来达到降低水的硬度的目的即为物理水处理。采用物理水处理方式，其优点是运行费用低，基本不需保养，也没有二次污染问题；最大的缺点是防垢能力有一定时限，超过了这个时限，若不继续对水进行处理就仍会产生结垢现象。

目前常用的物理水处理方法有磁化法、高频水改法、静电水处理法和电子水处理法。

(1) 磁化法

磁化法就是让水流过一个磁场，使水与磁力线相交，水受磁场外力作用后，使水中的钙、镁盐类不生成坚硬水垢，而生成松散泥渣。

能进行磁化水处理的设备称为磁水器，按产生磁场的能源和结构方式，磁水器主要分为两大类，即永磁式磁水器（永久磁铁产生磁场）和电磁式磁水器（通入电流产生磁场）。

经实践检验，磁水器对处理硬水效果最为显著，当总硬度小于500mg/L（以$CaCO_3$计）、水硬度小于总硬度的三分之一时，效果较好。磁水器在系统中的安装位置如图7-3所示。

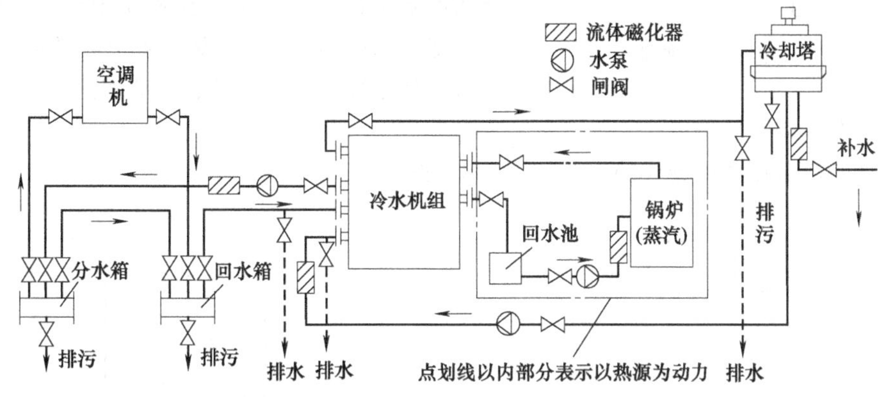

图7-3　空调水系统磁化器安装位置示意图

（2）高频水改法

高频水改法是让水经高频电场后，使水中钙、镁盐类结垢物质都变成松散泥渣而不结硬垢。

能对水进行高频水改法处理的设备称为高频水改器。它由振荡器和水流通过器（又称为换能器或水改器）两部分组成。振荡器是利用电子管的振荡原理产生高频率电能；水流通过器则由同轴的金属管、瓷管（或玻璃管）和铜网组成，金属管为外电极，铜网为内电极，二者之间形成高频电场，水流则从金属管与瓷管（玻璃管）之间的空间流过。

（3）静电水处理法

静电除垢的原理可用洛仑兹力的作用原理来解释，其设备称为静电除垢器，由水处理器和直流电源两部分组成。水处理器的壳体为阴极，由镀锌无缝钢管制成，壳体中心有一根阳极芯棒；芯棒外套有聚四氟乙烯管，以保证良好的绝缘；被处理的水在阳极和壳体之间的环状空间流过；直流电源采用高压直流电源（或称高压发生器），如图7-4所示。

（4）电子水处理法

采用电子水处理法的设备称为电子水处理器（图7-5）。它由两部分组成：一部分为水处理器，其壳体为阴极，壳体中心装有一根金属阳极，被处理的水通过金属电极与壳体之间的环状空间进入用水设备；另一部分为电源，它把220V、50Hz的电流转变为低电压的直流电，在水处理器中产生电场。

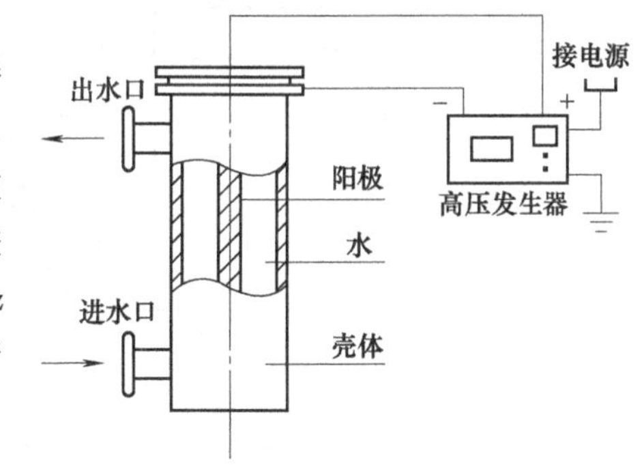

图7-4　静电水处理器

其工作原理是：当水流经过电子水处理器时，在低电压、微电流的作用下，水分子中的电子被

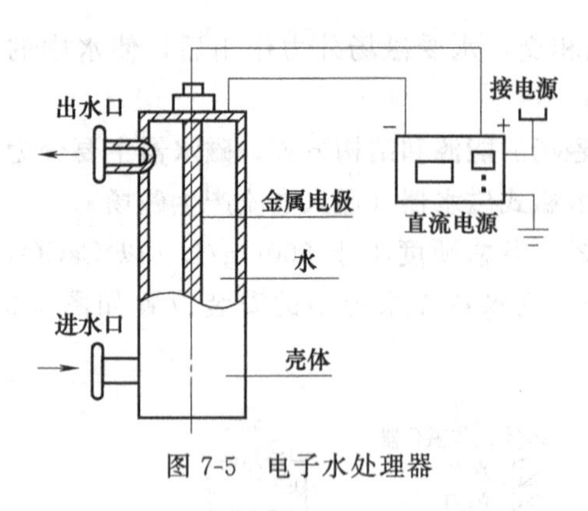

图 7-5 电子水处理器

激励，从低能阶轨道跃迁向高能阶轨道，而引起水分子的电位能损失、电位下降，使水分子与接触界面（器壁）的电位差减小，甚至趋于零，这样会使：

① 水中所含盐类离子因静电引力减弱而趋于分散，不再趋向器壁积聚，从而防止水垢生成。

② 水中离子的自由活动能力大大减弱，器壁金属离解也将使无垢的新系统起到防腐蚀作用。

③ 水中密度较大的带电离子或结晶颗粒沉淀下来，使水部分净化，这也意味着这种方法具有部分除去水中有害离子的作用。

电子水处理器在各种场合的安装如图 7-6～图 7-11 所示。

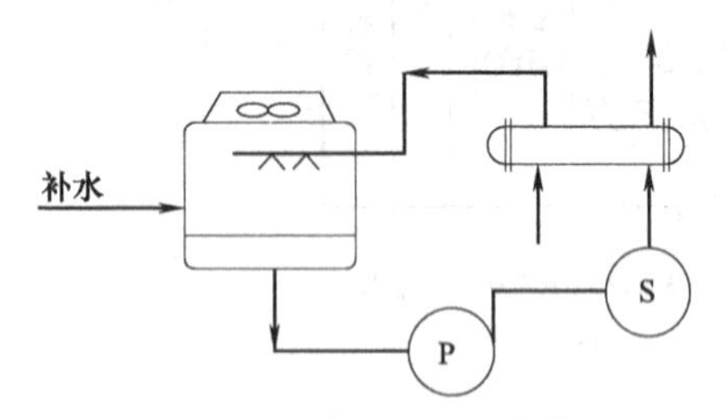

图 7-6 电子水处理器的安装（一）

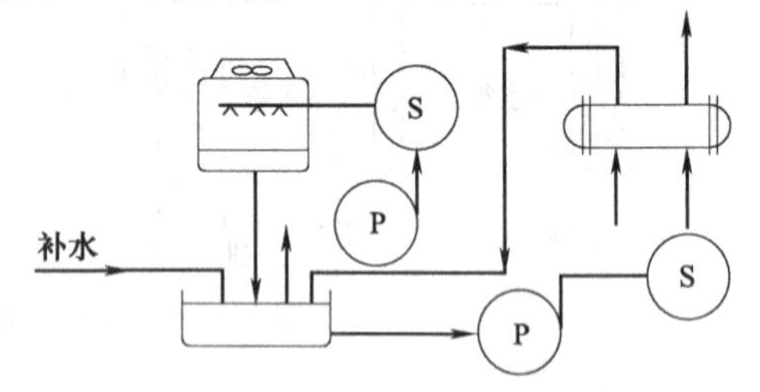

图 7-7 电子水处理器的安装（二）

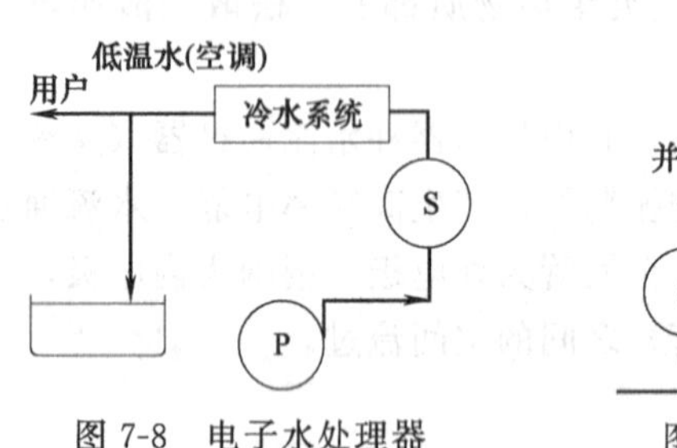

图 7-8 电子水处理器的安装（三）

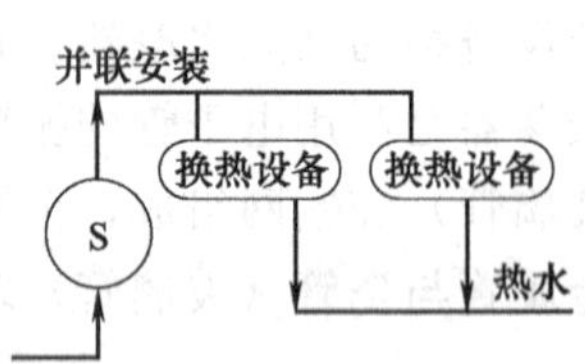

图 7-9 电子水处理器的安装（四）

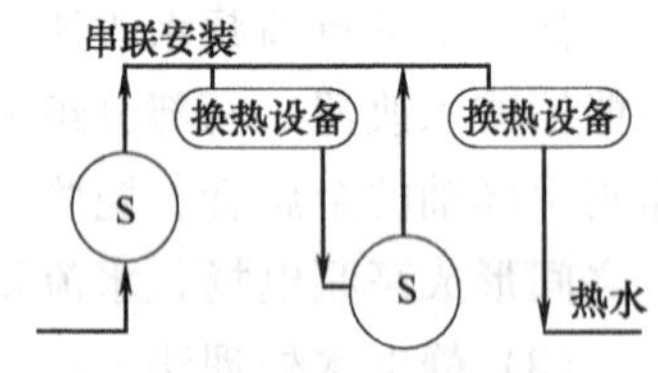

图 7-10 电子水处理器的安装（五）

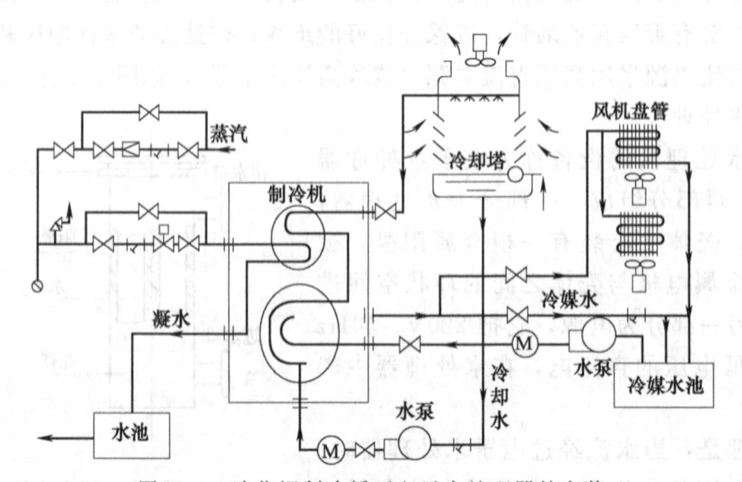

图 7-11 溴化锂制冷循环电子水处理器的安装

第二节　冷冻水的水质管理与水处理

冷冻水是将冷量输送到各个空间的主要载冷剂，就冷冻水系统的构成而言，冷冻水分为密闭式和非密闭式两种类型，非密闭式又分为部分敞开式和喷淋式两种类型。中央空调冷冻水系统通常是闭式循环系统，系统内的水一般经软化处理，又由于冷冻水温不是太高，因此结垢的问题相对不是太突出。但由于系统的不严密及停运时的管理不善，往往会造成管路的腐蚀。腐蚀产物有的进入水中，有的黏附在设备上，时间一长，就会影响冷冻水系统的正常运行。所以，对冷冻水有必要进行水质处理，以抑制和减缓问题的产生。对空调冷冻水的水质处理，除了采用软化水外，一般还投加缓蚀剂或复合水处理剂。

一、冷冻水的水质管理

冷冻水系统日常水质管理的工作目标主要是防止腐蚀。闭式循环冷冻水系统的腐蚀主要由三方面原因引起：一是由于厌氧微生物的生长造成的腐蚀；二是由于膨胀水箱的补水，或阀门、管道接头、水泵的填料漏气而带的少量氧气造成的电化学腐蚀；三是由于系统由不同的金属结构材质组成，如铜（热交换器管束）、钢（水管）、铸铁（水泵与阀门）等，因此存在由不同金属材料导致的电偶腐蚀。

二、冷冻水的处理

冷冻水的处理工作比冷却水的处理工作要简单得多，主要是解决水对金属的腐蚀问题，可以通过选用合适的缓蚀剂（参照冷却水系统使用的缓蚀剂）予以解决。目前国家及行业还未制定相应的水质控制标准，可参考表 7-6 所示上海市地方标准 DB 131/T 143—1994《宾馆、饭店空调用水及冷却水水质标准》规定的空调用水水质指标。

表 7-6　空调用水及冷冻水水质指标

项目	冷水	热水	冷却水
pH 值	8～10	8～10	7～8.5
总硬度/(kg/m^3)	<0.2	<0.2	<0.8
总溶解固体/(kg/m^3)	<2.5	<2.5	<3.0
浊度/度(NTU)	<20	<20	<50
总铁/(kg/m^3)	$<1\times10^{-3}$	$<1\times10^{-3}$	$<1\times10^{-3}$
总铜/(kg/m^3)	$<2\times10^{-4}$	$<2\times10^{-4}$	$<2\times10^{-4}$
细菌总数/(个/m^3)	$<10^9$	$<10^9$	$<10^{10}$

1. 冷冻水处理剂的选择

常用缓蚀剂与复合缓蚀药剂已在冷却水处理中详细介绍，这里不再赘述。

2. 冷冻水处理药剂损失

由于冷冻水系统本身密闭性不强，因此在某些接口及泵进出口处会有泄漏现象，药量随之流失。一般情况下，损失的药剂量占总药量的 1%～10%，但在某些系统中，泄漏带走的药量为主要损失。冷冻水系统储水量相对较小，某些系统一年回补好几次药，甚至每月都要补。系统本身要吸附一些药剂，其损失量很小，约占总药量的 1%。在带有喷淋装置的冷冻水系统中，由于吸湿作用，会导致系统水量增加而发生溢流造成药剂损失。若使用磷系配方，则因除氧剂的消耗而必须定时补药，周期为 1～2 月/次。

3. 药剂投加方式

冷冻水药量损失较小，但为了保证药剂在水中的有效性，需人为地进行有规律的排污、补水、加药。

① 根据水质检测结果不定期加药。

② 连续加药：即连续地小量排水与补水，同时连续加药。

③ 定期加药：即每隔一定时间，换水加药。因换水会带走大量的冷量，故此方法一般适用于部分排水补水，也可采用隔几个月换掉部分冷冻水、补充部分药剂的方法。

④ 自动控制加药：通过仪器反映冷冻水的电导率、排污量等来控制加药或通过能反映药剂中示踪离子含量的仪器来控制加药。这种方法的优点是现场操作方便，节省人力物力，节省药剂。但此类仪器价格较高，所以仅在大型中央空调系统中使用。

第三节　水系统管路的清洗与预膜处理

水系统的清洗与预膜处理是减少腐蚀、提高热交换效率、延长管道和设备使用寿命的有效措施之一。因此，清洗与预膜处理是日常水处理不可缺少的重要环节，其过程为：水冲洗→化学药剂清洗→预膜→预膜水置换→投加水处理药剂→常规运行。

一、水系统的清洗

水系统的清洗，对新系统来说，可以提高预膜效果，减少腐蚀和结垢的产生。对已投入使用的系统来说，可以保证长期安全生产、降低操作费用、减少维修时间、节约能量、延长设备使用寿命等，因此在水质处理过程中，必须给予足够的重视。如图 7-12 所示为中央空调水系统的清洗。

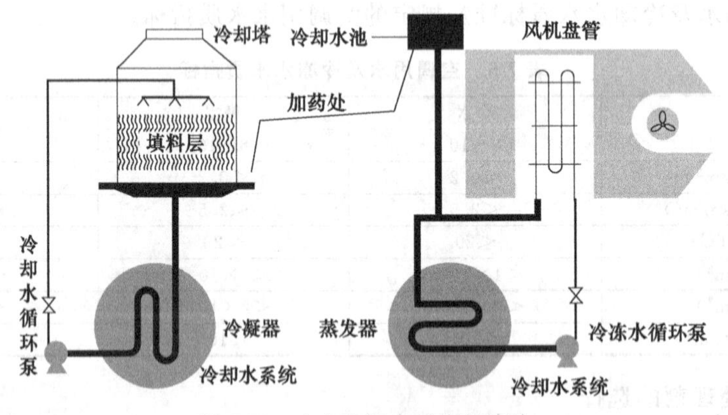

图 7-12　中央空调水系统的清洗

1. 水系统清洗的目的

对于新的循环冷却水系统，在开车之前必须进行清洗。因为，设备和管道在安装过程中，难免会有一些焊接碎屑、切削物、润滑油、建筑物碎片等遗留在系统管路中，这些杂物如不清扫、冲洗干净，将会影响预膜处理，即使不采用预膜方案，这些碎屑杂质也会促进腐蚀，加速悬浮物的沉积。

对于已经投入生产使用的循环冷却水系统，在使用较长一段时间后，当水质处理不够理想时，会使换热器传热表面上沉积碳酸盐、硅酸盐、硫酸盐、磷酸盐等硬垢以及金属氧化的腐蚀产物和菌藻滋生的黏泥等。即使水质处理较好，循环冷却水经过较长期的运转后，浊度也会大大提高，这是因为循环水浊度的变化受到补充水浊度和空气灰尘等因素的影响。当浊度达到足以产生大量的沉积物，影响换热器传热效率时，就必须对水系统进行清洗。

2. 水系统清洗的方法

对于水系统清洗的方法，国内外有很多种，一般可分物理清洗和化学清洗两大类。

（1）物理清洗

利用物理机械方法将附着的沉积物除去，常用的有以下几种方法。

① 人工清洗　这种方法对于陈旧系统的停机清洗是最常用也是最简单的方法。一般用棍棒、橡皮塞、钢丝或尼龙刷等穿过换热器管子，除去设备内的沉积物。这种方法费时间、劳动强度大、效率低，如可能应尽量避免使用。

② 高压水冲洗法　高压水射流清洗，此方法可用于清洗管道等设备。在清洗换热器时，需将换热器两端头拆下，用高压水枪逐根清洗换热管。对于管道，则可采用有挠性枪头的高压水射流清洗。这种方法对新系统是经常采用的，但对陈旧系统有局限性，对较硬的水垢和腐蚀产物或较重的沉积物是不容易冲洗掉的。

③ 空气搅动法　是将压缩空气输入热交换器，搅动正常的水流，使沉积物破碎松散。只需压缩空气的压力比冷却水系统的压力大 0.18MPa 左右即可。其装置如图 7-13 所示。

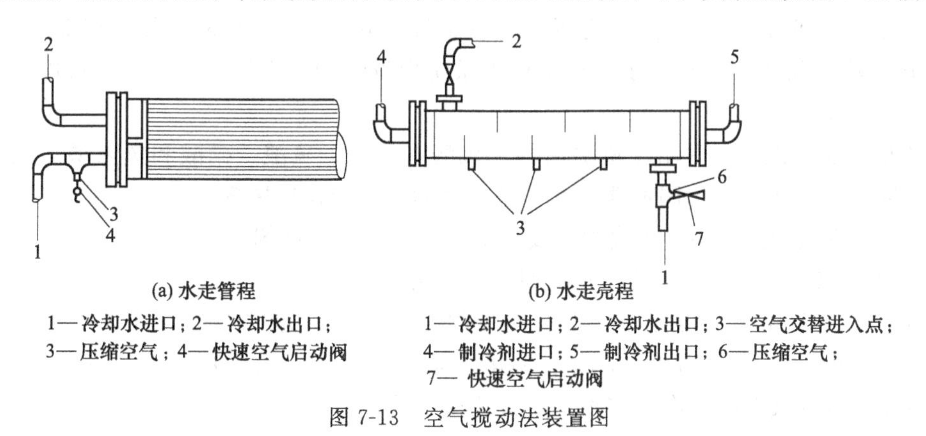

(a) 水走管程

1— 冷却水进口；2— 冷却水出口；
3— 压缩空气；4— 快速空气启动阀

(b) 水走壳程

1— 冷却水进口；2— 冷却水出口；3— 空气交替进入点；
4— 制冷剂进口；5— 制冷剂出口；6— 压缩空气；
7— 快速空气启动阀

图 7-13　空气搅动法装置图

④ 不停机机械清洗法　有两种类型的机械设备可装在管线上用于热交换器的清洗。

a. 利用海绵橡胶球清洗，海绵橡胶球的直径比需清理的传热管内径略大，这些球送入热交换器管子的入口，并借水流的压力，强制进入管内，在热交换器出口过筛，并用螺旋式输送泵将球送回到入口，循环使用。这一过程常常需要反复进行。

b. 使用型号为 1～2in 的刷子，固定放置在每根管子中，管子两端设有小塑料网。刷子在管中受到水的冲力，从一端沿着管子到另一端。管中的水也能反向流动，以达到清洗的目的。

⑤ 旁滤法　旁滤法是采取分流过滤的方法，降低循环水的浊度，使循环水的浊度始终保持在一个允许的范围内，以减少沉积物的沉降概率。一般采用机械过滤的方法，过滤设备通常有两种：一种是旋流分离器，让部分循环水通过分离器，在分离器中产生旋涡，水中悬浮的固体颗粒则由于离心力撞向器壁，因重力作用而沉降到分离器锥形底部被除去；另一种是比较经常采用的旁滤池，在池中堆放砂子或无烟煤等过滤介质，使部分循环水通过旁滤池，除去水中悬浮固体。部分循环水经过旁滤后，其水浊度一般均可达到要求。

物理清洗的优点是：可以省去化学清洗所需的药剂费用；避免化学清洗后清洗废液的处理或排放问题，避免造成环境污染；不易引起被清洗的设备和管道腐蚀。其缺点是：部分物理清洗方法需要在中央空调系统停止运行后才能进行；清洗操作比较费工时，有些方法会造成设备和管道内表面损伤。

（2）化学清洗

化学清洗是通过化学药剂的作用，使被清洗设备中的沉积物溶解、疏松、脱落或剥离的一类方法。化学清洗也常和物理清洗配合使用。

① 化学清洗的分类

a. 按清洗方式分，中央空调水系统的化学清洗可分为循环法清洗和浸泡法清洗。

循环法是一种使用最为广泛的化学清洗方法。利用临时清洗槽等方法，使清洗设备形成一个闭合回路，清洗液不断循环，沉积层等不断受到新鲜清洗液的化学作用和冲刷作用而溶解和脱落。

浸泡法适用于一些小型设备和被沉积物堵死而无法将清洗液进行循环的设备。

b. 按使用的清洗剂分，中央空调水系统的化学清洗可分为碱洗、酸洗、杀菌灭藻清洗等。

c. 按清洗的对象分，中央空调水系统的化学清洗可分为单台设备清洗和全系统清洗。

d. 按是否停机分，中央空调水系统的化学清洗可分为停机清洗和不停机清洗。

② 化学清洗剂类型　常用于中央空调水系统中设备和管道清洗的酸洗剂可以分为无机酸和有机酸两大类。

a. 无机酸类清洗剂。常用作清洗剂的无机酸有盐酸、硫酸、硝酸和氢氟酸。无机酸能电离出大量氢离子（H^+），因而能使水垢及金属的腐蚀产物较快溶解。

为了防止在酸洗过程中产生腐蚀，要在酸洗液中加入缓蚀剂。

• 盐酸（HCl）。盐酸用于化学清洗时的浓度为2%～7%。

• 硫酸（H_2SO_4）。硫酸用于化学清洗时的浓度一般不超过10%，加入缓蚀剂的配方为：硫酸为8%～10%，若丁为0.5%。硫酸不适用于有碳酸钙垢层的设备和管道的清洗，否则会生成溶解度极低的二次沉淀物，给清洗造成困难。

• 硝酸（HNO_3）。硝酸用于化学清洗时的浓度一般不超过5%，加入缓蚀剂的配方为：8%～10%的硝酸加“兰五”（“兰五”的成分为乌洛托品0.3%，苯胺0.2%，硫氰化钾0.1%）。

• 氢氟酸（HF）。氢氟酸是硅的有效溶剂，所以常用它来清洗含有二氧化硅（SiO_2）的水垢等沉积物，而且它还是很好的铜类清洗剂，一般用于化学清洗时的浓度在2%以下。

b. 有机酸类清洗剂。常用于酸洗的有机酸有氨基磺酸和羟基乙酸。

• 氨基磺酸。利用氨基磺酸水溶液进行清洗时，温度要控制在65℃以下（防止氨基磺酸分解），浓度不超过10%。

• 羟基乙酸。羟基乙酸易溶于水，腐蚀性低，无臭，毒性低，生物分解能力强，对水垢有很好的溶解能力，但对锈垢的溶解能力却不强，所以常与甲酸混合使用，以达到对锈垢溶解良好的效果。

c. 碱洗剂。常用于中央空调循环水系统设备和管道碱洗的碱洗剂有氢氧化钠和碳酸钠。

• 氢氧化钠（NaOH）。氢氧化钠又称烧碱、苛性钠，为白色固体，具有强烈吸水性。它可以和油脂发生皂化反应生成可溶性盐类。

• 碳酸钠（Na_2CO_3）。碳酸钠又称纯碱，为白色粉末，它可以使油脂类物质疏松、乳化或分散变为可溶性物质。在实际碱洗过程中，常将几种碱洗药剂配合在一起使用，以提高碱洗效果。常用的碱洗配方为：氢氧化钠 0.5%～2.5%，碳酸钠 0.5%～2.5%，磷酸三钠 0.5%～2.5%，表面活性剂 0.05%～1%。

③ 化学清洗过程

a. 停机化学清洗过程。停机化学清洗的一般过程为：水冲洗→杀菌灭藻清洗→碱洗→水冲洗→酸洗→水冲洗→中和钝化（或预膜）。

• 水冲洗。水冲洗的目的是冲洗掉水系统回路中的灰尘、泥沙、脱落的藻类以及腐蚀产物等一些疏松的污垢。冲洗时水的流速以大于 0.15m/s 为宜，必要时可正、反向切换冲洗。冲洗合格后，排尽回路中的冲洗水。

• 杀菌灭藻清洗。杀菌灭藻清洗的目的是杀灭水系统回路中的微生物，使设备和管道表面附着的生物黏泥剥离脱落。在排尽冲洗水后，重新将回路注满水，并加入适当的杀生剂，然后开泵循环清洗。在清洗过程中，必须定时测定水的浊度变化，以掌握清洗效果。一般浊度是随着清洗时间的延长逐渐升高的，到最大值后，回路中的浊度即趋于不变，此时就可以结束清洗，排除清洗水。

• 碱洗。碱洗的主要目的是除去回路中的油污，以保证酸洗均匀（一般是在水系统回路中有油污时才需要进行碱洗）。

一般来说，钢铁在碱液中不会被腐蚀，因此，碱洗一般不加缓蚀剂。但当系统中有铝和镀锌设备时，则不宜用碱洗，因为这种两性金属不仅溶于酸，也溶于碱。在重新注满水的回路中，加入适量的碱洗剂，并开泵循环清洗，当回路中的碱度和油含量基本趋于不变时即可结束碱洗，排尽碱洗水。如果再加入适量的表面活性剂，则更增强了去污能力。另外，碱洗也常与酸洗交替进行，以便清除那些较难除去的无水硫酸钙和硅酸盐等，水垢中 SiO_2 含量在 80%以上时，可直接用 15%左右的浓碱液溶解清洗。

碱洗也常用于酸洗后的中和，这样可使系统中金属腐蚀减至最少。

• 碱洗后的水冲洗。碱洗后的水冲洗是为了除去水系统中残留的碱洗液，并将部分杂质带出系统。在冲洗过程中，要经常测试排出的冲洗水的 pH 值和浊度，当排出水呈中性或微碱性，且浊度降低到一定标准时，水冲洗即可结束。

• 酸洗。酸洗的目的是除去水垢和腐蚀产物。在水系统充满水后，将酸洗剂加入系统回路中，然后开泵循环清洗。在可能的情况下，应切换清洗循环流动方向。在清洗过程中，定期（一般每半小时一次）测试酸洗液中酸的浓度、金属离子（Fe^{2+}、Fe^{3+}、Cu^{2+}）的浓度、pH 值等，当金属离子浓度趋于不变时即为酸洗终点，此时应排尽酸洗液。

• 酸洗后的水冲洗。酸洗后的水冲洗是为了除去水系统回路中残留的酸洗液和脱落的固体颗粒。方法是用大量水对水系统进行开路冲洗，在冲洗过程中，每隔 10min 测试一次排出的冲洗液的 pH 值，当接近中性时停止冲洗。

• 中和钝化。酸洗后，如不能及时进行预膜处理，则酸洗后露出的新鲜金属表面就很活泼，极易产生浮锈，影响预膜效果。在酸洗后，还要用清水冲洗，再进行钝化处理，目的是使洗净的金属表面保持干净，不产生浮锈。若设备与管道清洗后马上就投入使用，则可直接预膜而不需钝化。

钝化即金属经阳极氧化或化学方法（如强氧化剂反应）处理后，由活泼态变为不活泼态（钝态）的过程。钝化后的金属由于表面形成紧密的氧化物保护薄膜，因而不易腐蚀。常用的钝化剂有磷酸氢二钠（$NaHPO_4$）和磷酸二氢钠（NaH_2PO_4），在90℃下钝化1h即可。

b. 不停机化学清洗。在中央空调系统需要清洗但又不能停止供冷或供暖时，就要采用不停机的化学清洗方法。因为不停机清洗不存在系统清洗后不使用问题，所以清洗后不需要钝化只需要预膜；另外使用中的中央空调水系统存在油污的可能性较小，因而不需要碱洗处理。中央空调水系统不停机化学清洗的程序为：杀菌灭藻清洗→酸洗→中和→预膜。

• 杀菌灭藻清洗。杀菌灭藻清洗的目的、要求与停机清洗相同，只是在清洗结束后不一定要排水。当系统中的水比较浑浊时，可从系统的排污口排放部分水，并同时由冷却塔或膨胀水箱将新鲜水补足以达到使浊度降低即稀释的目的。

• 酸洗。酸洗的目的、要求与停机清洗基本相同，所不同的是：在酸洗前要先向系统中加入适量的缓蚀剂，待缓蚀剂在系统中循环均匀后再加入酸洗剂。不停机酸洗要在低pH值下进行，通常pH值在2.5～3.5之间。酸洗后应向系统中补加新鲜水，同时从排污口排放酸洗废液，以降低系统中水的浊度和铁离子浓度。然后加入少量的碳酸钠中和残余的酸，为下一步的预膜打好基础。

• 预膜。预膜处理参见“预膜处理”部分的内容。预膜完后将高浓度的预膜水仍采用边补水边排水的方式稀释，控制磷值为10mg/L左右即可。

④ 化学清洗的特点　化学清洗的优点：沉积物清洗彻底，清洗效果好；可以进行不停机清洗，使中央空调系统正常供冷或供暖；清洗操作简单。

化学清洗的缺点：易对设备和管道产生腐蚀；产生的清洗废液易造成二次污染；清洗费用相对较高。

二、预膜处理

预膜处理就是向循环水系统中添加化学药剂，使循环水接触的所有经清洗后的设备、管道形成一层非常薄的能抗腐蚀、不影响热交换、不易脱落的均匀致密保护膜的过程。常用的保护膜有两种类型，即氧化型膜和沉淀型膜。各种膜的特性见表7-4。

1. 预膜方法与成膜控制条件

(1) 预膜方法

预膜处理和酸洗后的钝化处理作用一样，也是使金属的腐蚀反应处于全部极化状态，消除产生电化学腐蚀的阴、阳极的电位差，从而抑制腐蚀。

在系统已清洗干净并换入新水后，投加预膜剂，启动水泵水循环流动20～30h进行预膜。预膜后如果系统暂不运行，则任由药水浸泡；如果预膜后立即转入正常运行，则于一周后分别投加缓蚀阻垢剂和杀生剂。其过程为：杀菌灭藻清洗→酸洗→中和→预膜剂→循环20～30h成膜。

经预膜处理后的系统，一般均能减轻腐蚀，延长设备和管道的使用寿命，保证连续安全地运行，同时能缓冲循环水中pH值波动的影响。

(2) 成膜控制条件

预膜剂经常是采用与抑制剂大致相同体系的化学药剂，但不同的预膜剂有不同的成膜控制条件，见表7-7。

保护膜的质量除与成膜速度和预膜剂有直接关系外，还受以下因素的影响：

表 7-7　抑制剂用作预膜剂的主要控制条件

预膜剂	使用浓度/(mg/L)	处理时间/h	pH 值	水温/℃	水中离子浓度/(mg/L)
六偏磷酸钠＋硫酸锌 80%:20%	600～800	12～14	6～6.5	50～60	$Ca^{2+}\geqslant50$
三聚磷酸钙	200～300	24～48	5.5～6.5	常温	$Ca^{2+}\geqslant50$
铬＋磷＋锌 重铬酸钾 六偏磷酸钠 硫酸锌	200 200 150 35	24	5.5～6.5		$Ca^{2+}\geqslant50$
硅酸盐	200	7～72	6.5～7.5	常温	
铬酸盐	200～300		6～6.5	常温	
硅酸盐＋聚磷酸盐＋锌	150	24	7～7.5	常温	
有机聚合物	200～300		7～8		$Ca^{2+}\geqslant50$
硫酸亚铁	250～500	96	5～6.5	30～40	

① 水温　水温高有利分子的扩散，加速预膜剂的反应，成膜快，质地密实。当需维持较高温度而实际做不到，只能维持常温，一般可通过加长预膜时间来弥补。

② 水的 pH 值　水的 pH 值过低会产生酸钙沉淀，会影响膜的致密性和金属表面的结合力。如 pH 值低于 5，则将引起金属的腐蚀。一般控制在 5.5～6.5 为宜。

③ 水中离子　钙离子（Ca^{2+}）与锌离子（Zn^{2+}）是预膜水中影响较大的两种离子。如果预膜水中不含钙或钙含量较低，则不会产生密实有效的保护膜。规定预膜水中的钙的质量浓度不能低于 54mg/L。锌离子能促进成膜速度，在预膜过程中，锌离子与聚磷酸盐结合能生成磷酸锌，从而牢固地附着在金属表面上，成为其有效的保护膜，所以在聚磷酸盐预膜剂中要加锌盐。

④ 预膜液流速　在预膜过程中，要求预膜液流速要高一些（不低于 1m/s）。流速大，有利于预膜剂和水中溶解氧的扩散，因而成膜速度快，其所生成的膜也较均匀密实；但流速过大（大于 3m/s），又可能引起预膜液对金属的冲刷侵蚀；如流速太小，则成膜速度慢，保护膜不够致密。

2. 预膜效果检验

对于预膜处理的效果，目前尚无准确、简便、快速的方法进行现场检验。一般是在生产系统进行预膜时，利用旁路挂片进行检测，观察挂片上成膜情况，使用的预膜剂不同，挂片上成膜的色彩也不同。例如用六偏磷酸钠和硫酸锌预膜时，挂片上呈一层均匀的蓝的彩色膜；如用阳极型缓蚀剂形成钝化膜时，挂片上仍保持发亮的金属光泽。通常用肉眼观察，膜层均匀、颜色一致、无锈蚀即表示预膜良好；也有用配制的化学溶液，滴于挂片上进行检验的。化学溶液的配制及检验方法如下：

（1）硫酸铜溶液法

称取 15g 氯化钠和 5g 硫酸铜溶于 100mL 水中，将配制好的硫酸铜溶液滴于预膜的和未预膜的挂片上，同时测定两个挂片上出现红点所需的时间，二者的时差愈大，表示预膜效果愈好。因为红点是硫酸铜与 Fe 反应后被置换出来的 Cu 所致，如膜形成均匀，孔率少，则硫酸铜溶液不易与膜下的 Fe 起反应，因此，出现红点所需的时间就长，反之就短。

（2）亚铁氰化钾溶液法

称取 15g 氯化钠和 5g 亚铁氰化钾溶于 100mL 水中，将配制好的亚铁氰化钾溶液同时滴在预膜和未预膜的挂片上，测定出现蓝点所需的时间，二者时差愈大，表示预膜效果愈好。

3. 补膜与个别设备预膜处理

(1) 补膜

补膜是当由于某些原因导致循环水系统的腐蚀速度突然增高，或在系统中发现带涂层的薄膜脱落时，而进行补救处理的方法。补膜一般是增大起膜作用的抑制剂用量，使抑制剂的投加量提高到常规运行时用量的2～3倍。其他控制条件与预膜处理时基本相同。

(2) 个别设备预膜处理

个别设备预膜处理是指那些更换的新设备或个别检修过的设备在重新投入使用前的预膜处理。这种预膜处理与对整个循环水系统进行的预膜处理基本相同，即将配制好的预膜液用泵进行循环；也可以采用浸泡法，将待预膜处理的设备或管束浸于配制好的预膜液中，经过一定时间后即可取出投入使用。这两种处理方法比在整个循环水系统中进行预膜处理容易，成膜质量也能保证。

冷却塔通常由人工定期清洗，不需要预膜。由于对冷却塔除外的循环冷却水系统进行清洗和预膜的水不需要冷却，因此为了避免系统清洗时脏物堵塞冷却塔的配水系统和淋水填料，应加快预膜速度，避免预膜液的损失。循环冷却水系统在进行清洗和预膜时，循环的清洗水和预膜水不应通过冷却塔，而应由冷却塔的进水管与出水管间的旁路管通过。

复习思考题

1. 为什么要对冷却水系统进行水处理？
2. 开式循环冷却水系统的水质管理主要应做好哪几个方面的工作？
3. 水质检测是保证循环冷却水水质标准的关键，检测包括哪些项目？
4. 对开式循环水系统采用投加化学药剂的水处理方法，主要是为了达到什么目的？
5. 一般用于水处理的化学药剂按主要用途可分为哪几大类？
6. 试述循环冷却水中的微生物对水系统的危害。
7. 目前常用冷却水的物理处理方法有哪些？
8. 闭式循环冷冻水系统日常处理的主要工作目标是什么？为什么与开式循环冷却水系统不同？
9. 水系统在什么情况下要进行清洗？主要清洗什么？
10. 水系统清洗的方式有哪些？各有什么特点？

附录

附录一 单位换算

附表 1-1 压力单位换算表

帕(Pa) 牛顿/米^2 (N/m^2)	千克力/厘米^2 (kgf/cm^2) 工程大气压 (at)	磅力/英寸^2 (lbf/in^2) (psi)	巴 (bar)	毫米汞柱 (mmHg)	千克力/米^2 (kgf/m^2) 毫米水柱 (mmH$_2$O)	米水柱 (mH$_2$O)	英寸汞柱 (inHg)	英寸水柱 (inH$_2$O)	标准 大气压 (atm)
1	1.02×10^{-5}	1.45×10^{-4}	10^{-5}	7.5×10^{-3}	0.102	1.02×10^{-4}	2.95×10^{-4}	4.01×10^{-3}	9.87×10^{-6}
98067	1	14.23	0.981	735.56	10^4	10	28.96	393.7	0.968
6894.8	0.07	1	0.069	51.715	703	0.703	2.036	27.68	0.068
10^5	1.02	14.51	1	750.1	1.02×10^4	10.2	29.53	402	0.987
133.32	1.36×10^{-3}	0.019	1.33×10^{-3}	1	13.6	0.014	0.039	0.535	1.32×10^{-3}
9.8067	10^{-4}	1.42×10^{-3}	9.81×10^{-5}	0.074	1	10^{-3}	2.89×10^{-3}	0.039	9.68×10^{-5}
9806.7	0.1	1.422	0.098	73.56	1000	1	2.896	39.37	0.097
3386.4	0.035	0.491	0.034	25.45	345.32	0.345	1	13.61	0.033
249.09	2.54×10^{-3}	0.036	2.49×10^{-3}	1.87	25.4	0.025	0.074	1	2.46×10^{-3}
101325	1.033	14.7	1.013	760	10333	10.33	29.92	406.8	1

附表 1-2 热（冷）量单位换算表

美国冷吨(USRT)	瓦(W)	大卡/小时(kcal/h)	英热单位/小时(Btu/h)
1	3517	3024	12000
2.84×10^{-4}	1	0.8598	3.412
3.31×10^{-4}	1.163	1	3.968
8.33×10^{-5}	0.293	0.252	1

附录二 常用运行、维护保养与检修记录表

附表 2-1 多机头活塞式中央空调冷水机组运行记录表

机组编号：

开机时间： 停机时间： 日期： 年 月 日

记录时间	蒸发器						冷凝器						压缩机			压缩机电动机						运行机头数或编号	记录人
	制冷剂		水温/℃		水压/MPa		制冷剂		水温/℃		水压/MPa		润滑油			电流/A			电压/V				
	压力/MPa	温度/℃	进水	出水	进水	出水	压力/MPa	温度/℃	进水	出水	进水	出水	油位/cm	油温/℃	油压差/MPa	A相	B相	C相	AB	BC	CA		

续表

记录时间	蒸发器						冷凝器						压缩机			压缩机电动机						运行机头数或编号	记录人
	制冷剂		水温/℃		水压/MPa		制冷剂		水温/℃		水压/MPa		润滑油			电流/A			电压/V				
	压力/MPa	温度/℃	进水	出水	进水	出水	压力/MPa	温度/℃	进水	出水	进水	出水	油位/cm	油温/℃	油压差/MPa	A相	B相	C相	AB	BC	CA		
备注																							

附表 2-2 螺杆式中央空调冷水机组运行记录表

机组编号：

开机时间：　　　　停机时间：　　　　日期：　年　月　日

记录时间	蒸发器						冷凝器						压缩机				压缩机电动机						记录人
	制冷剂		水温/℃		水压/MPa		制冷剂		水温/℃		水压/MPa		润滑油			滑阀位置	电流/A			电压/V			
	压力/MPa	温度/℃	进水	出水	进水	出水	压力/MPa	温度/℃	进水	出水	进水	出水	油位/cm	油温/℃	油压差/MPa		A相	B相	C相	AB	BC	CA	
备注																							

附表 2-3 离心式中央空调冷水机组运行记录表

机组编号：

开机时间：　　　　停机时间：　　　　日期：　年　月　日

记录时间	蒸发器						冷凝器						压缩机					压缩机电动机							记录人
	冷冻水				制冷剂		冷冻水				制冷剂		导叶开度/%	轴承温度/℃	润滑油			电流/A				电压/V			
	温度/℃		压力/MPa		压力/MPa	温度/℃	温度/℃		压力/MPa		压力/MPa	温度/℃			油位/cm	油温/℃	油压差/MPa	百分比/%	A相	B相	C相	AB	BC	CA	
	进水	出水	进水	出水			进水	出水	进水	出水															
备注																									

附表 2-4　直燃型燃油溴化锂吸收式冷温水机组运行记录表

机组编号：

开机时间：　　　　　　　　停机时间：　　　　　　　　日期：　年　月　日

项目	测点＼记录时间														平均值
温度/℃		高压发生器													
		冷(温)水进水													
		冷(温)水出水													
		冷却水进水													
		冷却水出水													
压力/MPa		高压发生器													
		冷(温)水进水													
		冷(温)水出水													
		冷却水进水													
		冷却水出水													
视镜		冷剂水液位													
变频器频率/Hz															
燃烧机火力															
电压/V															
每4h记录一次	燃烧	油压/MPa													
		排烟温度/℃													
		变频器													
		吸收泵													
		冷剂泵													
		冷(温)水泵													
		冷却水泵													
	冷(温)水流量/(kg/h)														
	冷却水流量/(kg/h)														
每天记录一次	总耗油量/(kg/天)														
	总运行时间/h														
	平均耗油量/(kg/h)														
记录人															
备注															

注：1. 除每4h和每天记录一次的项目外，其余各项一般每1h或2h记录一次。

2. 如为燃气机组则油压应改为供气压力。

附表 2-5　蒸汽型双效溴化锂吸收式制冷机组运行记录表

机组编号：

开机时间：　　　　　　　　停机时间：　　　　　　　　日期：　年　月　日

部件	参数		8时	9时	10时	11时	12时	13时	14时	15时	16时	17时
高压发生器	加热蒸汽	压力/MPa										
		温度/℃										
		流量/(kg/h)										
蒸发器	蒸发温度/℃											
	冷媒水	进水温度/℃										
		出水温度/℃										
		流量/(kg/h)										
低压发生器	冷剂加热蒸汽温度/℃											
	冷剂蒸汽凝结水温度/℃											
	稀溶液进口温度/℃											
	浓溶液出口温度/℃											

续表

部件	参数		8时	9时	10时	11时	12时	13时	14时	15时	16时	17时
冷凝器	冷凝温度/℃											
	冷却水	进水温度/℃										
		出水温度/℃										
		流量/(kg/h)										
吸收器	喷淋溶液温度/℃											
	冷却水	进水温度/℃										
		出水温度/℃										
		流量/(kg/h)										
高温热交换器	浓溶液	进口温度/℃										
		出口温度/℃										
	稀溶液	进口温度/℃										
		出口温度/℃										
低温热交换器	浓溶液	进口温度/℃										
		出口温度/℃										
	稀溶液	进口温度/℃										
		出口温度/℃										
凝水回热器	凝水	进水温度/℃										
		出水温度/℃										
	稀溶液	进口温度/℃										
		出口温度/℃										
屏蔽泵	发生器泵	电流/A										
	吸收器泵											
	蒸发器泵											
记录人												
备注												

附表 2-6 中央空调系统水泵、冷却塔运行记录表

日期： 年 月 日

记录时间	冷冻水泵								冷却水泵								冷却塔						记录人
	1号								1号								1号						
	压力/MPa		电流/A			电压/V			压力/MPa		电流/A			电压/V			电流/A			电压/V			
	进水	出水	A相	B相	C相	AB	BC	CA	进水	出水	A相	B相	C相	AB	BC	CA	A相	B相	C相	AB	BC	CA	
备注																							

注：如果是调速泵，则需另加转速（r/min）或频率（Hz）栏。

附表 2-7 设备维护保养记录

日期： 年 月 日

序号	维护保养项目	纪要	完成人
1			
2			

续表

序号	维护保养项目	纪要	完成人
3			
4			
5			
6			
7			
8			

附表 2-8 检修记录表

日期： 年 月 日

设备名称		型号规格		设备编号	
检修原因					
故障现象					
原因分析					
检修情况纪要					
检修时间			检修人		
备注					

附表 2-9 中央空调系统运行交接班记录表

班次	年 月 日 时～ 年 月 日 时	交班人
交接时间	年 月 日 时	接班人
交班人:本班运行情况及特别留言		
接班人:接班记事		

参考文献

[1] 中华人民共和国劳动和社会保障部. 中央空调系统操作员 [M]. 北京：中国电力出版社，2003.
[2] 张祉祐. 制冷空调设备使用维修手册 [M]. 北京：机械工业出版社，1998.
[3] 魏龙主编. 制冷与空调设备 [M]. 北京：机械工业出版社，2012.
[4] 张国东主编. 中央空调系统运行维护与检修 [M]. 北京：化学工业出版社，2010.
[5] 孙见君主编. 空调工程施工与运行管理 [M]. 北京：机械工业出版社，2008.
[6] 周皞主编. 中央空调施工与运行管理. 北京：化学工业出版社，2007.
[7] 张国东主编. 制冷设备维修工. 北京：化学工业出版社，2006.
[8] 魏龙主编. 制冷设备维修手册 [M]. 北京：化学工业出版社，2012.
[9] 李援瑛主编. 中央空调操作与维护 [M]. 北京：机械工业出版社，2008.
[10] 陈维刚主编. 中央空调工（初级）[M]. 北京：中国劳动社会保障出版社，2003.
[11] 辛长平主编. 中央空调操作与管理 [M]. 北京：机械工业出版社，2012.
[12] 张国东主编. 中央空调运行管理与维修一本通 [M]. 北京：化学工业出版社，2013.
[13] 周邦宁主编. 空调用螺杆式制冷机（结构　操作　维护）[M]. 北京：中国建筑工业出版社，2002.
[14] 魏龙主编. 制冷与空调职业技能实训 [M]. 北京：高等教育出版社，2007.
[15] 何耀东主编. 空调用溴化锂吸收式制冷机 [M]. 北京：中国建筑工业出版社，1996.
[16] 戴永庆主编. 溴化锂吸收式制冷空调技术实用手册 [M]. 北京：机械工业出版社，2000.
[17] 付卫红主编. 空调系统运行维修与检测技能培训教程 [M]. 北京：机械工业出版社，2010.
[18] 麦克维尔空调制冷有限公司. 螺杆式压缩机维护手册.
[19] 特灵空调制冷有限公司. 离心机组安装操作维护手册.